黔阳无核椪柑果实

金水柑果实

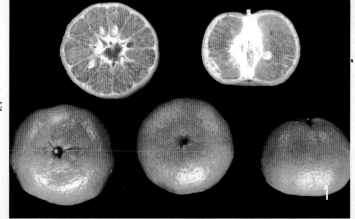

长源椪柑果实

1

永春梌柑结果性状

天草结果性状

春见结果性状

2

橘橙 7 号结果性状

不知火结果性状

默科特结果性状
（王树良提供）

3

早金甜橙果实

哈姆林甜橘果实

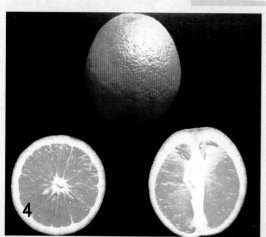

渝津橙果实

4

北碚447锦橙结果性状

特洛维他甜橘结果性状

育7号锦橙结果性状

奥灵达夏橙结果性状

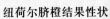

纽荷尔脐橙结果性状

奉节脐橙结果性状

红肉脐橙果实

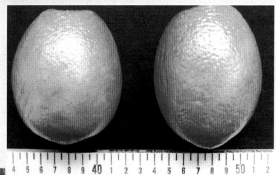

福本脐橙果实

长红脐橙果实

塔罗科血橙果实

7

沙田柚结果性状

尤力克柠檬结果性状

夏橙果实套袋

中国现代柑橘技术

主 编

沈兆敏 柴寿昌

副主编

冉 春 向太红 白先进 罗胜利

编著者

沈兆敏 柴寿昌 冉 春 向太红
白先进 罗胜利 邵蒲芬 徐忠强
何祖任 陈腾土 普乔艳 岑华虎
何 涛 李永安 袁静秋 陈天清
陈跃飞 钱皆兵 程 斌 吴启林
包 莉 谢 强

金盾出版社

内 容 提 要

　　本书由中国农业科学院柑橘研究所沈兆敏、柴寿昌研究员等编著。主要内容包括：现代柑橘产销信息、优新品种、苗木繁殖、规划建园技术、土肥水管理技术、枝叶花果管理技术、无公害病虫草害防治技术、防灾救灾技术、优新品种栽培关键技术、产后工程技术等十章。本书内容丰富，信息真实，品种优新，技术先进，文字通俗，图文并茂。适宜广大柑橘种植者、经营者学习使用，也可供农业院校相关专业师生阅读参考。

图书在版编目(CIP)数据

　　中国现代柑橘技术/沈兆敏，柴寿昌主编．—北京：金盾出版社，2008.9
　　ISBN 978-7-5082-5254-4

　　Ⅰ．中…　　Ⅱ．①沈…②柴…　　Ⅲ．柑橘类果树-果树园艺
Ⅳ．S666

　　中国版本图书馆 CIP 数据核字(2008)第 130067 号

金盾出版社出版、总发行
北京太平路 5 号(地铁万寿路站往南)
邮政编码：100036　电话：68214039　83219215
传真：68276683　网址：www.jdcbs.cn
封面印刷：北京印刷一厂
彩页正文印刷：北京金盾印刷厂
装订：永胜装订厂
各地新华书店经销
开本：850×1168 1/32　印张：18.625　彩页：8　字数：443 千字
2008 年 9 月第 1 版第 1 次印刷
印数：1—10000 册　定价：32.00 元

前　言

　　我国是柑橘的重要原产中心之一，素有"世界柑橘资源宝库"的殊荣。柑橘栽培历史悠久，《禹贡》上有"扬州……厥包橘柚赐贡"的记载，说明夏禹时代就有橘柚进贡。2 460 年前的荆州楚墓中藏有古代熏衣用的香橙皮；20 世纪 70 年代在湖南长沙出土的马王堆墓葬和湖北随县出土的曾侯墓葬中都发现了柑橘种子，表明 4 000 多年前，我国已有柑橘。

　　2 000 多年前，我国伟大爱国诗人屈原写的《橘颂》流传千古，影响世界柑橘；公元 1178 年，宋朝人韩彦直写的《橘录》至今仍被世人公认为世界上最早的柑橘专著，对世界柑橘业发展作出了重要贡献。

　　古往今来，我国柑橘业变化巨大，特别是近 60 年来，发生的变化更大。主要表现在以下十个方面：一是种植区域不断优化。柑橘生产向生态最适宜区、适宜区和国家三大柑橘优势带集中。二是品种不断改良。既重视引进、发展国外适合国内种植的优新品种，又推广国内自行选育的特色品种和市场需求的传统品种。三是柑橘面积不断变大。1949 年至 2006 年的 57 年间，柑橘面积由 32 667 公顷增加到 1 814 500 公顷，增长了 55.55 倍，柑橘面积居世界之首，占世界柑橘面积的 25.6%。四是柑橘产量不断增加。1949 年至 2006 年，柑橘产量由 21 万吨增加到 1 789.8 万吨，增长了 85.23 倍。产量仅次巴西，居世界第二位，占世界柑橘产量的

17.9％。五是繁殖技术不断变革。从20世纪50年代柑橘以实生繁殖为主到如今的无性繁殖嫁接技术的普及，从露地育苗到工厂化容器育苗发生了大的变革。六是柑橘砧木不断变新。枳砧、枳橙砧的应用，有力地促进了柑橘的早结果、丰产稳产和优质。七是栽培技术不断进步。表现在高质量、高标准建园；种植密度由稀变密、由密变稀，趋向合理；整形修剪上的"抹芽放梢"和由精细向简单化、省力化转变；保花保果、疏花疏果和果实套袋技术逐步推广；土、肥、水管理技术的科学化、精准化；病虫草害防治技术的无公害化等都有力地促进了我国柑橘产业。八是柑橘果实采后贮藏保鲜技术不断发展。推行无公害的采后保鲜技术、留树保鲜技术和完熟栽培技术，结合柑橘早、中、晚品种的配套种植，使我国柑橘达到了季产年销，周年应市。九是柑橘果实的加工和综合利用不断进展。加工制品从蜜饯、不去囊衣的橘瓣罐头发展到如今生产的全去囊衣橘瓣罐头，取代日本"罐头王国"地位而独占鳌头；橙汁、橙汁饮料虽起步较晚，但发展势头迅猛；综合利用以果皮提取香精油、果胶、橙皮苷，变果渣为饲料、肥料也迈出了可喜的步伐。十是柑橘果的消费不断加大。1949年人均柑橘占有量不到0.5千克，2006年人均占有量超过13千克；消费种类也从鲜果变为鲜果和果汁，消费的观念更注重健康、安全，对柑橘产业提出了更高的要求。

我国柑橘产业变化巨大，成就显著，为世界柑橘同行认可。但与世界柑橘主产国相比差距仍不小，其中单位面积产量低，果品的商品率低（优果率低尤为突出），影响柑橘种植效益的提升和柑橘产业的稳定发展。

我国柑橘产业要持续发展、要尽快变柑橘大国为柑橘强国，需要方方面面的努力，其中最不可缺少的是以科学技术为支撑。普及科学知识，传授实用技术，让果农懂得：种什么、怎么种和怎样管时，柑橘产业发展才真正有了坚实的基础。

为使先进的科学技术变为生产力，将近十多年来推出的新品种、取得的新成果、推广的新技术为广大柑橘种植者、经营者所用，我们编著了《中国现代柑橘技术》一书。

《中国现代柑橘技术》全书共十章，40余万字。全面介绍了国内外柑橘产销信息、现代柑橘优新品种、育苗技术、规划建园技术、土肥水管理技术、枝叶花果管理技术、无公害病虫草害防治技术、防灾救灾技术和优新品种栽培关键技术、产后工程技术。全书内容丰富，信息真实，品种优新，技术先进实用，可操作性强。文字通俗易懂，图文并茂。希望《中国现代柑橘技术》一书的出版，有助于果农对现代柑橘技术的掌握，有助于我国柑橘产业的持续发展。

本书编著过程中得到同行的支持和提供资料，病虫害黑白图不少引自《柑橘栽培》，在此一并致谢。

限于时间和水平，错误不妥之处难免，敬请不吝指正。

沈兆敏　柴寿昌

2008 年 6 月 28 日

目 录

目　录

第一章　现代柑橘产销信息

　　我国加入世贸组织以后,柑橘产业的发展也进入了全球一体化,柑橘生产、市场的定位都应放眼全球,因此随时了解国内外柑橘产销信息,是柑橘在激烈竞争中取胜的重要方面。

一、国外柑橘产销信息

(一)面积、产量和主产国

　　目前世界柑橘栽培面积 708 万公顷,年产量接近 1.002 亿吨。占水果产量的 20%,平均每 667 平方米(1 亩,下同)产 943.3 千克。第四大国际贸易农产品,总贸易额约 230 亿美元。

　　世界有 135 个国家和地区生产柑橘,2005 年柑橘产量居世界前 3 位的是:第一是巴西,1 921 万吨;第二是中国,1 591.9 万吨;第三为美国,1 377 万吨。柑橘面积居首的为中国,171.7 万公顷;第二是巴西,90 万公顷;第三是尼日利亚,60 万公顷。

　　2005 年世界年产柑橘 30 万吨以上的国家见表 1-1,面积 4 万公顷以上的国家平均每 667 平方米产量见表 1-2。

表 1-1　2005 年世界年产柑橘 30 万吨以上的国家　(单位:吨)

国家或地区	合　计	甜　橙	宽皮柑橘	柠檬、来檬	柚、葡萄柚	其他柑橘
全世界	100175244	58617460	22024823	9145952	5999159	3087850
巴　西	19210000	18207238	664300	288462	50000	—
中　国	15919000	2547040	11143300	206947	1751090	270623
美　国	13770000	10602900	450141	714663	2002296	

续表 1-1

国家或地区	合　计	甜　橙	宽皮柑橘	柠檬、来檬	柚、葡萄柚	其他柑橘
西班牙	6280000	3121788	2257032	894272	—	6908
墨西哥	4113000	3002490	142721	818487	135153	14149
伊　朗	3638634	1800000	684154	1000000	46814	107666
意大利	3600000	2265840	594720	719280	2520	17640
印　度	3192000	2000000	—	1000000	92000	100000
阿根廷	2351400	840900	409500	871000	230000	—
埃　及	2265950	1525000	435000	300000	2950	3000
尼日利亚	2200000				—	2200000
巴基斯坦	2014000	1410000	522000	82000	—	—
土耳其	1668800	830000	410000	360000	65000	3800
摩洛哥	1600000	1106240	463400	21100	3910	5350
南　非	1560000	1186692	92305	116048	164955	
日　本	1370000	127080	1013920	—	—	229000
希　腊	1106583	813553	96485	182545	10000	4000
泰　国	1045220	315000	630000	78000	19000	3220
古　巴	1000000	630000	19000	31000	320000	
叙利亚	786883	437883	14000	65000	—	270000
以色列	652000	251541	96952	16561	285706	1240
韩　国	605000	—	601000	—	—	4000
委内瑞拉	617430	527930	66000	14500	9000	—
印度尼西亚	613761	613761	—	—		
澳大利亚	600000	434940	87240	45000	26000	6820
秘　鲁	577584	233799	89386	217399	25000	12000
哥伦比亚	410000	410000	—	—		—
阿尔及利亚	408138	280393	110895	15000	1500	350

续表 1-1

国家或地区	合　计	甜　橙	宽皮柑橘	柠檬、来檬	柚、葡萄柚	其他柑橘
越　南	390957	378957	—	—	12000	—
伊拉克	375120	316000	42500	16200	420	—
黎巴嫩	355264	154710	34815	110930	54809	—
乌拉圭	325822	185209	76863	52950	10800	—
厄瓜多尔	322313	216618	15550	14302	4586	71257
巴拉圭	307206	208009	26730	12515	59952	—
智　利	300000	142860	—	157140	—	—

表 1-2　2005 年世界柑橘栽培面积 4 万公顷以上的国家每 667 平方米产量

（单位：667 米^2、千克）

国家或地区	面积	单产	国家或地区	面积	单产	国家或地区	面积	单产
全世界	10620	943						
中　国	2576	618	意大利	280	1286	伊拉克	108.2	347
巴　西	1350	1443	埃　及	199.3	1137	越　南	103	380
尼日利亚	900	244	阿根廷	190.5	1234	日　本	105	1305
美　国	795	1732	古　巴	180	556	秘　鲁	97	595
墨西哥	525	841	印度尼西亚	143.4	428	希　腊	90.1	1228
西班牙	390	1610	南　非	126	1238	阿尔及利亚	67.7	603
印　度	344.6	926	泰　国	131.1	797	几内亚	63	341
伊　朗	322.5	1128	土耳其	120.5	1385	委内瑞拉	61.5	1003
巴基斯坦	293.9	685	摩洛哥	115	1391	厄瓜多尔	60.9	529

（二）品种和砧木

1. 主栽品种　柑橘作为商品主要是甜橙、宽皮柑橘、葡萄柚和柚、柠檬和来檬等四大类。其主栽品种有几百个。

甜橙因其鲜食榨汁兼宜,且耐贮运,是世界柑橘的主要种类,约占柑橘产量的60%,柑橘主产国都生产甜橙。

宽皮柑橘产量仅次甜橙,既可加工糖水橘瓣罐头,又可鲜销,食用方便。我国是世界上最大的宽皮柑橘生产国,占世界宽皮柑橘总产量的50%以上。其次是西班牙、日本、巴西、韩国、意大利、土耳其、埃及、美国和摩洛哥等。

葡萄柚以其果肉多汁,风味佳,略带苦味,鲜食加工皆宜和耐贮而受欢迎。以美国、巴西、以色列、古巴、墨西哥、阿根廷及南非为主产国。

柠檬、来檬酸含量高,随着多种用途的开发,越来越受消费者青睐。柠檬主产国有阿根廷、美国、智利、意大利,来檬以墨西哥主产。

现就主产国主栽的品种简介如下。

(1)巴西 甜橙为主。主栽品种为佩拉。榨汁、鲜食皆宜。还有纳塔尔晚熟夏橙、白海宁哈脐橙、哈姆林甜橙、华盛顿脐橙等。宽皮柑橘的丹西红橘、地中海橘、椪柑、默科特,来檬的塔希堤也有一定的栽培。

(2)美国 甜橙为主,其次是葡萄柚和柠檬。甜橙主栽品种中的伏令夏橙、哈姆林甜橙、早金甜橙、帕森布朗甜橙、凤梨甜橙等用于加工橙汁;华盛顿脐橙、罗伯逊脐橙、纽荷尔脐橙、卡拉卡拉脐橙等用于鲜销。葡萄柚类用于加工的为邓肯,加工、鲜食皆宜的马叙无核、红马叙、星路比等。柠檬主栽品种为尤力克柠檬,宽皮柑橘以丹西红橘较多,克力迈丁红橘、明尼奥拉、奥兰多、坦普尔、默科特也有栽培。

(3)西班牙 甜橙类为主。脐橙的华盛顿、奈弗林娜、小脐橙、晚脐橙;血橙的西班牙血橙、卵形血橙;普通甜橙的哈姆林、伏令夏橙、萨勒斯蒂安娜等。宽皮柑橘以克力迈丁红橘栽培最多,且从中选出 75 个品系。其次是温州蜜柑和地中海橘。柠檬栽有费诺、维尔娜等。葡萄柚的马叙无核也有栽培。

(4)意大利 以甜橙、柠檬为主。甜橙中的血橙栽培较多,品种有摩洛、塔罗科、塔罗科新系、普通血橙等 50 多个品系,其次是华盛顿脐橙、伏令夏橙。宽皮柑橘的地中海橘、克力迈丁红橘以及柠檬的费米耐劳、尤力克,还有巴柑檬也栽培较多。

(5)日本 以宽皮柑橘中的温州蜜柑为主。20 世纪 90 年代前温州蜜柑占 90% 以上,后因发展脐橙和杂柑,温州蜜柑下降至 80% 以下。温州蜜柑分特早熟、早熟和普通温州蜜柑,品系几百个,以特早熟中的日南 1 号,早熟的宫川、兴津,普通温州蜜柑中的尾张栽培较多。甜橙主要是脐橙的清家、大三岛、白柳、福本等品种。杂柑中的伊予柑、天草、不知火栽培也较多。

(6)墨西哥 墨西哥柑橘种植以甜橙为主,品种有伏令夏橙、哈姆林甜橙、华盛顿脐橙、帕森布朗甜橙、地中海橙等。其次是来檬,品种主要是墨西哥来檬。再次是葡萄柚,品种有马叙、无核马叙、星路比等。宽皮柑橘较少,主要是丹西红橘。

(7)摩洛哥 以种植甜橙为主。主栽品种为华盛顿脐橙、伏令夏橙、桑吉罗血橙等。其次是宽皮柑橘的克力迈丁红橘也为主栽品种。其三是葡萄柚,主栽品种为马叙无核。尤力克柠檬也有栽培。

(8)南非 以种植甜橙为主。主栽品种有华盛顿脐橙、伏令夏橙、哈姆林甜橙等。其次是葡萄柚,主栽品种为马叙无核。其三是柠檬,主栽品种尤力克。宽皮柑橘种植较少。

(9)澳大利亚 以种植甜橙为主。主栽品种为华盛顿脐橙、伏令夏橙等。宽皮柑橘的克力迈丁红橘、葡萄柚的马叙无核、柠檬的尤力克等也有一定数量的栽培。

(10)阿根廷 以种植甜橙、柠檬为主。甜橙主栽品种有华盛顿脐橙、佩拉、刘勤光夏橙。柠檬品种主要是日诺瓦,也有尤力克。

葡萄柚主栽品种为马叙无核,宽皮柑橘以克力迈丁红橘、诺瓦、爱林达尔、默科特等为主。

(11)以色列 以种植葡萄柚、甜橙为主。葡萄柚主栽品种马叙无核。甜橙主栽品种有沙莫蒂、华盛顿脐橙、伏令夏橙。其次是宽皮柑橘,品种以克力迈丁红橘、地中海橘为主。尤力克柠檬也有一定数量栽培。

(12)古巴 以甜橙为主。主栽品种为伏令夏橙。凤梨甜橙、中国甜橙2号、哈姆林甜橙、卡特尼娜甜橙也有一定数量栽培。其次是葡萄柚,主栽品种马叙无核。柠檬、宽皮柑橘栽培很少。

(13)韩国 由于种植区仅限于济州岛,品种为温州蜜柑的特早熟、早熟和普通温州蜜柑,多数从日本引进种植。

(14)智利 以种植甜橙为主。主栽品种为华盛顿脐橙、奈弗林娜脐橙、汤姆逊脐橙、伏令夏橙等。宽皮柑橘的克力迈丁红橘,柠檬的健脑柠檬、尤力克柠檬,葡萄柚的马叙无核也有一定数量的栽培。

(15)印度尼西亚 以种植宽皮柑橘为主。品种有逻橘、马都、椪柑、丹西红橘、温州蜜柑。其次是甜橙,主栽品种为伏令夏橙、凤梨甜橙、华盛顿脐橙和血橙等。

(16)阿尔及利亚 以种植甜橙为主。主栽品种有华盛顿脐橙、伏令夏橙,哈姆林、卡特尼拉、沙莫蒂、维西达、马尔他斯血橙、脐血橙也有种植。其次是宽皮柑橘,主栽品种为克力迈丁红橘,也有地中海橘。葡萄柚主要栽培马叙无核,尤力克柠檬也有种植。

(17)印度 种植宽皮柑橘、柠檬、来檬等为主。宽皮柑橘以椪柑为主栽,金诺、印培勒、兰图也栽培较多。柠檬以希尔柠檬为主栽品种,来檬以塔希堤、甜来檬为主。葡萄柚主要是马叙无核。甜橙种有马尔塔橙、血橙等。

(18)土耳其 以种甜橙为主。主栽品种沙莫蒂,华盛顿脐橙也种植较多。其次是宽皮柑橘,主栽品种为克力迈丁红橘、地中海橘、温州蜜柑,葡萄柚的马叙无核也有种植。

2. 主要砧木

(1)巴西　柑橘的主要砧木有兰卜来檬、甜橙、甜来檬和枳。

(2)美国　柑橘的主要砧木有卡里佐枳橙、特洛亚枳橙、施文格枳柚、甜橙、酸橙、粗柠檬、枳、克来帕特橘等。

(3)西班牙　柑橘的主要砧木有酸橙、甜橙、特洛亚枳橙、克来帕特橘、地中海橘。

(4)意大利　柑橘的主要砧木有酸橙,也有用枳橙、地中海橘、枳作砧木的。

(5)日本　柑橘的主要砧木有枳、香橙。

(6)墨西哥　柑橘的主要砧木为酸橙。

(7)摩洛哥　柑橘的主要砧木为酸橙。

(8)南非　柑橘的主要砧木有粗柠檬、恩培勒橘。

(9)澳大利亚　柑橘的主要砧木有甜橙、卡里佐枳橙、枳。

(10)阿根廷　柑橘的主要砧木有甜橙、克来帕特橘、粗柠檬、来普来檬。

(11)以色列　柑橘的主要砧木有酸橙、甜来檬。

(12)古巴　柑橘的主要砧木为甜橙。

(13)韩国　柑橘的主要砧木为枳。

(14)智利　柑橘的主要砧木有甜橙、枳橙、枳柚。

(15)印度尼西亚　柑橘的主要砧木有枳、枳橙。

(16)阿尔及利亚　柑橘的主要砧木有酸橙、枳。

(17)印度　柑橘的主要砧木有粗柠檬、来普来檬。

(18)土耳其　柑橘的主要砧木有酸橙、枳。

（三）特点和趋势

几十年间,世界柑橘面积超过708万公顷,产量超过1亿吨。纵观其发展,具如下特点和趋势。

1. 利用优势,发展产业 世界各柑橘主产国都利用土地、气候、资金、技术、人力等优势发展柑橘产业。产量居世界首位的巴西,充分利用其气候、土地、人力资源和加工业的优势,大力发展以橙汁为主的加工业,使其橙汁无论是数量还是价格均具有强大的竞争力。美国、澳大利亚等技术发达的国家,避开其劳力昂贵,积极发展技术密集型的 NFC(非浓缩)汁。美国开发的非浓缩汁可溶性固形物可达 11.5%～12%,口感同鲜橙汁,无异味,售价是普通还原橙汁的 2 倍,且市场前景看好。西班牙则利用地中海的气候优势和在欧洲的区位优势,发展市场需求的鲜食柑橘,使其在世界鲜食柑橘出口上独占鳌头,取得了极好的经济效益。名不见经传的非洲尼日利亚,利用气候和劳力优势大力发展柑橘产业,短短的十几年间柑橘面积超过了美国。我国 20 世纪 90 年代以来,利用劳力和宽皮柑橘的品种优势,大力发展橘瓣罐头加工业,在世界上取代了日本橘瓣罐头王国的地位。

2. 扩大规模,提升效益 柑橘产业的国际化,迫使柑橘规模化。各柑橘主产国不论是种植、加工,或是销售企业,规模不断地扩大。巴西 1990～2000 年的 10 年间,柑橘种植场(企业)由 29 000 个,合并、收购后减少为 14 000 个,使加工原料成本降低,橙汁更有竞争力。同时,加工的企业也减少到 15 家,且约 2 000 万吨产量中的 1 600 万吨产量用于加工。主要的 6 家加工企业完成了 1 200 万吨的加工任务,足见其规模之大,效益的提升也可想而知了。此外,众所周知的美国新奇士(sunkist)公司,不仅用果品在世界各地的销售赚钱,而且还用新奇士的品牌赚钱,使公司的利润最大化。

3. 改进技术,节本省力 世界主产柑橘国的柑橘栽培正朝着省力、低成本的方向发展。日本国是最讲柑橘整形修剪的,但 20 世纪 80 年代起因劳力昂贵而强调省力化栽培,在修剪上提出了大枝修剪。目前,在温州蜜柑上采用一年结果,一年摘除幼果进行夏季修剪,其春梢和秋梢为翌年的结果母枝,挂果累累,产量超过往年结果,且果实多为市场价高的 M 级。我国沿海经济发展较快,以往柑橘密植栽培导致后期产量的锐减。从省力增效出发提出了:"疏果不如疏枝,疏枝不如疏株"的做法,既省力又省钱。对柑橘园的土壤管理,不少生产柑橘的国家正推行种草、免耕的管理制度。年降水量少、技术先进、柑橘又需要灌溉的柑橘主产国,采用滴灌技术,并正在推行灌水和施肥一体化。

在种植的密度上,也出现由密度较密朝较稀方向发展的趋势。

4. 周年供应,季产年销　加入世界贸易组织(WTO)后,全球经济的一体化使全世界的柑橘资源、市场重新配置。人们生活水平的提高,对果品的消费需求是时鲜化。这就要求一年四季有新鲜的柑橘果实应市。目前世界(包括我国)在种植柑橘的品种上,注重早、中、晚熟的熟期搭配。在果实的保鲜技术上更注重留(挂)树保鲜,而不是采后的贮藏保鲜。

5. 讲究优质,方便消费　柑橘的鲜果消费和柑橘加工制品(主要是橙汁)的消费量都在稳步增加,但今后橙汁消费增长会更快。以往橙汁的消费主要是发达国家,但由于橙汁的营养丰富,色、香、味兼优和方便消费,发展中国家的需求量也不断增加。

不论是鲜柑橘还是加工制品,市场走俏价好的,属质量优质的,并且越来越趋向品牌化。为方便消费,要求鲜食柑橘外观好,易剥皮、无核、有香气,风味浓。西班牙就以无核的克力迈丁占领欧洲和美国市场。

6. 病虫灾害,不容忽视　柑橘病虫害的发生和扩散,自然灾害的频频发生,已成为柑橘业发展的一大障碍。20 世纪 90 年代,巴西柑橘的杂色花叶病,每年以 50 千米的速度向外扩展给柑橘业造成重大损失。1926 年,美国发现柑橘溃疡病,一把火烧毁病苗损失 3 600 万美元。1986 年再次发生溃疡病,损失更巨大。最近飓风几度光顾主产柑橘的佛罗里达州,使其受灾惨重。我国柑橘的溃疡病原仅在沿海的省、直辖市、自治区发生,近几年扩散到内地省、直辖市的一些县、市、区。柑橘病毒和类似病毒病害的危害,导致了一部分柑橘园的低产和短命。检疫性病害、危险性的病毒和类似病毒病害,特大的自然灾害(风害、涝害、旱灾等)不容忽视。

(四)柑橘贸易

世界产柑橘国家和地区的柑橘果品,除少数国家外,柑橘果品主要在国内市场销售。据统计,生产柑橘国家国内消费的量达85%以上,柑橘贸易量不足总产量的12%。但几乎所有柑橘主产国都出口柑橘鲜果。柑橘生产大国巴西、美国等主要出口橙汁。

1. 鲜果出口 柑橘的鲜果出口以西班牙居首。1980、1985、1990、2000、2005年柑橘主产国出口柑橘鲜果的情况见表1-3。

表1-3 柑橘主产国5年中出口鲜果情况 (单位:万吨)

国 家	1980 年	1985 年	1990 年	2000 年	2005 年
世 界	515.6	541.2	557.9	826.4	999.3
西班牙	133.3	213.5	250.2	320.5	350.5
摩洛哥	77	57.6	59.3	69.4	70
以色列	52.1	43.1	46.2	20.3	14.1
美 国	48.2	40.2	68.0	109.9	100.7
南 非	32.2	30.5	36.1	50.7	101.3
古 巴	13.8	27.1	30.1	40.3	43.3
埃 及	11.0	26.3	37.3	38.3	39.1
巴 西	9.4	7.8	9.3	19.6	20.3
中 国	6.6	5.1	6.4	16.4	25.5
墨西哥	5.0	10.0	15.0	25.0	44.0

2. 橙汁出口 世界柑橘年贸易额约230亿美元,为第四大国

际贸易农产品。世界最主要的柑橘加工品种是橙汁。世界橙汁年产量 1 600 万吨(以原汁计),年贸易量 906 万吨(相当于 151 万吨 65°Brix 浓缩汁)。

最主要的浓缩橙汁出口国是巴西,近 5 年年均出口 121.4 万吨;其次是美国,近 5 年年均出口约为 10.3 万吨。

巴西年出口柑橘金额 11 亿美元。其中橙汁出口额高达 10 亿美元,还有加工橙汁的副产品果皮 3 830 万美元,香精油 1 740 万美元。

3. 其他加工产品出口 橘瓣罐头是柑橘的又一加工制品,出口国主要是中国、西班牙和日本。20 世纪 90 年代中期后日本丢失"柑橘罐头王国"的桂冠。目前,中国是生产和出口橘瓣罐头的第一大国,年生产量 80 万~100 万吨,常年有 25 万吨左右出口,占国际贸易量的 50% 左右。其次是西班牙,年产量 20 万吨,出口 10 万吨左右。

4. 鲜果进口 柑橘鲜果进口主要在欧洲。1980、1985、1990、2000、2005 年世界柑橘进口国和地区进口柑橘的情况见表 1-4。

表 1-4 世界主要柑橘进口国和地区 5 年中进口鲜果的情况 (单位:万吨)

国 家	1980 年	1985 年	1990 年	2000 年	2005 年
世 界	533.5	533.2	552.8	821.2	963.6
法 国	83.0	92.3	93.1	105.5	112.0
德 国	77.3	81.2	82.3	102.1	118.2
英 国	46.8	46.0	47.1	62.1	70.6
荷 兰	36.9	39.3	40.8	50.3	60.1
俄罗斯	38.0	35.6	37.6	50.2	55.1
加拿大	29.5	28.8	30.8	41.3	56.1
沙特阿拉伯	16.3	23.4	25.4	30.1	47.0
比利时	18.2	18.2	20.1	30.5	40.3
中国香港	15.0	13.6	20.0	23.1	32.1
日 本	7.2	10.9	23.6	50.3	62.7

5. 橙汁进口 橙汁主要进口国家和地区分别是欧盟、美国、加拿大、日本、中国和俄罗斯等。其中欧盟成员国年进口橙汁560万吨左右,美国进口101万吨左右。欧盟和美国橙汁进口量达到世界总进口量的大部分,是世界橙汁的主要消费市场。

6. 罐头、其他加工制品进口 橘瓣罐头主要进口国家和地区是欧盟、美国、日本、加拿大和俄罗斯等。欧盟约15万吨左右,美国6万~7万吨,日本4万~5万吨,加拿大约3万吨和俄罗斯1万~2万吨。

(五)柑橘消费

全球柑橘年总产量约1.002亿吨,其中约60%用于鲜果销售,40%用于加工果汁。全球63亿人口,人均占有柑橘15.9千克。以鲜食和橙汁消费分:人均消费柑橘鲜果10.3千克,橙汁2.6千克。

柑橘消费发达国家较发展中国家的人均消费高。鲜柑橘发达的欧美国家高达30~40千克,而发展中国家多则几千克,少则不足1千克。橙汁消费更是差距悬殊:发达国家人均年消费橙汁已超过13千克,美国超过30千克,发展中国家人均仅0.2千克。橙汁的主要消费国家为:美国年消费658万,欧洲643万吨,加拿大70万吨,日本64万吨,韩国33.4万吨,澳大利亚28.6万吨,中国7万吨,其他国家80万吨。我国消费橙汁年人均不足0.2千克。橙汁消费在发达国家基本趋于稳定,上升趋缓;发展中国家,特别是中国橙汁的消费会快速增长,预计今后10~15年,橙汁人均消费将达到2.6~3千克。

(六)主产国简介

1. 巴西 2005年巴西柑橘栽培面积90万公顷、总产量1 921万吨,平均每667平方米产1 443千克。因自然灾害和病害等原因,与 1998 年年产量 2 425.3 万吨相比,有所下降。

巴西种植适合加工的甜橙为主,总产量的 80% 加工 65°Brix 冷冻浓缩橙汁,常年浓缩汁的产量 120 万～130 万吨。其次是宽皮柑橘,其三是葡萄柚等其他柑橘。

巴西地处南半球,热量条件丰富,全国 22 个州均有柑橘种植。其中以圣保罗州产量为最,占全国产量的 70% 以上;其次是累西菲州和巴以亚州,以生产鲜销甜橙为主。

巴西柑橘快速发展得益于:热量丰富,适栽柑橘地域辽阔,且实行种植区域化;生产和加工业的规模化;发达的商业组织和产销一体化。

2. 美国　1984 年以前,美国柑橘产量一直位居世界首位。20 多年来因遭受大冻、飓风和柑橘溃疡病等的危害,柑橘的面积和产量有所下降。2005 年柑橘栽培面积 53 万公顷,产量 1 377 万吨,产量次于巴西、中国,屈居世界第三位。

美国 50 个州,仅佛罗里达州、加利福尼亚州、得克萨斯州和阿利桑那州生产柑橘。以佛罗里达州居首,常年产量 800 万～1 000 万吨。

美国生产甜橙为主,常年产量 1 000 万～1 200 万吨。甜橙除脐橙作鲜销外主要用于加工,常年加工量 800 万～900 万吨。其次是葡萄柚和柠檬、来檬。葡萄柚产量 200 万吨左右,加工量 50%;柠檬、来檬产量 100 万吨左右,约 45% 用于加工。

美国柑橘产业的特点是选择适栽柑橘的地域(州)实行专业化生产、产业化经营、精准化管理、社会化服务和现代化设施。

3. 西班牙　柑橘种植区属亚热带地中海气候。2005 年柑橘面积、产量分别为 26 万公顷、628 万吨。面积、产量均居欧洲之首。产量仅次于巴西、中国、美国,居世界第四位,平均每 667 平方米产 1 610.3 千克。

以种植宽皮柑橘为主,常年产量 300 万～350 万吨。品种克力迈丁红橘为主,主要用于鲜销出口;其次是甜橙,常年产量 200万～250 万吨,25%左右用于加工橙汁;其三是柠檬,常年产量 100万吨左右。西班牙出口柑橘鲜果最高年达 370 万吨,占世界出口量的 35%以上。

西班牙柑橘主产区在瓦伦西亚、安大路西亚、穆尔西亚和利文蒂等产区。

西班牙柑橘生产快速发展得益于:优新品种不断推广,无病毒苗木的快速发展,鲜果出口的区位优势和发达的商业组织。

4. 意大利 柑橘面积、产量仅次西班牙居欧洲第二。2005 年柑橘栽培面积 18.67 万公顷,产量 360 万吨,平均每 667 平方米产1 286 千克。

意大利以甜橙居多,占总产量的 60%;其次是柠檬占 26.5%,宽皮柑橘占 11.6%,巴柑檬占 1.6%。

意大利柑橘主要产区在西西里岛、亚平宁半岛和亚平宁半岛南端的卡拉勃亚区,其中西西里岛产区产量占总产量的 66%以上。

意大利柑橘生产的特点:一是重视柑橘种类、品种、熟期的合理配搭,做到柑橘周年应市;二是重视柑橘产后的商品化处理;三是重视柑橘的防寒抗冻;四是重视科学研究,实现科研成果产业化。

5. 墨西哥 墨西哥地处中美洲,柑橘产区处亚热带和边缘热带气候。2005 年柑橘面积 35 万公顷,产量 411.3 万吨,平均每 667 平方米产 840 千克。面积和产量均居世界第五位。

墨西哥以生产甜橙为主,其次是来檬、葡萄柚。常年甜橙产量350 万吨以上,以伏令夏橙占绝对优势;其次是来檬,常年产量 30万吨以上,是世界来檬的第一生产大国。

墨西哥 32 个州,均可生产柑橘,其中以新来昂州、韦腊克鲁兹州、塔毛里帕斯州和圣路易斯波托西州主产甜橙;科利马州和米却肯州主产来檬。

墨西哥柑橘发展得益于：选择最适的气候种植，无严重的昆虫传布的病毒病害；重视从国外，尤其是从美国引入新品种；重视柑橘产后处理和加工。

6. 日本 适栽柑橘区域仅限于北纬 27°～35°、离太平洋 20 千米的海湾山地，集中在爱媛、静冈、鹿儿岛、熊本、佐贺和和歌山等县。20 世纪 70 年代中期最高年产量 418 万吨，栽培面积 20 万公顷，后因温州蜜柑过剩和甜橙自由贸易输入等原因，柑橘产量不断下降。2005 年柑橘面积 7 万公顷、产量 137 万吨，平均每 667 平方米产 1 305 千克。主产温州蜜柑，甜橙的脐橙和杂柑伊予柑、清见不知火、天草等也有生产。

日本柑橘产业的特点是：品种更新快；栽培逐步走向省力化；修剪由原先精细向大枝修剪发展；重视高品质的完熟栽培、设施栽培；政府大力支持搞好柑橘产业的产前、产中、产后服务；多数柑橘农家加入农业协同组织（农协），农协组织常由综合政策部门、购销指导部门、金融部门、健康保险部门和损害保险部门等构成。农协把柑橘推向产业化是促进日本柑橘业稳定发展的重要条件。

7. 以色列 以色列地处地中海东岸，是亚、非、欧三大洲的汇合点。属典型的地中海型气候，夏天炎热干旱。由于生产成本急剧上升，劳力缺乏等原因，柑橘产量出现下降。2005 年柑橘面积 2 万公顷，产量 65.2 万吨，平均每 667 平方米产 2 173.3 千克。

柑橘种植以葡萄柚为主，常年产量 25 万～30 万吨；其次是甜橙，常年产量 20 万吨左右；宽皮柑橘常年产量 10 万吨左右，柠檬产量 2 万～3 万吨。

以色列柑橘产业的特点：一是种植区热量丰富，气候干旱，用先进的节水灌溉技术生产出高产、优质的柑橘；二是为赢得市场以色列 85% 的柑橘均实行虫害综合防治管理（IPM）计划获得成功。

8. 阿根廷 阿根廷是南美洲第二大国。位于南美洲南部，东与乌拉圭、巴西接壤,北与玻利维亚和巴拉圭为邻,西靠智利,南部靠近南极圈。

阿根廷地形复杂多样,地势西高东低,安第斯山脉坐落西部,贯穿南北3 000多千米,东部为大片冲积平原、海拔不到200米。

阿根廷气候复杂多样,北部属于亚热带气候,最北端的大峡谷地区因有南回归线的穿越,呈热带性气候。

阿根廷2005年柑橘面积12.7万公顷,产量235万吨,平均每667平方米产1 234千克。柑橘产区主要有:西北主产区有萨尔塔、胡胡伊和图库曼等省,主产葡萄柚、甜橙和柠檬;东北产区有恩特雷里奥斯和科连特斯等省,主产甜橙和柠檬。布宜诺斯艾利斯等地主产脐橙。

阿根廷是柠檬主产国,常年产量120万吨。近几年由于小型柠檬种植户生产的柠檬达不到出口要求,影响种植积极性,部分种植户放弃柠檬种植,使柠檬种植减少了0.5万公顷,但由于新种植柠檬的投产和高产,不会影响总的柠檬产量。西北产区的葡萄柚产量常年15万吨左右,宽皮柑橘30万吨左右,甜橙70万吨左右。

阿根廷柑橘国内消费甜橙40万吨左右,宽皮柑橘25万吨左右,柠檬和葡萄柚分别消费5万吨、4万吨。

柑橘用于加工,柠檬为80万吨左右,甜橙为15万吨左右,葡萄柚为10万吨左右,宽皮柑橘为4万吨左右。

阿根廷柑橘鲜果出口,甜橙18万吨,宽皮柑橘8万吨。由于国内销量增长,出口量减少。出口柠檬汁、香精油常年30万吨。

阿根廷进口柑橘500吨,价值20万美元,主要从智利和乌拉圭进口。

阿根廷种植柑橘的热量条件丰富,尤适柠檬的发展,是世界柠檬的重要生产国。

9. 摩洛哥 摩洛哥位于非洲的西北端,西临大西洋,北濒地中海,为温暖湿润的地中海型气候,年降水量500毫米,柑橘无冻害威胁。全国有 9 个地区生产柑橘,其中苏斯(souss)、加布(gharb)、塔得拉(tadla)为主要产区,栽培面积分别占总栽培面积的 31%,29% 和 13%,种植的柑橘品种主要是克力迈丁红橘、华盛顿脐橙、伏令夏橙、桑吉罗血橙等,也栽有哈姆林甜橙、葡萄柚和柠檬等。

2005 年,摩洛哥柑橘栽培面积 7.67 万公顷,产量 160 万吨,平均每 667 平方米产 1 391 千克。甜橙、宽皮柑橘、柠檬和来檬及葡萄柚的比例分别为 69%、29%、1.3%、0.7%。

摩洛哥柑橘以鲜销为主,占柑橘总产量的 90%。年出口量 70 万吨以上,出口金额 4 亿美元。其中甜橙出口 38 万吨,以克力迈丁红橘为主的宽皮柑橘 31 万吨,少量的柠檬、来檬和葡萄柚。柑橘鲜果主要销往欧洲。

摩洛哥柑橘生产的特点:一是生产柑橘的生态条件适宜,冬天无冻害之虞;二是柑橘品种配搭合理,基本做到季产年销;三是重视柑橘鲜果出口;四是国家和银行通过贷款、补贴和培训技术等扶持柑橘产业的发展。

10. 南非　南非地处南半球。2005 年南非柑橘面积为 8.4 万公顷,由 1 400 多个果园主经营管理,总产量 156 万吨,居世界第十五位。南非柑橘生产以甜橙为主,1995、2005 年甜橙的面积分别为 3.5 万公顷和 5.4 万公顷,产量分别为 74.8 万吨和 99.3 万吨;其次是葡萄柚,同期的面积、产量分别为:0.32 万、0.5 万公顷,12 万、21.2 万吨;再次是柠檬面积、产量分别为 0.38 万、0.95 万公顷,7.3 万、23.4 万吨;其四是宽皮柑橘面积、产量分别为 0.3 万、0.51 万公顷,5.6 万、11.3 万吨。

南非柑橘平均每 667 平方米产:甜橙 1995 年、2005 年分别为 1 424 千克和 1 226 千克;葡萄柚分别为:1 642 千克和 944 千克;柠檬为 1 279 千克和 1 645 千克;宽皮柑橘为 1 240 千克和 1 467 千克。2005 年柑橘平均每 667 平方米产量为 1 238 千克。

主栽的柑橘品种甜橙为华盛顿脐橙、伏令夏橙、哈姆林甜橙以及克拉诺、特蒙格、比兰米阿等;葡萄柚主要是马叙无核;柠檬主栽尤力克;宽皮柑橘主栽克力迈丁和地中海橘。砧木主要为粗柠檬、枳橙和恩培勒橘。

南非柑橘 6~10 月成熟。由于柑橘产区的日照良好,昼夜温差高达 20℃左右,降水量相对较多,因此果实的外观和内质均较优,加之上市期正好与北半球柑橘上市季节互补,故南非柑橘出口竞争力强,鲜果出口仅次于西班牙、美国,居世界第三位。2005 年出口柑橘鲜果 101.3 万吨,占总产量的 64.9%;柑橘鲜果的出口值占柑橘总产值的 84%。

南非柑橘鲜果主要出口到欧洲,占总出口量的 46%;出口中东各国占 17%,出口到俄罗斯占 11%,出口日本占 9%,出口美国占 8%,出口远东地区占 6%。

南非柑橘产业以出口柑橘鲜果为发展重点,当前特别注重晚熟宽皮柑橘和柠檬的发展,使产业获得特有的市场竞争优势。

柑橘鲜果出口,都要进行果品商品化处理,柑橘基地都有果品处理的包装厂。包装厂一般是由多个协会或合作社集资建成,进行自我或有偿服务,投资者最后从包装厂利润中分红。果实采后24 小时内进行保鲜杀菌处理。

南非柑橘产业规模不大,但产业经营水平相当高。其柑橘产业的主要特点是组织集团,统一对外,积极开拓国外市场。南非有3 500 个农场生产柑橘,产量的 64% 用于出口,柑橘出口收入占柑橘业收入的 92%。南非的柑橘业总部(Outspan)几乎垄断了南非,甚至非洲南部国家的柑橘出口。此外,建立健全的管理规程和标准,正确估计市场,重视市场要求,不过多依赖中介组织,运输和贮藏方法恰当,灵活运用价格策略,严格把好质量关,注重市场秩序的维持,也是柑橘产业成功之经验。

综合世界柑橘主产国发展柑橘的主要经验:一是选择最适宜

的气候、最优良的品种实行规模化种植,科学化管理。二是以市场定产,组织集团,统一对外,大力开拓国外市场,如美国的新骑士公司、南非的 Vutspan 公司、以色列的 Jaffa 公司等。三是大力发展高品质的鲜食品种和加工橙汁品种,并进行早、中、晚熟期合理搭配。四是生产者与经销商利益共享,促进产业健康稳定发展。五是产业发展计划、营销网络、策划紧密结合是实现高效的保证。

世界柑橘产业将呈现产量不断上升,人均消费增长出现下降趋势,发达国家鲜果消费下降更为明显;易剥皮的柑橘受欢迎;非浓缩汁(NFC)受青睐;世界各柑橘主产国看好中国、俄罗斯市场;柑橘价格基本平衡,时有升、降;柑橘精油用作电脑芯片的高级清洁剂等使柑橘加工副产品重要性上升。

二、国内柑橘产销信息

我国是世界柑橘的重要原产地之一,柑橘资源十分丰富,栽培历史长达 4 000 多年。我国柑橘分布在北纬 16°～37°,主产地在北纬 20°～33°。全国包括台湾省有 19 个省、直辖市和自治区柑橘生产,其中山东、山西只有枳。全国 21 个省、直辖市和自治区有柑橘分布。全国主产柑橘的有湖南、四川、江西、福建、广东、浙江、广西、湖北、重庆和台湾等 10 个省、直辖市和自治区。不包括台湾省,全国有 1 040 个县、市、区生产柑橘(表 1-5),这些县、市、区的名称详见附录一。

表 1-5　我国各省、直辖市和自治区生产柑橘的县、市、区数

省、直辖市和自治区	县、市、区数	生产柑橘的县、市、区数	省、直辖市和自治区	县、市、区	生产柑橘的县、市、区
江　苏	106	6	海　南	20	17
浙　江	90	81	四　川	181	130
安　徽	105	15	重　庆	40	37

续表 1-5

省、直辖市和自治区	县、市、区数	生产柑橘的县、市、区数	省、直辖市和自治区	县、市、区	生产柑橘的县、市、区
福 建	85	71	贵 州	88	75
江 西	99	91	云 南	129	120
河 南	159	15	西 藏	71	6
湖 北	102	66	陕 西	107	18
湖 南	122	106	甘 肃	86	10
广 东	121	83	合 计	1820	1040
广 西	109	93			

（一）面积和产量

1949、1990、2000、2005、2006 年全国和主产省、直辖市、自治区柑橘种植面积、产量、平均每 667 平方米产量分别见表 1-6、表 1-7、表 1-8。

表 1-6 全国和主产省、直辖市、自治区 5 年中柑橘种植面积

（单位：万公顷）

地 区	1949 年	1990 年	2000 年	2005 年	2006 年
湖 南	0.47	16.95	24.79	29.62	31.34
四 川	0.89	16.87	15.52	20.69	21.56
江 西	0.11	7.21	16.93	21.51	22.93
福 建	0.22	12.00	13.79	17.03	17.02
广 东	0.97	19.27	8.22	19.55	22.45
浙 江	0.25	12.20	12.47	12.30	12.02
广 西	0.10	7.21	11.00	14.13	15.15
湖 北	0.13	8.57	9.91	14.32	15.90
重 庆	—	—	6.32	10.89	10.99
全 国	3.27	106.12	132.37	171.73	181.45

注：1949、1990 年重庆的柑橘面积包含在四川省中

表 1-7 全国和主产省、直辖市、自治区 5 年中柑橘产量 (单位:万吨)

地 区	1949 年	1990 年	2000 年	2005 年	2006 年
湖 南	1.60	46.60	125.92	213.00	250.79
四 川	4.10	90.20	132.75	215.10	205.78
江 西	2.00	17.60	28.30	110.80	139.38
福 建	2.00	40.70	130.60	216.80	226.68
广 东	4.00	151.40	81.06	184.70	224.44
浙 江	3.90	79.70	79.19	150.10	180.51
广 西	1.70	34.10	87.99	188.70	205.52
湖 北	0.30	13.10	94.64	147.30	181.11
重 庆	—		58.39	92.90	84.71
全 国	21.10	485.50	878.31	1592	1789.83

注:1949、1990 年重庆柑橘产量包含在四川省中

表 1-8 全国和主产省、直辖市、自治区 5 年中
柑橘平均每 667 平方米产量 (单位:千克)

地 区	1949 年	1990 年	2000 年	2005 年	2006 年
湖 南	224.30	183.3	338.63	479.40	532.80
四 川	302.20	356.40	570.23	693.20	636.30
江 西	1256.30	162.80	111.44	343.40	405.63
福 建	606.10	226.10	631.38	848.50	887.90
广 东	276.60	523.90	657.42	630.00	669.49
浙 江	1051.40	435.30	421.67	813.60	1001.16
广 西	1146.60	315.20	468.53	887.70	904.38
湖 北	155.50	101.90	636.66	685.70	759.37
重 庆	—	—	615.93	566.80	513.86
全 国	428.10	305.00	442.35	618.00	634.30

　　2005 年各省、直辖市、自治区柑橘面积前 3 位的是湖南 29.62
万公顷、江西 21.51 万公顷和四川 20.69 万公顷;2006 年前 3 位

的是湖南31.34万公顷、江西22.93万公顷和广东22.45万公顷。

2000年,全国柑橘产量878.31万吨,各省、直辖市、自治区居前3位的是四川132.75万吨,福建130.6万吨,湖南125.92万吨。2005年全国柑橘产量1 592万吨,各省、直辖市、自治区居前3位的是:福建216.8万吨,四川215.1万吨和湖南213万吨。2006年全国柑橘产量1 789.83万吨,各省、直辖市、自治区居前3位的是湖南250.79万吨,福建226.68万吨,广东224.44万吨。

我国平均单产较低,全国1949年平均每667平方米产量428.1千克,1980年下降到165.7千克。其后逐渐回升,1990年305千克,2000年442.15千克,直到2005和2006年分别上升到618千克和634.3千克。为世界平均每667平方米产量的60%,还不到以色列平均每667平方米产量的30%。单产低是差距,同时又是加强栽培管理后的增产潜力。

2005年,各省、直辖市、自治区柑橘平均每667平方米产量居前3位的是广西887.7千克、福建848.5千克、浙江813.6千克。2006年平均每667平方米产量居前3位的是浙江1 001.16千克、广西904.38千克和福建887.9千克。

除上述省、直辖市、自治区外,2006年柑橘面积和产量:贵州3.7万公顷、17.7万吨,平均每667平方米产量318.92千克。云南2.91万公顷、24.76万吨,平均每667平方米产量558.08千克。陕西2.15万公顷、16.32万吨,平均每667平方米产量506.05千克。上海1.06万公顷、19.66万吨,平均每667平方米产量1 236.48千克。河南0.97万公顷、3.7万吨,平均每667平方米产量254.3千克。江苏0.54万公顷、4.79万吨,平均每667平方米产量591.36千克。海南0.36万公顷、2.66万吨,平均每667平方米产量492.59千克。安徽0.34万公顷、1.34万吨,平均每667平方米产量262.75千克。甘肃0.02万公顷、0.34万吨,平均每667平方米产量1 133.33千克。西藏0.03万吨。

（二）品种和砧木

1. 品种　我国柑橘作为商品栽培主要有甜橙、宽皮柑橘、柚和柠檬4大类，以宽皮柑橘占多数，金柑也有少量的栽培。2005年各类柑橘的种植比例为：宽皮柑橘71％（其中橘36.2％、柑34.8％）、甜橙16％、柚11％、柠檬、金柑1.3％。

柑橘品种繁多，作为主要栽培品种有：宽皮柑橘的温州蜜柑、蕉柑、杂柑（天草、不知火等）、椪柑、红橘、南丰蜜橘、本地早、砂糖橘（十月橘）等；甜橙的脐橙（华盛顿、纽荷尔、朋娜、林娜、丰脐、清家、福本、红肉等）、夏橙（伏令、奥灵达、德尔塔等）、血橙（红玉、塔罗科等）、锦橙（北碚447、渝津橙、铜水72-1、蓬安100号等）、中育7号甜橙、先锋橙、暗柳橙、红江橙、冰糖橙、早冰橙、早金甜橙、哈姆林甜橙等；柚类的沙田柚、琯溪蜜柚、玉环柚和垫江柚等；柠檬的尤力克；金柑的金弹和罗浮等。

2. 砧木　我国以枳为主要砧木，不同产区还用红橘、酸橘、香橙、红橡檬等作砧木。酸柚、枳为柚的砧木。20世纪末开始从美国等国引进卡里佐枳橙作甜橙的砧木，特别是作国外引进品种伏令夏橙、哈姆林甜橙、纽荷尔脐橙等的砧木，表现生长快、结果早、丰产性好。

（三）柑橘贸易

1. 出口情况　我国柑橘以国内市场销售为主，出口因价格和其他原因数量不大。1990年以前，每年出口的鲜果量为3万～7万吨。21世纪起，每年出口柑橘鲜果15万～25万吨。加工制品出口主要是糖水橘瓣罐头，数量为20万～25万吨。橙汁出口很少，只有2 000多吨。

2005年柑橘鲜果出口25.5万吨，占总产量1 591.9万吨的1.6％；出口价格0.32美元/千克。橘瓣罐头出口25万吨。橙汁出口 2 282.4 吨,出口价格 1.05 美元/千克。

柑橘鲜果出口到世界 17 个国家和地区,以出口到香港和越南的柑橘最多,以下依次为马来西亚、俄罗斯、澳门、新加坡,印度尼西亚、加拿大、菲律宾、泰国、阿拉伯联合酋长国、斯里兰卡、印度、孟加拉国、哈萨克斯坦、吉尔吉斯斯坦和荷兰等国和地区。

橘瓣罐头,我国是世界第一出口大国,产量超过 80 万~100 万吨,2005 年出口约 25 万吨,主要出口到欧盟、美国、日本、加拿大和俄罗斯等国。

冷冻浓缩汁出口到世界 12 个国家和地区,出口量最大的是香港 1 568 吨,其次是泰国 246 吨;新加坡、马来西亚、日本、科威特、印度尼西亚、越南的进口数量都为几十吨;出口到斯里兰卡、法国、美国的数量很少。

非冷冻橙汁出口到香港地区最多,超过 1 000 吨;出口到泰国、日本、俄罗斯、朝鲜、德国的仅数十吨;也有少量出口到安哥拉、蒙古、新加坡、意大利、法国、澳大利亚、菲律宾、美国、加拿大和智利。

2. 进口情况 2005 年柑橘鲜果进口 5.03 万吨,进口值 3 546 万美元,进口价格 0.7 美元/千克。橙汁进口 5.73 万吨,进口值 5 825.15 万美元,进口价格 1.02 美元/千克。

进口柑橘鲜果来自 9 个国家和地区,数量较多的国家是美国、南非和新西兰,分别为 3.1 万吨、0.93 万吨和 0.51 万吨;其次是阿根廷、乌拉圭和泰国,进口量均在 100 吨以上;从智利进口 34 吨,从巴西进口 2.25 吨。从南美的巴西、智利进口柑橘数量虽较少,但这两个国家的柑橘对未来世界柑橘的冲击力不容忽视。

冷冻橙汁进口,从巴西、以色列、荷兰 3 国进口的最多,分别为 47 742 吨、7 489 吨和 1 438 吨;从意大利和美国进口平均约 300 吨;其他国家和地区还有香港、加拿大、法国、日本、英国和菲律宾。

NFC(非浓缩、非冷冻)橙汁,主要从意大利和西班牙进口,数量均在 700 吨以上;从美国进口 216 吨;从德国、香港、阿曼进口均在几十吨;从塞浦路斯、南非、法国、印度尼西亚、阿根廷也有少量进口。

(四)消费和价格

我国柑橘消费以国内市场为主。柑橘鲜果和柑橘加工品,以消费柑橘鲜果为主。2005 年全国产柑橘 1 591.9 万吨,95%的柑橘在国内市场鲜销,人均消费 12.3 千克,较世界人均消费 16 千克低 4 千克。农村与城镇居民消费以城镇居民消费为主。

随着经济发展和生活水平的提高,橙汁的消费会有大的增长。20 世纪末全国人均消费不足 0.1 千克,4～5 年间消费量翻了一番,增加到人均接近 0.2 千克。但与发达国家人均消费 30 千克差距甚远。

我国柑橘的价格,出口的一直较低。1981～1985 年出口港、澳市场柑橘价格,美国甜橙逐年上涨,每吨分别为 3 624.6、4 512.7、4 547.8 、5 532.5 港元和 6 006 港元;泰国橙的价格几乎逐年下降,每吨由 1981 年的 4 159.1 港元,下降到 1985 年的 3 422.5 港元;我国台湾甜橙的价格上下波动,每吨分别为3 504.5、4 986.7、4 480.9、4 948 和 4 925.3 港元。同期我国出口港、澳甜橙的均价在 1 607.8～3 885.1 港元。此期间,出口甜橙均价以美国最高,其次是我国台湾省,第三为泰国,我国大陆的最低。到 20 世纪末,我国柑橘出口因时间、品质、包装等原因,价格仍偏低,1995 年出口美国的价格为 481.7 美元/吨,1996 年为 408.1 美元/吨。2005 年出口柑橘均价下降为 340 美元/吨,而进口柑橘的均价为 700 美元/吨。

柑橘国内销售,除产地的大、中、小城市销售外,素以东北、华北和西北为主要的销售市场。自 1984 年起,柑橘果品由 2 类商品转为 3 类商品,从此价格放开,多渠道经营,对柑橘产业的发展起到了积极的促进作用。近20多年来柑橘价格出现如下趋势:优新品种优质果优质优价,大路货价格低;丰产年(大年)柑橘价格下降,歉收年(小年)价格见涨;鲜销果价格比加工果价格普遍上扬;早应市、晚应市的品种比集中应市的中熟品种价格高,叫响品牌的比一般品牌、无品牌的价格高。

1985、1990、2000、2005年甜橙、宽皮柑橘的销售价格分别见表1-9、表1-10。

表1-9　1985、1990、2000、2005年国内市场甜橙销售价格

（单位：元/千克）

年　份	最低价	最高价	平均价
1985	1.00	1.50	1.30
1990	0.80	1.80	1.40
2000	0.90	1.40	1.25
2005	1.10	1.60	1.45

注:脐橙、锦橙等2个品种的平均价

表1-10　1985、1990、2000、2005年国内市场宽皮柑橘销售价格

（单位：元/千克）

年　份	最低价	最高价	平均价
1985	0.90	1.50	1.40
1990	0.80	1.60	1.25
2000	1.00	1.40	1.30
2005	1.20	1.60	1.45

注:温州蜜柑、椪柑、红橘等3个品种的混合价

（五）优势和差距

1. 优　势

(1)气候适宜，土地辽阔　我国适栽柑橘的亚热带、热带地域辽阔。2006年栽培面积181.47万公顷，70％的面积和80％的产量出自柑橘生态的最适宜区。国家农业部出台的《优势农产品区域布局规划（2003～2007年）》，制定了柑橘优势区域发展规划。规划的3条柑橘优势带：即浙南—闽西—粤东柑橘优势带，北起浙江宁波，东到广东梅州，此带以宽皮柑橘为主，生产的温州蜜柑、椪柑是橘瓣罐头和宽皮柑橘出口的主要基地。同时，还生产少量良种柚。赣南—湘南—桂北柑橘优势带，东起江西寻乌，穿越信丰、湖南的郴州、零陵一直到广西的桂林，此带以脐橙为主，湘南、桂北有少量的夏橙，可发展成鲜食甜橙基地。长江中上游柑橘优势带，西起四川宜宾，东至湖北宜昌，此带是加工橙汁甜橙、鲜食脐橙的优势产区。除上述三大柑橘优势带外，我国的其他产柑橘省、直辖市、自治区还有各具特色的优势区域，有利我国柑橘业的发展和满足市场的需求。

(2)资源丰富，品种优良　我国是柑橘的重要原产地之一，柑橘资源丰富，栽培的良种很多。世界作为商品的四大类柑橘——甜橙类，宽皮柑橘类，葡萄柚、柚类，柠檬、来檬类，我国均可栽培。尤其是宽皮柑橘的品种，不论是鲜销或是加工橘瓣罐头均具竞争力。脐橙种植的优势和国内及周边国家对脐橙的需求，有力促进了我国脐橙的发展。具有中国特色的良种柚和有市场前景的柠檬也具有发展优势。糖度高、风味浓、品质好、易剥皮、有一定市场的杂柑及小果型的南丰蜜橘、砂糖橘等在我国也有种植优势。

(3)人口众多，市场很大　我国有13亿人口，占世界人口的20％以上。巨大的柑橘国内市场是其他柑橘生产国所不具有的优势。随着我国经济建设的加速、人民生活水平的提高，对柑橘果品的需求量不断增加,需求的种类、品种不断增多。中国将是世界未来最大的鲜柑橘和橙汁的消费市场。世界柑橘产业的有识之士,已把柑橘市场的开拓转向中国市场。国内也尽最大的努力,发展鲜食优质柑橘基地,发展橙汁加工基地来确保国内柑橘市场的统治地位。同时,千方百计出口我国的柑橘和橘瓣罐头制品。

(4)**劳力价廉,成本可降**　我国柑橘产区,特别是西部产区,劳力与国外相比,十分廉价。具有发展劳动密集型的柑橘产业的优势。

我国柑橘小面积每 667 平方米产量超过 5 000 千克的典型比比皆是。但平均每 667 平方米产量 2005 年 618 千克,2006 年 634.3 千克,仅为世界的 65.5% 和 67.2%。在当前国内强调粮食生产之时,对现有的柑橘加强管理,提高单产的潜力很大,平均每 667 平方米产量增加至 1 000 千克,我国柑橘总产量就可超过 2 500 万吨。随着单产的提高,生产成本还可下降,也将促进我国鲜柑橘销售市场的扩大和柑橘加工业的发展。

2. 差距　与世界柑橘主产国相比,我国柑橘产业的差距仍很大。目前,我国可算是柑橘大国,但不是柑橘强国。

(1)**单产偏低,比例欠佳**　如前所述,我国平均每 667 平方米产量只有世界平均单产的 65.5% 和 67.2% ,比以色列的单产更低。柑橘的品种结构不够合理,品种偏重鲜食,熟期不配套,早、中、晚熟品种比例不够合理,多数是年内 11～12 月份成熟的中熟品种,早、晚熟品种尤其是晚熟品种极少。单产低,影响柑橘的效益和柑橘加工业的发展。

(2)**外观内质,有待提高**　作为鲜销柑橘,其外观、内质十分重要,好看、好吃是消费者购买的前提。我国有不少外观美、内质优的良种,但因栽培管理不到位和采后处理、运输滞后而影响外观、内质。外观(包括包装)跟不上,果品未到消费者手中就伤痕累累。内质的不一致性,同一品种、品牌,不同年份品质、口感不一。改进包装,改善外观,提高内质和内质的一致性,是增加柑橘竞争力的关键。

(3)加工滞后,出口很少　与其他主产柑橘国相比,我国柑橘的加工滞后。巴西柑橘加工占总产量的 80%,世界柑橘加工占总产量的 40%,我国仅占总产量的 5%。且多数用于加工橘瓣罐头。加工业滞后既有品种问题,也有加工原料价格过高的问题。橙汁消费需求猛增,但我国的加工业既缺原料,又缺竞争力。

出口的鲜柑橘虽从十多年前的几万吨增加到 25 万吨以上,但出口所占比例为总产量的 1.6%,与世界出口柑橘占总产量的 10%(有的国家高达 60%)相比差距很大。

(4)强化管理,措施不力　柑橘产业是一项技术性强的系统工程,需要严格的管理,才能顺利的发展,出好的效益。我国的良种繁育体系才起步,在生产中的推广应用需要时间,苗木市场混乱的现象依然较为严重。更有甚者,非疫区到疫区购种苗、买接穗屡禁不止,疫区的柑橘在非疫区市场销售一路通畅,所有这些加剧了品种良莠不齐,真假难分,造成检疫性病虫害的蔓延。

(5)生产体制,急需变革　柑橘生产是商品生产,目前生产的果品已进入大市场、大流通。而我国的生产体制多数还是小生产。小生产与大市场的矛盾日趋激烈,急需更改。目前推出的龙头企业带基地带农户,果农组织起来,成立专业生产合作社,土地流转,规模经营,规范管理,实行产、供、销一体化,刚刚起步,要使其正常、有效运转,仍需下大力气和得到方方面面的支持。

(6)整体素质,差距不小　柑橘产业的做强,衡量的标准是柑橘业的整体素质。我国柑橘业与发达国家的柑橘业相比,整体素质低、差距大,表现在产业的单产、产品质量、商品率、供应期、品牌、果农的技术素质、投入生产的技术力量以及营销者的技能等各个方面。

提高柑橘产业的整体素质,将促进我国柑橘大国向柑橘强国发展。

（六）应 对 策 略

我国柑橘业虽已有长足的发展，在今后更为激烈的竞争中要求得到持续发展，必须从国内外市场的需求出发，充分发挥柑橘产业的优势，尽力缩小与世界柑橘业的差距。在加强栽培管理、提高单位面积产量、提高商品果率和优质果率上狠下工夫；加强产后的果品商品化处理，积极发展柑橘的加工业，延长柑橘的产业链，不断开拓国内外市场，使柑橘业沿着"丰产、优质、高效益、低成本"的良性循环，增强竞争实力，迈上新的台阶。

1. 依据市场，发展品种　柑橘发展最终的目标是市场需求、俏销价好。因此，种植的柑橘品种一定要根据市场需求定位。

目前和今后相当长的一段时间，消费者对橙汁，对脐橙为主的鲜销甜橙，对易剥皮方便消费的宽皮柑橘以及有特色的柚类、柠檬的需求看好。我国应根据比较优势来定位发展的品种。橙汁，目前无优势可言。但从我国生产橙汁原料的优势产区、适栽的加工品种和相对低价的劳动力以及国内橙汁市场的占领等方面统盘考虑，在长江三峡库区云阳以上直至四川宜宾的优势带种植和发展加工橙汁为主的甜橙是可取的。国际市场橙汁的价格攀升，给我国橙汁加工业发展带来机遇，但应在发展中解决好加工品种的对路和早、中、晚熟品种的搭配；相对集中成片的规模化生产，形成规模效应；生产体制的变革，变小生产经营为规模化、商品化生产；提倡龙头企业带基地带农户，发动果农，按自愿的原则参加柑橘专业生产合作社。真正的变革生产体制适应生产发展，要靠各级政府和各方面的支持，企业、专业合作社、果农的双赢、多赢，是产业不断发展的基础。

脐橙为主的鲜销甜橙，主要的市场在国内，但要努力挤占和扩大我国周边的市场。对欧美市场的竞争，目前是积极争取。

宽皮柑橘和良种柚是我国的优势,在占领国内市场的同时,应努力保持和扩大国际市场。宽皮柑橘的橘瓣罐头在国际贸易中的领先位置应继续拼搏、保持。

柠檬是四类柑橘商品中的一大类,我国产量很少,尤力克柠檬总产量不到 10 万吨。我国有发展的区域,应积极稳妥的发展,以供市场之需。

2. 加强管理,提高单产　"良种、适地、适栽"即优良的品种,适宜区域种植,科学的栽培管理是获得柑橘优质丰产的基础。我国现有柑橘面积中,每 667 平方米产量能达 1 000 千克的面积为30%,40%的面积产量 500~600 千克,30%的面积单产低于 300千克和未投产(幼树)。可见,加强栽培管理,包括改良土壤、增加肥水、改换品种、加强病虫害防治等技术措施到园到树之重要。"无粮不稳",国家重视粮食生产是正确的。柑橘果树当前发展应积极稳妥,重点管好已种植的柑橘,提高其产量、品质和效益。以往在柑橘的发展上有重视建园种植,忽视种后管理。柑橘应是"三分种、七分管",甚至是"八分管、九分管"。为使柑橘产业持续发展,国家和各级政府对现有柑橘产量和效益的提高应加大力度支持。只种失管,甚至不管,不如不种。

当前柑橘生产仍应贯彻国家农业部 20 世纪末提出的"一稳、二调、三提高"的发展方针,"一稳"即稳定面积。"二调"即调整区域布局,调整品种结构,重点发展和改造优势区域柑橘,重点发展和换接市场需求的品种,增加早、晚熟品种,控制中熟品种,发展优新品种,淘汰相形见绌的品种。"三提高"即提高单产,提高品质,提高效益。

3. 普及技术,提高素质　柑橘生产的过去、现在和将来,要得到可持续的发展,离不开科学技术,特别是柑橘的种植者技术素质的提高,真正掌握实用的生产技术。

我国柑橘优势产区的新发展,原有柑橘单产、品质和效益的提高,乃至柑橘产后的处理、贮藏、加工和营销,都要靠科学技术,靠柑橘从业者综合素质的提高。谁掌握科学技术,谁具备综合整体素质,谁就能在发展柑橘产业中致富。

4."销"字当头,"发"在其中 柑橘作为商品,与其他商品一样,生产是为了销,"销"字当头,才能"发"在其中。柑橘的种植目标是市场好销。围绕好销的总目标控制发展速度,使产量增加与消费增长同步;既要提高单产,又要注重品质的提高,以利获得好的经济效益;品种熟期的合理配套,使果品季产年销,周年应市,避免果品价格的大起大落而效益下降;重视柑橘的产后处理,加强加工业的发展,延长柑橘的产业链,提升柑橘的产值。柑橘的销售越好、效益越好,柑橘的发展就越快。柑橘产业"销"字当头,发展自然就在其中。

(七)前景和趋势

我国柑橘产业发展已取得举世瞩目的成绩,根据柑橘果品的优势和国内外市场的需求,柑橘产业仍将持续发展。只要不发生人为不可抗拒的自然灾害,预测到 2020 年我国柑橘面积将达到200 万公顷,柑橘产量将达到 3 000 万吨,面积、产量均居世界首位。中国将由柑橘的大国变为柑橘强国。

我国柑橘产业发展将呈现如下发展趋势。

1. 柑橘产业带提速发展 国家农业部确定的长江中上游加工甜橙产业带、赣南—湘南—桂北鲜食脐橙产业带、浙南—闽南—粤东宽皮柑橘产业带将提速发展。到 2020 年 80% 以上的产量将出自三大柑橘产业带。

2. 甜橙和特色品种加快发展 我国适栽柑橘的区域辽阔,适宜甜橙发展的地域很大。目前甜橙比例只占 16%,将会随着鲜食脐橙和既宜鲜食又宜加工或加工专用甜橙的发展,甜橙的比例将得到快速提升,预计到 2020 年甜橙比例增至 40% 以上。

市场需求、消费者青睐的广东砂糖橘、江西南丰蜜橘、浙江本地早、尤力克柠檬以及晚熟的夏橙、血橙、杂柑的不知火等将会较快地发展。

3. 橙汁加工业加速发展　橙汁是世界三大饮料(橙汁、茶、咖啡)之一,欧美等发达国家消费量持续上升。我国进入 21 世纪以来,橙汁的需求也猛增,橙汁来源主要靠进口。近几年来橙汁原料基地在重庆、四川、福建、广西等省、直辖市、自治区的最适生态区建立,从国外引进和国内推出的加工品种、加工设备,大力种植和建厂,预计 2020 年加工橙汁的原料占柑橘总产量的 25%。生产的橙汁为浓缩橙汁和非浓缩橙汁(又称鲜冷橙汁,NFC)。

4. 栽培技术的省力、节能　随着柑橘产业的做大,省力化栽培的生草栽培、自控灌溉、病虫害的生物防治、简化整形、大枝修剪、机械化耕作、运输、喷药将得到更广泛的应用。

充分利用土地资源,节本增效,"秸秆和生物副产物还田"等生物循环模式等节约型生产技术将得到进一步完善和应用。

5. 生态循环模式将快速发展　发展柑橘园:种草—青草养畜禽—尿粪水养鱼—畜肥入池产沼肥、沼气—沼肥培柑橘果园—优质大果鲜销、小果和中果加工果汁(罐头)—果渣生产果胶(饲料、肥料)—果枝培养食用菌或加工板材—菌棒肥菜等一体化产业链,建立"草—猪—沼—果"、"猪—沼—渔"、"果品—果汁—果胶(饲料、肥料)"、"果枝—板材—家具"、"果—枝—菌—菜"等多种生态循环模式,使柑橘产业废弃物资源化、能源化、多层次、多途径循环利用农业资源,形成可持续发展的良性循环系统,实现生态、产业、社会与环境的协调发展。

6. 柑橘安全生产上日程　无公害、绿色和有机柑橘果品广受消费者欢迎,且种植者的效益倍增。今后柑橘的种植从园地选择、栽培管理到果品进入流通市场都将十分注重果品的安全。园地的土壤、水质的无污染,栽培管理中使用农药、化肥的限制和禁用,果品运销过程中防止再污染都将实行严格监管,以保证柑橘果品的安全。

(八)主产省、直辖市、自治区简介

我国主产柑橘的省、直辖市、自治区有湖南、四川、江西、福建、广东、浙江、广西、湖北、重庆和台湾,柑橘产业各俱特色,简介于后。

1. 湖南省 是我国的产柑橘大省。2006 年柑橘面积 31.38 万公顷,产量 250.79 万吨,面积和产量均居全国首位。湖南柑橘的主栽品种有温州蜜柑、椪柑、脐橙、冰糖橙、大红甜橙、沙田柚和金柑等。

湖南的湘南在我国柑橘优势带中列入"赣南—湘南—桂北"优势带,正大力发展优质甜橙。目前湘南的脐橙面积与 2002 年相比增加了 2 倍,产量翻了一番,新建柑橘园的良种率达 100%,优质果率超过 65%,使历来以温州蜜柑为主的湖南柑橘品种结构正在发生重大变化。湖南省政府提出在列入全国柑橘优势区域规划的湘南 7 个县建设 4 万公顷优质脐橙和加工甜橙基地,把柑橘产业打造成产值超 100 亿元的大产业。

湖南以安化无病毒良种培育基地为技术核心,在农业部无病毒良种苗木培育基地建设项目中,联合安化、洞口、新宁、隆回、常宁和洪江等县级无病毒柑橘良种苗木繁殖场,组建湖南亚赛柑橘种苗有限公司,基本形成了服务全省的柑橘无病毒良种苗木繁育体系,每年可培育无病毒容器苗 200 万株,提供接穗 100 万枝。

湖南省橘瓣罐头年加工能力已达到 20 万吨,2005 年加工橘瓣罐头 7 万余吨,创外汇 3 000 多万美元。该省的柑橘加工业也正在迅速发展。中美合资的湖南熙可罐头食品有限公司已拥有美国进口塑料杯装罐头生产线 3 条,可年加工优质柑橘原料 4 万吨以上。湖南亚赛柑橘种苗有限公司、中德合资的益阳泰升天然果汁有限责任公司和湖南熙可罐头食品有限公司等3家公司,签订了联合开发柑橘原料生产基地和开发柑橘采后商品化处理的合作协议,构成了湖南柑橘加工产业化经营的企业集群,有利于推进柑橘产业化、出口创汇和确保果农增收。

2. 四川省　2006年全省柑橘面积21.56万公顷,产量205.78万吨,面积和产量在全国均居第四位。

四川有181个县、市、区,其中130个县、市、区有柑橘种植。由于气候的多样性,不同的柑橘产区各有特色。列入我国柑橘产业带的地处长江上中游的宜宾、泸州,规划发展柑橘4.33万公顷,其中宜宾2.33万公顷,泸州2万公顷。近年发展适合加工橙汁的原料基地2万公顷,为橙汁加工业的加快发展,提供了原料保证。截止目前,四川先后引进和建设的四川佳美食品有限公司(辖内江、南充两个加工厂)具有年加工能力30万吨以上,橙汁年产量居全国前列。安岳是我国最大的柠檬生产基地县,年产量7万~8万吨,约占全国柠檬产量的70%,安岳华通柠檬开发有限公司成为全国最大的柠檬鲜果综合加工企业。江安是我国生产夏橙的重要基地县,不仅栽培历史较久,而且规模和产量在国内领先,目前全县柑橘面积0.6万公顷以上,产量约7万吨,产值超0.83亿元。其中夏橙0.37万公顷,产量约3万吨。川中的资阳,从20世纪70年代起发展早熟、特早熟温州蜜柑,目前已成为我国早熟、特早熟温州蜜柑的供应地。川中的资中大力发展塔罗科及其新系血橙,果实外观佳,内质优,市场供不应求。川西的金堂、眉山坚持自力更生,大力发展脐橙、杂柑,产品畅销海内外,果农增收致富。与重庆相邻的邻水,20世纪70年代末开始种植脐橙,目前面积0.67万公顷,产量约5万吨,脐橙以其果大皮薄、品质上乘而畅销国内外市场。

目前四川柑橘产业正大抓柑橘结构、品种调优,大抓已有柑橘管理,大抓柑橘优势产区的发展,大抓柑橘品质的提高,大抓柑橘采后的商品化处理和加工,预计今后5～10年,四川的柑橘将会有更大的发展。

3. 江西省　2006年全省柑橘面积22.93万公顷,产量139.38万吨,在全国面积居第二位,产量居第八位。

近十多年来,江西省十分重视柑橘产业的发展,20世纪末在柑橘生产发展上推出"再造一个赣南"的目标。

江西赣南气候温和,雨量充沛,光照充足,昼夜温差大,无霜期长,生产的脐橙果大皮薄、橙红鲜艳,肉质脆嫩、清香可口、营养丰富,素有"柑橘珍品"、"果中之王"的美誉。多次荣获"国优"、"部优"称号。2004年被国家质量监督检验检疫总局批准为国家原产地域(地理标志)保护产品。

赣南脐橙,20世纪80年代试种成功,继而实施"山上再造"、"兴果富民"、"建设世界著名脐橙主产区"战略,以前所未有的速度发展脐橙产业,2005年栽培面积9万公顷,投产面积6.3万公顷,总产量65万吨,总产值20亿元,且在无病毒容器苗的繁育、开山建园、规模种植、柑橘果品的商品化处理等方面取得成功和经验。赣南脐橙远销俄罗斯、欧洲、中东、北美等国际市场,出口脐橙总量达10万吨。今后几年将以每年新增数万公顷,产量年提增30％～40％的势头发展。在赣州市委、市政府提出"把赣南脐橙培植壮大成超百亿元产值的优势产业集群"的战略决策指引下,大抓打造赣南脐橙品牌,提高管理水平,培育关联产业,延伸产业链条,力争到2015年赣南脐橙实现面积20万公顷、产量200万吨、产值超100亿元的目标。

南丰原产的南丰蜜橘,享誉省内外。2005年面积和产量分别为2.67万公顷、25万吨。未来南丰蜜橘将继续做大做强,规划至2020年面积和产量分别达到3.33万公顷和50万吨的目标。

遂川金柑面积0.4万公顷,产量1.2万吨。近几年来走"标准化、产业化、绿色化"之路,将建成0.67万公顷基地,认定为全国首批 84 个绿色食品原料标准化生产果品之一。金柑还出口加拿大。

4. 福建省 2006 年全省柑橘面积 17.02 万公顷,产量 226.68 万吨,在全国产量居第二位,面积居第五位。

福建全省有 85 个县、市、区,其中有 71 个县、市、区生产柑橘。平和的琯溪蜜柚、永春的芦柑(椪柑)、尤溪的金柑驰名中外。平和县是我国柚类生产最大的县,柚的栽培面积达 3 万公顷,产量 46 万吨,产值 8 亿元,出口 5 万吨,外销加拿大、马来西亚、印度尼西亚、菲律宾、俄罗斯和欧洲。全县农民人均纯收入 1/3 来自琯溪蜜柚,其中琯溪蜜柚年收入超过百万元的有 20 户,超过 50 万元的有上百户,10 万元以上的难以计数。近几年琯溪蜜柚产销两旺,还带动了加工、贮藏、运输和营销等服务行业的快速发展。至 2005 年,全县建农贸市场 30 多个,水果包装加工厂 300 多家,保鲜库 800 多个,设立收购网点 1 250 多个,参与营运的汽车 2 万多辆,营销专业户数万户,10 万多人从事柑橘相关的产业,实现了柚类生产、加工、贮运、营销一条龙,促进了农村经济的发展。永春芦柑种植规模成片,以山地种植为主,栽植面积约 1 万公顷,产量超过 24.4 万吨,鲜果主销国内"三北"市场,出口东南亚各国。出口量最高时达 9 万吨,突破 5 000 万美元。永春芦柑和平和琯溪蜜柚 2005 年获准原产地地理标志产品。"中国金柑之乡"的尤溪金柑种植面积 0.25 万公顷,产量 1.3 万吨,果品多数销售国内市场,也出口俄罗斯。全省出口鲜柑橘主要是芦柑,占 95% 以上。

回顾几十年来福建柑橘产业发展的历程,不难看出其在不断开辟柑橘新区。目前已形成漳州(占全省柑橘面积的 25.9%)、三明(23.2%)、南平(19.8%)、龙岩(10.7%)和泉州(10.4%)等五大优势产区。优化品种和品种结构;柑橘山地完整的科学栽培技术;狠抓营销创品牌;闽台合作柑橘优势互补等方面取得的显赫成绩和成功经验。

5. 广东省 2006 年柑橘面积 22.45 万公顷,产量 224.44 万

吨,面积居全国第三位,产量居第三位。

广东是经济发达的沿海省,柑橘产区经历了滑坡—恢复—发展几个阶段。近几年柑橘产业在恢复中呈现明显特点。

一是主产区由平原、洲地向山区转移。随着广东经济的发展,柑橘生产从珠江三角洲和潮州平原向山区转移,20世纪80～90年代,经济条件较好的珠江三角洲和潮州平原大力发展柑橘,使农民增收致富,其后柑橘的效益出现比第二、第三产业低,导致柑橘面积锐减。据统计,2003年广州、深圳、东莞、珠海、佛山、中山、江门、潮州、汕头等9个市的柑橘种植面积为0.48万公顷,占全省种植面积的3.22%,而广大山区,由于种柑橘的效益较其他作物高而大力发展具地方特色的柑橘品种。2003年全省山区柑橘栽培面积11万公顷,占全省柑橘种植面积的73.8%。

二是发展地方良种,优化品种结构。根据市场需求,广东重点发展具地方特色的蕉柑、椪柑、砂糖橘、红江橙、贡橘、春甜橘、马水橘、年橘、新会橙、暗柳橙等。其次是温州蜜柑、脐橙、沙田柚、琯溪蜜柚等。品种的熟期进行了搭配,9～10月份上市的早熟温州蜜柑、琯溪蜜柚,11月份成熟的椪柑、砂糖橘、脐橙、沙田柚,12月份至翌年3月份成熟的贡橘、红江橙、蕉柑、年橘、马水橘、春甜橘,还有迟至翌年4～5月份成熟的夏橙。柑、橘、橙、柚的比例为30:28:12:30。

三是柑橘优势产业带初步形成。目前已初步形成粤东、粤中、粤西和粤北4个柑橘优势带,面积分别为3.57万公顷、3.97万公顷、1.31万公顷和3.11万公顷。各类品种的优势产区有:粤东梅州市的沙田柚2.55万公顷,潮汕地区的优质蕉柑、椪柑0.53万公顷,平远县的优质脐橙0.2万公顷,河源市的优质晚熟春甜橘0.27万公顷。粤中肇庆市的优质砂糖橘、贡橘2.65万公顷,惠州市的年橘、优质甜橙、砂糖橘1.33万公顷。粤西湛江市的红江橙0.47万公顷,阳江市的马水橘0.8万公顷。粤北清远市的砂糖橘、早熟温州蜜柑 1.8 万公顷,韶关市的优质温州蜜柑、砂糖橘、甜橙、夏橙 1.33 万公顷。

四是龙头企业发挥作用。在各地政府的支持下,柑橘的龙头企业介入柑橘产业。如中山市杨氏南北鲜果有限公司,拥有进出口权,装有 4 条从国外引进且具有国际先进水平、生产能力每小时 60 吨的柑橘打蜡生产线和完备的催熟、冷藏等设备的加工厂,主要从事经销柑橘、荔枝、龙眼等南方名优水果,年生产销售量可达6 万吨,是集种植、加工、销售于一体的水果龙头企业。梅县的金柚公司等龙头企业带动了当地柑橘产业的发展。

龙头企业推进了品牌创建。如"金柚"牌沙田柚,"红江"牌红江橙,"皇妃"牌贡橘,"华贡"牌砂糖橘等。中山杨氏公司创立的"YANG'S-NS"品牌饮誉我国大江南北,畅销加拿大、新加坡、马来西亚、泰国、印度尼西亚、菲律宾、俄罗斯、越南等国和我国港澳地区。

五是柑橘批发市场建设有新发展。近十多年来,各柑橘生产区相继建设果品批发市场,促进了果品流通和生产发展。广东深圳农产品批发市场有限公司、广州市西村果菜批发交易市场、东莞市果菜副食品交易市场等受到中国果品流通协会的表彰。各批发市场建立了信息平台,通过发布信息让需求方了解货源,有的直接进行网上交易。

6. 浙江省　2006 年全省柑橘面积 12.02 万公顷,产量 180.5万吨,在全国柑橘面积居第八位,产量居第七位。

柑橘鲜果销售以国内为主,约 2% 的柑橘鲜果出口东南亚、俄罗斯、北美、港澳地区。柑橘加工制品糖水橘瓣罐头,产量居全国之首,常年产量 40 万吨左右。

浙江是我国重要的柑橘主产省,柑橘总产量多年居全国各省、直辖市、自治区之首,后被福建赶上。浙江柑橘产业特色明显。

一是产业规划趋于稳定,水平逐渐提高。通过省特色优势区规划的实施,全省已形成台州、温州、衢州、宁波和丽水 5 大产区,甬、台、温沿海柑橘带和衢、丽、金、杭柑橘带等两条优势产业带。全省 90 个县、市、区有 81 个县、市、区生产柑橘,其中柑橘面积 0.33 万公顷以上的县、市 15 个,66.7 公顷以上的乡镇 700 个。到 2010 年柑橘面积稳定在 13.33 万公顷,产量稳定在 200 万吨,产值超过 30 亿元。

二是品种结构全面调整,生产布局逐步优化。使温州蜜柑的比例从 63% 调减至 50%,其中中晚熟品种下调至 27%,特早熟、早熟温州蜜柑从 13% 提升到 23%。杂柑从 5.9% 上升到 12.4%,柚子从 4% 上升到 6%。两个优势柑橘带占全省柑橘面积的 90%。

三是生产技术不断优化,质量效益明显提高。在推广良种的前提下,与良种相配套的高接换种、三疏一改、完熟采收、配方施肥、果园覆盖(生草栽培)、病虫害综合防治等技术全面推广。通过全省性三优(优化品种、优化品质、优化品牌)改造工程建设,果品质量明显提高,优质果率 50% 以上,精品果率 15%。与 10 年前相比,柑橘每吨价格从 1 222 元增加到 1 690 元,每 667 平方米生产效益从 1 060 元增加到 1 448 元。目前浙江全省已建无公害柑橘基地 200 个、面积 3.1 万公顷,产量 64.7 万吨。涌现了如临海"岩鱼头"等精品柑橘生产基地,售价 50 元/千克。

四是产后加工加速发展,品牌建设日趋重视。全省从事柑橘加工的企业近 200 家。全国 58 家生产糖水橘瓣罐头的企业中,浙江占 40 家。年出口糖水橘瓣罐头 19.2 万吨,占全国 25 万吨的 77%。出口创汇 1.41 亿美元。出口日本、美国、德国等多个国家。目前全省有商品化处理设备 425 台,年处理量 40 万吨,商品处理率 30% 以上。为推动产业向精品品牌方向发展,2004 年评选出浙江十大名牌柑橘。

五是产业化程度有所提高,果品市场不断扩大。率先建立了全国首家省级柑橘产业协会——浙江省柑橘产业协会,加上市、县专业协会,全省 29 个专业协会在柑橘产业发展中发挥着极其重要的作用。全省果品批发市场 60 多个,成交量 100 万吨。柑橘外销欧盟、日本、加拿大、俄罗斯和东南亚各国。

7. 广西壮族自治区 广西是我国重要的柑橘产区之一。2006 年柑橘面积 15.15 万公顷,产量 205.52 万吨,在全国柑橘面积占第七位,产量占第五位。柑橘生产具有以下特色。

一是品种丰富、品质优。广西不仅品种众多,适宜栽培,而且在品质上也具特色。从广西柑橘的主栽品种的品质分析表明:20 多个柑橘品种的酸含量 1 克/100 毫升以下,甜橙的酸含量在 0.77 克/100 毫升,可溶性固形物超过 12.2%,糖高酸低,甜酸适度,风味良好。宽皮柑橘的温州蜜柑,酸含量 0.92 克/100 毫升,可溶性固形物高于 9.2%;小果型的南丰蜜橘、砂糖橘和冰糖橘等,酸含量 0.55 克/100 毫升,可溶性固形物 11.5%;独具特色的沙田柚可溶性固形物 16%,为全国最优。近年引进种植的杂柑默科特、天草、南香等,酸含量<1 克/100 毫升,可溶性固形物 13%以上。

二是优势的气候使柑橘早应市。广西同一品种的采收期南部比北部可提早 1～1.5 个月采收。资料表明:从高纬(北)到低纬(南),纬度每低 1 度,成熟期可早 10 天左右。所以在低纬度的钦州、南宁早熟温州蜜柑 8 月中旬即可应市,比桂林 9 月下旬应市早 1 个多月。广西从南到北,纬度相差 4 度,使其品种供应期延长:如早熟温州蜜柑,从桂南的 8 月上旬上市到桂北的 9 月下旬至 10 中旬就有 2 个月时间。产夏橙的荔浦、临桂 3 月份夏橙即开始上市,全区种植沙田柚从 11 月份到翌年的 1 月份均有上市。早熟使柑橘排开季节供应,增加经济效益。

三是土地资源极为丰富。广西有适宜柑橘种植的红壤荒山荒地近 66.67 万公顷,可供不断的开发利用。

四是人力资源优势明显。广西科技力量较强,除有广西壮族自治区柑橘研究所、广西农业科学院园艺研究所、广西大学农学院、广西农业职业技术学院等多所从事柑橘等果树的科研院所和大学外,还有多所中等农业学校及自治区,县、市分管水果技术推广与服务的人员达 5 000 多人,其中高级职称有 100 多人,中、初级职称的 3 000 多人。广西的劳动力充沛,农村剩余劳动力的总量 1 000 万人以上,未实现产业转移的农村富余劳动力尚超过 400 万人,占广西农村剩余劳动力的 40% 以上。

五是市场有竞争优势。广西境内铁路、高速公路贯穿东西南北,既是我国与东盟的结合部,又是泛珠三角经济区与东盟经济区、东亚与东南亚的连接点,还是西南地区加强与东盟和世界市场联系的重要门户。因此,广西柑橘北上东进,南出国门的交通十分便利。加之品种的早熟优势和上乘的品质,使广西柑橘市场的竞争优势明显。广西当前柑橘生产存在的主要问题:一是良种繁育体系不够健全,苗木市场较混乱。二是柑橘黄龙病仍有蔓延之势,对广西柑橘业健康发展构成威胁。三是果园基础设施薄弱,抗拒自然灾害的能力较差。四是规模化程度较低,产业化程度不高。

近几年来,广西壮族自治区各级政府,对柑橘产业十分重视,推出抢抓机遇,加快发展,努力把广西打造成为全国柑橘第一大省、直辖市、自治区的目标。同时提出了相应的发展对策:实施优势区域规划;调整品种结构;抓住重点尽快建成一批特色柑橘基地;大力控制和防治柑橘黄龙病;建立健全苗木繁育和管理制度,确保苗木质量;实施标准化生产和采后果品的商品化处理,打造品牌、名牌参与国际市场竞争;加强政府对产业的服务和支持力度;搞好技术培训,提高柑橘业的整体素质。这些对策的实施,必将促进广西柑橘业的加速发展。

8. 湖北省 2006 年全省柑橘面积 15.9 万公顷,产量 181.11 万吨,在全国柑橘面积居第六位,产量居第六位。

近十多年来,湖北的柑橘业得到了较大的发展。其主要特色如下。

一是在柑橘生态适宜之地,相对集中成片发展柑橘基地,促使产量大幅度的提升。如秭归县柑橘面积1万公顷,产量约15万吨;其中脐橙面积0.8万公顷,产量约12.2万吨。宜都市柑橘面积1.07万公顷,产量约15万吨。当阳市金水柑(椪柑)面积0.67万公顷,产量约10万吨;丹江口市柑橘面积1.33万公顷,产量约15万吨。

二是市场为导向,柑橘销售国内外。不论脐橙、温州蜜柑或是椪柑除主要销往国内市场外,还出口东南亚、欧洲和北美。

三是重视柑橘采后的商品化处理和加工。柑橘的采后商品化处理,2005年底湖北拥有柑橘果品的选果打蜡生产线200多条,年处理能力超过100万吨,实际处理70万吨以上,占全省柑橘总产量的48%,处理规模和处理水平在全国居领先地位。

2005年国际知名公司新亚国际集团,在库区秭归建立利添生物科技发展有限公司,投资5 000万元建设三峡库区柑橘商品处理中心,采用国际一流的打蜡生产线,每小时生产能力20吨,建设2 000吨库容的冷库和果蔬交易大厅,这将大力促进秭归柑橘产业的发展。宜昌市已建成荣盛、鸿新、丰岛、新世纪、椰风、隆华、天元、嘉源、帝元和宜昌罐头厂等10家橘瓣罐头加工企业,加工能力达15万吨。

四是做大统一柑橘品牌,增强市场竞争力。湖北柑橘重要产地宜昌市,将全市已注册的25个柑橘商标,"橘颂"牌纽荷尔脐橙、奥林达夏橙,"清江"牌椪柑、"金银岗"牌龙泉蜜柑等17个获得绿色食品和无公害农产品的柑橘品牌以及被中国果品流通协会评为"中华名果"的"科恩"牌金水柑、"秭归"牌脐橙,整合成"宜昌蜜橘"和"秭归脐橙"两大品牌。在长江、汉江沿岸优质宽皮柑橘统一使用"宜昌蜜橘"集体商标,在三峡库区优质甜橙带生产的脐橙统一使用"秭归脐橙"集体商标,并商定了统一品牌,统一包装设计,统一质量标准,分别注明产地的原则。制定了《集体商标管理办法》,借以提高"宜昌蜜橘"、"秭归脐橙"质量的稳定性、均衡性,进而打造成国内外市场叫得响、覆盖面广和市场价额高的知名品牌。

9. 重庆市 2006 年全市柑橘面积 10.99 万公顷,产量 84.71 万吨,在全国柑橘面积居第九位,产量居第九位。因遭受百年未遇的特大干旱,产量较 2005 年减少 8.2 万吨。

重庆成为直辖市十年,柑橘产业特色明显,主要表现在以下几个方面。

一是生产规模较快增长。直辖前柑橘面积 5.6 万公顷,到 2005 年柑橘面积增加到 10.89 万公顷。产量由 46 万吨上升到 92.9 万吨。面积、产量均增长了 1 倍。自 2003 年开始实行优质柑橘百万吨工程以来,已新建标准化柑橘园 2 万公顷,规模 33.33 公顷以上的柑橘果园 130 个(其中 133.33 公顷以上的柑橘园 30 个),约 1.33 万公顷。柑橘销售和加工比例达到 75∶25,橙类和宽皮柑橘的比例调优为 42∶58,早、中、晚熟品种比例为 10∶75∶15。改变了直辖前中熟品种占 90%,红橘严重滞销的局面,为我国柑橘鲜果出口和橙汁深加工建起了丰富的原料供应基地。

二是良种繁育体系助推产业发展。在中国农业科学院柑橘研究所建设了柑橘种质保存资源圃和一级采穗圃,在北碚、忠县等地建设了二级采穗圃,在江津、长寿、万州等地建设了 8 个柑橘无病毒容器苗繁育基地,全市育苗温室 1.9 万平方米,网室 2.1 万平方米,育苗场地 46.7 公顷,建成了具有国际先进、国内领先水平的柑橘无病毒苗木繁育、检测、鉴定管理体系,实施了柑橘容器式工厂化生产,从引进、培育的 100 多个柑橘品种(品系)中筛选主推了纽荷尔脐橙等十多个良种。年生产无病毒容器苗 1 000 万株以上,率先在国内实现了新发展柑橘果园全部采用无病毒良种容器苗的目标。

三是柑橘产后处理和加工水平提升。以重庆恒河果业公司为

主的柑橘商品化处理线的投产,使该市柑橘处理能力由 1997 年的
15 吨/时提高到 80 吨/时,年处理 0.2 万吨提高到 5 万吨。汇源
果业 20 万吨柑橘浓缩汁生产线和三峡建设集团国内第一座年加
工 5 万吨 NFC 鲜榨橙汁生产厂的投产,使重庆橙汁加工能力达
25 万吨,加上美国博富文公司和三峡建设集团正在建设的 19 万
吨和 31 万吨橙汁加工生产线,将使重庆柑橘深加工能力达到 75
万吨以上,位居亚洲之首。

重庆在全国率先组织 667 公顷(万亩)规模化柑橘园签约欧洲
GAP 认证,将进一步规范重庆柑橘的生产管理技术规程,提升重
庆柑橘的整体素质。GPA 认证是重庆柑橘通往欧盟市场的通行
证,有利出口创汇和持续发展。

重庆市委、市政府正抓住千载难逢的机遇,从 2008 年开始,用
5 年时间再新建标准化柑橘园 5.33 万公顷以上,总面积达 17.33
万公顷,将重庆市柑橘产业培育成为中国柑橘产业第一大品牌。

10. 台湾省　台湾柑橘栽培面积 2.67 万公顷,产量 45 万~
50 万吨。台湾的柑橘以岛内销售为主,总产量的 10% 出口,出口
的产品有柑橘鲜果、柑橘蜜饯、果酱、柑橘皮及柑橘粉等,以鲜果为
主。其次是柑橘罐头和柑橘汁。鲜柑橘主要销往我国港、澳地区
及东南亚、美国、德国、北欧、加拿大等国。为解台湾果农卖果难,
大陆想方设法进口台湾鲜柑橘,台湾的葡萄柚、柳橙已登陆国内上
海等大城市。

台湾柑橘平均每 667 平方米产量在 1 000 千克以上。为赢得
市场,注重柑橘质量的提高,在栽培上合理使用肥水,氮、磷、钾、镁
比率适当,注意不单独施氮肥,冬季基肥多施有机肥,重视柑橘病
虫害的防治(尤其是柑橘黄龙病的控制与防治),柑橘采收前停止
灌水,以提高柑橘果实的品质。鲜销的柑橘都进行采后的商品化
处理,实行统一分级标准、统一包装、统一品牌、统一销售,运销渠
道畅通,产品优质、优价。为使果农获得好的经济效益,柑橘也开

展留树保鲜和采后保鲜。

尤其值得介绍的是,台湾的农民合作组织对果业发展起到了举足轻重的作用。台湾各柑橘产区都有柑橘产销班的专门组织,通常每班由 10～20 户组成,并有自己的班徽和产品商标。台湾的青果(含柑橘)运销合作社,是从事青果生产的农户自愿组织起来进行青果的统一运销的合作社,也是台湾历史最久、规模最大的农业合作社,其业务包括青果的集货、分级、包装、检验、贮藏、金融、运输、担负风险、广告及销售。

台湾果业组织大力支持柑橘新品种、新技术的研究和推广,尤其注重研究有前瞻性的技术,如生物技术、设施栽培技术、自动化与信息化技术等。为鼓励果农发展优质柑橘,果业组织不定期召开水果(柑橘)品尝会、鉴评会,免费受理柑橘果品安全认证申请,受理后组织人员不定期到产地和市场抽查,合格后无偿发给证书、标志和标签。当柑橘生产受到自然灾害影响损失达 1 亿元新台币(1 元人民币兑换 4.34 元新台币)以上时,果业组织和当地农委可帮助橘农申请补助或灾后补救,以保持柑橘生产连续性。

第二章　现代柑橘优新品种

　　柑橘是百果中的第一大水果,作为世界贸易的果品分宽皮柑橘、甜橙、柚和葡萄柚、柠檬和来檬四大类,其中宽皮柑橘中又分橘类(组)、柑类(组)和杂柑类。现分橘类、柑类、杂柑类、甜橙类、柚和葡萄柚类、柠檬、来檬类和金柑,从品种来历、特征特性、适应性及适栽区域、主要物候期、栽培注意点等方面简介于后。

一、橘　类

(一)红　橘

　　又名福橘、川橘、大红袍。

　　1. 品种来历　原产我国,以四川、重庆、福建、江西、浙江等省、直辖市主产。

　　2. 特征特性　树冠高大,圆头形,幼树稍直立,树势强健,枝梢细而密生。主要有两个品系:一为高蒂紧皮系,果实呈高扁圆形,基部有明显凸起,形成高蒂,果色朱红鲜艳,皮薄而细,紧包囊瓣,品质优;二为普通大叶系,果实扁圆形或高扁圆形,果实基部有隆起皱褶,果顶微凹,果皮稍厚,果肉橘红色、汁多,品质优。

　　红橘果实中大,单果重100～110克,果皮光滑、色泽鲜红,果皮易剥离,囊瓣肾形,9～12瓣,果心大而空、囊壁较厚。果肉甜酸多汁、稍偏酸,果汁率65%～70%,可溶性固形物11%～13%,糖含量8～10克/100毫升,酸含量1～1.1克/100毫升。每果含种子15～20粒,品质中上,果实较不耐贮藏。

　　3. 适应性及适栽区域　红橘适应性广,平地、山地栽培均易丰产、稳产；凡适栽宽皮柑橘的区域均能种植。

4. 主要物候期　发芽期 3 月上、中旬，春梢生长期 3 月中、下旬，夏梢生长期 6 月下旬至 8 月初，秋梢生长期 8 月中旬至 9 月中、下旬。现蕾期 3 月中旬，盛花期 4 月下旬，第一次生理落果期 4 月中旬至 5 月初，第二次生理落果期 6 月中、下旬，果实成熟期 11 月下旬至 12 月上、中旬。

5. 栽培注意点　及时采收以防枯水。

（二）红橘 418

红橘 418 又称少核红橘。

1. 品种来历　系中国农业科学院柑橘研究所用 ^{60}Co-γ 射线辐照获得的少核红橘。

2. 特征特性　树冠圆头形，树姿较开张，叶片椭圆形。果实扁圆形，单果重 70～80 克，色泽橙红。果实可食率 73%，果汁率 55% 左右，可溶性固形物 11.5%～12%，糖含量 9.6 克/100 毫升，酸含量 0.6～0.8 克/100 毫升，肉质细嫩化渣，甜酸可口，每果种子 5 粒或以下，品质上等。果实耐贮性较好。

3. 适应性及适栽区域　同红橘。

4. 主要物候期　与红橘同，果实 11 月下旬成熟。

5. 栽培注意点　与红橘同。

20 世纪末以来，我国还选育出早熟、晚熟的红橘株系，可供生产种植。

（三）椪　柑

椪柑又名芦柑、右柑、椪桶柑、蜜桶柑、蜂洞橘、潮州蜜橘、梅柑、白橘、勐版橘等。名柑实为橘。

1. 品种来历　原产我国，以福建、广东、广西、浙江、湖南、湖北、四川、贵州、云南等省、自治区主产。

2. 特征特性　树冠高大，树势强健，幼树枝梢直立，成年树稍开张，主干有棱。果实高扁圆形或扁圆形，单果重 110～150 克，果色橙黄、有光泽，油胞小而密生、凸出，果皮易剥。囊瓣肥大、长肾形，9～12 瓣，中心柱大而空。汁胞大，汁多味浓、脆嫩化渣，可食率 68%～70%，可溶性固形物 11%～15%，糖含量 9～11 克/100 毫升，酸含量 0.3～0.8 克/100 毫升，种子 10～20 粒，品质佳，果实较耐贮运。

3. 适应性及适栽区域　年平均温度 16℃以上、1 月平均温度 5℃以上、极端低温－5℃以上的区域均可种植，热量条件丰富的南亚热带气候种植的果实糖高酸低。通常南、中、北亚热带均可种植，水田、山地种植均能获得丰产稳产。

4. 主要物候期　椪柑的物候期由南向北，则由早到迟。以三峡库区的椪柑为例，主要物候期：发芽期 3 月上旬，春梢生长期 3 月上旬至 4 月下旬，夏梢生长期 6 月下旬至 8 月上旬，秋梢生长期 8 月中旬至 9 月下旬。现蕾期 3 月中旬，盛花期 4 月中、下旬，第一次生理落果期 4 月下旬至 5 月上、中旬，第二次生理落果期 5 月下旬至 6 月下旬，果实成熟期 11 月上旬至 12 月下旬。

5. 栽培注意点　椪柑是易丰产的品种，大年后要加大肥水管理，以防小年、隔年结果。大年注意疏果，以提高果实的等级、品质。

（四）新生系 3 号椪柑

1. 品种来历　新生系 3 号椪柑系 1953 年四川省江津园艺试验站从广东潮汕引入椪柑种子播种后从中选出的优良株系。20 世纪 60 年代，在重庆北碚中国农业科学院柑橘研究所国家柑橘种质资源圃保存，又经多年观察，均表现生长健壮，品质优良，后各地广为种植。

2. 特征特性　树势健壮，生长旺，幼树直立性强。果实扁圆形或高扁圆形,平均单果重 114 克,果色橙黄,果皮厚 0.28 厘米。果实可食率 70.7%,果汁率 42.8%,可溶性固形物 10.8%～12.5%,糖含量 8～9.5 克/100 毫升,酸含量 0.6 克/100 毫升,维生素 C 含量 24.9 毫克/100 毫升,种子 6～9 粒,果实品质优,耐贮藏。

3. 适应性及适栽区域 适栽椪柑的亚热带均可种植,尤适中亚热带气候种植。土壤适应性广,山地和平地均可栽培,特别是红壤山地栽培品质尤佳。以枳作砧木早结果,丰产。通常 3 年生树能始花、结果,4～5 年生树株产 10～15 千克,14 年生树常规管理平均株产 55.8 千克,最高株产 87 千克。广东、广西多用酸橘作砧木,表现早结果、早丰产,是目前推广的良种之一。

4. 主要物候期 在重庆北碚春芽萌动 2 月下旬、3 月初,春梢生长期 3 月上旬至 4 月中旬,夏梢生长期 6 月下旬至 7 月中旬,秋梢生长期 8 月上旬至 9 月下旬;现蕾 4 月初,盛花期 4 月下旬至 5 月初,第一次生理落果期 4 月下旬至 5 月上旬,第二次生理落果期 5 月下旬至 6 月下旬,果实着色 11 月上旬,果实成熟 12 月上、中旬。

5. 栽培注意点 幼树树形直立,前期适宜密植,防止结果过多而出现大小年。

(五)太田椪柑

1. 品种来历 太田椪柑是日本清水市太田敏雄在伊予柑作中间砧高接的庵原椪柑上发现的枝变,1980 年登记的早熟大果型新品种。我国 20 世纪 80 年代后期引入,在重庆、浙江等地种植表现早熟、丰产。

2. 特征特性 树势直立,生长较弱,但成枝力较强,分枝多。幼果主要是球形和卵形,极少数为扁圆形;成熟果实有高扁圆形、扁圆形和卵形,单果重 130～150 克。果皮橙黄色、光滑,皮较薄。

果实可食率 66.5%，果汁率 46.7%，可溶性固形物 10.5%～11.5%，酸含量 0.6～0.8 克/100 毫升，肉质脆嫩，甜酸适口。种子 6～8 粒，少核的 3 粒以下。比一般椪柑提早成熟 15～20 天，但延迟采收易浮皮、风味变淡。

3. 适应性及适栽区域 太田椪柑适应性广，对气温要求不高，年平均温度 16℃ 左右。果实能正常生长，适宜在各种土壤栽培。红黄壤山地枳砧太田椪柑表现早结果，丰产稳产。枳砧 3 年生树株产 2.7 千克，4 年生树株产 17.2 千克。

4. 主要物候期 重庆北碚春芽萌动 2 月下旬至 3 月上旬。现蕾 3 月中、下旬，始花 4 月上旬，盛花期 4 月中旬，第一次生理落果期 4 月下旬至 5 月上旬，第二次生理落果期 6 月上旬至下旬，果实开始着色 10 月上、中旬，果实成熟 11 月中旬。

5. 栽培注意点 栽培注意点与新生系 3 号椪柑同。注意果实成熟后及时采收，以免品质下降。

（六）长源 1 号椪柑

1. 品种来历 长源 1 号椪柑是由广东省汕头市柑橘研究所，1973 年选自福建省诏安县太平乡长源村 100 年生的椪柑树，其后代经多年观察优良性状稳定。

2. 特征特性 树势健壮，生长旺，枝梢密集，结果期较一致。果实单果重 110～130 克，果形端正，果色橙红，果皮易剥，不易裂果。可溶性固形物 12%～13.2%，糖含量 9.5～10.5 克/100 毫升，酸含量 0.8～1 克/100 毫升，肉质脆嫩、化渣，汁多，香味浓，有蜜味。果实种子 4～6 粒。品质上乘。

3. 适应性及适栽区域 长源 1 号椪柑子代，以酸橘作砧木，在红壤山地栽培表现丰产。5 年生平均株产 39 千克，最高株产 81.5 千克；7 年生平均株产 46.3 千克以上，最高株产 110 千克。适宜在粤东、闽南等南亚热带区域种植。

4. 主要物候期 粤东、闽南春芽萌动 1 月底、2 月初,抽发春梢 2 月上、中旬。现蕾 2 月中、下旬,始花 3 月上旬,盛花期 3 月下旬,第一次生理落果期 4 月上、中旬,第二次生理落果期 5 月中、下旬,果实开始着色 10 月上、中旬,果实成熟 11 月中旬至 12 月中旬。

5. 栽培注意点 用酸橘、小叶枳或江西三湖红橘作砧木,可密植:小叶枳砧每 667 平方米栽 112~145 株(3 米×2 米~2.3 米×2 米),江西三湖红橘每 667 平方米栽 112 株(3 米×2 米)。

(七)和阳 2 号椪柑

1. 品种来历 和阳 2 号椪柑 1973 年由广东省汕头市柑橘研究所选自福建省诏安县太平乡和阳村。接穗采自 14 年生的椪柑树,植于品种园,经多年观察,优良性状稳定。

2. 特征特性 树势健壮,生长旺,树姿比一般椪柑较开张。果实扁圆形,平蒂,外观端正、美观,果实较大,平均单果重 204 克,果皮橙红色、厚 0.37 厘米,皮松易剥,不易裂果,果心大。可食率 74.2%,可溶性固形物 11%~13%,酸含量 0.8~1.1 克/100 毫升。果肉橙红色,肉质脆嫩化渣,汁多味甜、具蜜味,平均种子 8.6 粒。品质上乘。果实 11 月下旬至 12 月下旬成熟,较长源椪柑晚 10 天左右。

3. 适应性及适栽区域 与长源 1 号椪柑同。

4. 主要物候期 粤东、闽南春芽萌动 2 月初,抽发春梢 2 月中旬。现蕾 2 月下旬,始花 3 月中旬,盛花期 4 月初,果实开始着色 10 月中、下旬,果实成熟 11 月下旬至 12 月下旬。

5. 栽培注意点 与长源 1 号椪柑同。

(八)东 13 椪柑

1. 品种来历 东 13 椪柑是 1973 年通过营养系选种,在广东省杨村华侨柑橘场选出。

2. 特征特性 树势强健,主枝稍开张,树冠呈塔形。花单生,多为有叶单顶花,树冠内外的结果枝均可结果。果大,盛果期单果重150~220克。果身较高桩,果形端正,果蒂端及顶端较平整,平蒂,果顶部微凹,柱痕小,无脐。果皮橙红色,有光泽,外观美。果心中大、空心。果皮松紧适度,易剥皮。肉质脆嫩化渣。可溶性固形物12%~13%,酸含量0.65克/100毫升,维生素C含量22.7毫克/100毫升,每果平均种子13粒,品质优。

3. 适应性及适栽区域 尤适南亚热带气候和红黄壤山地栽培,可用小叶枳、酸橘、江西红橘(主要是朱橘)作砧木。在广东红壤山地栽培,通常3~5年生树平均株产14千克,6年生树平均每667平方米产量2300千克。

4. 主要物候期 广州郊区春芽萌动2月上旬,春梢抽发2月中旬。现蕾期3月上、中旬,花期3月下旬至4月中旬,果实迅速膨大期9~11月份,果实成熟期12月上旬。

5. 栽培注意点 用酸橘、江西三湖红橘作砧木,初结果时可采取环割促花保果,控制氮肥,增加磷、钾肥,以克服初产时低产。

(九)试18椪柑

1. 品种来历 试18椪柑全名为试18-1-10椪柑,系广东省杨村华侨柑橘场于1971年从朱橘砧的椪柑树中选出。

2. 特征特性 树势健壮,分枝角度较大,树冠较开张,枝梢硬健,比同龄椪柑树矮。果实扁圆形,果形端正,大小均匀,单果重160~180克,果色橙红、有光泽,果皮极易剥,果顶平广,柱痕小,果蒂微凹。果肉柔软,汁胞橙红色,汁多化渣,有微香。可溶性固形物10.4%~11.3%,酸含量0.8~0.9克/100毫升,维生素C含量21.6~26.8毫克/100毫升,种子10粒左右,果实品质上等。

3. 适应性及适栽区域 试18椪柑用枳、酸橘、红檬檬、江西红橘作砧木,均表现早结果,丰产、稳产,适应性广,山地、水田均可种植并获得丰产。5年生树株产27.5千克,平均每667平方米产量2000千克以上。适宜广东栽培。

4. 主要物候期 杨村华侨柑橘场春芽萌动2月初,春梢抽生2月上、中旬。现蕾期3月上旬,花期3月中旬至4月上旬,第一次生理落果期4月中旬,第二次生理落果期6月中旬,果实开始着色10月中旬,果实成熟期11月中旬。

5. 栽培注意点 与东13椪柑同。

(十)85-1 椪柑

1. 品种来历 1985年广东省农业科学院从我国台湾引进的椪柑中选出。

2. 特征特性 树势强健,树姿直立,枝条属软枝类型。叶片比普通椪柑大,属大叶类型。花多为单花。幼树有叶花数量多,随树龄增大有叶花逐渐减少。单果平均重234.2克,果实纵横径7厘米×8.1厘米,果蒂端及果顶端较平,顶部微凹,果形端正,外观美,果皮平均厚0.39厘米,果皮松紧适度,易剥离。果肉橙红色,肉质较嫩、化渣,可溶性固形物12.2%,酸含量0.87克/100毫升,维生素C含量23毫克/100毫升,种子平均每果4.5粒。品质优。

3. 适应性及适栽区域 适宜中、南亚热带区域栽培,山地、平地均可种植,以广东、广西等省、自治区适栽。可用小叶枳、红檬檬、酸橘和江西红橘作砧木。枳砧3年生树平均株产6千克,5年生树平均株产21千克。

4. 主要物候期 广州地区春梢萌动3月初,现蕾3月上旬,初花期3月中旬,盛花期3月下旬,末花期4月上、中旬,果实成熟期12月上旬。

5. 栽培注意点 与长源1号椪柑相似。

(十一)黔阳无核椪柑

1. 品种来历　1990 年从湖南省浏阳市柏嘉乡引进普通有核椪柑接穗,用枳砧嫁接,1991 年发现其中一株果实全部无核。1992~1996 年先后从芽变枝及其子代树上采接穗,高接和嫁接,无核性状稳定,综合性状优良。1998 年通过湖南省农作物品种审定委员会审定,并定名为黔阳无核椪柑。

2. 特征特性　树势健旺,分枝角度小,幼树直立生长强。树冠呈长圆形,结果后树冠逐渐展开,呈自然圆头形。枝梢细、密、较柔软。果实扁圆形或高扁圆形,果顶圆而微凹,有 6~8 条浅放射状沟纹。柱痕较大,或呈小脐状。蒂周广平,有 5~8 条放射状沟与棱起。果皮深橙黄色、光滑,平均厚 0.25 厘米,易剥。平均单果重 128 克,最大可达 312 克。可溶性固形物 13.5%~16.2%,酸含量 0.6~0.8 克/100 毫升。肉质脆嫩,汁多化渣,甜酸适度,有清香,无核,品质佳。果实耐贮藏。

3. 适应性及适栽区域　适宜在亚热带气候,山地、平地种植,抗寒、抗旱、耐瘠薄,尤适红壤山地栽培。6 年生枳砧植株高 2.82 米,树冠 2.18 米×1.97 米,干周 23 厘米。平均株产 28.9 千克。盛果期株产可达 50 千克。将其高接在枳砧的温州蜜柑、冰糖橙、大红甜橙、朋娜脐橙上均丰产性良好,第二年结果,第四年平均株产 35.5 千克。

4. 主要物候期　湖南省洪江萌芽 3 月上旬。现蕾 3 月中、下旬,盛花期 4 月下旬,果实开始着色 10 月下旬,成熟期 11 月下旬至 12 月初。

5. 栽培注意点　用枳作砧木,可早结果、早丰产。种植园地宜选土层深厚、土壤肥沃、疏松的地块,达不到要求的要进行改土培肥。注意相对集中栽培,不与有核椪柑混栽,以免出现种子。若稳果后疏除小果,更能提高优果率。

(十二)金水柑

1. 品种来历 金水柑原名鄂柑一号,系湖北省农业科学院果树茶叶研究所,自 1978 年以来,在抗寒育种研究中利用种芽变温处理、化学诱变等方法培育而成。

2. 特征特性 树势旺盛,树姿直立,小枝多,叶幕稠密。果实圆球形,果蒂突起,有放射沟数条,平均单果重 143 克,果实纵径平均 6.22 厘米,横径平均 7.06 厘米,果皮厚 0.33 厘米、较粗。果实可溶性固形物 12%,糖含量 9.5~10 克/100 毫升,酸含量 1.27 克/100 毫升,维生素 C 含量 28.35 毫克/100 毫升,肉质脆嫩化渣,甜酸适口,有芳香味。果实种子 8~11 粒。耐贮藏,贮藏 135 天仍保持 92.2% 的好果率和较好的品质。

3. 适应性及适栽区域 金水柑抗寒力强,超过同龄的温州蜜柑向山、松山。在 -9.5℃ 的短期低温下树冠仍保持完整的老叶而获得较高的产量。适宜椪柑种植之地均可种植,尤适柑橘北缘产区种植。

4. 主要物候期 湖北当阳萌芽 3 月上、中旬。现蕾 3 月下旬至 4 月初,盛花期 4 月下旬至 5 月初,果实着色 10 月中旬,果实成熟 11 月中旬。

5. 栽培注意点 枳砧金水柑可实行密植,每 667 平方米栽 74~90 株。用改良树形、控冠的方法延长其结果期。

(十三)台湾椪柑

台湾椪柑以果大、色深鲜艳,果肉橙红而成为宽皮柑橘的佼佼者。种植以台湾中、南部最适。以硬芦为主,有芦也有栽培。

1. 品种来历 台湾椪柑原先引自大陆的广东、福建等省。20 世纪 30~40 年代及 80 年代中期,大陆又从台湾引回试种和种植。

2. 特征特性 树势强健,树姿直立性强,枝条细、丛生。幼树呈纺锤形,成年树呈扁圆形或自然圆头形树冠。叶片较甜橙小,叶翼狭小成线状,叶缘有钝齿,叶片因有波浪形而起伏不平。果形高桩、个大,单果重 160～220 克。果面油胞细密,果皮宽松、易剥,果心中空。可溶性固形物 11.5%～13%,含量 9～10 克/100 毫升,酸含量 0.3～0.7 克/100 毫升,味浓甜,肉质脆嫩。单果种子6～8粒,也有无核的。品质上乘。

3. 适应性及适栽区域　台湾椪柑适应性较广,适中亚热带和南亚热带栽培,山地、平地均适宜种植。我国华南、福建、四川和重庆等地适宜种植。

4. 主要物候期　广州地区的主要物候期与85-1椪柑相似。四川青神县(中亚热带气候)萌芽3月上、中旬。现蕾3月下旬,盛花期4月下旬,第一次生理落果期4月底至5月中旬,第二次生理落果期6月中、下旬,果实开始着色10月中、下旬,果实成熟12月底。

5. 栽培注意点　参见新生系3号椪柑、长源1号椪柑。

(十四)巨星椪柑

1. 品种来历　巨星椪柑选自实生椪柑的珠心优系,四川省眉山市东坡区有栽培。

2. 特征特性　树势强,枝梢粗壮。果实高扁圆,果大,单果重200克以上。果色橙红,肉质柔软化渣,汁多,味甜酸适口。可溶性固形物 11%～12.5%,糖含量为 8.5～9.5 克/100 毫升,酸含量为 0.5～0.6 克/100 毫升。每果平均种子6～8 粒。也有少核果。果实12月份至翌年1月份成熟,耐贮藏。品质优。

3. 适应性及适栽区域　适应性广,抗逆性强,凡能种植椪柑之地,大多均能种植,尤适在四川中亚热带气候地域种植。

4. 主要物候期　四川眉山春芽萌动3月上、中旬。现蕾3月下旬,盛花期4月下旬。第一次生理落果期4月下旬至5月中旬,第二次生理落果期 6 月上旬至 6 月下旬,果实开始着色 11 月初,果实成熟期 12 月份至翌年 1 月份。

5. 栽培注意点 参见新生系 3 号椪柑。

(十五)蜂 洞 橘

1. 品种来历 选自椪柑芽变,在云南省石屏、建水一带广为栽培。

2. 特征特性 树势强健,枝条开张呈伞状。果实高扁圆形,平均单果重 123 克。果色橙红、鲜艳,果蒂稍隆起,果皮易剥离,果皮厚约 0.3 厘米。可食率 69.63%,果汁率 60% 以上,可溶性固形物 12.9%,糖含量 10.8 克/100 毫升,酸含量 0.5 克/100 毫升,维生素 C 含量 30.1 毫克/100 毫升,种子 8～9 粒。果实 12 月初成熟,留树至翌年春节时采收,品质仍佳,且不落果。

3. 适应性及适栽区域 适应性较广,抗逆性较强,尤适云南栽培。枳砧蜂洞橘早结果、早丰产,3 年生树始花挂果,7 年生树平均株产 30 千克。

4. 主要物候期 云南省石屏春芽萌动 2 月初,春梢抽生 2 月中、下旬。现蕾 2 月下旬,盛花期 4 月上、中旬,果实开始着色 10 月下旬,果实成熟 12 月初。

5. 栽培注意点 栽培注意点参见新生系 3 号椪柑。为提高单果重量和优果率,可在稳果后疏除小果。

(十六)溪南椪柑

1. 品种来历 系 1987 年在福建省漳平市溪南镇选得漳南 1 号无核、少核芽变营养系单株。1995 年经品种审定,定名溪南椪柑。

2. 特征特性 树势健旺,分枝角度小,树姿直立。花蕾白色、椭圆形,花萼 5 片、浅绿色,花瓣 5 片,花药发育正常,花粉黄色。

果实扁圆形至高扁圆形,果蒂平略凸,个别果具短颈。果顶略凹,有明显放射沟纹,果皮橙红色、稍粗,皮厚 0.23～0.32 厘米。平均单果重 159.5 克,大的可达 219 克。可溶性固形物含量 12.8%(高的可达 15.2%),酸含量 0.71 克/100 毫升,维生素 C 含量 32.45 毫克/100 毫升。果肉脆嫩、化渣,清甜味浓,每果有种子 3.1～3.3 粒,品质上乘。

3. 适应性及适栽区域　适宜在中、南亚热带地区栽培,尤适在南亚热带地区栽培。以福橘作砧木,长势较旺;用枳作砧木早结果、丰产。7 年生树平均株产 66 千克。

4. 主要物候期　南亚热带的福建省漳平萌芽期 2 月上旬。现蕾期 2 月下旬,始花期 3 月下旬,盛花期 4 月上旬,终花期 4 月中旬。果实着色期 10 月下旬,果实成熟期 11 月中、下旬。溪南椪柑与普通椪柑相比物候期推迟 10～15 天。

5. 栽培注意点　用枳或福橘(红橘)作砧木,福橘砧幼树长势偏旺,不易开花结果,应控制长势,必要时采取促花保果措施。

(十七)无核椪柑辐育 28 号

1. 品种来历　1990 年 3 月在湖南省泸溪县 8306 优良椪柑新株系的原种母株上采接穗,用 ^{60}Co-γ 射线进行辐照,1997 年春复选出综合性状最好、编号辐育 28 号的单株。

2. 特征特性　树势中等,树姿直立。叶片形状、大小与普通椪柑差异不大。果实中等大,平均单果重 120.4 克,高扁圆形,横径 7.15 厘米、纵径 6.58 厘米,果色橙黄色,蜡质层厚,果皮厚 0.23 厘米,较光滑而富有光泽。果实可食率 64.1%,可溶性固形物 14%,糖含量 12.11 克/100 毫升,酸含量 0.71 克/100 毫升,维生素 C 含量 28.62 毫克/100 毫升。果肉橙黄色,无核,味浓、质脆、化渣,品质上乘。果实耐贮藏。

3. 适应性及适栽区域　适宜以枳、红橘作砧木,枳砧早结果、丰产,每 667 平方米栽 112 株,定植后第五年平均株产 18.2 千克,平均每 667 平方米产量 2 038.4 千克。适合在中亚热带和北亚热带种植。此外,有较强的抗旱耐瘠能力,适合红壤及山地栽培。

4. 主要物候期　湖南省吉首春梢萌芽 4 月上旬。始花 5 月上旬,盛花 5 月中旬,第一次生理落果期 4 月底至 5 月上旬,第二次生理落果期 6 月上旬至下旬,果实着色开始 11 月上、中旬,果实成熟 11 月下旬至 12 月初。

5. 栽培注意点　宜选枳作砧木,适当密植,注意裂皮病预防和防治。

(十八)赣椪 1 号

1. 品种来历　系从江西省德兴市椪柑园中初选出的无核、少核椪柑 17 株单株中选出,1997 年定名赣椪 1 号。

2. 特征特性　树形直立,树形近圆柱状,枝梢分枝力强,树势较旺。果实高扁圆形,单果平均重 114.6 克,果形整齐。果皮光滑,橙红色,厚 0.23 厘米。可溶性固形物含量 14.2%,酸含量 1.1 克/100 毫升,维生素 C 含量 19.7 毫克/100 毫升。单果平均种子 0.1 粒。肉质脆嫩、化渣,果汁多,品质上乘。

3. 适应性及适栽区域　适应性强,在北亚热带和柑橘北缘地域栽培能正常生长结果,在冬季较低温度下能安全越冬,冻后恢复能力强,对丘陵红壤适应性较强,且对炭疽病有较强的抗性。着果率较高,丰产。

4. 主要物候期　江西省德兴春梢萌动 3 月上、中旬,3 月中、下旬萌芽。现蕾 4 月上、中旬,初花期 4 月下旬至 5 月初,盛花期 5 月上、中旬,第一次生理落果期 5 月上、中旬,第二次生理落果期 6 月中、下旬,果实着色 10 月下旬,果实成熟 11 月中、下旬。

5. 栽培注意点　枳作砧木,适当密植,避免与有核品种混栽,以免种子增多。

(十九)华柑 2 号

1. 品种来历　系华中农业大学、湖北省长阳土家族自治县农业技术推广中心等单位从长阳县渔峡口镇岩松坪村老系实生硬芦园中选出,原代号为清江椪柑 1 号,现经审定,定名为华柑 2 号。

2. 特征特性　树势中庸,树姿较开张,叶片长椭圆形,枝梢顶芽易抽丛生结果枝,以中长枝为主要结果母枝。花芽分化能力强,一般为单花,顶花、有叶花着果。果实扁圆形或扁圆形略带短颈,单果重 160 克左右,果色介于橘黄与橘红色之间,果面稍粗糙、油胞稍凹陷。果实可溶性固形物含量 15.2%,酸含量 0.6～0.7 克/100 毫升,维生素 C 含量 32.4 毫克/100 毫升,风味浓,肉质爽口化渣,种子 5～7 粒,品质佳。

3. 适应性及适栽区域　适宜在≥10℃的年活动有效积温 5 500℃以上、极端低温≥-8℃的地域栽培。

华柑 2 号早结果,丰产,大苗定植的枳砧 3 年生株产可达 10 千克,每 667 平方米产量 2 500 千克左右。

4. 主要物候期　湖北省长阳春梢萌动 3 月中旬,春梢抽生 4 月初至中旬。现蕾 4 月中旬,开花 4 月下旬,第一次生理落果期 4 月底至 5 月中旬,第二次生理落果期 5 月下旬至 6 月下旬,果实着色 10 月下旬,果实成熟 11 月下旬至 12 月上旬。

5. 栽培注意点　枳作砧木,适当密植,疏果可提高果实的优果率。

(二十)岩溪晚芦

1. 品种来历　岩溪晚芦系 1981 年从福建省长泰县岩溪镇青年果场的椪柑园中选出,经对其母树和无性后代的连续多年观察,发现该品种晚熟性状稳定。

2. 特征特性　除较一般椪柑晚熟 50～60 天,即在翌年 1 月下旬至 2 月中旬成熟外,还具有以下特征特性:树势强健,分枝角度小,枝梢较密,树冠圆筒形。果实扁圆,单果重 150~170 克,果顶平至微凹,有较明显的放射状沟 8~11 条。果色橙黄,果面较光滑,果皮厚 0.26~0.31 厘米。果实可食率 75%~78.6%,可溶性固形物含量 13.6%~15.1%,糖含量 10.4~12 克/100 毫升,酸含量 0.9~1.1 克/100 毫升。单果种子 4~7 粒,部分果实少核或在 3 粒以下。肉质脆嫩化渣,甜酸适口,具微香,品质佳。果实耐贮,贮藏至 4 月底 5 月初风味仍佳,可溶性固形物仍高达 12%左右。

3. 适应性及适栽区域　适应性广,在山地、平地和水田,南、中、北亚热带地区均可种植。丰产稳产,9 年生树平均株产 130 千克,最高的株产达 161.8 千克。无性后代在加强管理的条件下,表现速生、早结和丰产。3 年生树平均株产 15 千克,4 年生树平均株产 17 千克。岩溪晚芦,裂果少,抗寒,全国不少产区引种、试种,是可供发展的椪柑晚熟品种。

4. 主要物候期　福建省长泰萌芽 2 月底至 3 月初。现蕾 4 月上旬,初花期 4 月上旬,盛花期 4 月上、中旬,谢花期 4 月 20 日前后。果实开始着色 12 月上旬,果实成熟为翌年 1 月下旬至 2 月中旬。

5. 栽培注意点　加强肥水管理,使其丰产、稳产。在冷月极端低温<-3℃的区域易出现低温落果,种植要慎重。

(二十一)奉新椪柑

1. 品种来历　奉新椪柑系江西省奉新县干洲农民余克义 1931 年从南昌水果店获得美国运来的鲜果采其种子繁育,经 60 年的人工驯化,选育而得。

2. 特征特性　树形直立,树冠广圆头形,树势强,发枝力强,幼树生长快。最大的特点是抗寒性强。果实高扁圆形,果蒂部隆起或平,且有不规则放射沟。单果平均重 130 克,最重的可达 320

克。果皮橙黄色、光滑，皮厚 0.23～0.27 厘米。可食率 79.8%，可溶性固形物 11.53%，糖含量 9.98 克/100 毫升，酸含量 0.63 克/100 毫升，维生素 C 含量 37.24 毫克/100 毫升。果肉脆嫩化渣、汁多，味甜，有清香。种子 5～11 粒。品质佳。果实耐贮藏。

3. 适应性及适栽区域　适应性广，山地、平地均能种植、耐肥、耐瘠薄、抗旱、抗寒，已稳定通过 5 个 −9℃ 的低温年。1977 年 1 月 30 日极端低温 −13.3℃，其受冻程度仍较耐寒的温州蜜柑轻。常用三湖红橘、本地红橘和枳作砧木。以枳作砧木栽后第二年始花结果，第三年每 667 平方米产量 300～500 千克，第四年至第五年每 667 平方米产量 1 000～1 500 千克、10 年生树株产 40～60 千克，17 年生树株产高的达 150 千克。可在椪柑适种之地种植，尤适于温度偏低的北亚热带和柑橘北缘地区种植。

4. 主要物候期　江西省奉新萌芽 2 月下旬至 3 月初。现蕾 3 月上、中旬，盛花期 4 月下旬。第一次生理落果期 5 月初至中旬，第二次生理落果期 6 月上旬至 6 月底，果实开始着色 10 月中、下旬，果实成熟在 11 月下旬。

5. 栽培注意点　与新生系 3 号椪柑相似。

（二十二）桂林椪柑 564

1. 品种来历　系 1973 年从广西壮族自治区柑橘研究所柑橘园中选出。

2. 特征特性　树冠倒圆锥形，树姿开张，树势中等，枝条细而密生。果实高桩扁圆形，果形端正、大小均匀，平均单果重 152 克，果皮光滑、色泽橙色至橙红色，果皮厚 0.3 厘米。可食率 76.8%，果汁率 57.8%，可溶性固形物 13.7%，糖含量 11 克/100 毫升，酸含量 0.8 克/100 毫升，维生素 C 含量 32.8 毫克/100 毫升。果肉橙红色，质地脆嫩化渣，风味浓甜。每果平均有种子 5.2 粒，果实贮藏性好。

3. 适应性及适栽区域 适应性广。山地、平地、中、南亚热带区域均可栽培,尤适广西壮族自治区种植。以枳作砧木结果早,丰产,子代的 5 年生树平均株产 38 千克,第三代 5 年生树平均株产 30 千克,6 年生树平均株产 47 千克。

4. 主要物候期 广西壮族自治区桂林春芽萌动 2 月初。现蕾 2 月下旬至 3 月上旬,盛花期 4 月上、中旬,第一次生理落果期 4 月中、下旬,第二次生理落果期 5 月中旬至 6 月中旬,果实开始着色期 10 月上、中旬,果实成熟期 12 月上、中旬。

5. 栽培注意点 与新生系 3 号椪柑相似。

(二十三)永春椪柑

1. 品种来历 系 20 世纪 50 年代初从福建省漳州引入,经长期栽培选育而成。

2. 特征特性 树冠圆头形,树势中等。果实高扁圆形,单果重 150～180 克,果色橙红色。果皮薄,厚 0.2～0.3 厘米,易剥。可食率 76.4%,果汁率 52.4%,可溶性固形物 12%～15%,糖含量 12.46 克/100 毫升,酸含量 1～1.2 克/100 毫升,维生素 C 含量 30.57 毫克/100 毫升。种子少,风味浓,品质优。

3. 适应性及适栽区域 以福橘、酸橘作砧木,表现丰产稳产,且耐旱、耐瘠薄,抗病虫害;以枳作砧木,表现早结果,丰产,果大。适于红黄壤山地栽培。3 年生树株产 3～5 千克,6～7 年生树平均株产 30 千克。

4. 主要物候期 福建省永春萌芽 2 月中、下旬。现蕾 2 月中、下旬,初花 3 月上、中旬,盛花期 4 月上、中旬,第一次生理落果期 4 月中、下旬,第二次生理落果期 5 月下旬至 6 月中旬。果实开始着色 10 月上旬,果实成熟 11 月下旬至 12 月上、中旬。

5. 栽培注意点 用福橘、枳作砧木,枳砧适当密植。福橘砧椪柑长势旺,初结果时做好促花保果。

(二十四)本 地 早

1. 品种来历　本地早原产浙江省黄岩,是浙江主栽的既可鲜食,又宜加工全去囊衣橘瓣罐头的优良品种。

2. 特征特性　树冠高大、呈圆头形,树势强健,枝梢整齐,分枝多而密、细软。叶片近椭圆形、较小、深绿色,结果母枝多为春梢或秋梢。果实扁圆形、较小,平均单果重 80 克,果色橙黄,果皮较粗,果顶微凹、常呈小脐状,果蒂有明显的放射状沟纹,皮薄、易剥。果肉柔软多汁、化渣,甜而少酸,可食率 68% ~ 70%,可溶性固形物 13% 左右,糖含量 9~10 克/100 毫升,酸含量 0.5~0.6 克/100 毫升,有香气。种子 10 粒左右,品质上乘。果实不耐贮藏。

3. 适应性及适栽区域　本地早较耐寒,在北亚热带和北缘柑橘产区栽培风味浓,品质优;在热量丰富、积温高的区域栽培易出现粗皮大果,风味变淡,品质下降。

4. 主要物候期　浙江黄岩产区春梢萌动期 3 月下旬,春梢生长期 4 月初至月底,夏梢生长期 6 月下旬至 8 月初,秋梢生长期 8 月上旬至 9 月下旬。现蕾期 3 月下旬,盛花期 4 月中、下旬。第一次生理落果期 4 月下旬至 5 月上、中旬,第二次生理落果期 5 月中、下旬至 6 月上旬,果实成熟期 11 月上旬。

5. 栽培注意点　用枳作砧木易出现黄化,用本地早作砧木(共砧)表现好。海涂种植用枸头橙作砧木,表现耐盐,且丰产。

从本地早中选出的新本 1 号、黄斜 3 号,具少核、无核,品质上乘,极宜鲜食和加工糖水橘瓣罐头。

(二十五)南丰蜜橘

又名金钱蜜橘、邵武蜜橘(福建)、贡橘。

1. 品种来历　南丰蜜橘原产江西省南丰县,栽培始于唐开元之前,至今至少有 1 300 多年历史。以江西南丰县及其周边县、市,福建邵武,广西柳州的柳城县栽培较多。

2. 特征特性　树冠半圆形或圆头形,树势强健,树姿开张,树干光滑,枝叶稠密,枝梢细长,叶片长形至椭圆形。果实扁圆形,果顶平凹,果蒂扁平微有肋起,果实小、平均单果重 60 克,果皮薄、易剥,果色橙黄,油胞小而密、平生或微凸,囊瓣大小不一。可食率 78%～80%,可溶性固形物 13%～15%,糖含量 13～15 克/100 毫升,酸含量 0.5～0.9 克/100 毫升,肉质柔软化渣、汁多,风味浓郁,有香气,种子无或极少,品质佳。

3. 适应性及适栽区域　南丰蜜橘耐寒性较强,适合北亚热带和中亚热带栽培。

4. 主要物候期　江西省南丰春芽萌动期 3 月上、中旬,春梢生长期 3 月上旬至 4 月下旬,夏梢生长期 6 月下旬至 8 月初,秋梢生长期 8 月上旬至 9 月中、下旬。现蕾期 3 月上、中旬,盛花期 4 月下旬,第一次生理落果期 4 月下旬至 5 月上旬,第二次生理落果期 5 月下旬至 6 月上旬,果实成熟期 11 月上、中旬。

5. 栽培注意点　栽培要求肥水充足,但怕积水。适在微酸性的砂质壤土上种植。

南丰蜜橘有大果系、小果系、桂花蒂系之分:大果系果实较大,平均果重 60 克;小果系果实较小,平均果重 26.3 克;桂花蒂系平均单果重 40 克。小果系品质比大果系好,可溶性固形物最高达 19%,无核或少核;大果系可溶性固形物高的可达 13%,种子平均 5 粒;桂花蒂系品质介于两者之间。

随着消费者对高糖型、小果型柑橘的需求增加,南丰蜜橘可有计划的发展。

(二十六)砂糖橘

砂糖橘又名十月橘。

1. 品种来历　砂糖橘原产广东省四会,广东、广西两地栽培较多。

2. 特征特性 树冠圆头形,树势较强,枝叶稠密,梢细长。果实扁平或高扁圆形,橘红色。单果重 35~60 克。果皮色泽橙红,皮薄易剥。果实可食率 70%~75%,果汁率 50%~58%,可溶性固形物 13%~16%,糖含量 11~13 克/100 毫升,酸含量 0.5~0.7 克/100 毫升,果肉橙黄,肉质柔软、化渣,风味浓甜。无核或少核,品质佳。果实耐贮藏。

3. 适应性及适栽区域 砂糖橘适宜在年平均温度 18℃~21℃,极端低温不低于-5℃的南、中亚热带气候条件下种植。在土层深厚、有机质丰富的冲积砂壤土种植品质优,产量高。

4. 主要物候期 广西壮族自治区桂林春梢萌动 3 月初,春梢生长期 3 月下旬至 4 月下旬,夏梢生长 5 月中旬至 7 月下旬,秋梢生长 8 月初至 9 月下旬。花蕾期 3 月下旬至 4 月中旬,盛花期 4 月中、下旬,第一次生理落果 5 月上旬,第二次生理落果 5 月下旬至 6 月初,果实成熟 11 月中、下旬。

5. 栽培注意点 热量条件丰富的南亚热带,土壤疏松、肥沃之地种植品质优,产量高。避免混栽而增加种子。因其自花结果率低,春梢多的植株宜抹除 1/2~2/3,并采取相应的保果措施。

(二十七)马水橘

1. 品种来历 原产于广东省阳春市马水镇塘岩村。据县志记载明末已有种植,至今有 300 多年历史。

2. 特征特性 树势健壮,树冠圆头形,枝叶密生。果实扁圆形,单果重 30~50 克,果色金黄,皮薄易剥。果肉橙红,细嫩化渣,糖高酸低,无核或少核,品质极优。

3. 适应性及适栽区域 适在广东、广西柑橘产区种植。

4. 主要物候期 春梢萌动期 2 月下旬至 3 月初,春梢生长期 3 月初至 4 月中旬,夏梢生长期 5 月初至 7 月中旬,秋梢生长期 8

月初至9月下旬。现蕾期3月上旬,盛花期3月下旬至4月上旬。第一、二次生理落果期分别为4月中、下旬,5月上、中旬。果实成熟期1月底至2月上、中旬。

5. 栽培注意点 注意防治第二次生理落果和裂果落果,以提高产量和果实品质。

(二十八)满 头 红

1. 品种来历 满头红是浙江省从实生朱红橘中选出的地方优良品种。

2. 特征特性 树势强健,树形高大,树冠圆头形,大枝较疏而粗长、稍下垂,小枝细密,叶小。果实扁圆形,平均单果重75克,浅朱红色,皮薄易剥。可食率74.3%,糖含量11.6克/100毫升,酸含量0.74克/100毫升,可溶性固形物13%～15%。果肉橙红色,细嫩化渣,汁多味甜,有香气,种子5粒左右,品质优。

3. 适应性及适栽区域 适应性广,耐寒性强,适宜亚热带气候区域栽培,在一般管理条件下,每667平方米产量可达2 000～2 500千克。

4. 主要物候期 浙江省温州产区春梢萌发期3月中、下旬,春梢生长期3月下旬至4月中旬,夏梢生长期5月中旬至7月上旬,秋梢生长期8月初至9月中旬。现蕾期3月下旬,盛花期4月中旬,第一次生理落果期4月中、下旬,第二次生理落果期5月下旬至6月上旬,果实成熟期1月下旬。

5. 栽培注意点 每667平方米适栽密度50～60株,合理修剪,防树冠郁闭。

(二十九)贡 橘

1. 品种来历 系广东省四会的地方优良品种。

2. 特征特性 树冠圆头形,树势健壮。果实扁圆形,外观似

橙,单果重 111～152 克。糖含量 11～12.2 克/100 毫升,酸含量
0.3～0.5 克/100 毫升,肉质脆嫩,清甜化渣,少核(4～5 粒),品质
上乘。

3. 适应性及适栽区域　适应性较广,广东省德庆、四会等县、
市种植较多。

4. 主要物候期　果实 12 月上、中旬成熟,其余与砂糖橘同。

5. 栽培注意点　果实不耐贮,宜适度发展。

(三十)明柳甜橘

1. 品种来历　系广东省农业科学院和广东省紫金县科技局
等单位于 1992 年在春甜橘园中发现的一个优良芽变。2006 年通
过广东省农作物品种审定委员会审定并命名。

2. 特征特性　树冠圆头形,枝梢粗壮,部分有刺。果实扁圆
形,单果重 65～85 克,果面柳纹明显,果皮比春甜橘厚,不易裂果,
囊瓣 9～10 瓣,大小形状整齐。果肉橙黄色,可食率 76.3%,可溶
性固形物 12.7%,味清甜,无核,品质上乘。

3. 适应性及适栽区域　适于南亚热带冬季无霜冻地区种植。

4. 主要物候期　广东省四会产区春芽萌动期 2 月下旬,春梢
生长期 3 月初至 4 月中、下旬,夏梢生长期 5 月中旬至 6 月初,秋
梢生长期 8～9 月。现蕾期 3 月初,盛花期 3 月末至 4 月初,第一
次生理落果 4 月中旬至 5 月初,第二次生理落果 5 月中旬至 6 月
初,果实成熟 2 月下旬至 3 月上旬。

5. 栽培注意点　用红橘作砧木较丰产。用酸橘作砧生长稍
旺,易呈串状结果,应适当疏果。

二、柑 类

（一）温州蜜柑

1. 品种来历 温州蜜柑原产中国温州,故名。据考证,500多年前日本人从浙江省引至日本,经实生变异而成。1949年后,尤其是1965年后我国多次从日本引进近百个品种(品系)。温州蜜柑依成熟期可分为特早熟、早熟和普通(中晚熟)温州蜜柑。

2. 特征特性 小乔木,树冠半圆形、圆头形,大枝开张,略显披垂,小枝粗长、无刺,叶片呈椭圆形或卵状椭圆形,叶色浓绿。花较大,单生。果实中等大,果形扁圆形、圆锥状扁圆形或球形,果面橙色,油胞粗大而凸出,果皮厚0.25~0.3厘米,囊瓣10瓣左右,囊衣较厚,汁胞短粗柔软,味甜少酸,无核。可食率80%以上,果汁率55%以上,可溶性固形物9%~15%,糖含量7~12克/100毫升,酸含量0.5~1克/100毫升,品质中上至优,既可鲜食,又可加工制成糖水橘瓣罐头。

3. 适应性及适栽区域 适应性广,耐寒性强,凡能种植柑橘的产区山地、平地、河滩均可种植,以枳作砧木,结果早,丰产稳产。我国浙江、湖南、江西、湖北、广西、福建、四川、云南、贵州和上海等省、直辖市、自治区和柑橘北缘柑橘产区均有较多种植。

4. 主要物候期 湖北宜昌春芽萌动期3月上、中旬,春梢生长期3月上、中旬至4月中旬,夏梢生长期5月上、中旬至8月上旬,秋梢生长期8月上旬至10月上、中旬。现蕾期3月上、中旬,第一次生理落果期4月上、中旬,第二次生理落果期4月下旬至6月初,果实成熟期9月份至翌年2月初。

5. 栽培注意点 用枳作砧木,加强肥水管理,防止大小年以及特早熟温州蜜柑出现树体早衰。

（二）大浦特早熟温州蜜柑

1. 品种来历　日本佐贺县的宫川八重子从山崎早熟温州蜜柑的枝变中选出，1980 年登记注册。20 世纪 80 年代从日本引入我国，各地栽培表现早结果、优质、丰产。

2. 特征特性　树势较宫川早熟温州蜜柑强，是特早熟温州蜜柑中树势强的品系之一。果形扁平、较大，平均单果重 107.9 克。可食率 82％，果汁率 50％，可溶性固形物 9％～10％，糖含量 7～8 克/100 毫升，酸含量 0.5～0.6 克/100 毫升，肉质柔软化渣，甜酸可口，品质优。

3. 适应性及适栽区域　与温州蜜柑同。

4. 主要物候期　同温州蜜柑。果实成熟期 9 月底至 10 月初。云南省华宁海拔 900～1 100 米区域热量丰富的河谷地带可在 8 月初成熟应市。

5. 栽培注意点　加强肥水管理，防止结果过多而出现大小年甚至隔年结果。

（三）宫本特早熟温州蜜柑

1. 品种来历　1970 年日本和歌山县的宫本喜次从宫川温州蜜柑的枝变中选出的品种，1981 年注册登记。20 世纪 80 年代末引入我国后各地试种表现好，后逐步推广种植。

2. 特征特性　树体矮化，树势弱、叶片较小，着生密，平均单果重 102.4 克，果皮薄而光滑，肉质柔软化渣，9 月上旬四五成着色，酸含量降于 1 克/100 毫升以下，可溶性固形物 9.5％～10％。其余与大浦同。

3. 适应性及适栽区域　与温州蜜柑同。

4. 主要物候期　与大浦同。

5. 栽培注意点　引入我国时发现带有温州蜜柑萎缩病，现已有脱毒的无病苗可供种植。

(四)桥本特早熟温州蜜柑

1. 品种来历 从日本爱媛县桥本正雄的温州蜜柑园中选出，系松山温州蜜柑的枝变，1978 年注册登记。我国引进后各地试种和种植表现好。

2. 特征特性 树株矮小，树势弱。果形较扁平，果皮较粗，平均单果重 98.7 克。9 月上旬果实开始褪绿，9 月下旬三四成着色。酸含量 1 克/100 毫升以下，可溶性固形物 9%～10%，品质优。

3. 适应性及适栽区域 与大浦同。

4. 主要物候期 与大浦同。

5. 栽培注意点 桥本带有温州蜜柑萎缩病，生产上应种植脱毒苗。

(五)日南 1 号特早熟温州蜜柑

1. 品种来历 由日本宫崎县日南市的野田明夫从 10 年生的兴津早熟温州蜜柑的枝变中选出，1997 年注册登记。我国 20 世纪 90 年代引入后各地试种、种植表现优质丰产。

2. 特征特性 树势较兴津强。枝叶不太密，节间长，叶片大，树姿与普通温州蜜柑相似。果实扁圆形，平均单果重 120 克。果实 9 月中旬开始着色，10 月上旬糖含量 8.5 克/100 毫升，酸含量 1 克/100 毫升以下，甜酸味浓，糖含量高，品质好。

3. 适应性及适栽区域 与大浦同。

4. 主要物候期 与大浦同。

5. 栽培注意点 防止结果过多而出现大小年。

(六)大分特早熟温州蜜柑

1. 品种来历 1986 年日本大分县柑橘试验场(今大分县农林

水产研究中心果树研究所)以今田早熟温州蜜柑与八朔杂交的珠心胚实生选育而成。我国引入后进行过试种,表现好。

2. 特征特性　树势在特早熟温州蜜柑中属中强,生长发育与普通温州蜜柑相似。树姿开张,枝梢粗细中等、无刺。果实扁圆形,果面比宫本略粗糙、油胞较稀,果皮囊衣较厚。糖含量 8～9 克/100 毫升,酸含量 1 克/100 毫升,减酸早,口感好。

3. 适应性及适栽区域　与特早熟温州蜜柑大浦相同。

4. 主要物候期　春梢萌芽期 3 月下旬,盛花期 4 月下旬至 5 月初,果实 9 月下旬至 10 月初成熟。

5. 栽培注意点　注意疏果,提高优质果率。

(七)稻叶特早熟温州蜜柑

1. 品种来历　系日本从早熟温州蜜柑中选出的特早熟温州蜜柑。我国引入后,试种表现早结丰产。

2. 特征特性　树冠半开张,较直立,枝条粗而稀,节间略长。果实扁平,单果重 155 克左右(大的 250 克左右)。油胞略大。果皮薄、稍光滑,囊瓣 10～12 瓣。果肉橙红色,汁多,味酸。可溶性固形物 9.7%,最高的可达 13%。品质好。

3. 适应性及适栽区域　适栽温州蜜柑之地均可种植。

4. 主要物候期　福建省平武春梢萌发期 2 月下旬,春梢生长期 3 月初至 4 月中旬,夏梢生长期 5 月下旬至 6 月下旬,秋梢生长期 8 月初至 9 月中旬。现蕾期 3 月中旬,盛花期 4 月上、中旬,第一次生理落果 4 月下旬至 5 月初,第二次生理落果 6 月上旬,果实成熟 9 月上、中旬。

5. 栽培注意点　易感染疮痂病、日灼病,注意防治。选深厚肥沃之地种植,可增强树体抗性,获得丰产。

(八)大分1号特早熟温州蜜柑

1. 品种来历　日本从早熟温州蜜柑中选出。我国引种试种表现优质丰产。

2. 特征特性　树势中等,树冠圆头形,枝梢较密。果实高扁圆形,单果重120～150克,色泽橙红。果肉柔软多汁,减酸快,可溶性固形物11％,味甜,品质好。

3. 适应性及适栽区域　与大浦同。

4. 主要物候期　与大浦同,果实9月下旬成熟。

5. 栽培注意点　疏果提高果实等级和连续丰产。枳砧要做好裂皮病的预防。

(九)早津特早熟温州蜜柑

1. 品种来历　1979年由中国农业科学院柑橘研究所从兴津早熟温州蜜柑中选出。

2. 特征特性　树势与兴津相似,枝梢节间较兴津短。果实扁圆形,果形似兴津,着色较兴津早7～10天,果实品质好。9月28日测定,可溶性固形物10％,酸含量1.1克/100毫升以下,汁多化渣,品质好。

3. 适应性及适栽区域　与大浦同。

4. 主要物候期　与大浦同。

5. 栽培注意点　加强肥水管理,防止出现大小年。

(十)宣恩早特早熟温州蜜柑

1. 品种来历　从湖北宣恩县园艺场龟井早熟温州蜜柑的变异株中选出。

2. 特征特性　树势较龟井稍强,叶片大。果较大,平均单果重135克,果实着色早,减酸快。9月20日开始着色,10月上旬可溶性固形物11％,酸含量0.9～1.1克/100毫升。与龟井比具有早熟、早结果、优质和丰产稳产的特点。

3. 适应性及适栽区域 与大浦同。

4. 主要物候期 与大浦同。

5. 栽培注意点 加强肥水,防止出现大小年。

(十一)蒲早2号

1. 品种来历 20世纪80年代初从四川蒲江县温州蜜柑的变异株中选出。

2. 特征特性 树势较强,结果早,丰产。果实扁圆形,单果重120～150克。果皮光滑,色泽橙至橙红。可溶性固形物9％～10.5％,酸含量0.6～0.7克/100毫升,果肉细嫩化渣,品质上乘。

3. 适应性及适栽区域 与大浦同。

4. 主要物候期 果实9月下旬至10月初成熟,其余与大浦同。

5. 栽培注意点 加强水肥,防止出现大小年甚至早衰。

(十二)隆回73-01特早熟温州蜜柑

1. 品种来历 1973年从湖南省隆回县园艺场松木早熟温州蜜柑的变异株中选出。

2. 特征特性 树势中等,大枝开张,小枝较粗短,徒长枝少。果实扁圆形,平均单果重130克,果色橙黄至橙红。果实可食率80％,可溶性固形物11％～12％,酸含量0.7克/100毫升,品质优。

3. 适应性及适栽区域 与大浦同。

4. 主要物候期 果实9月中旬着色,9月底成熟,其余与大浦同。

5. 栽培注意点 加强肥水,防止结果过多而早衰。

(十三)国庆1号特早熟温州蜜柑

1. 品种来历 20世纪70年代由华中农业大学从龟井早熟温州蜜柑的变异株中选出。

2. 特征特性 树体矮小、紧凑,大枝弯曲交错,节间短、丛状簇生,叶小质厚,叶柄扭曲生长。果实扁圆形或高扁圆形、中等大,平均单果重93克。果皮薄,色泽橙黄至橙色。可溶性固形物11.5%,糖含量8.3克/100毫升,酸含量0.6克/100毫升。果肉橙红色,风味好,品质优。

3. 适应性及适栽区域 与大浦同。

4. 主要物候期 果实10月初成熟,其余与大浦同。

5. 栽培注意点 加强肥水管理,防止出现大小年和树势早衰。

(十四)鄂柑2号

1. 品种来历 1974~1975年,湖北省宜都市农业主管部门、红花套镇和华中农学院宜昌分院章文才教授等专家在该市红花套区光明村枳砧龟井温州蜜柑中选出,后经多年观察多点试验、鉴定,2004年经湖北省农作物品种审定委员会审定并命名鄂柑2号,商品名光明早。

2. 特征特性 树势较龟井强旺,梢内卷,发芽率强,成枝力中等,新梢柔软。果实扁圆形,果色橙红,单果平均重139.6克。可食率78%以上,可溶性固形物12%,酸含量0.8克/100毫升,囊瓣大小均匀,风味浓郁,爽口化渣,品质佳。贮藏性与龟井同。

3. 适应性及适栽区域 适应性广,较龟井耐寒。温州蜜柑种植之地均可种植。

4. 主要物候期 春梢萌芽期3月中旬,生长期3月中旬至4月中旬,夏梢生长期5月上旬至7月下旬,秋梢生长期8月中旬至

10月上旬。现蕾期4月上旬,盛花期4月下旬。第一次生理落果5月上旬,第二次生理落果5月中、下旬。果实10月上旬成熟。

5. 栽培注意点　树势较龟井旺,种植密度以每667平方米栽56株(3米×4米)为宜。花芽易分化,注意疏花疏果。

(十五)兴　津

1. 品种来历　系日本兴津园艺场从以宫川为母本、枳为父本的杂交后代的珠心苗中选出。1966年引入我国,各地种植丰产稳产、优质。

2. 特征特性　树势强健,系早熟温州蜜柑中树势最强的品种,枝梢生长旺盛,分布均匀。果实扁圆形或倒圆锥状扁圆形,果色橙红鲜艳。果肉橙红色,糖含量10~11克/100毫升,酸含量0.7克/100毫升,肉质细嫩化渣,具微香,品质上乘。

3. 适应性及适栽区域　适应性广,丰产优质,是早熟温州蜜柑中种植最多的品种。凡能种植柑橘之地均能种植。

4. 主要物候期　春芽萌发期3月上旬,春梢生长期3月中、下旬至5月初,夏梢生长期5月上旬至下旬,秋梢生长期8月初至9月底、10月初。花蕾期3月上旬,盛花期4月中、下旬,第一次生理落果期4月下旬至5月上旬,第二次生理落果期5月底至6月初,果实成熟期10月上旬。

5. 栽培注意点　以枳为砧木。不抗裂皮病,注意做好预防和防治。

(十六)宫　川

1. 品种来历　原产日本静冈县,选自温州蜜柑的芽变。1925年命名推广。我国从日本引种多次,产区种植较多,尤以浙江省为多。

2. 特征特性　树势中等或偏弱,树冠矮小紧凑,枝梢短密、呈丛生状。单果重90~130克,果面光滑,皮薄,果顶宽广,蒂部略窄,果形整齐美观。果肉橙红色。糖含量9~10克/100毫升,酸含量0.6~0.7克/100毫升,甜酸适口。囊衣薄,肉质细嫩化渣,品质优。

3. 适应性及适栽区域　与兴津同。

4. 主要物候期　与兴津同。

5. 栽培注意点　与兴津同。

(十七)龟　井

1. 品种来历　我国引入后种植表现较丰产优质,惟树势弱。

2. 特征特性　树冠矮小紧凑,枝簇状,树势弱。果实高扁圆形,平均单果重100克,果面橙色、稍粗。果肉橙红色,可溶性固形物11%。肉质细嫩,少渣,甜酸适口,品质好。

3. 适应性及适栽区域　温州蜜柑适栽之地均可种植,因树势弱、日灼裂果,株产不高。除湖北宜昌种植较多外,其他产区种植不多。

4. 主要物候期　与兴津同。

5. 栽培注意点　因树势弱,需加强肥水管理才能提高产量。枳砧应防止裂皮病发生。

(十八)立　间

1. 品种来历　1930年日本从尾长温州蜜柑的变异株中选出;1958年注册登记、推广。

2. 特征特性　树势中等或偏弱。果实扁圆形,单果重140克左右,果顶柱点常开裂成脐状,果面橙色、较光滑,果皮薄。可溶性固形物11%~11.5%。糖含量9.5~10克/100毫升,酸含量0.5~0.6克/100毫升。肉质细嫩化渣,甜味浓。丰产优质,但有返祖现象,性状不太稳定。

3. 适应性及适栽区域　与兴津同。

4. 主要物候期　与兴津同。

5. 栽培注意点　以枳作砧木,注意防裂皮病。

除上述介绍的早熟温州蜜柑外,还有松山、松木、三保早熟温州蜜柑等,从略。

(十九)尾　张

尾张温州蜜柑又称改良温州蜜柑。

1. 品种来历　日本爱知县从伊木力系的变异株中选出。20世纪 30 年代引入我国后广为栽培。20 世纪 80 年代起大力发展特早熟、早熟温州蜜柑,种植逐年减少。

2. 特征特性　树势强,树冠高大、开张,枝粗壮稀疏,长枝披垂,叶大平展。果实扁圆形,果形整齐、中等大,单果重 80~90 克,果色橙黄,果皮光滑、中厚。囊衣厚韧,不化渣,果肉柔软,味甜酸。糖含量 9.5~11 克/100 毫升,酸含量 1 克/100 毫升,品质较好。

3. 适应性及适栽区域　凡可种温州蜜柑之地均可种植。

4. 主要物候期　春芽萌动期 3 月上、中旬,春梢生长期 3 月上、中旬至 4 月中旬,夏梢生长期 5 月上、中旬至 8 月初,秋梢生长期 8 月上旬至 9 月底、10 月上旬。现蕾期 3 月上、中旬,盛花期 4 月下旬,第一次生理落果期 4 月下旬至 5 月中旬,第二次生理落果期 5 月下旬至 6 月上旬,果实成熟期 11 月中、下旬。

5. 栽培注意点　以枳作砧木,注意防止裂皮病。尾张有大叶系、小叶系,以大叶系品质好,产量稳定,适宜种植。

(二十)宁　红

1. 品种来历　1979 年从浙江省宁海县红旗柑橘良种场的尾张温州蜜柑中选出。

2. 特征特性　树冠矮小紧凑,结果母枝以春梢为主。果实扁圆形,单果平均重 74.5 克。果肉橙红色,质地脆嫩,可溶性固形物12%,酸含量 0.77 克/100 毫升。加工糖水橘瓣罐头吨耗低、仅1.22(吨原料/吨罐头),剥皮、分瓣、去络容易,具香气,甜酸适度。可鲜食,更适作加工糖水橘瓣罐头原料。

3. 适应性及适栽区域　与尾张温州蜜柑同。

4. 主要物候期　与尾张温州蜜柑同。

5. 栽培注意点　以枳作砧木,注意预防裂皮病。

适作糖水橘瓣罐头原料的还有海红(宁海红旗柑橘场从尾张中选出)、寻乌 119(江西寻乌从尾张中选出)、石柑(浙江象山石浦柑橘场从尾张中选出)、川凤(四川成都凤凰山园艺场从尾张中选出)、涟源 73-696(湖南涟源县园艺场从尾张中选出)等,这些品种与宁红大同小异,从略。

(二十一)南柑 20 号

1. 品种来历　原产日本。1926 年从尾张温州蜜柑的芽变中选出,1952 年注册登记推广。1966 年引入我国,在湖南、四川、重庆、浙江、湖北、江西等省、直辖市有少量栽培。

2. 特征特性　树势中等、开张,枝梢较细短。果实中大,平均单果重 95 克,果形扁平,果色橙黄。果肉橙红色,囊衣厚、韧,介于早熟温州蜜柑与普通温州蜜柑之间,较化渣。可溶性固形物11%～13%,酸含量 0.6～0.7 克/100 毫升,风味浓,加工糖水橘瓣罐头和鲜食均佳。

3. 适应性及适栽区域　与尾张温州蜜柑同。

4. 主要物候期　较尾张温州蜜柑稍早,果实 10 月下旬至 11月上旬成熟。

5. 栽培注意点　以枳作砧木,注意裂皮病的预防。

(二十二)青　岛

1. 品种来历　1952 年日本从尾张温州蜜柑的变异株中选出，1965 年注册、登记。20 世纪 70 年代引入我国，试种和种植后表现优质丰产。

2. 特征特性　树势强，叶片大而较密。果实扁圆，单果重 100～130 克，果色橙黄，糖含量 9～10 克/100 毫升，酸含量 0.5～0.6 克/100 毫升，果肉质地细嫩，风味浓，品质好。

3. 适应性及适栽区域　与尾张温州蜜柑同。

4. 主要物候期　与尾张温州蜜柑相似，果实 12 月中旬成熟。

5. 栽培注意点　用枳作砧木，注意裂皮病的预防。

(二十三)山　下　红

1. 品种来历　日本原产，系从尾张温州蜜柑的枝变中选出。

2. 特征特性　树势强健，叶片大、叶色深，枝梢粗壮。果实扁圆形，果色橙红至深红，单果重 110～130 克。可食率 78％～82％，果汁率 53％。可溶性固形物 11％～13％，酸含量 0.6～0.7 克/100 毫升。果肉深红色，细嫩，甜酸适口，品质优。

3. 适应性及适栽区域　与尾张温州蜜柑同。

4. 主要物候期　与尾张温州蜜柑同。

5. 栽培注意点　以枳作砧木，注意裂皮病的预防。

(二十四)大津 4 号

1. 品种来历　1964 年日本神奈川县从十万温州蜜柑的实生苗中选出，1978 年注册登记。我国引种后在浙江省等产区有试种。

2. 特征特性　树势强，生长旺，叶片大，枝梢密生。果实扁圆形，果面光滑，单果重 120～140 克，果汁糖高酸低。

3. 适应性及适栽区域 与尾张温州蜜柑同。

4. 主要物候期 与尾张温州蜜柑相似,果实 11 月下旬至 12 月上旬成熟。

5. 栽培注意点 以枳作砧木,注意裂皮病的预防。

(二十五)晚蜜 1 号

1. 品种来历 系中国农业科学院柑橘研究所从以尾张温州蜜柑为母本、薄皮细叶甜橙(S)为父本的杂交后代中选育而成。

2. 特征特性 树势强,枝梢健壮。果实扁圆形,单果平均重 129 克,果色橙红,果肉橙红,细嫩化渣,甜酸适口。可溶性固形物 11.8%,酸含量 1.06 克/100 毫升,品质上乘。

3. 适应性及适栽区域 适应性强,丰产稳产,与尾张温州蜜柑同。

4. 主要物候期 与尾张温州蜜柑相似,果实翌年 1 月中、下旬成熟。

5. 栽培注意点 以枳作砧木,注意防止裂皮病,冬季气温较低地域种植防止冬季果实冻害落果。

普通温州蜜柑除上述介绍的品种外,还有日本的向山、米泽、濑户、久能、山田、林、南柑 4 号、清江、伴野、大长、骏河红温州、橘温州、新上市、寿太郎、十万温州、今村、石川以及我国选出的晚蜜 2 号、元红、茶山、歙县 1 号等,在此不再赘述。

(二十六)蕉　柑

1. 品种来历 原产我国广东省汕头,可能是橘与橙的天然杂种。因其果身高呈短柱形,故在福建、广东和台湾等地又称桶柑。

2. 特征特性 树势中等,较开张,树体矮小,树冠圆头形,枝条细软而易生。果实圆球形或高扁圆形。果色橙黄至橙红,较厚、较粗糙、坚韧,剥皮较不易。果实单果重 110~150 克,肉质柔软多汁、化渣,风味浓甜。糖含量 10~11 克/100 毫升,酸含量 0.5~0.6 克/100 毫升。种子少,品质上乘。

3. 适应性及适栽区域 适宜在年平均温度 21℃~22℃,≥10℃的年活动积温 7 000℃~8 000℃,1 月份平均温度 12℃以上,极端低温 0℃左右的地域栽培。我国栽培较多的是广东的潮州、惠州,福建的漳州和贵州的黔南州等地。

4. 主要物候期 广东省惠州春芽萌发期 1 月下旬至 2 月初,春梢生长期 2 月上旬至 4 月下旬,夏梢生长期 4 月底至 6 月中旬,秋梢生长期 7 月下旬至 10 月初,冬梢抽生 10 月上、中旬。现蕾期 2 月初,盛花期 2 月下旬至 3 月初,第一次生理落果期 3 月下旬至 4 月下旬,第二次生理落果期 5 月上旬至中、下旬,果实成熟期 12 月底至翌年 1 月中、下旬。

5. 栽培注意点 适宜在热量条件好的南亚热带和土壤深厚肥沃之地栽培。

(二十七)新 1 号蕉柑

1. 品种来历 1973 年从广东省潮州市饶平县新塘乡新塘村的蕉柑园中选出。

2. 特征特性 树势健壮,树冠圆头形。果实近球形、端正,单果重 110~130 克,果色橙红,较光滑。可溶性固形物 13.5%,糖含量 10.5 克/100 毫升,酸含量 1 克/100 毫升,肉质柔软化渣,有微香,品质佳。在较粗放管理条件下能丰产稳产是其优势。

3. 适应性及适栽区域 与蕉柑同。

4. 主要物候期 与蕉柑同。

5. 栽培注意点 与蕉柑同。

蕉柑除以上介绍的品种外,还有孚中选蕉柑(选自潮州 12 年生蕉柑园)、85-2(1985 年引自台湾)、白 1 号蕉柑(广东普宁农业局选出)、无核蕉柑(广东杨村华侨柑橘场选出)、孚优选蕉柑(潮州市农业局从孚中选蕉柑中选出的新株系)、塔 5-9 蕉柑(广东杨村华侨柑橘场选出)和早熟蕉柑等,均可在生产上适度种植,在此不一一介绍。

三、杂 柑 类

20 世纪末至今,杂柑类在我国发展较快。多数品种从日本引进,也有从美国、西班牙、澳大利亚等国引进和国内自行选育的。

杂柑主要是橘与橙、橘与柚的杂交后代。杂交有人工杂交和自然杂交两种,以人工杂交所得的后代为多。成熟期分中晚熟(12月前成熟)和晚熟(翌年成熟)。现择其主要简介如下。

(一)天 草

1. 品种来历 系日本农林省果树试验场口之津分场(现农水省果树试验场柑橘部,下同)于 1982 年以清见、兴津早生 14 号的杂交后代为中间母本,再与佩奇橘杂交育成。品种适应性、遗传性鉴定稳定,1993 年命名天草,1995 年注册登记。我国 20 世纪 90年代引入,各地种植优质、丰产而较快发展。

2. 特征特性 树势中等,幼树稍直立,树冠扩大缓慢,进入结果期后树姿开张。枝梢较密、呈丛状,叶片比温州蜜柑小、细长。果实扁球形、大小整齐,单果重 180~200 克。果实橙色,果皮油胞大而稀、光滑、薄、兼有克力迈丁和甜橙的香气。果肉橙色,肉质柔软、汁多,囊衣(壁)薄,化渣。可溶性固形物 11%~13%,酸含量 1克/100 毫升。品质好。单性结实强,成片种植,果实通常无核。

3. 适应性及适栽区域 适应性广,较脐橙、伊予柑耐寒,较温州蜜柑弱,以枳为砧和用温州蜜柑、椪柑作中间砧嫁(高)接亲和性好。一般在亚热带区均可种植,山地、平地种植均能丰产稳产。

4. 主要物候期 浙江省象山春芽萌发 3 月上旬,春梢生长期

3月中旬至4月底,夏梢生长期6月上旬至下旬,秋梢生长期8月初至下旬。现蕾期3月中、下旬,盛花期4月底至5月初,第一次生理落果期5月上、中旬,第二次生理落果期5月底至6月上、中旬,果实成熟期11月下旬至12月上旬。

5. 栽培注意点　天草结果性能好,为提高果品等级和持续稳产,宜采取疏果措施。

（二）象 山 红

1. 品种来历　系浙江省象山从日本引进的天草杂柑中选出,2000年通过浙江省农作物品种审定委员会品种认定。

2. 特征特性　幼龄树树势中等,树姿直立,树冠扩大缓慢。高接换种树树势较强。生长初期有刺,枝梢偏密、呈丛生状。以春梢为多,占全树枝梢60%～80%;秋梢次之,占13%～38%;夏梢少,仅占2%左右。结果母枝以春梢为主。花有有叶单花、无叶单花、有叶花序花和无叶花序花4种,以有叶单花着果率最高(占80%～90%的结果量),单性结实强。果实扁球形,大小整齐,果皮橙红色、光滑,剥皮稍难。肉质橙色,有微香。可溶性固形物11%～13%,酸含量1克/100毫升以下,品质优。

3. 适应性及适栽区域　与天草相似。

4. 主要物候期　与天草相似。

5. 栽培注意点　丰产性好,结果过多时应疏花疏果,提高果品等级。

（三）诺 瓦

1. 品种来历　1942年美国佛罗里达州用克力迈丁红橘与奥兰多橘柚杂交所得,1964年推广。我国20世纪60年代起多次从美国、西班牙引进,种植后表现丰产优质。

2. 特征特性　树势旺盛,明显具宽皮柑橘特性,但多刺。果实扁圆形,单果重 100～120 克,果面橙红,果皮薄而紧包,不易剥离,果较硬。肉质脆嫩,风味浓。糖含量 10～11 克/100 毫升,酸含量 0.6～0.7 克/100 毫升。有单结实习性,单独栽培时常无核。

3. 适应性及适栽区域 耐寒性强,适应性广,山地、平地种植均能丰产,适于南、中、北亚热带栽培。

4. 主要物候期 重庆市春芽萌生期 3 月上旬,春梢生长期 3 月上旬至 4 月上旬。夏梢生长期 5 月底至 6 月中旬,秋梢生长期 8 月初至下旬。现蕾期 3 月上旬,盛花期 4 月中、下旬,第一次生理落果期 4 月底至 5 月上旬,第二次生理落果期 5 月下旬至 6 月上旬,果实成熟期 11 月下旬至 12 月上旬。

5. 栽培注意点 宜单独种植,不宜与有核品种混栽而增加种子。加强水分管理,防止干旱。适时采收,以避免果实出现粒化。

(四)橘橙 7 号

1. 品种来历 重庆市果树研究所(现重庆市农业科学院果树研究所)从诺瓦杂柑中选出。

2. 特征特性 与诺瓦相似。

3. 适应性及适栽区域 易栽,易丰产。丰产稳产性超过诺瓦。

4. 主要物候期 与诺瓦同。

5. 栽培注意点 与诺瓦同。

(五)南　香

1. 品种来历 系日本农水省园艺试验场久留米分场口之津试验站于 1970 年以三保早生温州蜜柑与克力迈丁红橘杂交育成,1989 年命名、注册登记。20 世纪 90 年代初引入我国表现丰产、优质。

2. 特征特性 树势中等、直立,结果后开张。枝叶密生,春梢短且硬。多数枝上有刺,但随树龄增大而退化。叶色较浅,冬季易落叶。果实高腰扁球形,平均单果重 130 克,果色深橙红色,油胞略大,果顶有突起的小脐。果皮较薄,剥皮较温州蜜柑稍难,不发生浮皮。果肉橙红色,囊衣薄,化渣。肉质稍粗,但经完熟栽培后肉质柔软多汁。糖含量高,12 月份可溶性固形物可达 13%～14%。减酸慢,酸含量 1 克/100 毫升。单性结实强,一般果实无核。

3. 适应性及适栽区域 与天草同。

4. 主要物候期 与天草同。

5. 栽培注意点 丰产性好,注意疏果,以增加优等果比例。冬季气温较低的产地易落叶,选冬暖、避风和肥沃的土壤栽培。

(六)早 香

1. 品种来历 系日本农水省园艺试验场久留米分场口之津试验站于 1972 年以今村温州蜜柑与中野 3 号椪柑杂交育成,1990 年命名、注册登记。我国引入后浙江、重庆、广西桂林等地有少量种植,表现丰产优质。

2. 特征特性 树势较旺,枝梢密生、结果后逐渐开张。枝上有短刺,后随树体长大而消失。单果重 150 克左右,果面橙红。油胞与椪柑相似,突出、大而粗。剥皮易,易浮皮。果肉橙红色,柔软多汁,有似椪柑的香气,囊衣稍厚。可溶性固形物 13%～14%,酸含量 1 克/100 毫升以下,品质优。果实种子 5～10 粒。较不耐贮藏。

3. 适应性及适栽区域 与天草同。

4. 主要物候期 与诺瓦同。

5. 栽培注意点 宜疏果,以提高优质果率。果实需适时采收,12 月中旬及以后采收的果实贮藏性欠佳。

（七）日　辉

1. 品种来历　英文名 Sunburst。美国用克力迈丁与奥兰多橘柚杂交育成。

2. 特征特性　树势中等，枝梢无刺，叶色深绿。果实高扁圆形，单果重 90～130 克，果实色泽橙至橙红。果皮薄、光滑，透过果皮甚至隐约可见囊瓣。易剥，但易成小块。果肉深橙色，肉质稍粗，可溶性固形物 12%～14%，酸含量 0.3～0.4 克/100 毫升。果实种子较少，每果 1～2 粒。品质佳。

3. 适应性及适栽区域　与天草同。

4. 主要物候期　与天草同。

5. 栽培注意点　宜单独栽培，以保持少核。对锈壁虱敏感应加强防治。

（八）秋　辉

1. 品种来历　英文名 Fallglo。系美国用 Bower 橘柚与坦普尔橘橙杂交所得后代中选出。

2. 特征特性　树势中等，枝梢无刺、细密披散，叶片较狭小，叶色较浅。果实阔卵圆形，果肩有放射沟，果面光滑，单果重 230 克左右，皮易剥、薄，果面光滑、色泽橙红。果肉柔软、多汁，橙色至橙红色，风味浓，可食率 78%。可溶性固形物 12%～14%，酸含量 0.6～0.7 克/100 毫升。品质好，惟种子较多（每果 30 粒以上），种子单胚。果实较耐贮藏。

3. 适应性及适栽区域　与天草同，较耐寒。

4. 主要物候期　与天草同。

5. 栽培注意点　对蚜虫敏感，应加强防治。

（九）有　明

1. 品种来历　日本农水省园艺试验场久留米分场口之津试验站于 1973 年用清家脐橙与克力迈丁红橘杂交育成，1992 年品种命名，1994 年注册登记。我国引种试种后表现丰产质优。

2. 特征特性　枳砧树势较弱，矮小。以温州蜜柑或福原橙为中间砧高接，树势中等。树姿开张，枝梢密生、细短。幼树有刺，成年树枝上刺退化。果实球形，单果重 170～200 克，整齐度较差。果顶部有不明显的凹环，少数果实有小脐。果梗粗的果实，果蒂短颈凸起，有时形成浅条沟纹，似脐橙。果面光滑，果肉橙红色、肉质柔软多汁，可溶性固形物 12%～13%，酸含量 0.8～0.9 克/100 毫升，具甜橙香气。果实无核，品质优。

3. 适应性及适栽区域　与天草同。

4. 主要物候期　果实 12 月中、下旬成熟。其余与天草相似。

5. 栽培注意点　选避风、冬暖无冻害、土壤肥沃之地种植，秋季及时灌溉，防止裂果，采用疏果，提高果实整齐度和优果率。

（十）琥珀甜橙

1. 品种来历　英文名 Ambersweet。系美国用克力迈丁与奥兰多橘柚杂交后代再与地中海甜橙杂交育成。1989 年开始在美国推广，20 世纪末引入我国，在重庆、浙江等地有试种。

2. 特征特性　树势强，树姿直立、紧凑，枝叶密生，生长旺盛、抗寒。幼树有小刺。果实葫芦形，果顶部浑圆，果梗部稍有凸起、呈颈状，有时果实出现小脐。单果重 90～150 克。果皮硬、中厚，剥皮易。果色橙红。果肉脆嫩，汁多渣少。可溶性固形物 11%～13%，酸含量 0.5～0.7 克/100 毫升。无核，品质上乘。既可鲜食，又适宜加工。

3. 适应性及适栽区域　适应性广，适宜中、南亚热带栽培。

4. 主要物候期 果实 10 月中、下旬成熟，留树到 12 月底采收品质仍佳。

5. 栽培注意点 成片单独栽培，使其保持无核。

（十一）甜春橘柚

甜春橘柚（Sweet spring）又名甜泉橘柚。

1. 品种来历 原产日本，由上田温州蜜柑（母本）与八朔柑（父本）杂交而成。20 世纪末引入我国。

2. 特征特性 树势强健，枝梢抽发量大，树冠形成快，生长势较温州蜜柑、椪柑强，枝梢有少量刺。春、夏、秋梢均可成为结果母枝，强壮的结果枝也可成为翌年的结果母枝，结果枝大多为有叶枝。花量较温州蜜柑少，着果率高。果实扁圆形，果皮较粗厚，单果重 200～280 克，无核或少核（3～5 粒）。果肉橙黄色，味甜爽口，具有橘和柚的香气。可溶性固形物 12%～14%，糖含量 12.8 克/100 毫升，酸含量 0.1～0.2 克/100 毫升。

3. 适应性及适栽区域 适应性广，抗逆性强，在土壤较瘠薄、肥水条件较差的山地能正常结果。耐寒性较橙类、椪柑强，耐旱性比温州蜜柑、天草强，结果早，枳砧幼苗定植 3 年可始果。可种杂柑之地均可种植。

4. 主要物候期 北、中亚热带春芽萌发期 3 月上旬，夏梢、秋梢抽生分别在 6 月中、下旬、8 月上旬。现蕾期 3 月下旬，初花期 4 月中旬，盛花期 4 月下旬，终花期 4 月底。第一次生理落果高峰 4 月下旬至 4 月底，第二次生理落果高峰 6 月上、中旬，果实在 11 月中、下旬转色，12 月上旬成熟。果实耐贮藏。

5. 栽培注意点 为提高着果率，可结合根外追肥在谢花 2/3 时喷施赤霉素。

（十二）爱媛 38 号

1. 品种来历　日本用南香与西之香杂交育成的新品种。我国引种试种表现优质丰产。

2. 特征特性　树势中等,树冠圆头形,枝梢较密。果实圆球形,果色深橙,果皮油胞稀,光滑,单果重 150～200 克,果皮易剥。可溶性固形物 12％～13％,酸含量 0.5 克/100 毫升。肉质细嫩化渣,清甜,无核,品质佳。

3. 适应性及适栽区域　与天草同。抗寒性强。

4. 主要物候期　果实 11 月中旬成熟。

5. 栽培注意点　以枳为砧木,注意防裂皮病。疏果防大小年,提高果品等级。

（十三）爱媛 22 号

1. 品种来历　采用南香与恩科橘杂交育成。引入我国试种表现优质丰产。

2. 特征特性　树势偏强,枝梢粗壮,叶色深绿有光泽,果形特扁平、有小脐,平均单果重 150 克,果面橙红色。果肉深橙红色,细嫩化渣,糖含量高,可溶性固形物高的可达 15％～16％,味甜。果实耐贮藏,贮藏至翌年 2 月下旬风味仍佳。

3. 适应性及适栽区域　与天草同。适宜在年平均温度 17.5℃以上地域种植。

4. 主要物候期　与天草同。果实 12 月成熟。

5. 栽培注意点　与爱媛 38 号同。

（十四）爱媛 30 号

1. 品种来历　日本用口之津 31 号与恩科橘杂交育成。我国引种、试种表现优质丰产。

2. 特征特性　树势中等,枝梢较密。果实扁圆,果形整齐,色泽深红,果皮光滑,果大、平均单果重 200 克。果肉橙红,细嫩化渣,糖酸含量高,可溶性固形物 15%～16%,酸含量 1 克/100 毫升,品质佳。果实耐贮藏。

3. 适应性及适栽区域　适宜在冬季极端低温-3℃以上的地域栽培。

4. 主要物候期　果实 1 月中旬成熟,其余与天草同。

5. 栽培注意点　适宜在中、南亚热带种植,以枳作砧木,注意防裂皮病。

(十五)口 之 津

1. 品种来历　日本用清见与恩科杂交育成。我国引种、试种表现优质丰产。

2. 特征特性　树势中等,树冠开张,枝梢软。幼树及长梢有短刺,随树长大后刺消失。叶色深绿有光泽。果实大,单果重150～230 克,果色橙红,果形扁平,果皮易剥。果肉橙红,细嫩化渣,糖酸高。可溶性固形物 13%～14%,酸含量 1.1 克/100 毫升。风味浓,无核,品质佳。贮藏至 3 月下旬不浮皮,品质仍好。

3. 适应性及适栽区域　与天草相同。

4. 主要物候期　果实 12 月中旬成熟。其余同天草。

5. 栽培注意点　单独成片栽培。以枳作砧木,注意防裂皮病。

(十六)春 香

1. 品种来历　日本选自日向夏的自然杂种后代,1996 年品种注册登记。我国已引种、试种。

2. 特征特性　树冠圆头形,枝梢直立,树势中等,节间短,刺较多。果实扁圆形,较大,单果重 200 克左右,果皮黄色,果顶圆、有凹环,基部圆形,放射沟纹少,果皮较粗糙,剥皮难易中等。果肉黄白色,肉质细软,汁较多。囊衣较硬,不甚化渣。风味甜而酸低,惟有香气,可溶性固形物 12%,种子每果 9 粒左右,果实不浮皮、不裂果。果实耐贮藏。

3. 适应性及适栽区域　与天草同。

4. 主要物候期　果实 12 月下旬成熟。其余与天草同。

5. 栽培注意点　充分成熟采收(或完熟栽培),以提高品质。

(十七)清　见

1. 品种来历　1949 年日本农水省园艺试验场久留米分场口之津试验站以特洛维他甜橙(华盛顿脐橙的实生变异)与宫川温州蜜柑杂交而成。1979 年命名,并种苗注册登记。我国引入后各地种植表现优质丰产。

2. 特征特性　树势中等。幼树树姿稍直立,结果后逐渐开张。枝梢细长,易下垂。叶片大小中等,叶缘波状。花小,花柱大且弯曲,花粉全无。果实扁球形,单果重 200～250 克(大的可达 300 克以上),果实整齐度差,果色橙黄、较光滑,剥皮较温州蜜柑稍难。果肉橙色,囊衣薄,肉质柔软多汁,果皮、果肉具甜橙香气,糖含量 10～11 克/100 毫升,酸含量 1 克/100 毫升。果实无核,品质好。

3. 适应性及适栽区域　适应性强,适栽地广,适宜中、南亚热带气候种植,山地、平地栽培一般均能早结果、丰产。

4. 主要物候期　春芽萌发期 2 月下旬至 3 月初,春梢生长期 3 月中旬至 4 月中旬,夏梢生长期 6 月上、中旬,秋梢生长期 8 月初至下旬。现蕾期 3 月中旬,盛花期 4 月上、中旬,第一次生理落果期 5 月上、中旬,第二次生理落果期 5 月下旬至 6 月上旬,果实成熟期 2 月底至 3 月初。

5. 栽培注意点　过晚采收风味、色泽变差,注意及时采收。

(十八)津之香

1. 品种来历 1972 年日本农水省园艺试验场久留米分场口之津试验站用清见与兴津早生杂交育成。1990 年品种命名,1991年注册登记。我国引入后在浙江、广西、重庆等地有试种,表现丰产优质。

2. 特征特性 树势中等、开张,树体特征与清见相似,枝无刺。果形较扁平,单果重 160～200 克,果面橙色,果皮薄,易剥。囊衣薄,肉质柔软多汁,糖酸含量均高,单性结实强,无核。

3. 适应性及适栽区域 适应性强,在中、南亚热带均可种植。

4. 主要物候期 与清见相同。

5. 栽培注意点 气温较低之地冬季果实注意防冻。

(十九)清 峰

1. 品种来历 系日本农水省园艺试验场久留米分场口之津试验站于 1971 年以清见与明尼奥拉橘柚杂交而成。1988 年命名,1990 年注册登记。我国有引种、试种。

2. 特征特性 树势中等,枝条长势较开张,枝叶密生。果实扁球形至球形,平均单果重 200 克,果面橙色,果皮光滑、中等厚,果顶有小脐,剥皮较难。囊衣(壁)极薄,肉质柔软、汁多,有甜橙香气。糖含量较清见高,品质好。

3. 适应性及适栽区域 结果稍晚,品质中上,适宜中、南亚热带种植。

4. 主要物候期 与清见同。

5. 栽培注意点 冬季防落果,溃疡病区注意该病的防治。

(二十)阳 香

1. 品种来历 系日本农水省园艺试验场久留米分场口之津

试验站于 1972 年用清见与中野 3 号椪柑杂交育成,1995 年命名并注册登记。我国引种、试种表现良好。

2. 特征特性　以枳作砧木树势较弱。幼树树姿较直立,结果树开张。枝条略披垂,枝梢密而短。叶片较小。果实扁平,通常有低颈。单果重 250~300 克。果面橙色,果皮光滑。果肉橙红色,柔软多汁,囊衣薄。糖含量 12~13 克/100 毫升,酸含量 0.9~1.1 克/100 毫升。具椪柑香气,品质好。

3. 适应性及适栽区域　与清见同。

4. 主要物候期　与清见同。

5. 栽培注意点　因树势较弱,应加强肥水管理,或用红橘作砧木。枝梢细弱,但分枝力强,可摘心壮梢。

(二十一)南　风

1. 品种来历　系日本农水省园艺试验场久留米分场口之津试验站于 1979 年以清见与费尔柴尔德橘(克力迈丁×奥兰多橘柚)杂交而成。1990 年品种命名并注册登记,我国有引种、试种。

2. 特征特性　树势中等,树姿稍直立,枝梢密生而细。果实球形,单果重 200 克左右。果皮橙红色,光滑、易剥,果顶部易形成小脐。囊衣极薄,肉质柔软多汁,糖含量 11~12 克/100 毫升,酸含量 1 克/100 毫升,有甜橙香气。种子 15~20 粒。品质较优。

3. 适应性及适栽区域　与清见同。

4. 主要物候期　与清见同。

5. 栽培注意点　做好防风、防溃疡病(病区)、防冻。

(二十二)濑户佳(香)

濑户佳又称濑户香。

1. 品种来历　1984 年用日本清见与恩科橘的杂交后代再与默科特杂交育成。引入我国种植表现丰产优质。

2. 特征特性 树势中等。幼树稍直立,进入结果期后逐渐开张。果实扁圆形,油胞细,果面光滑、色泽橙至橙红,果皮薄、易剥,不发生浮皮。果肉橙红,柔软多汁,有香气。囊衣薄,可溶性固形物13.5%～15%,酸含量1克/100毫升。种子3粒以下。丰产优质。

3. 适应性及适栽区域 与清见同。

4. 主要物候期 与清见同。

5. 栽培注意点 单独成片栽培,以免种子增加。适冬暖之地种植。

(二十三)天　香

1. 品种来历 系日本农水省园艺试验场久留米分场口之津试验站于1974年以恩科橘与甜橙杂交育成。1996年命名天香并注册登记。

2. 特征特性 树势中等,树姿开张,枝略下垂,枝梢密、细短、无刺。果实扁球形,单果重200～250克,果皮橙色、光滑、薄、柔软易剥。果肉橙色、囊衣薄,肉质柔软多汁,糖含量11～12克/100毫升,酸含量0.6～1克/100毫升。具甜橙香,无核,品质佳。

3. 适应性及适栽区域 易栽、丰产,抗病性强。暖冬地域适栽。

4. 主要物候期 与清见同。

5. 栽培注意点 防结果过多而树势早衰,故须疏果,使之结果适度,提高优质果率。

(二十四)春　见

1. 品种来历 1979年日本用清见与椪柑F-2432杂交育成。引入我国种植表现优质丰产。

2. 特征特性 树冠圆头形,树势较旺。果实扁圆或高扁圆形,果实橙色,果皮薄、易剥,果实不发生浮皮,单果重 200 克左右。囊衣薄,肉质柔软多汁,风味浓郁,具椪柑香气。糖含量 12～13 克/100 毫升,酸含量 1 克/100 毫升,种子 3 粒以下,品质上乘。

3. 适应性及适栽区域　与清见同。

4. 主要物候期　与清见同。

5. 栽培注意点　成片栽培,不与有核品种混栽,果实适时采收。

(二十五)不 知 火

1. 品种来历　系日本农水省园艺试验场久留米分场口之津试验站于 1979 年以清见与中野 3 号椪柑杂交育成。

2. 特征特性　以枳作砧木树势较弱,以温州蜜柑作中间砧树势中等。幼树树姿较直立,进入结果期后逐渐开张,枝梢密生、细而短,刺随树龄长大而消失。果实倒卵形或葫芦形,单果重 200～280 克,果梗部有凸起短颈,也有无短颈的(扁球形)果形。果皮橙黄、略粗,易剥、无浮皮。果肉柔软多汁,囊衣极薄,糖含量 13～14 克/100 毫升,酸含量 1 克/100 毫升,有椪柑香气,品质极佳。

3. 适应性及适栽区域　适应性强,适栽区广,适宜于无严寒的中、南亚热带气候区种植。

4. 主要物候期　与清见同。适宜采收期 2 月下旬至 3 月中、下旬。

5. 栽培注意点　用强势的大叶、大花枳或红橘作砧木,选暖冬之地种植防冻,结果适度,加强肥水管理防树势早衰和出现黄化。

(二十六)朱 见

1. 品种来历　系日本用特洛维他×宫川温州蜜柑、清见橘橙与邓肯葡萄柚×丹西红橘、西米诺尔橘柚(Seminole)杂交育成。

我国引入种植后表现好。

2. 特征特性　以红皮山橘作砧木树势中等或强健,树冠紧凑,呈自然开心形,枝梢直立,无刺,叶色深绿。果实近圆形,果皮光滑有光泽,油胞密平,果顶微凹,果蒂四周略突起,有放射状沟,囊瓣7~10瓣、肾形,易分瓣,果心空、大,种子多胚、绿色。果肉橙黄色,汁胞柔软多汁,脆嫩化渣,甜酸适中,风味较浓,具微香。可溶性固形物12%,糖含量10.7克/100毫升,酸含量1克/100毫升。少核,但与其他品种混栽时具有种子1~5粒。果实较耐贮藏。

3. 适应性及适栽区域　适应性强,较耐高温、低温,较抗溃疡病,早结果,丰产优质。

4. 主要物候期　广东杨村华侨柑橘场春芽萌发期2月中旬至3月上旬,春梢生长期2月下旬至3月下旬,夏梢生长期4月下旬至7月中、下旬,秋梢生长期8月上旬至9月中、下旬。现蕾期2月中旬至3月中旬,开花期3月中旬至4月上旬,第一次生理落果期3月下旬至4月下旬,第二次生理落果期4月中旬至5月中旬,果实成熟期11月下旬至12月上旬。

5. 栽培注意点　选水源充足之地建园。及时灌溉,防止秋、冬干旱导致树体早衰。疏除小果提高果实整齐度。

(二十七)默 科 特

1. 品种来历　系美国育成的橘与甜橙的杂种。我国从美国、西班牙、澳大利亚和我国台湾省引入,各地种植后表现好。

2. 特征特性　树势旺盛,丛生分枝状树形。叶片狭小,长梢端着果。果实高扁圆形,果蒂和果顶较平阔,单果重100~130克,果色橙黄。果皮薄,包裹紧,剥皮较不易。肉质脆嫩、汁多,糖含量9.5~10克/100毫升,酸含量0.9~1.1克/100毫升。种子10粒以上。

3. 适应性及适栽区域　适应性广,适宜在中、南亚热带气候区栽培。

4. 主要物候期　果实 1~2 月份成熟,延至 3 月份采收品质仍佳。其余与清见同。

5. 栽培注意点　选冬暖之地种植,疏果适产,防止大小年结果。

(二十八)少核默科特

1. 品种来历　少核默科特又名 W. 默科特、W. murcott,或叫 Aforuer。

2. 特征特性　树势强,幼树树形直立,结果后逐渐开张。单果重 120 克左右。果形扁圆。果皮红色、鲜艳,薄而光滑,皮易剥。囊瓣 9~11 瓣,成熟后中心柱空。肉质细嫩化渣,风味甜浓。可食率 67%,果汁率 45%,可溶性固形物 12.5%~14%,酸含量 0.7~0.8 克/100 毫升,品质佳。

3. 适应性及适栽区域　与默科特同。

4. 主要物候期　与默科特同。

5. 栽培注意点　成片、单独种植,以防增加种子。疏果提高优等果率。冬季遇低温应在 11 月上旬前喷施保果剂防落果。

(二十九)贡　柑

1. 品种来历　系橙与橘的自然杂种,广东省肇庆地区的优稀农家品种。具橙与橘的双重优点,在广东等省有一定量的种植。

2. 特征特性　树冠圆头形,树势较强。果实具甜橙的外形和宽皮柑橘的肉质,单果重 120~150 克,皮易剥。肉质脆嫩、清甜,风味浓郁,可食率 77%~79%,可溶性固形物 11%~13%,酸含量 0.3~0.4 克/100 毫升,品质优。

3. 适应性及适栽区域　适宜在中、南亚热带气候区栽培。

4. 主要物候期 与清见同。

5. 栽培注意点 加强肥水管理,保持丰产稳产。

(三十)福琼橘

1. 品种来历 系西班牙于 1964 年用克力迈丁红橘与丹西红橘杂交育成。我国有引种、试种。

2. 特征特性 树势旺盛,树体中等大,丰产性强。果实中等大,扁圆形,果面光滑、橙红色,果皮薄。肉质柔软化渣,橙红色,汁多,味浓甜,种子 1～2 粒或无核,品质优。

3. 适应性及适栽区域 可在宽皮柑橘区栽培,尤适冬暖之地种植。

4. 主要物候期 与清见同。果实 3 月底至 4 月初成熟。

5. 栽培注意点 注重疏果,提高优质果率。

(三十一)红玉柑

1. 品种来历 系浙江省科学院柑橘研究所于 1974 年以黄岩本地早为母本、刘本橙为父本杂交育成。

2. 特征特性 树势强健。枝梢萌发力强,树姿半开张,枝叶较密。果实高扁圆形,平均单果重 130 克,色泽橙至橙红,鲜艳、光滑,剥皮较易。囊瓣平均 11 瓣,易分离。果肉橙红,肉质脆嫩,汁多,可溶性固形物 12.5%～14.6%,酸含量 0.8～1 克/100 毫升,种子极少,品质优。果实耐贮藏。

3. 适应性及适栽区域 凡适栽宽皮柑橘之地均可种植,对溃疡病不敏感,疮痂病也较轻。

4. 主要物候期 果实 11 月中、下旬成熟。其余与天草同。

5. 栽培注意点 冬季有冻害之地和小树注意防寒。

(三十二)无籽瓯柑

1. 品种来历　从普通瓯柑的芽变中选出,2004 年经浙江省林木良种审定委员会审定并命名。

2. 特征特性　树势强健,幼树枝条较直立,结果后渐开张。具刺,成枝力强。枝细而柔软,叶片中大,梢丛生性强,结果母枝以春梢为主。果实倒卵形,平均单果重 150 克,果面橙黄色,油胞较细密,囊瓣长肾形。果肉橙红色,肉质细嫩、多汁化渣,甜酸适口,略带苦味。可食率 59.1%,可溶性固形物 12.9%,糖含量 9.4 克/100 毫升,酸含量 0.79 克/100 毫升,无核,品质优。果实耐贮藏。

3. 适应性及适栽区域　适应性广,抗害性强,可在北、中、南亚热带气候区栽培。抗病性较强。

4. 主要物候期　在浙江丽水春芽萌发期 3 月上旬,夏梢抽发期 5 月下旬至 6 月中旬,秋梢抽发期 7 月下旬至 8 月上旬。现蕾期 3 月下旬,盛花期 4 月中旬。第一次生理落果期 5 月下旬,第二次生理落果期 6 月上旬,果实 11 月中、下旬成熟。

5. 栽培注意点　加强肥水管理和保花保果,以促丰产。疏除畸形果、小果,提高优质果率。

(三十三)彭祖寿柑

1. 品种来历　系四川省彭山县 1992 年通过引入日本品种并经改良选育成的橘橙杂种。不少产区引种栽培表现丰产优质。

2. 特征特性　树姿直立,生长旺盛,发枝力强,节间稀,有短刺。叶片、叶尖似红橘叶,两侧不对称。花为单花,分有叶花或无叶花。果实扁圆形,单果平均重 230.7 克(大的可达 503 克)。果面光滑细腻,色泽鲜红。果皮薄,包裹紧,较易剥。肉质橙红,细嫩化渣,味纯甜。可溶性固形物 12.5%～13.2%,酸含量 0.4～0.5 克/100 毫升。无核或少核(平均 0.7 粒),品质优。果皮甘甜,芳香无苦味,有金柑味,可食用。果实可留树贮藏到翌年3月,色泽橙红,味甜,不枯水,不落果。

3. 适应性及适栽区域 抗逆性强,适应性广。适栽宽皮柑橘之地均可种植。

4. 主要物候期 福建省泉州春芽萌发2月下旬,春梢生长3月上旬至4月上旬,夏梢生长期6月上旬至7月上旬,秋梢生长期7月下旬至9月上旬,现蕾期3月中、下旬,盛花期4月下旬。第一次生理落果期5月上旬,第二次生理落果期5月上旬至6月上旬。果实成熟期11月中、下旬。

5. 栽培注意点 单独成片栽植,不与有种子品种混栽,以免种子增加。

(三十四)建阳橘柚

1. 品种来历 系福建省20世纪80年代从日本引进的杂柑品种甜春橘柚的芽变选育而成。2003年通过福建省非主要农作物品种审定委员会认定。

2. 特征特性 树势强,幼树生长快,树姿较开张,树冠圆头形,枝梢较直立,强壮梢有短刺,发枝力较强。花中大,果实扁圆形,单果重200~250克。果皮橙黄色,油胞凸出,果面稍粗,剥皮稍难,囊衣较厚。果肉橙色,肉质细嫩,汁多味甜,具橘和柚的香气。可溶性固形物13%以上,糖含量9.35克/100毫升,酸含量0.68克/100毫升。果实多数无核,少核的每果1~2粒。果实耐贮性好,优质丰产。

3. 适应性及适栽区域 适应性广,耐粗放管理,抗寒、耐旱性较温州蜜柑强。抗病,一般不感染疮痂病、溃疡病。

4. 主要物候期 与甜春橘柚同。

5. 栽培注意点 疏果,提高优等果率。

(三十五)439

1. 品种来历　又名红柿柑。系浙江省科学院柑橘研究所以瓯柑为母本、改良橙为父本杂交育成,表现丰产优质。

2. 特征特性　树势强健,以蟹橙为砧木树冠高大,以枸头橙作砧木树冠较小。枝梢密集,多数向上生长。叶色深绿。果实圆球形,单果重95克左右,果皮橙红色、鲜艳,果顶有明显印圈和小脐孔,果蒂有洼痕、并有暗沟6～7条。囊瓣8～10瓣,分离较难。果肉红色,汁多化渣,有香气。可溶性固形物14%～16%,酸含量1.17克/100毫升,品质优良。惟籽较多,每果有14～16粒。

3. 适应性及适栽区域　适应性广,抗逆性强,耐瘠薄。已选出少核439,可供宽皮柑橘区种植。

4. 主要物候期　与红玉相同。

5. 栽培注意点　与红玉相同。

(三十六)1232 橘橙

1. 品种来历　系中国农业科学院柑橘研究所以成年的伏令夏橙为母本、成年的江南柑和朱砂柑为父本人工杂交选育而成。

2. 特征特性　树势与发枝力均强,枝梢直立,小枝坚硬具短刺。果实中大,平均单果重93.5克,果实球形至短椭圆形,果顶略凹、常有放射沟数条,果面朱红色。初果时果皮较粗糙、后渐变细,剥皮较易。果汁多,味甜酸少,有香气。可食率64%,果汁率48.6%,糖含量9.61克/100毫升。果实耐贮藏,既可鲜食,又可加工成汁,惟种子多是其不足。

3. 适应性及适栽区域　适应性广,可在中、南亚热带气候区种植。

4. 主要物候期　重庆市春芽萌发期3月上旬,春梢生长期3月中旬至4月上旬,夏梢生长期5月中旬至7月上旬,秋梢生长期

8月上旬至9月下旬。现蕾期3月下旬,盛花期4月中、下旬,第一次生理落果期4月中旬至5月初,第二次生理落果期5月下旬至6月初,果实成熟期11月下旬。

5. 栽培注意点　加强肥水管理,保持丰产稳产。

(三十七)玫瑰香柑

1. 品种来历　于20世纪40年代前后引入我国,可能是甜橙和温州蜜柑的杂种。四川省金堂种植较多。

2. 特征特性　树势旺盛,树冠圆头形,枝梢较粗壮。果实圆球形,果面光滑、色泽橙红,果皮薄,单果重220克左右。肉质细嫩、多汁,具玫瑰香气。可食率75%,可溶性固形物12%以上。果实少核或无核,耐贮性好。

3. 适应性及适栽区域　适应性广,亚热带气候尤以中亚热带气候地区适栽。

4. 主要物候期　果实12月下旬成熟。其余与1232橘橙同。

5. 栽培注意点　适宜单独栽培,以免增加果实种子。

(三十八)宫内伊予柑

1. 品种来历　日本于1952年从伊予柑中选出。我国引种后试种、种植表现优质丰产。

2. 特征特性　树冠半圆头形,树姿开张,枝条粗壮、直立。果实高扁圆形或倒圆锥形,单果重250～300克。果面橙色至橙红色、光滑。可食率65%以上,果汁率45%以上,可溶性固形物12%以上,酸含量1～1.1克/100毫升。囊衣较韧,果汁多。丰产,品质较好。

3. 适应性及适栽区域　适宜亚热带尤适宜中、南亚热带种植。

4. 主要物候期　四川省金堂春梢萌发期3月下旬至4月中

旬,夏梢生长期 5 月初至 7 月中旬,秋梢生长期 8 月初至 9 月中、下旬。现蕾期 3 月下旬至 4 月初,盛花期 4 月下旬,第一次生理落果期 4 月下旬至 5 月上旬,第二次生理落果期 5 月下旬至 6 月初,果实成熟期 12 月至翌年 1 月上旬。

5. 栽培注意点　加强肥水管理,促进丰产稳产。

(三十九)大谷伊予柑

1. 品种来历　日本于 1972 年从宫内伊予柑中选出。我国引入后表现丰产。

2. 特征特性　树势强,丰产性好,单果重 280 克以上。果皮橙色,光滑。果肉橙红,细嫩化渣,无核,品质优。

3. 适应性及适栽区域　与宫内伊予柑同。

4. 主要物候期　与宫内伊予柑同。

5. 栽培注意点　与宫内伊予柑同。

(四十)胜山伊予柑

1. 品种来历　系日本松山市从宫内伊予柑中选出。1987 年品种命名,注册登记。我国引种后优质丰产。

2. 特征特性　树势与伊予柑同,较丰产。但产后树势易衰。果实扁圆,果皮较宫内伊予柑光滑。果实大,单果重 280～300 克。糖、酸含量高,风味浓,品质佳。但果实不耐贮藏。

3. 适应性及适栽区域　与宫内伊予柑同。

4. 主要物候期　较宫内伊予柑着色早 5～7 天,12 月底成熟。其余与宫内伊予柑同。

5. 栽培注意点　与宫内伊予柑同。

三、甜橙类

(一)哈姆林甜橙

1. 品种来历 原产美国,为世界上栽培较多的早熟甜橙。1965 年及其以后我国从摩洛哥等国引入多次,种植后表现优质丰产。

2. 特征特性 树势强,树冠圆头形,枝条具小刺。果实圆球形或椭圆形,单果重 120～140 克,果皮橙红、薄、光滑。果肉细嫩而甜,具芳香气味。可食率 70%～75%,果汁率 50%左右,可溶性固形物 11%～14%,糖含量 9～11 克/100 毫升,酸含量 0.6～0.7 克/100 毫升。种子 5～7 粒,品质优。既可鲜食,更可加工橙汁。

3. 适应性及适栽区域 适宜中、南亚热带气候区栽植,山地、平地种植均能丰产。

4. 主要物候期 三峡库区春梢萌发期 2 月中、下旬,春梢生长期 2 月下旬至 4 月上旬,夏梢生长期 5 月中旬至 7 月中旬,秋梢生长期 8 月初至 9 月中、下旬。现蕾期 3 月初至 3 月中旬,盛花期 4 月上、中旬,第一、第二次生理落果期 4 月下旬至 5 月上旬,5 月下旬至 6 月下旬,果实成熟期 10 月底至 11 月初。

5. 栽培注意点 选深厚肥沃的土壤种植,加强肥水管理,增加大果率。

(二)早金甜橙

1. 品种来历 原产美国佛罗里达州,20 世纪末引入我国,三峡库区种植表现早结丰产。

2. 特征特性 树冠圆头形、较开张,树势中等。果实圆球形或短椭圆形,单果重 140～170 克,果色橙黄,果皮光滑、较薄。可溶性固形物 10%～11%，糖含量 8.5～9 克/100 毫升，酸含量 0.5～0.7 克/100 毫升，种子较少、5～10 粒，鲜食和加工橙汁均可。

3. 适应性及适栽区域 与哈姆林甜橙同。

4. 主要物候期 与哈姆林甜橙同，成熟期稍早。

5. 栽培注意点 以枳橙作砧木，结果早，丰产。但耐碱性较差。

（三）早 冰 橙

1. 品种来历 于 1981 年由四川省农业科学院果树研究所（现重庆市农业科学院果树研究所，下同）从品种园早熟甜橙冰糖柑 53-31 中选出。

2. 特征特性 树势较强健，与冰糖橙相似。果实圆球形，单果重 100～140 克，果色橙红、光滑，果皮较薄。可溶性固形物 11%左右，糖含量 9 克/100 毫升，酸含量 0.6 克/100 毫升，肉质细嫩化渣，有香气。优质丰产。

3. 适应性及适栽区域 亚热带适种甜橙的山地、平地均宜种植。

4. 主要物候期 果实 11 月上旬成熟，其余与哈姆林甜橙同。

5. 栽培注意点 结果过多需疏果，以达丰产稳产。

（四）桃叶橙 8 号

1. 品种来历 20 世纪 50 年代从湖北秭归龙江村的实生甜橙中选出桃叶橙，又从桃叶橙中选出桃叶橙 8 号。

2. 特征特性 树体高大、圆头形，树势旺盛，树姿开张，枝梢粗壮、有短刺。叶片披针形，狭长如桃叶，故名桃叶橙 8 号。果形端正，近圆球形。单果重 120～150 克。果皮光滑，橙红色有光泽。可溶性固形物 12.6%，酸含量 0.49 克/100 毫升，肉质脆嫩化渣，味甜,有香气,品质佳。

3. 适应性及适栽区域 适宜三峡库区尤其适宜秭归等县种植。

4. 主要物候期 与哈姆林同。

5. 栽培注意点 幼树生长旺盛,结果较迟,对生长过旺的宜采取促花保果措施。

(五)锦 橙

1. 品种来历 又名鹅蛋柑 26 号、S26。原产四川省江津县(现重庆市江津区),系 20 世纪 40 年代从地方实生甜橙中选出的优良变异株。

2. 特征特性 树势强健,树冠圆头形,树姿开张,枝条强健柔韧、有小刺。果实椭圆形或长椭圆形,形如鹅蛋,故名鹅蛋柑 26 号。平均单果重 170 克,大果重超过 200 克。果色橙至橙红、鲜艳有光泽、皮薄。可食率 74%,果汁率 45%～50%,可溶性固形物 11%～13%,糖含量 8～10 克/100 毫升,酸含量 0.8 克/100 毫升,囊衣薄,肉质细嫩化渣,甜酸适口,具微香。果实鲜食、加工橙汁皆宜。种子 8～12 粒。

3. 适应性及适栽区域 适应性广,中、南亚热带气候区适种,四川、湖北、重庆为最适栽之地。

4. 主要物候期 春梢萌发期 2 月下旬,春梢生长期 2 月上旬至 4 月中旬,夏梢生长期 5 月中旬至 8 月初,秋梢生长期 8 月上、中旬至 9 月上、中旬。现蕾期 3 月中旬,盛花期 4 月中旬,第一次生理落果期 4 月下旬至 5 月中旬,第二次生理落果期 5 月上旬至 6 月初,果实成熟期 11 月下旬至 12 月上旬。

5. 栽培注意点 pH 值高的土壤宜用红橘或资阳香橙作砧木,可克服枳砧缺铁植株黄化的弊端。

（六）北碚447锦橙

1. 品种来历　又名北碚无核锦橙。于1980年选自重庆市北碚区歇马乡板栗湾锦橙园。系锦橙的芽变。

2. 特征特性　树势强,树形同锦橙。果实椭圆形,平均单果重183克,果色橙红,果皮光滑、薄。果实可食率82.2%,果汁率52.2%,可溶性固形物11%～13%,糖含量8.5～9.5克/100毫升,酸含量0.9～1克/100毫升,肉质细嫩化渣,甜酸适口,种子1粒以下,优质丰产。

3. 适应性及适栽区域　与锦橙同,系目前推广发展的良种。

4. 主要物候期　较锦橙早熟10天左右,其余同锦橙。

5. 栽培注意点　与锦橙同。

（七）渝津橙

1. 品种来历　原为78-1锦橙,于1978年从四川江津的锦橙果园中选出,经多年鉴定,其遗传性稳定而审定命名为渝津橙。

2. 特征特性　树冠圆头形,发枝力强。果实椭圆形或长椭圆形,果形整齐,平均单果重180克,大果可超过250克。果色橙红,果皮薄,果心较小。果实可食率73%～75%,果汁率50%以上,可溶性固形物11%～13.5%,糖含量8.5～10.5克/100毫升,酸含量0.8～1克/100毫升,肉质细嫩化渣,甜酸可口,具微香。果实鲜食、加工果汁皆宜,种子3～4粒,早结果,优质丰产。

3. 适应性及适栽区域　与锦橙同。

4. 主要物候期　与锦橙同。

5. 栽培注意点　用卡里佐枳橙作砧木,幼树出现叶片黄化现象。

（八）中育7号锦橙

1. 品种来历　系中国农业科学院柑橘研究所用人工诱变方

法育成的优良品种,经全国农作物品种审定委员会审定并命名。

2. 特征特性 树势强健,树冠圆头形,发枝力强。果实短椭圆形至椭圆形,单果重 170～180 克,果形整齐美观,果色橙红、鲜艳,果皮薄。可食率 70%～80%,果汁率 55%,可溶性固形物 11%～14%,糖含量 9～10.5 克/100 毫升,酸含量 0.7～0.9 克/100 毫升,种子 1 粒以下,果肉脆嫩化渣,具芳香,甜酸适口,早结果,丰产,品质优。

3. 适应性及适栽区域 与锦橙同。

4. 主要物候期 与锦橙同。

5. 栽培注意点 与锦橙同。

(九)梨 橙

1. 品种来历 又名梨橙 2 号。于 1973 年选自四川省巴县(现重庆省巴南区)园艺场锦橙园,系锦橙的芽变优系。经重庆市农作物品种审定委员会审定并命名。

2. 特征特性 树势强,树冠圆头形,枝梢长势中等。单果重 225 克左右,果实长椭圆形或长倒卵形,果色橙红,果皮光滑、较薄。可食率 75% 以上,果汁率 54.5%,可溶性固形物 11%～13.5%,糖含量 8.5～10 克/100 毫升,酸含量 0.6～0.8 克/100 毫升,肉质细嫩化渣,甜酸适口,果实种子少,优质、丰产。

3. 适应性及适栽区域 与锦橙同。

4. 主要物候期 与锦橙同。

5. 栽培注意点 与锦橙同。

(十)晚 锦 橙

1. 品种来历 1973 年选自四川省泸州市园林科学研究所,系锦橙的芽变优系。

2. 特征特性 树形、果形与锦橙几乎无区别,风味与锦橙相似,惟肉质稍粗、渣和种子稍多,一般每果 10 粒。最大的特点是成熟期晚。

3. 适应性及适栽区域　与锦橙同。

4. 主要物候期　与锦橙同。

5. 栽培注意点　与锦橙同。注意选冬季无冻的地域种植。

除上述介绍的锦橙及其优系外,还有开陈(重庆市开县陈家园艺场)72-1 锦橙、铜水(重庆市铜梁)72-1 锦橙、蓬安(四川省蓬安)100 号锦橙、兴山(湖北省兴山)101 号锦橙等,在此不再赘述。

(十一)先 锋 橙

1. 品种来历　又名鹅蛋柑 20 号、S20。原产重庆市江津区,从先锋乡的普通甜橙果园中选出。

2. 特征特性　树势、树形与锦橙基本相同,但枝条比锦橙稍硬,小刺稍多。果实的外形、风味、质地虽与锦橙相似,但也有异。果实的主要区别见表 2-1。

表 2-1　先锋橙与锦橙果实性状比较

项　目	先锋橙	锦　橙
果　形	短倒卵形或短椭圆形	长椭圆形
大　小	略小	较大
颜　色	橙红色稍浅	橙红色
果　顶	稍宽	稍窄
果　蒂	平或微凸,少数微凹	微凹或平
柱　痕	较大	较小
油　胞	大小相同,凸	中等大,较均匀,微凸
风　味	酸甜、味浓、有香气	酸甜、味浓、微有香气
种　子	较多,8 粒以上	较少,8 粒左右
耐贮性	强,贮后不易粒化	强,但久贮后果蒂部易粒化

单果重 150 克左右,可食率 75%,果汁率 49%,可溶性固形物 9～10 克/100 毫升,酸含量 1 克/100 毫升。果实短椭圆形,不如锦橙圆。果实贮藏性较锦橙强。

3. 适应性及适栽区域　与锦橙同。

4. 主要物候期　与锦橙同。

5. 栽培注意点　与锦橙相似。

(十二)渝 红 橙

1. 品种来历　原名红-6-6。1972 年从重庆市北碚区歇马松林大队甜橙园中选出,系先锋橙的优良变异。2006 年经重庆市农作物品种委员会审定并命名。

2. 特征特性　树形、果形与先锋橙相似,果实较先锋橙大,为 180～200 克,成熟较先锋橙早 15 天左右,果皮、果肉橙红。鲜食、加工皆宜,尤适加工橙汁。

3. 适应性及适栽区域　与锦橙同。

4. 主要物候期　成熟期较先锋橙早,11 月上、中旬成熟。其余与锦橙同。

5. 栽培注意点　与先锋橙同。

(十三)特洛维他甜橙

1. 品种来历　原产美国佛罗里达州。我国 20 世纪末引入。在三峡库区等地栽培表现早结果,丰产稳产。

2. 特征特性　树冠圆头形,枝梢直立、粗壮,树势强。卡里佐枳橙砧的植株较同一砧木的北碚 447、哈姆林甜橙生长均快。果实圆球形至短椭圆形,果色橙黄至橙色,单果重 150～180 克。可溶性固形物 11%～11.5%,酸含量 0.8～0.9 克/100 毫升,果实种子较少,鲜食、加工皆宜,优质丰产。

3. 适应性及适栽区域　与哈姆林甜橙同。

4. 主要物候期 与锦橙同。

5. 栽培注意点 用于鲜食注意疏果,以提高优果率。

(十四)雪 柑

1. 品种来历 原产广东省潮州。雪柑又名广柑。雪柑实为甜橙。

2. 特征特性 树冠圆形、较开张,树势强,枝梢有刺。果实圆球形或短椭圆形、两端对称,单果重 150～180 克,果色橙黄,果皮稍厚。肉质细嫩化渣,可食率 65%～75%,果汁率 46%～50%,可溶性固形物 11%～13%,糖含量 9～10 克/100 毫升,酸含量 0.9克/100 毫升,种子 10 粒以上。鲜食和加工橙汁皆宜,丰产优质。

3. 适应性及适栽区域 中、南亚热带山地、平地均可种植。

4. 主要物候期 在重庆市与锦橙同。果实 11 月下旬至 12月初成熟。

5. 栽培注意点 广东、广西栽培宜用红檬檬、酸橘作砧木,三峡库区等地以枳作砧木为好。

(十五)无核(少核)雪柑

1. 品种来历 系中国农业科学院柑橘研究所用^{60}Co-γ 射线辐照雪柑结果树的枝条选出的变异优系,经鉴定无核性状遗传性稳定。

2. 特征特性 树势强,树冠圆头形、较开张,枝梢有小刺。果实长椭圆形或短椭圆形。果色橙红,油胞大而突出。平均单果重230 克。果肉柔软多汁,可食率 70%,果汁率 55%,可溶性固形物11%～13%,糖含量 9～10 克/100 毫升,酸含量 0.8～0.9 克/100毫升,种子 0～2 粒,丰产优质。

3. 适应性及适栽区域 与雪柑同。

4. 主要物候期 与雪柑同。

5. 栽培注意点 不与有核品种混栽,以免增加果实种子。

(十六)零号雪柑

1. 品种来历 1972 年选自广东潮州国营万山红农场千果园管区。

2. 特征特性 树势健旺,树冠圆头形。果实椭圆形或圆球形,单果重 107 克左右,果色橙黄、有光泽。可食率 72%,果汁率 53%,可溶性固形物 12.5%,肉质细嫩化渣、汁多,有香气,风味佳,品质上等。鲜食、加工果汁皆宜。

3. 适应性及适栽区域 适应性广,抗逆性强,适中、南亚热带气候区栽培。

4. 主要物候期 成熟期 10 月下旬,其余与雪柑同。

5. 栽培注意点 与雪柑同。

(十七)冰 糖 橙

1. 品种来历 原产湖南省黔阳,系从当地普通甜橙的芽变中选出,为湖南地方良种。

2. 特征特性 树冠圆头形,树势中等、开张,枝条细长而直立。果实圆球形或短椭圆形,单果重 130 克左右,果皮光滑、橙色,果肉浓甜脆嫩、化渣,可食率 75%,果汁率 55%～58%,可溶性固形物 13%～15%,酸含量 0.3～0.5 克/100 毫升,少核,品质优。丰产。

3. 适应性及适栽区域 适应性广,一般甜橙适栽之地均能种植。

4. 主要物候期 春芽萌发期 3 月初,春梢生长期 3 月上旬至 4 月上旬,夏梢生长期 4 月上旬至 6 月初,秋梢生长期 8 月初至 9 月中、下旬。现蕾期 3 月下旬,盛花期 4 月上、中旬,第一次生理落果期 4 月上、中旬,第二次生理落果期 5 月下旬至 6 月初,果实成熟期 11 月下旬。

5. 栽培注意点 以枳作砧木,注意防止裂皮病,溃疡病区要注意防溃疡病。

(十八)鹿寨蜜橙

1. 品种来历 1978 年广西壮族自治区路寨县四排乡新村屯廖厚安在其管理的集体果园中发现经数代无性繁殖栽种、均表现遗传性稳定的植株,经初步认定可能是冰糖橙一个优株系。

2. 特征特性 树势中强,树形开张,枝梢健壮,无刺或具短小刺。果实圆形或扁圆形,圆形果约占 90%。果顶有不明显印圈或光滑无印圈,柱头痕明显。大果平均重 128.4 克,中果平均重 90.1 克,小果平均重 48.5 克。果皮光亮而富光泽,果皮厚 0.4 厘米,果色橙黄。囊瓣平均 10 瓣,整齐。果肉深橙色、少核,平均每果 1.6 粒。可食率 72.92%,果汁率 46.73%,糖含量 14 克/100 毫升,酸含量 0.52 克/100 毫升,糖酸比 26.92:1。肉质脆嫩,味甜,具香气,较化渣,少核或无核,品质佳。早结果、早丰产,4 年生株产 5~7.5 千克,8 年生株产 20~40 千克。

3. 适应性及适栽区域 冰糖橙适栽之地均可种植,在旱地、水田种植均表现早结、丰产,适应性较广。

4. 主要物候期 春芽萌动 2 月底至 3 月初,春梢生长期 3 月初至 4 月初,夏梢生长期 4 月下旬至 5 月底,秋梢生长期 8 月初至 9 月中旬,现蕾期 3 月下旬,盛花期 4 月上、中旬,第一次生理落果期 4 月上、中旬,第二次生理落果期 5 月中、下旬,果实成熟期 11 月上、中旬。

5. 栽培注意点 与冰糖橙同。

(十九)大红甜橙

1. 品种来历 又名红皮橙。原产湖南省黔阳,系从当地普通甜橙中选出的红色变异品种。

2. 特征特性　树势中等,树形较矮小,枝梢细软。果实圆球形或椭圆形,果皮橙红色,果面光滑,单果重 140～150 克。果肉柔软,汁多化渣,甜酸适口,可溶性固形物 11%～12.5%,酸含量 0.6克/100 毫升,种子 5～10 粒,果实极耐贮藏,优质丰产。

3. 适应性及适栽区域　与冰糖柑同。

4. 主要物候期　与冰糖柑同。

5. 栽培注意点　与冰糖柑同。

(二十)暗 柳 橙

1. 品种来历　系从柳橙中选出,是柳橙的一种,原产广东新会县和广州郊区。

2. 特征特性　树冠半圆形、较开张,树势中等。单果重 120～160 克,果实长圆形或卵圆形,果顶圆,多数有明显印环(圈),果色橙黄。可食率 65% 以上,果汁率 40%～45%,可溶性固形物 13%以上。糖含量 9～10 克/100 毫升,酸含量 0.5 克/100 毫升,种子9～12 粒,果实较不耐贮,优质丰产。

3. 适应性及适栽区域　适宜于年平均温度 19℃～23℃的南亚热带气候区种植。

4. 主要物候期　广东省惠州春芽萌发期 2 月下旬,春梢抽生期 3 月初至 4 月上旬,夏梢抽发期 4 月下旬至 5 月上旬,秋梢抽生期 8 月初至 9 月中、下旬。现蕾期 3 月上旬,盛花期 4 月初,第一次生理落果期 4 月上、中旬,第二次生理落果期 5 月中、下旬,果实成熟期 11 月下旬至 12 月上旬。

5. 栽培注意点　适宜以酸橘、红檬檬作砧木,用枳作砧木嫁接不亲和。

(二十一)丰彩暗柳橙

1. 品种来历　广东省农业科学院果树研究所与广东杨村华侨柑橘场从暗柳橙实生后代中选出。

2. 特征特性　树势强,树冠丰满,果形同暗柳橙,单果重 145 克。糖含量 10.8 克/100 毫升,酸含量 0.9 克/100 毫升,风味浓郁,品质佳,丰产稳产。惟种子较多,每果 13～15 粒。

3. 适应性及适栽区域　与暗柳橙同。

4. 主要物候期　与暗柳橙同。

5. 栽培注意点　与暗柳橙同。

(二十二)红江橙

1. 品种来历　从改良橙嵌合体果实中选出的红肉型。广东叫红肉橙。广东廉江将红肉型叫红江橙。海南因果实成熟时没有使叶绿素消失、胡萝卜素显现所需要一定时间的 20℃温度,致使果实不褪绿而称绿橙。

2. 特征特性　树势旺健,树姿半开张,枝条细而密生,夏、秋梢上有短刺。果实球形,单果重 120 克左右。果实顶部多数有明显环纹,果面橙红色、稍粗糙。果肉橙红色、甜酸可口,糖含量 9～10 克/100 毫升,酸含量 0.8～0.9 克/100 毫升,可溶性固形物 12%～13.5%,种子 10 粒左右,优质丰产。

3. 适应性及适栽区域　与暗柳橙同。

4. 主要物候期　与暗柳橙同。

5. 栽培注意点　结果多时注意疏果,以防树势早衰。

(二十三)新会橙

1. 品种来历　又名滑身仔。原产广东省新会县。

2. 特征特性　树冠半圆形、较开张,树势中等。果实短椭圆形,单果重 110～120 克,果色橙黄,果皮光滑,可食率 65％以上,果汁率 45％左右,可溶性固形物 13％～16％,糖含量 10.5～13 克/100 毫升,酸含量 0.5～0.6 克/100 毫升,种子 6～8 粒。味清甜,品质佳。

3. 适应性及适栽区域 与暗柳橙同。

4. 主要物候期 果实 11 月中、下旬成熟。其余同暗柳橙。

5. 栽培注意点 与暗柳橙同。

(二十四)无核(少核)新会橙

1. 品种来历 系中国农业科学院柑橘研究所用^{60}Co-γ 射线、电子束辐射新会橙珠心系结果树枝条的芽变,从中选出的优系。

2. 特征特性 树势中等,树姿较开张,树冠半圆头形。果实圆球形或短椭圆形,色泽橙黄,果顶有印环,果皮较薄、光滑。单果重 140～160 克,肉质脆嫩化渣,汁较多,味清甜,具清香,可食率 75.4％,果汁率 50％以上,可溶性固形物 13％～14％,糖含量 11.8 克/100 毫升,酸含量 0.9 克/100 毫升。种子 0～3 粒。

3. 适应性及适栽区域 与暗柳橙同。

4. 主要物候期 重庆春芽萌动 3 月初,春梢生长期 3 月上旬至 4 月中旬,夏梢生长期 5 月中旬至 7 月下旬,秋梢生长期 8 月初至 9 月下旬。现蕾期 3 月中旬,盛花期 4 月中旬,第一次生理落果期 4 月下旬,第二次生理落果期 5 月中、下旬,果实成熟期 11 月中、下旬。

5. 栽培注意点 避免与有核品种混栽,以免果实种子增加。

(二十五)化 州 橙

1. 品种来历 原产于广东省化州,广东省湛江和广西壮族自治区南部有栽培。

2. 特征特性 树冠呈不规则圆头形,枝梢粗壮、开张。果实圆球形或扁圆形,单果重 150～160 克,果色橙黄。可食率 75%,果汁率 50%～55%,可溶性固形物 11%～13%,糖含量 8.5～11.5 克/100 毫升,酸含量 0.6～0.7 克/100 毫升,果肉细嫩,汁多化渣,具香气,品质优。惟种子多达 10 粒以上。可鲜食,更适合加工橙汁。

3. 适应性及适栽区域 与暗柳橙同。

4. 主要物候期 与暗柳橙同。

5. 栽培注意点 与暗柳橙同。

(二十六)糖 橙

1. 品种来历 原产埃及。我国引入试种后表现好。

2. 特征特性 树冠圆头形,树势较强,成枝率高,树姿开张。果实扁圆形、中等大,单果重 180 克左右,果面橙黄,果皮较光滑,汁多,可溶性固形物 14.7%,酸含量低。种子 5～8 粒,丰产质优。

3. 适应性及适栽区域 适应性广,适在种植甜橙之地种植。

4. 主要物候期 果实 12 月中旬成熟。其余与暗柳橙相似。

5. 栽培注意点 疏除小果,增加果实整齐度,及时采收。

(二十七)威斯丁甜橙

1. 品种来历 20 世纪末引自美国,在我国重庆、湖北等地试种表现优质、丰产。

2. 特征特性 树冠圆头形,以卡里佐枳橙作砧树势较旺。果实圆球形或短椭圆形,色泽橙至橙红,单果重 160～200 克。出汁率 55.2%,可溶性固形物 13.75%,酸含量 0.84 克/100 毫升,固酸比 16.37,果肉细嫩,较化渣,味清甜,少核(1～3 粒),品质上乘。

3. 适应性及适栽区域 中亚热带气候的山地和平地种植,早结果,丰产稳产。

4. 主要物候期 在中亚热带气候的重庆市万州种植春梢生

长期2月底至4月上旬,夏梢生长期5月初至6月初,秋梢生长期8月初至8月底;现蕾期3月中旬,花期4月上旬至中旬,第一次生理落果期5月初至下旬,第二次生理落果期6月初至月底,果实成熟期11月下旬至12月上、中旬。

5. 栽培注意点　不与有核品种混栽,以免果实种子增加。

(二十八)伏令夏橙

夏橙是世界上栽培面积最大、产量最多的甜橙品种,而伏令夏橙又是夏橙中栽培最多的品种。

1. 品种来历　原产美国,我国20世纪30年代首次引进,后多次引进种植,表现晚熟、优质丰产。

2. 特征特性　树势强,树冠大,自然圆头形,枝梢粗壮,具小刺。果实圆球形,单果重140～180克。果皮中等厚,橙色或橙红色。肉质柔软,较不化渣,甜酸适口,可食率70%,果汁率40%～48%,可溶性固形物11%～13%,糖含量9～10克/100毫升,酸含量1～1.2克/100毫升。丰产稳产。

3. 适应性及适栽区域　适应性广,在冬暖的甜橙适栽之地均可种植,最适在年平均温度18℃～22℃、1月平均温度10℃～13℃、极端低温＞−3℃的区域种植。

4. 主要物候期　春梢萌发期2月中、下旬,春梢生长期2月上旬至4月中旬,夏梢生长期5月上旬至7月中旬,秋梢生长期8月初至9月中、下旬。现蕾期2月下旬至3月上旬,盛花期4月上旬至下旬,第一次生理落果期4月中旬至5月初,第二次生理落果期5月下旬至6月初,果实成熟期4月底至5月初。

5. 栽培注意点　夏橙花量大,且花果并存,应加强肥水管理。冬季防落果,春季气温回升防果实回青。

(二十九)奥灵达夏橙

1. 品种来历 1939 年美国加利福尼亚州从夏橙的实生苗中选出的优变品种,我国引入种植表现丰产稳产、优质。

2. 特征特性 树势强健,果实圆球形,单果重 150 克左右,果色橙红,果皮较光滑。果肉细嫩,较化渣,甜酸适口,有微香。种子4~5 粒,品质好,丰产稳产。为鲜食、加工皆宜品种,是夏橙中综合性状最好的品种。

3. 适应性及适栽区域 与伏令夏橙同。

4. 主要物候期 与伏令夏橙同。

5. 栽培注意点 与伏令夏橙同。

(三十)德尔塔夏橙

1. 品种来历 原产南非。20 世纪末我国从美国引入种植,表现好。

2. 特征特性 树势健壮,枝梢强旺。果实大,单果重 200 克以上。果实椭圆形,果皮光滑、橙红色。可食率 70%,果汁率48%,可溶性固形物 11%~12%,酸含量 1~1.2 克/100 毫升。无核,以鲜食为主,也可加工果汁。

3. 适应性及适栽区域 与伏令夏橙同。

4. 主要物候期 与伏令夏橙同。

5. 栽培注意点 与伏令夏橙同。

除上述介绍的夏橙外,还有从国外引进的阿尔及利亚夏橙(又名阿夏)、康倍尔夏橙、卡特夏橙、佛罗斯特夏橙、路德红夏橙、蜜奈夏橙(又名子夜)、西班牙晚熟伏令夏橙、日本红夏橙、克普伯尔夏橙等,以及我国选出的五月红、桂夏橙等,在此不再详述。

(三十一)华盛顿脐橙

华盛顿脐橙又名美国脐橙、抱子橘、花旗蜜橘等,简称华脐。

1. 品种来历　华盛顿脐橙原产于南美洲的巴西,以美国为主栽,主要集中在美国的加利福尼亚州。我国最早的华盛顿脐橙引自美国。

2. 特征特性　树冠半圆形或圆头形,树势较强,树姿开张,大枝粗长、披垂,小枝无刺或少刺。叶片稍厚,椭圆形。花大、水平花径4厘米,花器发育不全,花药中几乎无花粉,一般为乳白色。萌芽、开花较普通甜橙早。果实椭圆形或圆球形、基部较窄、先端膨大,脐较小、张开或闭合。果实大、单果重200克以上,果色橙红,果面光滑,油胞平生或微突,果皮厚薄不均,果顶部薄,近果蒂部厚。囊瓣(10～12瓣)肾形,中心柱大而不规则,半充实或充实。肉质脆嫩、多汁、化渣,甜酸适口,富芳香。可食率80%左右,果汁率45%～49%,可溶性固形物含量10.5%～14%,糖含量9～11克/100毫升,酸含量0.9～1克/100毫升,维生素C含量50～56毫克/100毫升,品质上乘。果实耐贮性好。

3. 适应性及适栽区域　华盛顿脐橙种植最适的生态条件:年平均气温18℃～19℃,≥10℃的年活动积温5 800℃～6 200℃,极端低温不低于-3℃,1月份平均温度7℃左右;花期气温最适18℃～21℃,花期、幼果期空气相对湿度65%～70%;年降水量1 000毫米以上,年日照1 600小时,昼夜温差大。土壤深厚、疏松,有机质含量丰富,微酸性的砂质壤土。

华盛顿脐橙喜空气相对湿度较低,我国以重庆市奉节为中心的三峡库区、江西的赣州均为华盛顿脐橙的适栽区。其他脐橙产区,采取保果措施也可适当种植。

4. 主要物候期　华盛顿橙(包括其他脐橙)的物候期,因产地的热量条件(气温)不同而有变化。通常南亚热带产区物候期早,中亚热带产区物候期居中,北亚热带产区物候期较晚。

地处中亚热带的湖北省秭归华盛顿脐橙春梢萌动 3 月中旬,春梢抽梢 3 月下旬至 4 月中旬,春梢自剪期 4 月中、下旬,夏梢抽梢期 5 月下旬至 6 月中旬,夏梢自剪期 6 月初至 7 月上旬,秋梢抽梢期 7 月底至 8 月中旬。现蕾期 3 月下旬至 4 月下旬,盛花期 4 月下旬至 5 月上旬。第一次生理落果期 5 月中旬,第二次生理落果期 5 月下旬至 6 月中旬,果实成熟期 11 月中、下旬。

5. 栽培注意点　在空气相对湿度较大地域种植,必须保花保果,以获得产量。

(三十二)罗伯逊脐橙

罗伯逊脐橙又名鲁宾逊脐橙,简称罗脐。

1. 品种来历　原产美国,系从华盛顿脐橙的芽变中选育而成。1938 年首次从美国引入我国,后又陆续从美国等国引入,种植后丰产稳产。

2. 特征特性　树冠圆头形或半圆形,树势较弱,株型矮化紧凑。树干和主枝上均有瘤状突起。枝扭曲,短而密,少刺,略披垂。叶片长椭圆形。果实倒锥状圆球形或倒卵形、较大,单果重 180～230 克。果实顶部浑圆或微突、较光滑,果皮橙色至橙红色,油胞密,脐孔大、多闭合,中心柱较小、半充实。果肉脆嫩,化渣,味较浓,具微香。果实可食率 78.5％左右,果汁率 45％～47％,可溶性固形物 11％～13％,糖含量 9～10 克/100 毫升,酸含量 0.9～1 克/100 毫升。品质好,果实较耐贮藏。

3. 适应性及适栽区域　适应性比华盛顿脐橙广,较抗高温、高湿,丰产性好,且有串状结果习性。我国脐橙产区均可栽培,以四川、重庆、湖北、湖南和广西等省、直辖市、自治区栽培较多。表现结果早,丰产稳产。

4. 主要物候期　罗伯逊脐橙的物候期与其他脐橙一样,会随海拔上升,物候期相应延后。地处中亚热带气候的湖北省秭归,海拔150米处的物候期:春芽萌动期2月上旬至3月中旬,春梢抽梢期2月中旬至3月下旬,春梢自剪期4月初至中旬,夏梢抽梢期5月中、下旬,夏梢自剪期6月中旬,秋梢抽生期7月下旬至9月上旬。现蕾期4月中、下旬,盛花期4月中下、旬,第一次生理落果期4月下旬至5月中旬,第二次生理落果期5月上旬至6月上旬,果实成熟期11月上旬。海拔250米处的物候期,相对延后:春芽萌动期2月中旬至3月中旬,春梢抽梢期2月下旬至3月下旬,春梢自剪期4月上、中旬,夏梢抽梢期5月中旬至下旬,夏梢自剪期6月中旬,秋梢抽梢期8月上旬至9月下旬。现蕾期4月中、下旬,盛花期4月中、下旬,第一次生理落果期4月下旬至5月中旬,第二次生理落果期5月上旬至6月中旬,果实成熟期11月上、中旬。

5. 栽培注意点　以枳作砧木,注意防止裂皮病。

(三十三)纽荷尔脐橙

1. 品种来历　纽荷尔脐橙原产于美国,系由美国加利福尼亚州 Duarte 的华盛顿脐橙芽变而得。我国于1978年将其引入,现在重庆、江西、四川、湖北、湖南 、广西等省、直辖市、自治区广为栽培。纽荷尔脐橙是外观美、内质优、商品性好的鲜销品种。

2. 特征特性　树冠扁圆形或自然圆头形。树势生长较旺,尤其是幼树。树姿开张,枝梢短密,叶片呈长椭圆形,叶色深。结果明显较罗伯逊脐橙和朋娜脐橙晚。果实椭圆形至长椭圆形,较大(单果重200~250克)。果色橙红,果面光滑,多为闭脐。肉质细嫩而脆,化渣,多汁,可食率73%~75%,果汁率48%~49%,可溶性固形物12%~13%,糖含量8.5~10.5克/100毫升,酸含量1~1.1克/100毫升,品质上乘。果实耐贮性好,且贮后色泽更橙红,品质仍好。投产虽较罗伯逊、朋娜脐橙晚,但投产后产量稳定,丰产稳产。如脐橙主产区的江西赣州,6年生树平均每667平方米产量接近 3 000 千克。

3. 适应性及适栽区域　同罗伯逊脐橙,通常在脐橙产区都可栽培。

4. 主要物候期　纽荷尔脐橙在热量条件丰富的江西赣州春芽萌动期 3 月初,春梢抽生期 3 月上旬至下旬,春梢自剪期 4 月上、中旬,夏梢抽生期 5 月下旬至 6 月上旬,夏梢自剪期 7 月上旬至下旬,秋梢抽生期 8 月中、下旬。现蕾期 3 月中旬至 4 月上旬,盛花期 4 月中旬至下旬,第一次生理落果期 5 月上、中旬,第二次生理落果期 5 月下旬至 6 月中旬,果实成熟期 11 月上、中旬。

5. 栽培注意点　枳砧注意防止裂皮病,幼树控制生长过旺而延期结果。

(三十四) 林娜脐橙

林娜脐橙又叫奈佛林娜脐橙。

1. 品种来历　林娜脐橙系华盛顿脐橙的早熟芽变而得的品种。原产于西班牙。我国在 20 世纪 70 年代末期后分别从美国、西班牙引入。目前江西、重庆、四川、湖北、湖南、福建、广西和浙江等省、直辖市、自治区有一定数量的栽培,以江西赣南栽培较多。

2. 特征特性　树冠扁圆形,树体矮小紧凑,长势比华盛顿脐橙弱,比罗伯逊脐橙强。枝梢短而壮、密生,发枝力较强。叶片椭圆形,叶色深绿。果实椭圆形或长倒卵形、较大,单果重 200～250 克,果实顶部圆钝、基部较窄、常有短小的沟纹,果色橙红至深橙,果皮较薄、光滑。肉质脆嫩、化渣,风味浓甜。可食率 79% 左右,果汁率 49%～51%,可溶性固形物 11%～13%,糖含量 8.5～9.5 克/100 毫升,酸含量 0.5～0.7 克/100 毫升。果实较耐贮藏。

3. 适应性及适栽区域　适应性及适栽区域同华盛顿脐橙。

4. 主要物候期　林娜脐橙在热量条件较好的江西赣南春芽萌动期 3 月初至上旬,春梢抽梢期 3 月上旬至下旬,春梢自剪期 4

月上旬至中旬,夏梢抽生期 6 月上旬至下旬,夏梢自剪期 7 月中旬,秋梢抽生期 7 月下旬至 8 月中旬。现蕾期 3 月中旬,盛花期 4 月中旬至 5 月初,第一次生理落果期 5 月上、中旬,第二次生理落果期 5 月下旬至 6 月中旬,果实成熟期 11 月上、中旬。

5. 栽培注意点 幼树要控制树势,使其及时始花结果。

(三十五)丰 脐

1. 品种来历 丰脐系华盛顿脐橙的变异。我国 1977 年从美国加利福尼亚州将其引入。目前,四川、重庆、湖北、广西等省、直辖市、自治区有栽培,其他适栽脐橙的省有零星栽培。各地种植表现结果早,丰产稳产,优质。

2. 特征特性 树冠圆头形或扁圆头形,树势中等偏上,发枝力强、较直立,树形紧凑。枝梢节间短,叶片椭圆形、叶色深绿。果实圆球形或倒卵形,单果重 220～230 克,果皮较薄,果色橙至橙红。味浓甜,肉质脆嫩、化渣。可食率 75%～78%,果汁率 47%～48%,可溶性固形物含量 11.5%～13%,糖含量 8～10 克/100 毫升,酸含量 0.6～0.7 克/100 毫升,品质优。果实较耐贮藏。

3. 适应性及适栽区域 与罗伯逊脐橙基本相同,适应性强。丰脐以红橘为砧,生长强;高接在红橘砧兴津温州蜜柑上生长中等,但丰产性好。丰脐在枳砧兴津温州蜜柑上高接,果实糖含量、可溶性固形物较朋娜脐橙、罗伯逊脐橙、纽荷尔脐橙、林娜脐橙等均高;嫁接在枳砧夏橙上酸含量高,但色泽与其他脐橙相比为最佳。

4. 主要物候期 丰脐在中亚热带气候区春芽萌动期 3 月中、下旬,春梢抽发期 3 月中旬至 4 月中旬,春梢自剪期 4 月中、下旬,夏梢抽生期 5 月中旬至 6 月中旬,夏梢自剪期 6 月初至 7 月上旬,秋梢抽生期 7 月下旬至 8 月中旬。现蕾期 3 月中、下旬,盛花期 4 月下旬至 5 月上旬,第一次生理落果期 5 月中旬,第二次生理落果期 5 月下旬至 6 月中旬,果实成熟期 11 月上、中旬。

5. 栽培注意点　丰产性强,注意疏果,提高优果率。

(三十六)红肉脐橙

红肉脐橙又名卡拉卡拉脐橙。

1. 品种来历　红肉脐橙系秘鲁选育出的华盛顿脐橙芽变优系。20 世纪末,我国从美国引进,现在重庆、四川、湖北、浙江等省、直辖市有少量种植,均表现出特异的红肉性状。

2. 特征特性　树冠圆头形,树势中等,树冠紧凑,多数性状与华盛顿脐橙相似。叶片偶有细微斑点现象,小枝梢的形成层常显淡红色。果实圆球形,平均单果重 190 克,果面光滑、深橙色,果皮薄,厚 0.3～0.4 厘米,囊瓣 11～12 瓣;可食率 73.3%,果汁率 44.8%,可溶性固形物 11.9%,糖含量 9.07 克/100 毫升,酸含量 1.07 克/100 毫升,固酸比 11.12,糖酸比 8.48,维生素 C 含量 45.84 毫克/100 毫升。果实成熟后果皮深橙色,果肉在 10 月即呈现浅红色,12 月中旬成熟后呈均匀红色,色素类型为类胡萝卜素,存在于汁胞壁中,榨出的汁多为橙色。红肉脐橙肉质致密脆嫩、多汁,风味甜酸爽口,其最大的特色是果实果肉呈均匀红色。可作为鲜食脐橙的花色品种。

红肉脐橙丰产性较好,着果多,高接换种 3 年后株产 17.9 千克。

3. 适应性及适栽区域　红肉脐橙最适种植的区域:≥10℃的年活动积温 5 500℃～6 500℃、果实成熟前的 10 月底至 11 月昼夜温差大的脐橙适栽区、且冬季霜冻或有霜冻出现时间在 12 月底以后或时间短暂的区域适宜种植,长江中上游为适栽区,可适度发展。但热量条件稍逊的地区栽培表现果实偏小,果形大小不整齐。

4. 主要物候期　红肉脐橙在中亚热带气候的湖北秭归春梢生长(萌芽至自剪)期 2 月下旬至 4 月上旬,夏梢生长期 5 月上旬至 6 月上旬,秋梢生长期 8 月上旬至 9 月上旬。现蕾期 3 月上旬,开花期 4 月中旬,第一次生理落果期 5 月上旬至 6 月上旬,第二次生理落果期 6 月中、下旬,脐黄发生期在 7 月上旬至 8 月上旬。果实在 12 月下旬成熟,至翌年 1～2 月品质仍好。

5. 栽培注意点 一是选热量条件好的最适区种植;二是因红肉脐橙果实膨大时对水分的亏缺敏感,种植地应水源丰富,以便旱时及时灌溉;三是注意疏花疏果,避免结果过多,提高大果率和果品商品率;四是花期遇阴雨对红肉脐橙产量影响大,可采取摇树落花,既起到疏花的作用,又能将与幼果粘连的花瓣摇落,防止其霉烂影响着果或导致果实出现疤痕;五是疏除过密枝,加强通风透光,切忌早采,影响品质。

(三十七)梦　脐

1. 品种来历 2000 年从美国加利福尼亚州引入。目前在重庆、湖北、四川、江西等省、直辖市进行试种。

2. 特征特性 树冠圆头形,树势中等。果实高扁圆形,平均单果重 200 克以上,果皮光滑、较薄,果色橙红。果实可食率 74%,可溶性固形物 13.4%,固酸比 12.64,肉质细嫩化渣,品质优良。

3. 适应性及适栽区域 与华盛顿脐橙相近,目前在湖北秭归种植表现品质优,但丰产性一般,着果率 1.23%。

4. 主要物候期 中亚热带气候带的湖北秭归春梢生长(萌芽至自剪)期 2 月下旬至 4 月上旬,夏梢生长期 5 月上旬至 6 月上旬,秋梢生长期 8 月上旬至 9 月初。现蕾期 3 月上旬至下旬,开花期 4 月上旬至下旬,第一次生理落果期 5 月上旬至 6 月下旬,第二次生理落果期 6 月中旬至下旬;脐黄期在 7 月上旬至 8 月上旬,果实成熟期 11 月上、中旬。

5. 栽培注意点 与华盛顿脐橙同。

（三十八）春　脐

1. 品种来历　2000 年从美国加利福尼亚州引入。目前在重庆、湖北、四川、江西等省、直辖市有试种。

2. 特征特性　树冠圆头形，生长势较强。果实圆球形，平均单果重 218 克，色泽橙至橙红，果皮光滑、较薄（厚 0.4～0.5 厘米）。肉质细嫩、化渣、多汁，可食率 73.5％，可溶性固形物 12.3％，固酸比 13.1。

3. 适应性及适栽区域　与华盛顿脐橙相似。目前，根据湖北秭归试种的观察表现品质优，但丰产性一般，着果率为 0.59％。

4. 主要物候期　中亚热带气候带的湖北秭归春梢生长（萌芽至自剪）期 2 月下旬至 4 月 14 日，夏梢生长期 5 月上旬至 6 月上旬，秋梢生长期 8 月上旬至 9 月初。现蕾期 3 月中旬至下旬，开花期 4 月中旬，第一次生理落果期 5 月上旬至 6 月上旬，第二次生理落果期 6 月中旬至下旬，脐黄期在 6 月下旬至 7 月下旬，果实成熟期 11 月下旬至 12 月上旬。

5. 栽培注意点　与华盛顿脐橙相似。

（三十九）奉节脐橙

1. 品种来历　奉节脐橙（奉园 72-1 脐橙）是 1972 年从重庆市奉节县园艺场选出的优变品种，其母树 1958 年引自四川省江津园艺试验站的一株甜橙砧华盛顿脐橙。

2. 特征特性　树势强，树冠半圆头形，稍矮而紧凑。春梢为主要结果母枝，其次是秋梢。果实短椭圆形或圆球形，单果重 160～180 克，脐中等大或小，果实橙色或橙红色，果皮较薄、光滑。果肉细嫩化渣，可食率 78％以上，果汁率 55％以上，可溶性固形物 11％～14.5％，糖含量 9～11.5 克/100 毫升，酸含量 0.7～0.8 克/100 毫升。甜酸爽口，风味浓郁，富香气，品质上乘。

3. 适应性及适栽区域　以枳为砧木的奉园 72-1 脐橙,树冠相对矮化、开张,表现抗旱、耐湿,不易感染脚腐病,但不抗裂皮病,且在碱性土壤中易出现缺铁黄化。以红橘为砧木的嫁接亲和性好,生长强健,树姿较直立,但结果较枳砧晚 2 年左右,红橘作砧木抗裂皮病。

奉节脐橙的适应性与华盛顿脐橙相似,以花期和幼果期的空气相对湿度 65%～70%最适,丰产性好。在常规管理条件下,不采取保花保果措施(喷激素)成年树株产可达 60 千克以上。

4. 主要物候期　奉节脐橙在中亚热带气候的奉节县芽萌动期 3 月上旬至中旬,春梢抽生期 3 月中旬至 4 月上旬,春梢自剪期 4 月上旬至中旬,夏梢抽生期 5 月下旬至 6 月中旬,夏梢自剪期 6 月上旬至 7 月上旬,秋梢抽生期 7 月下旬至 8 月中旬。现蕾期 3 月中旬至 4 月中旬,开花期 4 月下旬至 5 月上旬,第一次生理落果期 5 月上旬至中旬,第二次生理落果期 5 月下旬至 6 月中旬,果实成熟期 11 月下旬至 12 月上旬。

5. 栽培注意点　奉节脐橙喜相对干燥的空气相对湿度,尤以 65%～70%的相对湿度为适,空气相对湿度 85%及其以上,要采取保花保果措施。

(四十)奉节秋橙

1. 品种来历　奉节秋橙(奉园 91 脐橙)是 1991 年在奉节县园艺场奉园 72-1 脐橙园选出奉园 91-1 号和奉园 91-2 号两个单株,经连续 7 年观察母树、嫁接后代和高接换种植株,果实较奉园 72-1 脐橙早熟 15 天左右,果大整齐,外观极美,品质特优,综合经济性状超过奉园 72-1 脐橙,是 72-1 脐橙的优良芽变,遗传性稳定。

2. 特征特性　奉节秋橙果实长圆形,果形整齐,单果重 245～285 克。果实深橙红色,油胞稍大,闭脐。可食率 73%～75%,可溶性固形物 11.7％以上,固酸比 13～14,风味浓,有香气,肉质脆嫩化渣。果实在 11 月中、下旬成熟。

3. 适应性及适栽区域　奉节秋橙适宜在高温、中湿生态条件下种植,可在三峡库区的奉节、巫山、巫溪、云阳等县海拔 400 米以下及相似气候区种植。

奉节秋橙树势中强、丰产稳产,在一般管理条件下,枳砧苗定植后 3 年始果,8～10 年进入盛果期,株产可达 40 千克以上。中选代表植株连续 7 年平均株产 36.2 千克,折合每 667 平方米产量 2 896千克。

4. 主要物候期　果实 11 月上、中旬成熟。其余与奉节脐橙同。

5. 栽培注意点　与奉节脐橙同。

(四十一)奉节晚脐

1. 品种来历　1995 年从奉节脐橙中选出的芽变优系,遗传性稳定。

2. 特征特性　树冠健壮、圆头形。果实圆球形或短椭圆形,果形整齐,平均单果重 200 克,脐小、多闭脐,果皮橙黄至橙红、较光滑。可食率 73.9％,可溶性固形物 12.9％,酸含量 0.8 克/100毫升,丰产,品质优。

3. 适应性及适栽区域　与奉节脐橙同。

4. 主要物候期　果实 2 月初成熟。其余与奉节脐橙同。

5. 栽培注意点　因成熟晚,挂果期长,更应加强肥水管理。其余与脐橙同。

(四十二)长红脐橙

1. 品种来历　长红脐橙系从纽荷尔脐橙中选出的脐橙。目前在三峡库区的秭归等县栽培,外观美,品质好,丰产性强。

2. 特征特性 树冠圆头形,树势较旺,枝梢粗壮,萌枝率高,成枝力强。果实长椭圆形,果色橙红至深红,单果重 230～280 克。肉细嫩、化渣,可食率 75% 以上,果汁率 50%～51%,可溶性固形物 11%～13%,糖含量 9～10 克/100 毫升,酸含量 0.8～0.9 克/100 毫升。果实 11 月下旬至 12 月上旬成熟。

3. 适应性及适栽区域 适应性与纽荷尔脐橙相同。以枳作砧木早结果、丰产性好,但易患裂皮病;以红橘作砧木,结果较枳砧晚 2 年左右,后期丰产。适合在三峡库区及相似气候条件地域种植。

4. 主要物候期 与纽荷尔脐橙同。

5. 栽培注意点 同纽荷尔脐橙。

华红脐橙也是从纽荷尔脐橙中选出的长椭圆形脐橙,与长红脐橙相似,从略。

(四十三)清家脐橙

1. 品种来历 清家脐橙(Seike navel orange),原产于日本爱媛县,1958 年发现于清家太郎氏的脐橙园。1975 年进行品种登记,繁殖推广。1978 年引入我国。目前在重庆、四川、广西等省、直辖市、自治区的脐橙产区有种植,湖北、湖南、江西、浙江、云南和贵州等省有零星种植。

2. 特征特性 树冠圆头形,树势中等,枝梢节间密,叶片小。果实较大,单果重 200 克左右,果实圆球形或椭圆形,果色橙或橙红,果皮较薄、厚 0.4～0.5 厘米。肉质脆嫩、化渣,风味与华盛顿脐橙相似。果实可食率 78% 左右,果汁率 54%,可溶性固形物 11%～12%,糖含量 8.5～9 克/100 毫升,酸含量 0.7～0.9 克/100 毫升,品质上乘,果实耐贮性较好。

3. 适应性及适栽区域 据各地种植反映,清家脐橙适应性强,北、中、南亚热带气候带的山地、平地均可栽培,以枳作砧木结果早、丰产稳产,可在我国脐橙适栽地种植。

4. 主要物候期　中亚热带气候带的重庆市北碚萌芽期 3 月上旬,春梢抽生期 3 月中旬至 4 月上旬,春梢自剪期 4 月初至上旬,夏梢抽生期 6 月上旬至 7 月上旬,夏梢自剪期 7 月上旬,秋梢抽生期 8 月初至中旬。现蕾期 3 月下旬,初花期 4 月上旬,盛花期 4 月中、下旬,第一次生理落果期 5 月上旬,第二次生理落果期 5 月中旬至 6 月中旬,果实成熟期 11 月上旬。

5. 栽培注意点　与华盛顿脐橙相同。

(四十四)福本脐橙

1. 品种来历　又称福本红脐橙。原产于日本的和歌山县,为华盛顿脐橙的枝变。1981 年我国从日本引进后在重庆、四川、湖北、湖南、浙江、广西等省、直辖市、自治区脐橙产区有少量栽培。

2. 特征特性　树势中等,树姿较开张,树冠圆头形,枝条较粗壮、稀疏。叶片长椭圆形,较大而肥厚。果实较大,单果重 200～250 克。果形短椭圆形或球形,果顶部浑圆,多闭脐,果梗部周围有明显的短放射状沟纹,果面光滑,果色橙红,果皮中等厚、较易剥离。可食率 73％,可溶性固形物 11％～13％,固酸比 16.3,肉质脆嫩、多汁,风味甜酸适口,富有香气,品质优。福本脐橙在中亚热带气候的重庆,果实于 11 月中、下旬成熟;在热量条件好的南亚热带,可在 10 月下旬前后成熟上市。

3. 适应性及适栽区域　福本脐橙在气候温暖,雨量较少,空气湿度小,光照条件好,昼夜温差大,又无柑橘溃疡病地区栽培最为适宜。适宜的砧木为枳,能早结果、丰产,但不抗裂皮病,碱性土壤上种植易出现缺铁黄化;以红橘作砧木,结果较以枳作砧木晚 2 年左右,但后期产量较高,抗裂皮病,但不抗脚腐病。

福本脐橙可在我国脐橙适栽区适量种植。

4. 主要物候期　福本脐橙在中亚热带重庆北碚萌芽期 3 月

上旬,春梢抽生期3月中、下旬,春梢自剪期3月下旬至4月上旬,6月中旬抽生夏梢,7月上、中旬夏梢自剪,秋梢抽生期8月上旬。第一次生理落果期4月底至5月上旬,第二次生理落果期5月下旬至6月中旬,果实成熟期11月中、下旬。

5. 栽培注意点　一是福本脐橙树体发育较慢,树冠相对较小,宜适当密植,以株行距3米×4米(即每667平方米栽56株)为宜。二是修剪改善树冠通风透光条件,抑强扶弱,促进花芽分化。三是激素保果,以提高产量。

(四十五)费希尔脐橙

1. 品种来历　费希尔脐橙20世纪末引自美国,目前重庆、湖北等地有试种和零星栽培。

2. 特征特性　树冠圆头形,较大。果实圆球形,单果重150～170克。果色橙红。果汁率50.59%,可溶性固形物14.5%,酸含量0.81克/100毫升,固酸比17.9。肉质细嫩,较化渣,味甜,品质佳。

3. 适应性及适栽区域　与纽荷尔脐橙同。

4. 主要物候期　地处中亚热带的重庆市万州,春梢生长期2月底至4月中旬,夏梢生长期5月初至6月初,秋梢生长期8月初至9月初。现蕾期3月中旬,开花期4月初至中旬,第一次生理落果期5月初至中旬,第二次生理落果期6月上、中旬,果实成熟期11月下旬至12月初。

5. 栽培注意点　以卡里佐枳橙作砧木树势较强,幼树采取保果措施促进投产。

(四十六)夏金脐橙

1. 品种来历　系澳大利亚选出的中晚熟脐橙。我国20世纪末引入,正试种中。

2. 特征特性　夏金脐橙树冠呈圆头形,树形较紧凑。树势中等偏强,较晚棱脐橙稍强。枝条粗壮,枝梢较密。果实圆球形,果形指数 0.92,单果重 180~250 克,果面光滑、与晚棱脐橙相似。转色比其他脐橙晚,10 月中旬果面尚青,到 12 月果皮呈橙黄色。成熟的果实色泽深橙色。1 月中旬对果实品质分析结果:可食率72.4%,果汁率 47.4%,可溶性固形物 13.2%,糖含量 10.68 克/100 毫升,酸含量 0.87 克/100 毫升,固酸比 15.17,糖酸比 12.28,维生素 C 含量 46.27 毫克/100 毫升。2 月中旬品质分析:可食率72.8%,出汁率 47.5%,可溶性固形物 13.5%,糖含量 10.89 克/毫升,酸含量 0.93 克/毫升,固酸比 14.52,糖酸比 11.71,维生素C 含量 42.98 毫克/100 毫升。

夏金降酸早,故成熟期较晚棱脐橙早,一般在 2 月中、下旬。若提前在 12 月中旬采收,则表现果肉脆嫩,味酸,化渣程度不及其他早中熟脐橙品种。2 月中、下旬采收表现肉质紧密,细嫩化渣,汁多味甜,风味浓郁。外观美,果皮硬而光滑。

国外研究表明,夏金脐橙果肉的柠碱含量低,果实适用于加工制汁。夏金在与有核品种混栽的情况下会出现种子,但较晚棱脐橙出现的种子少,通常无核。

3. 适应性及适栽区域 我国适栽脐橙的区域均可栽培,是延长我国柑橘熟期的重要晚熟脐橙品种。

4. 主要物候期 在中亚热带气候的重庆地区春梢萌芽期 2月下旬,春梢完成自剪期 4 月上旬,夏梢抽发期 6 月中旬,秋梢抽发期 8 月上、中旬。现蕾期 3 月下旬,初花期 4 月上旬,第一次生理落果结束 5 月上旬,第二次生理落果结束 6 月上、中旬,11 月初果实转色,12 月果色橙黄,2 月中、下旬果实成熟。

5. 栽培注意点 栽培与华盛顿脐橙相似,但因其晚熟,果实挂树越冬,树体营养消耗大,要加强肥水管理,特别是 7 月中、下旬的促秋梢肥要重施,以利于翌年继续丰产。为使冬季不落果,应在10 月上、中旬喷施赤霉素保果,11 月中旬再喷施 1 次,赤霉素的浓度以 15 毫克/千克为适。

采果后及时对枯枝、纤弱枝、病虫枝进行修剪；对树势弱、结果多、结果部位外移的树，宜回缩树冠外的枯枝、弱枝和病虫枝，改善树体通风透光条件。

（四十七）晚 脐 橙

1. 品种来历 又名纳佛来特脐橙。原产西班牙，由华盛顿脐橙的枝变而得的脐橙品种。我国引入后在重庆、四川、广西和浙江等省、直辖市、自治区有少量栽培。

2. 特征特性 树冠半圆形或圆头形。与华盛顿脐橙相比，树势旺，树体高大，多刺。果实椭圆形或圆球形，单果重 160～200 克，比华盛顿脐橙稍小，多闭脐；果皮与华盛顿脐橙相似，但更薄、柔韧、稍难剥，着色较华盛顿脐橙迟几周，果皮橙色。果肉较软，味浓甜。果汁率 45%～50%，可溶性固形物 10%～11.5%，糖含量 8～8.5 克/100 毫升，酸含量 0.6～0.7 克/100 毫升。果实留（挂）贮藏 4 个月不降低品质。

3. 适应性及适栽区域 适应性较广，通常能种植华盛顿脐橙的区域均可种植，但有反映产量较低或不稳定的现象。

4. 主要物候期 地处中亚热带的重庆市万州春梢萌动期 3 月上、中旬，春梢抽梢期 3 月中旬至 4 月上旬，春梢自剪期 4 月上旬至下旬，夏梢自剪期 6 月初至 7 月上旬，秋梢抽梢期 7 月下旬至 8 月上旬。现蕾期 3 月中旬至 4 月中旬，盛花期 4 月中旬至 5 月上旬，第一次生理落果期 5 月中旬，第二次生理落果期 5 月下旬至 6 月中旬，夏梢抽梢期 6 月中旬，果实成熟期 12 月底至翌年 1 月份。

5. 栽培注意点 幼树控制树势，促其及时投产。因晚熟，挂果期长，更应加强肥水管理。

除以上介绍的脐橙品种外，以国外引入的还有汤姆逊脐橙、朋娜脐橙、福罗斯特脐橙、阿特伍德脐橙、卡特脐橙、晚棱脐橙、白柳脐橙、大三岛脐橙、铃木脐橙、吉田脐橙、森田脐橙等品种。国内选育出的有罗脐 35 号、眉山 9 号脐橙、长宁 4 号脐橙、脐橙 4 号、石棉脐橙、资脐 1 号、粤引 2 号脐橙、粤引 3 号脐橙、954 脐橙和冰糖脐橙等，从略。

(四十八)红玉血橙

1. 品种来历　又名路比血橙、红宝橙。为古老的血橙品种之一。我国引入种植表现丰产。

2. 特征特性　树冠圆头形，树势中等、半开张。枝梢细硬，具短刺。果实扁圆形或圆球形，单果重 130～140 克。果皮光滑，色泽深红、紫红或斑点红。可溶性固形物 10%～11%，糖含量 8～8.5 克/100 毫升，酸含量 1.1 克/100 毫升。肉质细嫩、橙色带紫色斑点，甜酸适中，品质较好。惟种子较多。

3. 适应性及适栽区域　适应性强，适栽地广，中、南亚热带气候区一般均可种植。

4. 主要物候期　春芽萌发期 2 月上旬至 3 月初，春梢生长期 3 月上旬至 4 月上旬，夏梢生长期 4 月下旬至 5 月中旬，秋梢生长期 8 月初至 9 月中、下旬。现蕾期 3 月上、中旬，盛花期 4 月上旬，第一次生理落果期 4 月中、下旬，第二次生理落果期 5 月上旬至 6 月初，果实成熟期 1 月底至 2 月初。

5. 栽培注意点　冬季气温较低产区，注意防止冬季(采前)落果。

(四十九)无核(少核)血橙

1. 品种来历　1983～1986 年中国农业科学院柑橘研究所用 $^{60}Co-\gamma$ 射线、电子束快中子辐照红玉血橙芽条育成。

2. 特征特性　枳砧，树冠小，抽枝稀疏。果实扁圆形，色泽深紫红色，单果重 120 克左右。可食率 73.5%，果汁率 59%，可溶性固形物 12%以上，酸含量 1.1 克/100 毫升。肉质细嫩，甜酸可口，具玫瑰香,种子无或 3 粒以下,品质优。丰产。

3. 适应性及适栽区域 与红玉血橙同。

4. 主要物候期 与红玉血橙同。

5. 栽培注意点 不与有核品种混栽,以免增加果实种子。

(五十)塔罗科血橙

1. 品种来历 原产意大利。我国引种种植后表现优质丰产。

2. 特征特性 树势中等,树冠呈不太规则的圆头形。果实倒卵形或短椭圆形,果梗部有明显沟纹,单果重 150 克左右,果色橙红、较光滑。果肉色深,全为紫红。果肉脆嫩多汁,甜酸适中,香气浓郁,近于无核,品质上乘。

3. 适应性及适栽区域 适应性广,宜在冬暖之地种植,以防果实冻害。

4. 主要物候期 与红玉血橙同。

5. 栽培注意点 控制幼树生长过旺,以利于及时投产。

除上述介绍的血橙外,还有从国外引进的摩洛血橙、脐血橙、桑给诺(Somguino)血橙、桑给内诺(Samgunello)血橙、马尔他血橙等,以及国内选出的塔罗科血橙新系、靖县血橙等,在此不再赘述。

五、柚和葡萄柚

柚类原产我国,在长期的栽培过程中选育出不少优良品种。葡萄柚是美国等国种植较多的品种,我国有引入试种。现择其主要品种简介如下。

(一)沙 田 柚

1. 品种来历 原产广西壮族自治区容县,在广西、湖南、广东等地栽培较多。

2. 特征特性　树势强,树冠圆头形,树姿开张,枝梢粗壮、直立。果实梨形或葫芦形,单果重1 000～1 500克(最大的超过3 000克)。由于色泽金黄,又称金柚。果肉脆嫩清甜,可食率47%～49%,果汁率38%～39%,可溶性固形物15%～16%,酸含量0.3～0.4克/100毫升。种子60粒以上,也有因退化而成为无核的。

3. 适应性及适栽区域　我国中、南亚热带气候带均适栽培,优质丰产。

4. 主要物候期　春梢萌发期3月初,春梢生长期3月上旬至4月上旬,夏梢生长期4月底至5月中旬,秋梢生长期8月初至9月中旬。现蕾期3月上、中旬,盛花期3月下旬至4月初,第一次生理落果期4月上、中旬,第二次生理落果期5月初至6月初,果实成熟期11月上旬。

5. 栽培注意点　注意配种酸柚作授粉树,以利于丰产稳产。

(二)长寿沙田柚

1. 品种来历　又名古老钱沙田柚、长寿正形沙田柚。系从广西壮族自治区引入沙田柚种子实生繁殖选育而成。

2. 特征特性　树势中等、较开张,枝条细长较密,果实葫芦形,果顶微凸、有印环,似古老钱,故名古老钱沙田柚。果实单果重600～1 000克,果色橙黄,果肉脆嫩化渣,味浓甜,可食率56.4%,果汁率41%,可溶性固形物12.8%,酸含量0.5克/100毫升,种子60粒以上,品质优。果实耐贮藏。

3. 适应性及适栽区域　与沙田柚同。

4. 主要物候期　与沙田柚同。

5. 栽培注意点　与沙田柚同。

(三)琯溪蜜柚

1. 品种来历 原产福建省平和县琯溪河畔,各地引种种植表现优质丰产。

2. 特征特性 树冠圆头形。长势旺、较开张,枝叶稠密。果实倒卵形或圆锥形,单果重 1 500～2 000 克(大的达 4 700 克),果色橙黄,可食率 60%～65%,果汁率 50%～55%,可溶性固形物 10.5%～12%,糖含量 8～10 克/100 毫升,酸含量 0.7～1 克/100 毫升。常无核,肉质脆嫩,品质佳。

3. 适应性及适栽区域 适应性广,适合亚热带气候区栽培。

4. 主要物候期 果实 10 月中、下旬成熟,其余同沙田柚。

5. 栽培注意点 丰产性强,稳果后疏果可提高优质果率。

(四)玉 环 柚

1. 品种来历 原产浙江省玉环。原种引自福建,经驯化变异而得的优良品种。

2. 特征特性 树体高大、开张,枝条粗壮。果实扁圆锥形或高圆锥形,单果重 1 000～2 000 克,果色橙黄。可食率 59%～65%,果汁率 40%,可溶性固形物 11%～13%,糖含量 9.5～10 克/100 毫升,酸含量 0.8～1.0 克/100 毫升,肉质细嫩化渣,少核或无核,品质优。

3. 适应性及适栽区域 适应性较强,以浙江种植为主。

4. 主要物候期 果实 11 月上、中旬成熟。

5. 栽培注意点 山地、平地栽培用酸橙、玉橙(杂柑)作砧木,解决裂果以提高产量、品质。

(五)强德勒红心柚

1. 品种来历 20 世纪 90 年代引自美国,各地种植后表现优质丰产。

2. 特征特性 树势中等,树姿开张,树冠圆头形。果实高扁圆形,果皮橙色,单果重 800～1 500 克,果肉带红色,可食率 50％,可溶性固形物 10％～11.5％,糖含量 7.5～8.5 克/100 毫升,脆嫩化渣、汁较多,甜酸适口,种子 60 粒左右,品质佳。

3. 适应性及适栽区域 与沙田柚同。

4. 主要物候期 果实 11 月初成熟。其余同沙田柚。

5. 栽培注意点 与沙田柚同。

(六)晚 白 柚

1. 品种来历 原产于马来半岛。台湾省栽培较多,四川、福建和重庆也有栽培。

2. 特征特性 树势较强,树姿开张,树冠圆头形,枝条粗壮。果扁圆形或圆球形,果顶与果蒂两端近对称,单果重 1 500～2 000 克,果面光滑、色泽橙黄。果肉白色,肉嫩汁多,甜酸适口,富含香气。可溶性固形物 11％～13％,糖含量 8～10.5 克/100 毫升,酸含量 1～1.1 克/100 毫升,少核或无核,品质优。

3. 适应性及适栽区域 适宜在中、南亚热带气候带和冬暖之地种植。

4. 主要物候期 果实 12 月底至翌年 1 月份成熟。其余与沙田柚同。

5. 栽培注意点 与沙田柚同。适在暖冬之地种植以防果实冻害。

(七)矮 晚 柚

1. 品种来历 系四川省遂宁市名优果树研究所从晚白柚中选出的优系。

2. 特征特性 树冠矮小紧凑,枝梢粗壮、柔软而披散下垂。

果实扁圆形或高扁圆形、近圆柱形，单果重 1 500～2 000 克，果皮金黄、光滑。果肉白色，细嫩化渣，汁多，味甜酸适中，具香气。可溶性固形物 11%～12.5%，糖含量 8～10 克/100 毫升，酸含量 0.8～0.9 克/100 毫升，少核或无核，丰产优质。

3. 适应性及适栽区域　与晚白柚同。

4. 主要物候期　果实 1～2 月份成熟，可留树贮藏至 3～4 月份品质仍佳。

5. 栽培注意点　与沙田柚同。

（八）永嘉早香柚

1. 品种来历　系从浙江省永嘉县土柚实生变异中选出的优良品种。

2. 特征特性　树势强健，树冠圆头形，枝梢粗壮，内膛枝梢生长均匀。果实梨形，单果重 1 000～1 500 克，果面光滑、色泽橙黄。果肉乳白色，脆嫩化渣，糖多酸少，可溶性固形物 11%～13%，果实无核或少核，品质优，丰产。

3. 适应性及适栽区域　与玉环柚同。

4. 主要物候期　果实 9 月下旬成熟。其余与玉环柚同。

5. 栽培注意点　与玉环柚同。

（九）上杭蜜柚

1. 品种来历　于 1996 年从台湾省引进的泰国蜜柚中选育出的晚熟新品种柚。

2. 特征特性　树冠圆头形或半圆形。枝条较开张，枝干光滑，枝梢有刺且较硬、短而粗。果实圆形，果顶微凹。单果平均重 1 745 克，最大的可达 2 750 克。果皮鲜黄色、较粗糙，囊衣薄、白色易剥离。果肉白色微黄，半透明，柔软、多汁，化渣，甜酸适口，香气浓。可食率 51.2%，糖含量 8.22 克/100 毫升，酸含量 0.97 克/

100毫升,品质佳。

3. 适应性及适栽区域　宜选冬暖无冻害的柚类适宜之地种植。

4. 主要物候期　春芽萌动期2月上、中旬,春梢生长期2月中旬至4月下旬,夏梢生长期5月上旬至7月下旬,秋梢生长期8月中旬至10月上旬。现蕾期3月上、中旬,盛花期3月下旬至4月上旬,第一次生理落果期4月上旬至下旬,第二次生理落果期5月上旬至下旬,果实成熟期翌年1月上旬。

5. 栽培注意点　果实先保后疏,即先保花保果,稳果后疏除过多果,以保丰产稳产。

（十）红肉蜜柚

1. 品种来历　系福建省农业科学院果树研究所从平和县小溪镇琯溪蜜柚园中的芽变株选育而成。2006年品种认定。

2. 特征特性　幼树较直立,成年树半开张,树冠半圆头形。叶单身复叶(由叶身、翼叶和节间组成,保留复叶的痕迹)、长椭圆形,叶色深绿。花序为总状花序,部分单花,花为完全花,花柱紫红色。果实倒卵圆形,单果重1 200~2 350克,果皮黄绿色,果肩圆尖、偏斜一边,果顶平广、微凹,果皮薄。囊瓣13~17瓣,有裂瓣现象。囊瓣粉红色,汁胞红色,果汁多,味酸甜,品质上等。果汁率59%。可溶性固形物11.55%,糖含量8.26克/100毫升,酸含量0.74克/100毫升,维生素C含量378.5毫克/千克。

3. 适应性及适栽区域　与琯溪蜜柚同。尤适肥沃山地及肥水条件好的地域种植。

4. 主要物候期　福建省平和低海拔地区,1年抽春、夏、秋、冬4次梢,发芽期分别为3月下旬至6月中旬、7月下旬及10月中旬,始花期3月中旬至下旬初,盛花期3月下旬至4月上旬,终花期4月中旬,果实成熟期10月上旬。较琯溪蜜柚早20~25天。

5. 栽培注意点 幼树修剪强调抹芽放梢,去早留齐,去少留多。为防汁胞粒化,花期忌喷保果剂。

除上述介绍的柚品种外,还有重庆垫江白柚(又名黄沙白柚)、重庆梁平柚(又名梁山柚)、四川内江的通贤柚、重庆巴南的五布柚、浙江苍南的四季柚、湖南永江的早香柚、四川自贡的龙都柚、江西的斋婆柚、广东的丝线柚、四川苍溪的脆香甜柚、台湾的麻豆文旦、湖南慈利的金香柚、福建福鼎的早蜜柚、四川金堂的无核柚、重庆忠县的真龙柚、云南西双版纳的东试柚、广东大埔县的特早熟柚、重庆丰都的三元红心柚、广东梅县沙田柚的变异梅花柚、四川新都县早熟新都柚 2 号、云南瑞丽红玉早香柚、福建坪山柚、浙江平阳文旦、广西东兰县东兰红七柚和湖南祁东巴山柚等,在此不一一介绍。

此外,与柚相关,我国原产的浙江常山胡柚、浙江温岭高橙其特色明显,简介于后。

(十一)常山胡柚

1. 品种来历 原产地浙江省常山县,可能是柚与甜橙为主的天然杂种。

2. 特征特性 树势健壮,树冠圆头形,果实梨形或球形,果皮黄色或橙色,单果重 350 克左右,可食率 60%～70%,果汁率 57%,可溶性固形物 11%～13%,糖含量 9～10 克/100 毫升,酸含量 0.9 克/100 毫升,肉质柔软多汁,但囊衣较厚韧,果实极耐贮藏,丰产优质。

3. 适应性及适栽区域 适应性广,耐低温,可在亚热带气候带种植。

4. 主要物候期 果实 11 月上、中旬成熟。其余与玉环柚大同小异,从略。

5. 栽培注意点 选用枳、香橙作砧为适。

此外,从胡柚中选了以下各具特色的株系:果皮、果肉色泽深红的 01-1 单株,果实含糖量高的 01-3、01-7、01-9、02-4 等单株;果汁含量丰富的 01-6 单株;果实大的 02-3、02-7 单株;果肉如温州蜜柑的 02-5、02-6 单株。

(十二)温岭高橙

1. 品种来历 原产浙江省温岭,是特色地方良种,可能是柚和甜橙的天然杂种。

2. 特征特性 树势强健,树冠圆头形。果实高扁圆形,单果重 400～450 克。果面橙黄色、粗糙,果肉柔软、多汁,可溶性固形物 12%～14%,酸含量 1.5～1.7 克/100 毫升,少核,甜酸爽口,品质好。果实极耐贮藏,贮至翌年 4～5 月份品质仍佳。

3. 适应性及适栽区域 适应性广,抗逆性强。耐旱、耐涝、耐盐碱。

4. 主要物候期 果实 11 月中、下旬成熟。其余与玉环柚大同小异。

5. 栽培注意点 加强肥水管理,修剪宜轻。

(十三)马叙葡萄柚

葡萄柚是世界四大类柑橘之一,产量占世界柑橘总产量的 6%～7%。葡萄柚的品种不少,仅我国引入的就有马叙、邓肯、星路比、红马叙等。我国除台湾种植较多外,受热量条件的影响发展缓慢。以下仅简单介绍马叙葡萄柚。

1. 品种来历 又名马叙无核葡萄柚。原产美国佛罗里达州,系从实生树中选出引入,表现良好。

2. 特征特性 树势中等,树姿开张,枝条微披垂。果实扁圆形或圆球形,单果重 300 克以上,果色浅黄,果皮光滑较薄。肉质淡黄色,细嫩多汁,甜酸可口,微带苦味。可食率 64%～76%,可溶性固形物 9.5%～11%，糖含量 7～7.5 克/100 毫升，酸含量 2.1～2.4 克/100 毫升。果实耐贮，既可鲜食，又可加工果汁，风味独特。

3. 适应性及适栽区域 可在热带条件丰富的南亚热带、边缘热带种植。

4. 主要物候期 果实 11 月中、下旬成熟。其余与沙田柚同。

5. 栽培注意点 选热量条件丰富之地种植。

六、柠檬、来檬类和金柑

柠檬、来檬类是世界四大类柑橘产品之一。金柑为我国原产。柠檬的品种有尤力克、里斯本、维拉弗兰卡、费米耐劳、费诺、北京柠檬等，以及与柠檬相关的巴柑檬、佛手等。来檬有墨西哥来檬、科塞来檬、来普来檬。我国原产的金柑有圆金柑（罗纹）、罗浮、金弹、脆皮金柑等。

柠檬在四川安岳和重庆万州、潼南，云南德宏州栽培较多。以安岳为最，占全国产量的 70%左右。品种主要是尤力克柠檬。来檬很少成片种植。21 世纪初，云南省德宏州开始商品性种植。

金柑在浙江宁波、湖南浏阳、江西遂州和广西阳朔、融安均种植较多。以下简单介绍尤力克柠檬、脆皮金柑、金弹。

（一）尤 力 克 柠 檬

1. 品种来历 原产美国，可能是意大利品种路纳里奥（Lunario)柠檬的实生变异。我国 20 世纪 20～30 年代引入种植，表现优质丰产而推广发展。

2. 特征特性 树势中等，树姿开张。枝叶零乱，披散，具小刺。果实椭圆形至倒卵形，顶端有乳突，基部为圆形，单果平均重 150 克，果色淡黄或黄色。汁多肉脆，味酸。酸含量 7～8 克/100

毫升,糖含量 1.4～1.5 克/100 毫升,香气浓,品质佳。

3. 适应性及适栽区域　适应性广,尤适冬暖夏凉、无冻害的中亚热带气候带种植。

4. 主要物候期　四川省安岳春芽萌动期 3 月上旬,春梢生长期 3 月下旬至 4 月初,夏梢期 4 月初至 6 月上旬,秋梢期 8 月初至 9 月中、下旬。现蕾期 3 月上旬,盛花期 3 月中、下旬。春花果:第一次生理落果期 4 月中、下旬,第二次生理落果 5 月下旬至 6 月初,果实成熟 11 月上、中旬。

5. 栽培注意点　栽培注意防流胶病,枳砧柠檬注意防裂皮病。

(二)脆皮金柑

1. 品种来历　广西壮族自治区从普通金柑中选出的性状稳定的优良新品种。

2. 特征特性　树冠矮生呈半圆形,枝梢发芽力强、呈丛生状,单叶互生。果实长椭圆形或圆形,单果重 12～18 克,可食率 96%,可溶性固形物 19%～21.2%,糖含量 15.5～17.95 克/100 毫升。单果种子平均 2.2 粒。果肉浓甜,果皮脆,味甘甜。

3. 适应性及适栽区域　年平均温度 18℃、≥10℃年活动积温 5 500℃～6 000℃、极端低温 -3℃以上均可种植,丰产性强,品质佳。

4. 主要物候期　四季开花,以开花时间分 4 批:第一批 6 月上旬现蕾,下旬盛花期;第二批 7 月上旬现蕾,中旬盛花,8～9 月份分别为第三、第四批。第一批开花的果实 11 月份开始成熟。

5. 栽培注意点　当年春梢为主要结果母枝,1 年能开 3～4 次花,以第一批花果大、质优,为生产的主要果实。

(三)金　弹

1. 品种来历　可能是罗浮与圆金柑的杂种,原产我国。

2. 特征特性　灌木或小乔木,树冠半圆形或倒卵形。枝条细而密,较直立,具短刺。果实圆球形或卵圆形,单果重 12～15 克。糖含量 11～15 克/100 毫升,酸含量 0.4～0.5 克/100 毫升,果肉甜酸可口,果皮较厚,质脆味甜,鲜食、加工蜜饯皆宜。丰产。

3. 适应性及适栽区域　适应性广,耐寒,柑橘产区均可种植。

4. 主要物候期　与脆皮金柑相似。

5. 栽培注意点　树体矮小,宜适当密植。春花果为优质果,宜采取可控栽培措施。

(四) 佛　手

佛手是芸香科、柑橘属、枸橼类香橼中的一个变种,又名佛手柑、佛手香橼。两广称广佛手,四川称川佛手。因其果实果顶分裂或张开或握拳,状如观音之手,故名佛手。

1. 品种来历　原产我国,云南、四川、重庆最多,广东、广西也有种植。

2. 特征特性　常绿灌木或小乔木。树姿开张,枝条披垂、具短刺,幼嫩枝叶及花均带紫色,叶大、长椭圆形或卵状椭圆形。果实指状或拳头状长椭圆形,单果重 100～300 克,最大果实超过 1 600 克。果实多呈棱起和皱纹,果顶部分开裂呈指状,果皮橙黄色。果肉革质,果汁少,味浓,微苦,芳香浓郁,囊瓣几乎全退化,无核。佛手可药用,作保健、作盆景观赏;每 667 平方米产量 4 000 千克,制佛手干片,经济效益高。

3. 适应性及适栽区域　佛手性喜温暖,不耐寒。适宜在冬暖夏凉、年平均温度 16℃～23℃的地域种植。

4. 主要物候期　春梢期 4 月上旬至下旬,第一次初花期 5 月初,第二次初花期 6 月上旬,果实 11 月上旬开始陆续成熟。

5. 栽培注意点　选冬暖夏凉地,以枳为砧木。

第三章　现代柑橘苗木繁殖

一、概　述

柑橘果树的繁殖,是柑橘果树生产、科研工作中一项十分重要的基础工作。柑橘繁殖技术在我国历史悠久,早在800多年前(公元1178年),韩彦直的世界第一部柑橘专著——《橘录》中,首先总结了关于培育砧木及用枳作砧木和接穗选择、嫁接方法、时期、嫁接后的管理经验,至今仍具有实用价值。

随着科学技术的发展,柑橘繁殖技术也不断提高。同时,由于柑橘业的迅速发展,要求以新的繁殖技术达到迅速、高效繁殖新品种及无病毒苗木,以满足柑橘生产的需要。由于人口的增加和耕地的减少,要求苗木生产者以有限的土地生产更多的苗木。为降低成本,还要求集约化的管理技术,这就要求改革原有的露地苗繁殖方式,逐步采用塑料大棚、容器育苗,使苗木生产工厂化,将繁殖周期由3年缩短至2年甚至18个月。柑橘茎尖微芽嫁接技术的问世,使生产脱毒苗成为现实,柑橘生产相应地减小了病毒病害的威胁。目前,柑橘无病毒容器壮苗的培育、繁殖已在我国柑橘产区应用、推广。而三峡库区、重庆市的柑橘无病毒苗的繁殖技术和推广速度又处于国内领先的地位。

二、柑橘砧木品种简介

柑橘苗木的繁殖有实生繁殖、压条繁殖和嫁接繁殖等方法,其中以嫁接繁殖最优。目前,柑橘生产上已很少用实生繁殖和压条繁殖。嫁接繁殖,选用优良的砧木和砧穗组合,对培育优良柑橘壮苗,早结果,丰产稳产,乃至果实的优质关系密切。

现将柑橘的砧木品种简介如下。

世界柑橘主产国巴西、美国、西班牙、意大利、墨西哥、日本、以色列、南非、摩洛哥、澳大利亚、阿尔及利亚、埃及、希腊、土耳其、阿根廷、印度等采用的柑橘砧木有枳、卡里佐枳橙、特洛亚枳橙、施文格枳柚、香橙、酸橙、甜橙、克来帕特橘、地中海橘、恩培勒橘、粗柠檬、来普来檬、甜来檬、酸柚等。

我国不同柑橘产区使用较多的砧木有枳、红橘、枳橙、枳柚、香橙、酸柚、甜橙、土橘、宜昌橙、枸头橙、朱栾、酸橘、红檬檬等。

世界柑橘主产国和我国柑橘生产省、直辖市、自治区使用的柑橘主要砧木分别列于表 3-1、表 3-2。

表 3-1　世界柑橘主产国柑橘的主要砧木品种

国　家		主要砧木品种
美国	加利福尼亚州	枳橙、酸橙、甜橙、粗柠檬、克来帕特橘、枳、枳柚
	得克萨斯州	酸橙、克来帕特橘
	佛罗里达州	粗柠檬、枳橙、枳柚
巴　西		来普来檬、甜橙、甜来檬、枳
日　本		枳、香橙
西班牙		酸橙、甜橙、枳橙、克来帕特橘、地中海橘
意大利		酸橙
墨西哥		酸橙
以色列		酸橙、甜来檬
南　非		粗柠檬、恩培勒橘
澳大利亚		甜橙、枳、枳橙(卡里佐)
阿尔及利亚		酸橙、枳(用于克力迈丁橘)
埃　及		酸橙、甜来檬

续表 3-1

国　家	主要砧木品种
希　腊	酸橙
土耳其	酸橙、枳（用于温州蜜柑）
阿根廷	甜橙、克来帕特橘、粗柠檬、来普来檬
印　度	粗柠檬、来普来檬、印地安甜来檬

表 3-2　我国柑橘生产省、直辖市和自治区柑橘的主要砧木

省、直辖市、自治区	主要砧木品种
四　川	枳、红橘、酸柚（用作柚的砧木，下同）、香橙
重　庆	枳、红橘、酸柚、甜橙、枳橙（卡里佐）
广　东	酸橘、红檬檬、枳、酸柚
广　西	酸橘、枳、红檬檬、酸柚
海　南	酸橘、红檬檬、酸柚
湖　南	枳、酸柚、枳橙
浙　江	枳、本地早、酸柚、枸头橙、朱栾
福　建	枳、酸柚
江　西	枳、酸柚、红橘
湖　北	枳、红橘、卡里佐枳橙
贵　州	枳、红橘
云　南	枳
江　苏	枳
上　海	枳
陕　西	枳
安　徽	枳
甘　肃	枳
河　南	枳
西　藏	枳
台　湾	酸橘、红檬檬、酸柚、枳

现将我国柑橘采用的主要砧木简单介绍如下。

(一)枳

又名枸橘、臭橘。该品种适应性强,是应用十分普遍的砧木,与甜橙类品种、宽皮柑橘类品种及金柑嫁接亲和力强,嫁接后表现早结、早丰产、半矮化或矮化,耐湿、耐旱、耐寒。枳植株可耐—20℃及其以下低温,抗病力强,对脚腐病、衰退病、木质陷点病、溃疡病、线虫病有抵抗力。但嫁接带裂皮病毒的品种可诱发裂皮病。

枳对土壤适应性较强,喜微酸性土壤。不耐盐碱,在盐碱土种植易缺铁黄化,并导致落叶、枯枝甚至死亡。

枳是落叶性灌木或小乔木,一般在冬季落叶,叶为三小叶组成的掌状复叶,针刺多、长1~4厘米。物候期为3月上旬萌动发芽,4月上旬开花,果实9~10月份成熟。单果种子平均20粒,有的多达40余粒。果实富胶质,果肉少,味苦辣不堪食用。

枳有不同类型,包括小叶型、大叶型、变异类型。湖北、河南主要为小叶型,江苏多为大叶型,山东大、小叶型均有。枳分布在山东的日照县,安徽的蒙城,河南南阳市的唐河县,江苏的泗阳,湖北的襄阳、孝感、云梦、天门、荆门,汉川各县、市,福建的闽清等地。

枳主要在中亚热带和北亚热带作砧木使用,南亚热带部分地区也用枳作砧木,但与柳橙系品种嫁接后产生黄化。

(二)红 橘

又名川橘、福橘。四川、福建栽培普遍,果实扁圆、大红色。12月份成熟,风味浓,既是鲜食品种,又可作砧木。树较直立,尤其是幼树直立性强,耐涝、耐瘠薄,在粗放管理条件下也可获得较高的产量。耐寒性较强,抗脚腐病、裂皮病,较耐盐碱,苗木生长迅速,可作甜橙、南丰蜜橘的砧木,也是柠檬的合适砧木。但与温州蜜柑嫁接不如枳砧。适于中亚热带、北亚热带柑橘产区。

（三）枳　橙

我国主产于浙江黄岩及四川、安徽、江苏等省,是枳与橙类的自然杂种,为半落叶性小乔木,植株上具 3 小叶、单身复叶,种子多胚。嫁接后树势强,根系发达,耐寒、耐旱,抗脚腐病及衰退病,结果早、丰产,不耐盐碱,可在中、北亚热带柑橘产区作砧木,可嫁接甜橙、椪柑、本地早和温州蜜柑。

20 世纪末起,我国从美国、南非等国引进卡里佐枳橙、特洛亚枳橙,在三峡库区和重庆市用作甜橙的砧木,其中夏橙及其优系、哈姆林甜橙、早金甜橙、特罗维他甜橙、纽荷尔脐橙等表现长势健壮、丰产。用于我国的甜橙品种有北碚 447 锦橙、渝津橙的砧木。北碚 447 锦橙生长正常。卡里佐枳橙砧的渝津橙出现叶片黄化,尤其在重庆百年未遇高温干旱的条件下植株黄化严重,有待进一步观察。

（四）枳　柚

枳柚是柚或葡萄柚与枳的杂种,天然和人工育成的均有。其中以施文格枳柚为代表,美国等国用作甜橙、柠檬的砧木,优质丰产稳产。我国对其有引进,也已开始将其用作甜橙的砧木。施文格枳柚是邓肯葡萄柚与枳的杂种,1907 年由美国施文格在佛罗里达州杂交。1974 年美国农业部将其作为砧木加以推广。

树势强,树体高大、直立。枝条多刺。叶片为三出复叶,也有少量的二出复叶和单叶。果实梨形或扁球形,果面橙黄色。每果有种子 20 粒左右。种子子叶白色,多胚。

枳柚种子发芽率高,实生苗生长快,与多种柑橘嫁接亲和力好,易成活。枝条扦插也较易生根。

枳柚用作甜橙、葡萄柚、柠檬的砧木,通常表现生长快,树势强,果实大,产量高,品质优良,抗逆性强。抗旱,较耐寒,对盐碱也有一定的忍耐力。但是,不耐湿,不耐碳酸钙含量高的土壤。枳柚抗病性强,抗脚腐病、根结线虫病和衰退病,也较抗裂皮病和枯萎病。

(五)香　橙

又名橙子。原产于我国,在各柑橘产区都有分布,但以长江流域各省、直辖市较为集中。

香橙树势较强,树体高大。枝密生,刺少。叶片长卵圆形或长椭圆形,翼叶较大。果实扁圆形,单果重 50～100 克。果肉味酸,汁多。每果有种子 20～30 粒,种子大,多胚,间有单胚,子叶白色。果实于 11 月上、中旬成熟。香橙有许多类型,如真橙、糖橙、罗汉橙、蟹橙。

用香橙作柑橘砧木,一般树势较强,根系深,寿命长,抗寒、抗旱,较抗脚腐病,较耐碱。故可作温州蜜柑、甜橙和柠檬的砧木。如用资阳香橙(软枝香橙)作脐橙、温州蜜柑的砧木,亲和性好,虽结果较枳砧稍晚,但后期丰产。

(六)酸　柚

主产于重庆、四川和广西等省、直辖市、自治区。我国用于作柚砧木的酸柚,原产于我国。

酸柚为乔木,树体高大,树冠圆头形。果实种子多,平均每果有 100 粒以上。种子单胚,子叶白色。果实 11～12 月份成熟。

用酸柚作柚的砧木,表现大根多,根深,须根少,嫁接亲和性好,适宜于土层深厚、肥沃、排水良好的土壤栽培。酸柚砧抗寒性较枳砧差。

(七)甜　橙

又名广柑、黄果和广橘。原产我国,在长江以南各省、直辖市的亚热带地区均有栽培,三峡库区有用作柑橘砧木的。

甜橙树势强，树姿直立或开张，较高大。枝条具小刺，叶片卵状或椭圆形。果实扁圆至圆球形。种子多胚，子叶白色，数量较多。

甜橙被用作砧木时，表现树势强旺，生长快，根系深广，抗旱力较强，较丰产，品质也较好。但结果较迟，对脚腐病、流胶病、根结线虫病、天牛等敏感，不耐寒、不耐湿。

（八）土 橘

又名土柑、建柑、黄皮橘、药柑子等。原产于我国，长江流域各省、直辖市有栽培和分布。

土橘树势中等，树姿较开张。枝条细软，具小刺。叶片较小，卵状椭圆形。果实扁圆形，单果重 90～110 克。果面橙黄色，较粗糙。果皮中等厚，有特殊气味。果肉汁多味淡。每果有种子 15～20 粒。种子小，多胚，子叶绿色。果实在 11 月下旬至 12 月上旬成熟，丰产。

将土橘用作柑橘砧木时，嫁接树表现树势强健，根系发达，较丰产稳产，品质较好，抗寒、抗旱力较强。将其用作甜橙和柠檬的砧木时，嫁接树表现树冠半矮化。但用作柠檬砧木时，嫁接树易患流胶病。因此，在利用土橘作砧木时，要因树而异，扬长避短，注意发挥它的优势。

土橘的类型多，性状各异。用作砧木，对不同柑橘来说，其反应不一。

（九）宜 昌 橙

原产于湖北省宜昌，主要分布于湖北、重庆、四川、云南、湖南和贵州等省、直辖市。

树体为灌木或小乔木，树姿开张。嫩枝多为浅紫色，刺多。叶片狭长，翼叶大，与叶身几乎等大。花单生，为白色或紫红色。果形多样，扁圆形至长椭圆形，单果重 200～250 克。果面橙黄色，粗糙，油胞凸出,皮厚。果肉味苦涩而酸,不堪食用。每果有种子40～50粒,大而饱满。种子单胚,子叶白色。果实在11～12月份成熟。

宜昌橙耐寒,耐旱,耐瘠薄。用作柑橘砧木,通常表现矮化,结果早,熟期提前。果实色泽鲜艳,品质改善。但单产较低。如重庆江津用宜昌橙作甜橙、柠檬的砧木,表现结果早,品质优良。但单产较低。15年生的宜昌橙砧锦橙,株产仅0.8～4.5千克。宜昌橙抗天牛,抗脚腐病。宜昌橙解决低产问题之后,是有希望的柑橘砧木。

(十)枸 头 橙

是酸橙的一个品种,主产于浙江黄岩。树势强健,高大。根系发达,骨干根特粗长,数量少而分布均匀。耐旱、耐湿、耐盐碱,寿命长。黄岩产区用作当地几个主要栽培品种(早橘、本地早、槾橘、温州蜜柑等)的砧木,嫁接后果实品质好,产量高,在山地、平地及海涂栽培,表现均好。

(十一)朱 栾

也是酸橙的一个品种。根系发达,幼苗生长快,嫁接后愈合良好,耐盐碱能力较强,耐寒和抗旱力较弱。浙江温州产区,作瓯柑、乳橘及漳橘等砧木用时,表现良好。

(十二)酸 橘

根系发达、主根深,对土壤适应性强,耐旱、耐湿,嫁接后苗木生长健壮,树冠高大,丰产稳产、长寿、果实品质好。进入结果期比红檬檬砧稍迟。对流胶病、天牛等害虫的抗性较差。在广东、福建、广西、台湾等省、自治区用作蕉柑、椪柑、甜橙的砧木。

(十三)红 檬 檬

生长旺盛,发育快。皮层较厚,嫁接易成活。根系分布浅,水平根多而细长,小侧根及须根发达。耐旱、耐寒和耐瘠薄能力差,易患脚腐病,寿命短,易衰老。适于肥沃土壤。栽培条件较好时,初期生长快,易丰产,果大。但果实风味稍淡。广东、广西多用作蕉柑、椪柑、甜橙的砧木。

三、嫁接苗培育

嫁接苗由砧木和接穗嫁接组合而成。嫁接苗的培育包括砧木准备和嫁接苗的培育。

嫁接苗在不同场所培育,可分为露地苗、营养袋苗、容器苗和营养槽苗。不用容器,直接在苗地培育的苗为露地苗;在薄膜袋中培育或培育一段时间的、可带土定植的苗称营养袋苗;用塑料梯形柱筒培育的、带土定植的苗称容器苗;用砖或水泥板建成宽1米、深0.4米、长任意的槽,其中加营养土培育的、可带土或不带土定植的苗称营养槽苗。

露地苗、容器苗、营养袋苗、营养槽苗的优缺点如下。

露地苗,方便简易,投入小,成本低。但占地面积相对较大,苗木质量相对较逊,特别是根系不如容器苗发达,定植受季节限制,成活率较容器苗低。

容器苗,根系发达,带土定植,一年四季可以种植,苗木质量高,成活率几乎100%,且定植后生长较露地苗、营养袋苗快。节约用地。但容器苗1次性投入大、成本高,且因连容器一起运输,运输费也较高,一般不适长距离的省际间调运。

营养袋苗,用1次性薄膜袋加营养土所培育的苗,成本、苗木质量较露地苗高,较容器苗、营养槽苗低。苗的根系、定植的成活率也介于两者之间。

营养槽苗,根系发达超过容器苗,一年四季可定植,成活率100%,定植后生长有时较容器苗还快。可带营养土(用塑网袋包装,5株或10株1袋)或不带土打泥浆包装后运输、定植,节约用地。但1次性投入大,苗木成本相对较高。

以下分别介绍露地苗、营养袋苗、容器苗、营养槽苗的培育。

(一)露地苗培育

1. 苗地的选择 露地苗的育苗地,必须具备以下条件:一是运苗交通方便。二是土壤必须是通透性好、呈微酸性、有机质丰富的砂质壤土。三是地势平坦、宽敞,需在坡地育苗的坡度应小于5°。或建成等高水平梯地,坡向宜背风向阳。四是水源充足,能灌能排。平地育苗地地下水位应在1.5米以下。五是柑橘园地或柑橘苗圃地必须经过轮作。

2. 砧木苗的培育

(1)砧木种子的采集、处理和贮藏 砧木应选生长健壮,根系发达,适宜当地生态条件,抗逆性强,与接穗品种亲和性好,嫁接后苗木健壮无病,早结丰产,且种子多的砧木品种。

果实成熟即可采果取种,如枳种可在9月采果。枳也可采嫩种播种,通常是花后110~120天。采嫩果取种淘净后即播。据试验,出苗率可达94%以上。成熟果的取种方法是环绕果实横径切开果皮,然后扭开果实,将种子挤到筛内,再用水洗去附着在种子上的果肉、果胶后摊放于阴凉通风处,并注意翻动,使水分蒸发,待种皮发白时,收集贮藏或装运。

为消灭柑橘疫菌或寄生疫菌,种子播种前可放入50℃左右的热水中浸泡10分钟。也可用杀菌剂,如1%福美双处理,以预防和减少白化苗。还可用0.1%高锰酸钾溶液浸泡10分钟后用清水洗净。经处理的枳种,尤其是嫩枳种,发芽加快。

砧木种子忌干也忌湿,待种皮表面水分蒸发即可贮藏。种子太湿,易引起霉变腐烂。贮藏期间种子含水量以20%为宜。枳种可稍高,以25%为宜。种子数量多时,一般采用沙藏,即将4倍于种子体积的干净、含水量5％～10％的河沙和种子混匀,放在室内可以排水的地面上堆藏,堆高以35～45厘米为宜,其上盖5厘米厚的河沙,再盖上薄膜保湿。为防鼠害,在贮藏堆周围压紧薄膜。7～10天翻动1次,并检查种子含水量。若发现水分不足,应筛出种子,在河沙上喷水后混匀,再继续贮藏种子。砧木种子远距离运输,须防途中种子发热,一般用通透性好的麻袋包装,如种子湿度较大可用木炭粉与种子混匀后装运,以防途中种子霉烂。到达目的地即取出堆贮或播种。

(2)种子的生活力测定 砧木种子播种前应进行生活力的测定,以确定播种量。最简单的方法是取一定数量的种子,剥去外种皮及内种皮,或切去种子一端的种皮,用0.1％高锰酸钾溶液消毒后用清水冲洗2～3次,再将种子置于铺有双层湿润滤纸的容器中,在25℃～30℃的条件下,几天内即可查出种子发芽的结果。有条件的还可用靛蓝胭脂红染色法,即将种子用清水浸泡24小时,剥去种皮后浸于0.1％～0.2％靛蓝胭脂红溶液中,在室温(常温)条件下,3小时后检查结果:凡是完全着色或胚部着色的种子,为已失去生活力、不会发芽的种子。

(3)种子播种

①播种量:用于柑橘的不同砧木品种,每50千克果实含种量和每667平方米的播种量不同,详见表3-3。

②播种时间:我国柑橘产区,从砧木果实采收到翌年3月份均可播种。秋、冬播,在11月至翌年1月份;春播,在2～3月份。由于秋、冬播的砧木种子出苗早而整齐,且生长期长,故秋、冬是主要播种时期。因不同的柑橘产区气温有差异,应根据温度灵活掌握。砧木种子在土温14℃～16℃时开始发芽,20℃～24℃为生长的最适宜温度。

近年,柑橘产区有枳嫩种播种,时间可提前到7～8月份。枳的种子在谢花后110天左右即具有发芽力,以7月底至8月初嫩

表 3-3　主要砧木品种果实含种量、播种量

品　种	50 千克果实含种量（千克）	每千克种子量（粒）	播种量（千克/667 米²）	
			撒　播	条　播
枳	2.10～2.35	5200～7000	100.0	70.0～90.0
红　橘	0.65～1.40	9000～10000	60.0～70.0	50.0～60.0
酸　橘	1.50～1.65	7000～8000	75.0～90.0	60.0～75.0
枸头橙	1.35～1.50	6000～6400	75.0～90.0	60.0～75.0
红檬檬	0.35～0.60	14720.0	60.0～75.0	30.0～40.0
酸　柚	2.00～2.50	4000～5000	90.0～100.0	30.0～40.0
甜　橙	1.00～2.20	6000～7000	100.0	85.0
酸　橙	1.30～1.50	6000～7000	100.0	85.0
枳　橙	1.75	4000～5000	100.0	80.0
香　橙	1.25～1.30	7000～8000	75.0～90.0	60.0～75.0

枳发芽率最高。嫩枳播种后 9～10 月份，苗能长到 10 厘米左右，可加快繁殖，提前嫁接。

　　③播种方法：露地或大棚播种，先要整好苗床，施上腐熟的农家肥，覆薄土。播种可撒播，也可条播，播前最好选种，选大粒饱满的种子用 0.1％高锰酸钾液消毒处理，再用水洗净。播时可用草木灰拌种或直接播于苗床（沟），覆盖细砂壤土，厚度以 1.5 厘米为宜。细砂壤土可用过筛的果园表土或粒如谷子大小的土，也可将厩肥晒干打碎后与表土混匀覆盖。播种覆土后浇透水，为保持土壤湿度和防止大雨冲淋、增加土温、加速种子发芽，再在其上覆盖稻草、麦秸、松针等。气温较低之地露地播种，可采用薄膜覆盖。当地温低于 20℃时，宜将薄膜支撑成拱形，以提高播种床温度，促进砧苗提早发芽和生长。薄膜支撑高度以不妨碍砧苗即可，一般以 30 厘米为宜。

④播后管理:为了保持土壤的湿度和温度,使种子正常发芽、出苗整齐,应依据苗床土壤的干燥程度和气温的高低及时浇水。随着砧苗出土,逐渐揭去覆盖物,到 2/3 的种子出苗时可揭去全部覆盖物。从苗出齐至移栽前,要进行除草、中耕和施肥。中耕宜浅,以不使土壤板结为度。施肥宜勤施薄施,先稀后稍浓,切忌烧伤叶片。注意苗期病虫害的防治。

⑤移栽及移栽后的管理:为使砧苗正常生长和有良好的根系,当砧苗长出 2～3 片真叶、苗高 8～10 厘米时,进行砧苗移栽。如遇干旱,移苗前 1～2 天宜灌(浇)水。移苗时剪除过长的砧苗主根,以 16～18 厘米为度。为便于管理,砧苗应分级移栽。

移栽方式可用宽窄行(也称大小行)或开畦横行。宽窄行移栽方式适于腹接为主的地区,开畦横行移栽最适于切接。图 3-1 之 1 所示为宽窄行,其中窄行距为 24 厘米,宽行距为 76 厘米,即在 1 米内栽 2 行砧木,株距 10～15 厘米。图 3-1 之 2 为开畦横行移栽,畦宽 1 米,在 1 米宽的畦面上移栽 4 行砧苗,行距 25 厘米,株

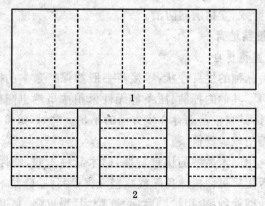

图 3-1　砧木移栽方式

距为 10～15 厘米。栽砧苗时要求主根直,侧根舒展,栽植深度最好与砧苗在苗床栽植的深度一致。

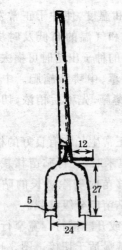

图3-2 "U"形移苗器
（单位：厘米）

移栽工具有"U"形移苗器,见图3-2。移苗器的两个齿间宽度为行距。移栽时将移苗器两齿置于栽苗位置,踩入土中的"U"形移苗器由后向前推一定位置,取出移苗器,将砧苗放入移苗器两齿造成的穴内,待移苗器再往前推压土时,砧苗根与土壤紧密接触,用小锄头将砧苗扶直,锤紧砧苗根颈部的泥土,浇透水。

移栽的砧苗成活发芽后可开始施肥,2月份、5~6月份、7~8月份施腐熟人、畜液肥,加入0.3％尿素。经常剪除离地面20厘米内的分枝、针刺,保持嫁接部位的光滑。注意田间的红蜘蛛、黄蜘蛛、潜叶蛾、立枯病的防治。

3. 嫁接苗培育

(1)嫁接苗优点

①保持品种的优良性状:嫁接苗一般能保持亲本的固有性状(突变除外)。其他的扦插、压条等无性繁殖法虽然也能保持亲本特性,但常因是自根苗而存在多方面的不足。同时,嫁接苗得到大量植株只需用较少量枝条。

②可利用砧木品种的优良特性:砧木品种不同,特性各异,如耐寒砧木嫁接后可使树体免除或减轻冻害;用耐盐碱砧木嫁接,可使树体在盐碱地种植;用抗脚腐病、流胶病、裂皮病、衰退病、溃疡病、木质陷点病的砧木嫁接,可使树体免除或减轻上述病害。砧木可影响树体的树势强弱,如用乔化砧可使树体高大,用矮化砧可使树体矮小。砧穗组合选择适合可增进果实品质,反之可使果实品

质变劣。

③用嫁接法高接换种：将不良品种、不丰产单株或实生树等不符合需要的植株，用高接方法换接为需要的品种；也可在一株树上换接不同品种，集中保存种质；也可用高接方法将杂交实生苗嫁接到成年树冠上，提前结果、鉴定，缩短杂交育种年限。

④修复和救治病、伤树体：由于脚腐病、天牛等病害虫侵害根颈或枝干流胶、机械操作伤等，可用撑接（即靠接）更换砧木；用桥接法修复枝干的损伤部分，使树体恢复健康。

(2) 嫁接成活的原理及嫁接愈合过程

①嫁接成活的原理：任何植物的枝干、皮层、韧皮部，与木质部之间有一层分生组织，是新细胞的生长点，它向内分生木质部，向外分生韧皮部，由于它能连续不断分生，使植物的茎不断加粗生长，这层组织称为形成层。嫁接成活的原理，即砧木与接穗的形成层细胞紧密结合后通过一系列愈合过程，成长为一个新的个体，共同进行同化物质和水分的代谢。形成层部位见图 3-3。

②嫁接愈合过程：第一步是砧木和接穗的形成层紧密靠在一起后在适当的温度和水分条件下开始由砧、穗的形成层细胞产生愈伤组织（薄壁细胞）。第二步是砧、穗的薄壁细胞相互连接。第三步是愈伤组织内一部分薄壁细胞分化为新的形成层细胞，它们与砧、穗原有的形成层细胞连结起来。第

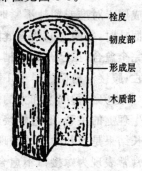

栓皮
韧皮部
形成层
木质部

图 3-3 形成层部位示意

四步是新的形成层细胞产生新的维管组织，向内分生木质部，向外分生韧皮部，使砧、穗之间维管系统连接，待这些维管组织已连接很好（即愈合）以后，接穗即可得到水分和矿质营养，开始发芽抽梢。接穗的枝、叶进行光合作用制造的光合产物（碳水化合物），提

供根系所需营养物质,从而接穗和砧木成为一个新的有机体,嫁接愈合过程才算结束。

在愈合过程中,适合的温度和水分是主要条件。气温在20℃～30℃时,细胞具有高度的活动能力。形成层细胞活动旺盛,接口愈合迅速,嫁接成活率高。在12℃以下、37℃以上时,细胞活动基本处于停滞状态,嫁接成活率低。在水分不足条件下,愈伤组织的薄壁细胞易变干而死亡,因此嫁接成活的条件必须得到满足时,嫁接才能获得成功。

(3)影响成活的因素

①温度和水分:温度、水分条件的适合与否,是影响嫁接成败的重要因素。满足温度在20℃～30℃条件下保持接口湿润,嫁接可获成功。

②嫁接技术:嫁接技术直接影响嫁接的成败。如接穗的长削面平而光滑,整个削面是形成层细胞,砧木的切口光滑、恰至形成层,嫁接成活率高;反之则成活率低。又如用薄膜捆扎时,砧、穗形成层未对准或捆扎不紧时,砧、穗形成层之间留有孔隙;薄膜条带捆扎时,每圈之间留有缝隙;砧、穗的形成层只有一点点相连,但未完全愈合,虽已开始抽梢,但解除薄膜过早,致使已抽梢的接穗死亡;腹接法剪砧过早或1次全剪砧,也会引起嫁接的失败。

③砧、穗间亲和力的强弱:亲和力是指砧木和接穗在遗传上、生理上的关系,通过嫁接后愈合生长的能力。能进行新陈代谢、生长结果是亲和力强的表现。一般亲缘关系近的亲和力强。不亲和常常表现为嫁接口不愈合或愈合不良;砧木与接穗的接口部分生长不协调;接穗部分未老先衰;叶片黄化;生长缓慢;提早开花或若干年后枯死;产生生理病害及果实发育不正常等。

④接穗和砧木的生长状态:嫁接必须在砧木和接穗适宜的生理状态下,即细胞具有高度活动能力的时期进行。在枝梢停止生长、已木质化时嫁接成活率高;接穗粗壮、砧木生长健壮、无严重病

虫害时嫁接成活率高。

⑤不同砧木品种的影响：砧木品种不同，愈合能力各异。如枸橼、枳、酸橙、甜橙、柚等韧皮部组织发达的品种，愈合组织细胞容易发生，嫁接易获成功。

⑥生长素对嫁接成活的影响：可用吲哚丁酸（500毫克/千克）或β-萘乙酸（10毫克/千克）、赤霉素（30～100毫克/千克）、2,4-D（10毫克/千克）、三十烷醇等，提高成活率。

(4)砧穗间的相互影响 砧木、接穗是两个不同的有机体，它们的生理功能不同，通过嫁接，使它们成为一个新的有机体，砧木根系吸收土壤水分和养分供接穗发芽生长需要，接穗枝叶进行光合作用同化物质供砧木根系生长需要，砧木与接穗之间相互影响。其中主要是砧木影响接穗，包含下列5个方面。

①砧木影响果实品质：前面已叙述过不同的砧木对同一品种接穗的果实产量、品质有一定影响。例如果实的糖酸含量，果实质地、风味，果实的大小，果皮的粗细、色泽及成熟期等。如枳砧的温州蜜柑比红橘及酸橙砧的糖含量高，果皮色泽鲜艳、早熟；小红橙及朱红砧的温州蜜柑粗皮大果，果实品质差；枸头橙砧的温州蜜柑果皮较枳砧的稍厚；酸橘砧的蕉柑、椪柑果实皮细光滑，果实糖含量高，酸含量低，丰产；福建用枳砧嫁接蕉柑、椪柑易发生花叶病缺素症状；甜橙砧及酸橙砧嫁接的甜橙、橘和葡萄柚果皮光滑、皮薄、多汁、品质优；柠檬砧的葡萄柚果实皮粗，酸、糖含量均低，品质差；酸橙砧嫁接的华盛顿脐橙果实最大，而巴勒斯坦酸橙砧的华盛顿脐橙果实最小等都说明砧木对接穗的果实有一定的影响。

②砧木影响适应性：砧木品种的耐寒、耐盐碱、耐瘠薄、耐湿等特性都能使接穗嫁接后获得砧木的耐寒、耐盐碱、耐瘠薄、耐湿等性状，若砧木对环境条件敏感，也会使接穗不能忍耐不良环境。例如耐寒的枳砧，它促进秋梢提早进入休眠期，提高了接穗品种的抗寒性；枳砧的温州蜜柑及甜橙都较耐寒，但却不耐盐碱；枸头橙砧

的温州蜜柑、本地早较枳砧耐盐碱;广东的酸橘根系发达,作蕉柑、椪柑砧木耐肥水,抗风力强,耐涝,可作水田柑橘的砧木。

③砧木影响树势:矮化砧可使接穗树体矮化,乔化砧可使树体高大。例如酸橙、甜橙砧的温州蜜柑,树冠高大,枳砧的温州蜜柑树冠相对矮小;宜昌橙砧的甜橙极其矮化而树势弱,红橘砧可使树体生长直立。有人用金豆作蕉柑、椪柑砧木,树干极矮,树势强,树冠紧凑,定植第三年也不足1米高,可用作密植矮化栽培,每667平方米可密植500株,但树体早衰。

④砧木影响结果期及产量:用金豆作蕉柑砧木,定植后第二年开始结果,第三年每667平方米产量1650千克;金豆砧嫁接椪柑,定植当年结少量果,第三年每667平方米产量1450千克,而红橘砧定植第三年才开始结果,每667平方米产量仅450千克。又如一般生产种植的枳砧温州蜜柑,定植后2~3年开始结果,而红橘砧温州蜜柑在定植后3~4年才结果。甜橙砧的温州蜜柑更晚,甚至在定植后5~6年才开始结果。

⑤砧木影响抗性:用抗性强的砧木可提高接穗树体的抗病虫害能力。如江西证明枳砧温州蜜柑比潮州酸橘砧的温州蜜柑对溃疡病的抵抗力强,发病株少;枳砧的抗病性(抗溃疡病、脚腐病、流胶病等)因素无疑会影响接穗的抗性。因此,选择抗病虫的砧木是选择砧木的重要条件之一。

(5)嫁接前的准备

①接穗采集:接穗应采自品种纯正、生长健壮、无病虫害、丰产稳产的母树,且采树冠中、上部外围1年生木质化的春梢或秋梢。采后及时剪去叶片,仅留叶柄,就地边采边接。如需从外地引接穗的,应认真做好接穗的贮运工作。

②接穗的贮运:随采随接的成活率高。特殊情况需要贮藏备用的,要保持接穗适宜的温、湿度。接穗保湿常用清洁的河沙(含水量5%~10%,手捏成团、轻放即散为度)和湿润清洁的石花(苔

藓)等。接穗最适的贮藏温度是 4℃～13℃。

外地引接穗,应做好运输工作。运输方法因接穗数量不同而异。数量少可用湿毛巾或湿石花包裹,装入留有透气孔的薄膜袋中随身携带;数量大,可用垫有薄膜的竹筐等作容器,一层湿石花、一层接穗,依次放入容器内,最上层盖石花和薄膜保湿装运。通常在气温不高、2～3 天内到达目的地的情况下不会影响接穗质量。接穗运输时间长、或途中气温偏高时,可先用清水洗净接穗,后浸泡于最终有效氯浓度为 0.5% 左右的次氯酸钠溶液(漂白粉液)中,浸泡 5～10 分钟,取出用清水冲洗数次,晾干水分,放入薄膜袋中,尽可能排除袋中空气,裹紧,扎紧袋口,再在其外套一薄膜袋捆紧。为防挤压,可将捆好的接穗装入纸箱运输。途中 2～3 天检查1 次,若发现叶柄脱落应解袋消除叶柄,发现有霉烂的接穗应剔除。这种运输方法,一般经 20 天不会影响接穗的成活率。

(6)嫁接时期 露地育苗,基本上全年可嫁接,但 11 月至翌年1 月份气温低的北亚热带和中亚热带柑橘产区及 7 月份气温过高的地区,此时嫁接会影响成活率。通常以 2～4 月份、5 月底至 6月份、8 月下旬至 9 月份为主要嫁接时期。嫁接时期与嫁接方法有一定的关系,5～6 月份及秋季采用腹接法,春季主要采用切接法。

容器育苗在保护地进行,温度、湿度可人为控制,一年四季均可嫁接。

(7)嫁接方法 柑橘常用的嫁接方法有腹接法和切接法。腹接是指嫁接的接口部在砧木离地面的一定高度(10～15 厘米),嫁接时不剪除接口部以上砧木的嫁接方法。切接是指嫁接时剪除接口以上砧木的嫁接方法。

此外,嫁接还有芽接、枝接。凡嫁接用的接穗带有 1 个或数个未萌动芽的枝条(接穗)均称枝接。芽接是指接穗为 1 个芽带有一小块皮层及少量木质。凡用这种接穗嫁接的称芽接。因芽的形状有盾芽、苞片芽、长方形芽、侧芽等,嫁接方法有切接或腹接。枝条上带1个芽、2个芽的分别称"单芽"、"双芽",用这种接穗作腹接或切接称为单芽腹接、双芽腹接或单芽切接、双芽切接。

(8)嫁接技术要点

①接芽的削取:一是单芽,系指长1~1.5厘米的枝段上带有1个芽的接穗,嫁接用的单芽应为通头单芽。削取通头芽的技术见图3-4。要领是将枝条宽而平的一面紧贴左手食指,在其反面离枝条芽眼下方1~1.2厘米处以45°角削断接穗,此断面称"短削面";然后翻转枝条,从芽眼上方下刀,刀刃紧贴接穗,由浅至深往下削,露出黄白色的形成层,此削面称"长削面"。长削面要求平、直、光滑,深度恰至形成层。最后在芽眼上方0.2厘米左右处以30°角削断接穗,放入有清洁水的容器中备用,但削芽在水中浸泡的时间最多不超过4小时,否则影响成活率。也有一边削接芽,一边嫁接的。二是芽苞片,用粗壮春梢或秋梢作接穗,左手顺持接穗,将嫁接刀片的后1/3放于芽眼外侧叶柄与芽眼间或叶柄外侧,以20°角沿叶痕向叶柄基部斜切一刀,深达木质部。再在芽眼上方0.2厘米左右处与枝条平行向下平削,与第一刀的切口交叉时

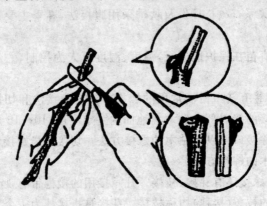

图3-4　通头单芽削取法

取出芽片,芽片长 0.8~1.2 厘米、宽 0.3 厘米左右,接芽削面带有少量木质,基部呈楔形,见图 3-5。

②腹接和切接

腹接法:因其嫁接时间长,1 次未成活可多次补接,故在柑橘嫁接中普遍采用。以选用的接芽不同,可分为单芽腹接、芽片腹接等。砧木切口部位在离地面 10~15 厘米处,切口方位最好选东南方向的光滑部位。砧木切口时,刀紧贴砧木主干向下纵切 1 刀,深至形成

图 3-5 芽苞片削取法

层,长约 1.5 厘米,并将切下的切口皮层切去 1/3~1/2。砧木切口要平直、光滑而不伤木质部,然后嵌入削好的接芽,再用薄膜条捆紧即可。秋季腹接应将接穗全包扎在薄膜内;春季及 5~6 月份腹接,可作露芽缚扎,仅露芽眼。接芽为芽苞片时,砧木切口可开成"T"形,见图 3-6。

切接法:切接的接穗,可用单芽或芽苞片。用单芽的称单芽切接,用芽苞片的称芽苞切接。切接主要在春季实施。春季雨水多的地区,嫁接前 1~2 天在离地面 10~15 厘米处将砧木剪断,使多余的水分蒸发,避免嫁接后因水分过多而影响成活率。砧木切口的方法同腹接,以切至形成层为宜。在砧木切口的上部将刀口朝一侧斜拉断砧木,使断面成为光滑的斜面。切口在砧桩低的一侧,将接芽嵌入砧木切口,用薄膜带捆扎,砧木顶部用方块薄膜将接芽和砧木包在其中,形成"小室",接芽萌发后剪破"小室"上端,见图 3-7。切接成活后发芽快而整齐,苗木生长健壮,不剪砧,一般在春季进行。

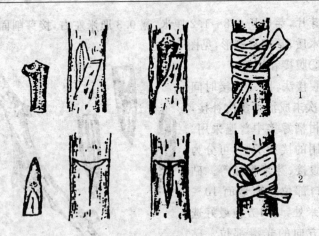

图 3-6 腹 接 法

1. 单芽腹接 2. "T"形露芽腹接

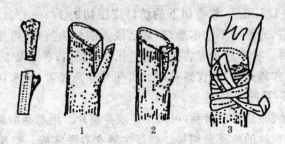

图 3-7 切 接 法

1. 砧木切口 2. 嵌合部 3. 薄膜捆扎

(9)嫁接苗的管理

①检查成活率、补接、解膜:不同的嫁接季节,检查嫁接成活和解膜的时间不同。春季嫁接的可 30 天检查成活率、解膜。有时气温低,需 60 天才可解膜。5～6 月份嫁接,未做露芽缚扎的,可在接后 15～20 天解膜。秋季(9～10 月)嫁接的,要在翌年春季(3月)检查成活率,未成活的可进行补接。检查接芽是否成活时,凡

接芽呈绿色、叶柄一碰即落的为已成活;接芽变褐色,表明未成活。

②剪砧、除萌、扶直:腹接苗应剪砧,一般分 2 次进行。第一次剪砧在接芽成活后,于接口上方 10~15 厘米处剪除上部砧木;待第一次梢停止生长后从接口处以 30°角剪除余下的砧桩,此次剪口应光滑。砧木上抽生的萌蘖,应及时除去,一般 7~10 天除萌 1 次。除萌宜用刀削除,切忌手抹。为使苗木健壮,第一次剪砧后需要扶直,扶直可用薄膜带将新梢捆于砧桩上,第二次剪砧后应立支柱扶直。

③摘心整形:当柑橘苗长至 40~50 厘米时摘心、整形,时间以 7 月上旬为宜。柑橘以 40 厘米高摘心为适。摘心前应施足肥水,促抽分枝。分枝抽生后除留 3~5 个方向分布均匀的枝外,其余的枝尽早剪除。如用于密植的柑橘苗,摘心高度还可适当降低。

④中耕除草、肥水管理:苗圃应经常中耕除草,疏松土壤。除草时注意不碰伤、碰断苗木。勤施肥,从春季萌芽前到 8 月底,2 个月施肥 3 次,至少每月施肥 1 次。最后 1 次肥应在 8 月底前施下,以免抽生晚秋梢,甚至抽冬梢,使苗木受冻。肥料以腐熟的人、畜粪水或腐熟的饼肥水为主,辅以尿素等化肥。

(10)及时防治病虫害　苗期应加强对立枯病(猝倒病)、炭疽病和红蜘蛛、潜叶蛾、凤蝶、蚜虫的防治(详见本书病虫害防治章节)。

(二)营养袋苗培育

营养袋苗的砧木种苗培育、苗木嫁接方法与露地苗培育大致相同,从略。营养土配制、营养袋类型以及营养袋移栽管理简单介绍如下。

1. 营养土配制　各地有异,配方多样。总的比露地育苗的土壤好,有的也可用于容器育苗。现择要简单介绍如下。

营养土配方 1　用厩肥、锯末、河沙配制而成,厩肥与锯末按

1∶1的体积比混合,堆制4个月腐熟后再与河沙按3∶1或4∶1的体积拌匀即成。

营养土配方2 用熟土或腐殖质含量高的土壤,每立方米加入人、畜粪100千克、麦秸17.5千克、饼肥1.3千克堆沤后再加入钙镁磷肥1.5千克、硫酸钾0.25千克、硫酸亚铁0.125千克,充分拌匀,每立方米营养土可装营养袋1000个左右。

营养土配方3 以熟土或腐殖质高的壤土(菜园土等)为基础,再在每立方米土中混入人、畜粪150千克、过筛腐熟垃圾100千克、干碎塘泥150千克、尿素2千克、钙镁磷肥10千克、石灰(酸性红黄壤土)2千克、适量谷壳或锯末等,充分拌匀,密封堆沤,中途翻堆1次。经30~50天堆沤即可装袋栽苗(或假植)。

营养土配方4 配制营养土可因地制宜。①每立方米肥土加入人粪尿100千克、磷肥1~1.5千克、腐熟垃圾(过筛)150千克、猪牛粪50~100千克、谷壳15千克或发酵锯末(木屑)15千克,充分混合拌匀做堆。②每立方米肥土加谷壳15千克或发酵锯木屑15千克、菜枯(饼)5千克、三元素(氮、磷、钾,下同)复合肥(柑橘专用肥)1~3千克、石灰1千克,充分混合拌匀做堆。堆外采用稀泥糊封,堆沤30~45天,即可装袋。

营养袋苗的营养土配制,优于露地育苗的土壤,但不如容器苗的培养土优,且消毒杀灭病菌的措施也不甚严格。

2. 营养袋类型 多数用塑料薄膜制成,也有用牛皮纸制成的(笔者20世纪70年代末在墨西哥柑橘苗圃所见),其大小、高矮不一,但一般均较容器苗的容器矮,总的体积也小。

营养袋型Ⅰ 营养袋高30厘米,袋径15厘米,底部有6个排水孔,为厚12丝的白色(或黑色)塑料袋。

营养袋型Ⅱ 用塑料薄膜制成的营养袋,袋高25厘米,袋径16厘米,于袋侧打孔12个,底部打孔10个,装满营养土后袋重约1.25千克。

营养袋型Ⅲ 用塑料薄膜制成的营养袋,袋高 20 厘米,袋径 18 厘米,袋底打孔 6～8 个。

3. 营养袋苗移栽管理 营养袋嫁接苗木分两类:一类是砧木种子播于营养袋中,在露地或搭建拱型塑料棚促长,当砧木粗度达可嫁接(一般径粗都<0.5 厘米)时嫁接,嫁接口高度多数在 5～10 厘米。另一类是将在露地已嫁接成活的苗或嫁接后已长成半成品的苗移入营养袋中,生长 6～8 个月出苗栽植。

秋播枳种,翌年春季气温回升时移栽砧木苗,先将营养土拌湿(以手紧捏成团,放开松散为度),每袋装 3.7 千克。然后将当天出的枳苗栽入袋内,稍压紧,栽后立即浇水,使营养土充分湿润,与根系密接,以后每周浇水 2～3 次至抽梢后每周浇水 1～2 次。移栽 2 个月后每月施速效氮肥。9 月份干粗达到嫁接要求时进行嫁接。

嫁接苗的管理与露地苗大致相同。春季接芽萌动前剪去接芽上方的砧木,解除薄膜。不成活的苗木,集中另处及时进行补接。营养袋苗因营养、水分充足,砧木及接穗萌发的嫩枝均多,应每周抹除砧木上的萌蘗。接穗萌发的春梢只留最强的一枝作主干,其余抹除,并在约 20 厘米长时扶正。夏梢留 2～3 枝,生长至 30 厘米时扶正。秋梢不作处理,任其生长。抽梢期每周灌水 1～2 次。施尿素每株 3 克,施后灌水。新梢自剪期叶面喷施 0.4%尿素和 0.3%磷酸二氢钾混合液,促苗健壮。及时防治病虫害,重点是炭疽病、立枯病、红蜘蛛、凤蝶、蚜虫、卷叶蛾、潜叶蛾等。

(三)容器苗培育

容器苗是用容器培育的苗。根据目前世界柑橘生产发展的趋势,多数用于柑橘无病毒苗的培育。试验和生产实践表明,柑橘无病毒容器苗具产量较常规苗高 20%～30%,树的寿命也可延长 20～30 年。可缩短育苗期,投产还可提前。

容器苗的培育,国务院三峡工程建设委员会办公室委托重庆三峡建设集团有限公司、中国农业科学院柑橘研究所编制了《三峡库区无病毒柑橘容器苗木培育技术规程》,现简单介绍如下。

1. 基本要求

(1)培育方式 具可控植物生长条件下的无病毒设施育苗。

(2)场地选择 交通方便、水源充足、地势平坦、通风和光照良好、无检疫性病虫害、无环境污染地区。

(3)育苗设施 每个育苗点具有温室、网室、营养土拌和场、营养土杀菌场、移苗场、露地容器苗圃等设施。

①温室:温室的光照、温度、湿度、土壤条件可人为调控,最好具备二氧化碳补偿设施,每个育苗点温室面积 1 000 平方米以上,主要用于砧木苗培育,进出温室的门口设置缓冲间。

②网室:用于无病毒采穗树的保存和繁殖。进出网室的门口设置缓冲间。

③育苗容器:有播种器、播种苗床和育苗桶 3 种。播种器和播种苗床用于砧木苗培育;育苗桶用于嫁接苗培育。

播种器由高密度低压聚乙烯注塑而成,长 67 厘米、宽 36 厘米,设 96 个种植穴,穴深 17 厘米。每个播种器可播 96 株苗,装营养土 8~10 千克。耐重压,寿命 5~8 年。

播种苗床可用钢板、水泥板、塑料或木板等制成深 20 厘米、宽 100~150 厘米,下部有排水孔的结构,苗床与地面隔离。

育苗桶由线性聚乙烯吹塑而成,高 34~40 厘米,桶口正方形宽 9~12 厘米,底宽 7~8 厘米,育苗桶底部设 2 个排水孔,能承受 3~5 千克压力,使用寿命 3~4 年。

2. 砧木苗培育

(1)营养土配制 营养土由粉碎经高温蒸汽消毒或其他消毒法消毒后的草炭(或泥炭、腐质土等)、沙(或蛭石、珍珠岩等)、谷壳(或锯木屑等)按体积配制。氮、磷、钾等营养元素按适当比例加入。

(2)营养土消毒　将混匀的营养土用锅炉产生的蒸汽消毒。消毒时间为每次 40 分钟,升温到 100℃ 10 分钟,蒸汽温度保持在 100℃ 30 分钟。然后将消过毒的营养土堆在堆料房中,冷却后装入育苗容器。也可用甲醛溶液熏蒸消毒土壤;或将营养土堆成厚度不超过 30 厘米的条带状,用无色塑料薄膜覆盖,在夏、秋高温强日照季节置于阳光下暴晒 30 天以上。

(3)砧木种子　砧木种子为纯正的枳橙或单系枳,无裂皮病、碎叶病和检疫性病虫害。砧木种子饱满,颗粒均匀,发芽整齐,出苗率高。

(4)种子消毒　播种前将种子用 50℃ 热水浸泡 5～10 分钟,捞起后立即放入 55℃ 的热水中浸泡 50 分钟,然后放入用 1% 漂白粉消过毒的清水中冷却,捞起晾干备用。

(5)播种方法　播前把温室、播种器和工具等用 3% 来苏水或 1% 漂白粉溶液消毒 1 次。把种子有胚芽的一端置于播种器和播种苗床的营养土下,播后覆盖 1～1.5 厘米厚营养土,1 次性灌足水。播种严格按操作规程执行,以减少弯根颈的不合格苗。种子萌芽后每 1～2 周施 0.1%～0.2% 复合肥溶液 1 次,注意对立枯病、炭疽病和脚腐病的防治,及时剔除病苗、弱苗和变异苗。

(6)砧木苗移栽与管理　当播种的砧木苗长到 15～20 厘米高时移栽。起苗时淘汰根颈或主根弯曲苗、弱小苗和变异苗等不正常苗。剪掉砧木下部弯曲根,将育苗桶装入 1/3 营养土后把砧木苗放入育苗桶中,主根直立,一边装营养土,一边摇匀,压实,灌足定根水。移栽严把主根直的质量关,以减少弯根苗。第二天浇施 1 次 0.15% 三元素复合肥(N∶P∶K＝15∶15∶15),随后每隔 10～15 天浇施 1 次同样浓度和种类的复合肥。

3. 接　穗

(1)接穗来源

①病毒鉴定与脱毒:依托国家柑橘苗木脱毒中心对选定的优

良品种(单株)进行病毒鉴定,如有病毒感染,进行脱毒处理和繁殖,获得无病毒母本材料和无病毒母本树。无病毒母本树无检疫性病虫害和重要柑橘病毒类病害(裂皮病、碎叶病、温州蜜柑萎缩病和茎陷点型衰退病)。

②无病毒柑橘母本园:由脱毒后的优良品种建立无病毒柑橘母本园,提供母本接穗或采穗母树。定期鉴定母本树的园艺性状和是否再感染病毒病,淘汰劣变株(枝)和病株。母本树保存在网室。

③无病毒柑橘采穗圃:由无病毒柑橘母本园提供接穗,建立1级或2级无病毒柑橘采穗圃,采穗树保存在网室中。

(2)接穗繁殖方法 采穗树栽培管理按无病毒程序进行,及时淘汰变异株。每株采穗树的采穗时间不超过3年。

4.嫁 接

(1)嫁接方法 当砧木离土面15厘米以上部位直径达0.5厘米时,即可嫁接,采用T字型嫁接法。嫁接前对所有用具和手用0.5％漂白粉液消毒。

(2)嫁接后管理

①解膜:嫁接后3周左右,用刀在接芽反面解膜,此时嫁接口砧穗结合部已愈合并开始生长。

②弯砧:解膜3~5天后把砧木接芽以上的枝干反面弯曲并固定下来。

③补接:把未成活的苗集中补接。

④剪砧:接芽萌发抽梢自剪并成熟后剪去上部弯曲砧木,剪口最低部位不低于芽的最高部位。剪口与芽的相反方向呈45°角倾斜。

⑤除萌:及时抹除砧木上的萌蘖。

⑥扶苗、摘心:接芽抽梢自剪后立支柱扶苗。用塑料带把苗和支柱捆成"∞"字型,随苗的生长高度增加捆扎次数,苗高35厘米

以上时短截。

⑦肥水管理:每周用 0.3%～0.5%复合肥或尿素浇施 1 次,追肥可视苗木生长需要而定,干旱期及时灌水,土壤含水量维持在70%～80%,土壤 pH 值维持在 5.5～7。

⑧病虫害防治:幼苗期喷 3～4 次杀菌剂防治苗期病害,苗期主要病害有立枯病、疫苗病、炭疽病、树脂病、脚腐病和流胶病等。虫害主要有螨类、鳞翅目类,可针对性用药。严格控制人员进出温、网室,对进入人员进行严格消毒措施。

5. 苗木出圃

(1)出圃苗木标准 ①出圃苗木为无检疫性病虫害及无柑橘裂皮病、碎叶病的健壮容器苗。②砧木为纯正枳橙或单系枳,以枳橙为主。③嫁接部位离土面≥15 厘米,嫁接口愈合正常,已解除绑缚物,砧木残桩不外露,断面在愈合过程中。④苗木高度≥60厘米。主干直、光洁,高 30 厘米以上;径粗≥0.8 厘米。不少于 3个且长 15 厘米以上、空间分布均匀的分枝。枝叶健全,叶色深绿、富有光泽,砧穗结合部曲折度不大于 15°。⑤根系完整,根颈不扭曲,主根不弯曲、长 20 厘米以上,侧根、细根发达。

(2)检疫方法 ①苗木出圃前,先经省、直辖市、自治区级农业行政主管部门组织进行苗圃检验,并出具柑橘苗木合格证明书。证明书格式参见中华人民共和国国家标准(GB 9659-88)《柑橘嫁接苗分级及检验》附录 A。②苗木生长期间应执行(GB 5040-85)《植物检疫条例》。提苗前按《植物检疫条例》办理植物检疫证书,严禁有检疫对象的苗木调出。③苗木附有一般性病虫害时,需经药剂处理,方可出圃。

(3)苗木出圃注意事项 起苗前充分浇水、抹去嫩芽、剪除幼苗基部多余分枝、喷药防治病虫害。苗木出圃时要清理并核对品种标签、记载育苗单位、出圃时期、出圃数量、苗木去向、品种/品系,发苗人和收苗人签字,入档保存。

6. 调　运

(1)运输工具　连同完整容器调运,苗木装在有分层设施的运输工具上,分层设施的层间高度以不伤枝叶为准。

(2)标签　每株苗均需在主干上挂标签注明品种、砧木名称。标签宜用长条形塑料片,长 12 厘米以上、宽 1～1.5 厘米、厚 0.3 毫米以上。在塑料片上设置拴接口,方便拴套。

(3)注意事项　调运途中严防日晒、雨淋,苗木运达后立即检视,尽快定植。

7. 定植　定植时轻拍育苗桶四周,使苗木带土与育苗桶分离。一只手抓住苗根颈部,另一只手抓住育苗桶,将柑橘苗轻轻拉出,不散落营养土。定植时必须扒去表层和底部 1/4 营养土至有根露出为止,剪掉弯曲部分根,疏理群根,使根系展开,便于栽植时根系末端与土壤接触,利于生长。定植后根颈部应稍高于地面,以防定植穴土壤下沉后根颈下陷至泥土中,引发脚腐病等。定植后在柑橘苗基部做 1 个直径 50 厘米的树盘,便于浇水和施肥等,最后浇足定植水。

8. 术语和定义

(1)苗木径粗　苗木嫁接口上方 2 厘米处最粗直径。

(2)分枝数量　苗木主干高度 30 厘米以上抽生的且长度在 15 厘米以上的分枝数量。

(3)苗木高度　自苗木土面量至苗木顶端的高度。

(4)嫁接口高度　自苗木土面量至嫁接口的高度。

(5)干高　自苗木土面量至第一个有效分枝处的高度。

(6)砧穗结合部曲折度　接穗主干中轴线与砧木垂直延长线之间夹角的度数。

柑橘无病毒良种繁育系统流程图、柑橘的育苗容器(桶)、托苗架见图 3-8、图 3-9、图 3-10。

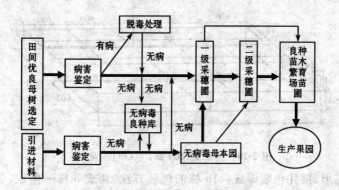

图 3-8　柑橘无病毒良种繁育系统流程

（四）营养槽苗培育

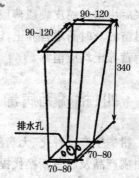

图 3-9　育苗桶（黑色塑料）
（单位：毫米）

营养槽苗育苗是 20 世纪 80 年代先由中国农业科学院柑橘研究所开始，现不少柑橘产区在生产上应用。营养槽苗培育，在用砖或水泥板（厚 5 厘米）建成的槽内进行。槽宽 1 米、槽深 23～25 厘米，槽与槽之间的工作道宽 40 厘米、深 23～25 厘米。营养槽的槽长任意长，方向以南北向为佳。

营养槽苗的营养土，与培育容器苗的营养土同。从略。

苗木栽植密度：内空宽 1 米的槽每排 11 株，排与排之间的距离 22～25 厘米（视砧木、品种不同而异）。

营养槽苗的嫁接、管理与容器苗同。

营养槽苗出圃：可带营养土，也可不带营养土。带营养土，可用装肥料的塑料蛇皮袋 5 株 1 包或 10 株 1 包进行包装。5 株的包装方法是整体切下两排，切成 4 株一整块，再在其上叠放 1 株成

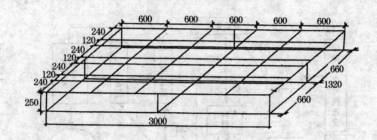

图 3-10　托苗架(200 株)　(单位:毫米)

梅花形,捆扎包装即成。10 株的包装方法:切成 8 株一整块,每 4 株间叠放 1 株,成双梅花形,捆扎紧包即成。不带营养土的,需打泥浆后用塑料蛇皮袋或薄膜捆扎包装即可。营养槽的营养土,带土出苗的及时新增营养土,以备下次育苗;不带土出苗的补充营养土。营养土均应消毒。

四、柑橘无病毒良种苗木繁育体系建设

柑橘生产良种化、无病毒化是提高产量和质量的重要基础,也是柑橘产品及时更新换代提高市场竞争力的重要措施。在柑橘产业领域内,柑橘良种的作用尚无任何技术或生产措施可以取代。此外,采用无病毒苗木还可使柑橘增产 20%～30%,延长柑橘产出年限。在世界上,发达的柑橘生产国家如美国、西班牙、意大利、澳大利亚等已普通采用无病毒苗木。

三峡库区是我国柑橘的最适生态区,是国家 3 大柑橘产业带的重要产业带。为改变以往主要由苗木管理不严出现苗木生产混乱、病苗、劣质苗流入市场,进而使柑橘品种纯度低、良莠不齐、产量不高、效益不高的落后状况,国务院三峡工程建设委员会非常重视在三峡库区建立柑橘良种苗木繁育体系。在《三峡库区柑橘产业开发规划》中提出了建设规划,至今已完成和超额完成生产接穗用网室、快速繁育砧木苗用温室、指示植物鉴定病毒类病害用温室、苗圃以及相应的配套设施建设和设备配套。这为三峡库区乃至全国柑橘无病毒苗木的培育、推广应用,起到了极大的推动作用。

国家对柑橘无病毒苗木繁育体系建设十分重视,农业部于2006年发布了中华人民共和国农业行业标准(NY/T 973-2006)《柑橘无病毒苗木繁育规程》,详见附录二。

第四章　现代柑橘规划建园技术

　　现代柑橘的规划建园,除考虑一般柑橘栽培所需考虑的要求以外,还应考虑园地的大气环境质量、土壤环境质量、灌溉水质量等至少符合国家柑橘无公害栽培标准的要求。

一、柑橘园地规划

　　柑橘果树要求"良种、适地、适种",因此园地规划时要重视选址。本着充分发挥资源优势和生态优势,统筹兼顾,适度规模进行科学规划。

(一)园地的选择

　　1. 适宜的土壤　柑橘最适宜种植在疏松深厚、通透性好、保肥保水力强、pH 值 5.5～6.5 且具有良好团粒结构的土壤上。在红壤、黄壤、紫色土、冲积土、水稻土均可种植,但土层薄、肥力低、偏酸或偏碱的土壤,种植前后应进行改土培肥。

　　2. 适宜的气候　在柑橘生态最适宜区或适宜区种植,生态次适宜区种植必须选适宜的小气候地域。国家确定的柑橘优势带应重点发展。

　　3. 有利的地形　山地、丘陵新建果园坡度应在 15°以下,最大不得超过 20°。因为坡度小,有利于规模、高标准建园,既可节省成本,又便于生产管理和现代化技术的应用。

　　4. 适度规模　集中成片有利于管理和产生规模效应,要求新建园(基地)不小于 133.3 公顷,改造园不小于 13.3 公顷。

　　5. 水源供应有保障　距水源的高程低于 100 米,年供水量大于 100 吨/667 平方米。

6. 发展环境良好　规划园区应无工业"三废"排放,土壤中铅、汞、砷等重金属含量和六六六、滴滴涕等有毒农药残留不超标;无柑橘溃疡病、黄龙病和大实蝇等检疫性病虫害;工厂和商品化处理线应建在无污染、水源充足、排污条件较好的地域。

7. 品种合理搭配　加工基地早、中、晚熟品种比例为 2:4:4,即早熟品种供应 1.4 个月,中熟品种 2.8 个月,晚熟品种 2.8 个月,以保证加工厂全年有 7 个月的加工期。鲜销基地宜选市场需求的优新品种种植,早、中、晚熟品种比例以 2:5:3 为宜。

8. 交通运输条件方便　各柑橘基地离公路主干道的距离以不超过 1 000 米为宜。

(二)园地的规划

柑橘的早结果、丰产稳产需要适宜的热、光、水、气、肥等生长条件。柑橘园地规划设计是综合利用自然资源和社会资源,创造有利于柑橘生长发育、优质丰产的环境条件,并尽可能提供良好的交通、电力、通讯等社会经济条件,降低生产成本,提高生产效率。

柑橘园地规划是在尽量选择有利于果园建设的地形地貌、海拔高度、地域气候、土壤、水源和交通、电力、通讯等条件的基础上,对可以人为改变的不利条件进行改造,使之成为优质丰产的高效果园。规划的内容包括:道路、水系、土壤改良、种植分区、防护(风)林和附属设施建设等,其中道路、水系和土壤改良是规划的重点。

1. 道路系统　道路系统由主干道、支路(机耕道)、便道(人行道)等组成。以主干道、支路为框架,通过其与便道的连接,组成完整的交通运输网络,方便肥料、农药和果实的运输以及农业机械的出入。主干道按双车道设计。不靠近公路,园地面积超过 66.7 公顷的,修建主干道与公路连接。支路按单车道设计,在视线良好的路段适当设置会车道。园地内支路的密度:原则上果园内任何一点到最近的支路、主干道或公路之间的直线距离不超过150米,特殊地段控制在200米左右。支路尽量采用闭合线路,并尽可能与村庄相连。主干道、支路的路线走向尽量避开要修建桥梁、大型涵洞和大砌坎的地段。

便道(人行道)之间的距离,或便道与支路、便道与主干道或公路之间的距离根据地形而定。一般控制在果园内任何一点到最近的道路之间的直线距离在75米以下,特殊地段控制在100米左右。行间便道直接设在两行树之间,在株间通过的便道减栽1株树。便道通常采取水平走向或上下直线走向,在坡度较大的路段修建台阶。

相邻便道之间或相邻便道与支路之间的距离尽量与种植柑橘行距或株距成倍数。具体设计要求如下。

主干道:贯通或环绕全果园,与外界公路相接,可通汽车,路基宽5米,路宽4米,路肩宽0.5米,设置在适中位置,车道终点设会车场。纵坡不超过5°,最小转弯半径不小于10米;路基要坚固,通常是见硬底后石块垫底,碎石铺路面、碾实,路边设排水沟。

支路:路基宽4米,路面宽3米,路肩0.5米,最小转弯半径5米、特殊路段3米,纵坡不超过12°,要求碎石铺路,路面泥石结构、碾实。支路与主干道(或公路)相接,路边设排水沟。

支路为单车道,原则上每200米增设错车道,错车道位置设在有利地点,满足驾驶员对来车视线的要求。宽度6米,有效长度大于或等于10米,错车道也是果实的装车场。

人行道:路宽1~1.5米,土路路面,也可用石料或砼板铺筑。人行道坡度小于10°,直上直下;10°~15°,斜着走,15°以上的按"Z"字形设置。人行道应有排水沟。

梯面便道:在每台梯地背沟旁修筑,宽0.3米,是同台梯面的管理工作道,与人行道相连。较长的梯地可在适当地段,上下两台地间修筑石梯(石阶)或梯壁间工作道,以连通上下两道梯地,方便上下管理。

水路运输设施:沿江河、湖泊、水库建立的柑橘基地,应充分利用水道运输。在确定运输线后还应规划建码头的数量、规模大小。

2. 水利系统　我国柑橘产区,多数年份降水量在 1 000 毫米以上,但因降水时间的分布不均匀,不少柑橘产区有春旱、伏旱和秋旱,尤其是 7～8 月份的周期性伏旱,对柑橘生产影响很大。故规划中必须考虑旱季的用水。

(1)灌溉系统　柑橘果园灌溉可以采用节水灌溉(滴灌、微喷灌)和蓄水灌溉等。

①滴灌:这是现代的节水灌溉技术,适合在水量不丰裕的柑橘产区使用。水溶性的肥料可结合灌溉使用。但滴灌设施要有统一的管理、维护,规范的操作,不适应于千家万户的分散种植和管理。此外,地形复杂、坡度大、地块零星的柑橘果园安装滴灌难度大、投资大,使用管理不便。

滴灌由专门的滴灌公司进行规划设计和安装。在中国承建工程的外国滴灌公司有美国的托罗公司,以色列的艾森贝克、普拉斯托、耐特菲姆等公司。

滴灌的主要技术参数:灌水周期为 1 天,毛细管 1 根/行,滴头 4 个/株,流量 3～4 升/小时,土壤湿润比≥30%,工程适用率＞90%,灌溉水利用系数 95%,灌溉均匀系数 95%,最大灌水量 4 毫米/天。

②蓄水灌溉:尽量保留(维修)园区内已有的引水设施和蓄水设施,蓄水不足又不能自流引水灌溉的园区(基地)要增设提水设施。

需新修蓄水池的密度标准:原则上果园的任何一点到最近的取水点之间的直线距离不超过 75 米,特殊地段可适当增大。

蓄水设施:根据柑橘园需水量,可在果园上方修建大型水库或蓄水池若干个,引水、蓄水,利用落差自流灌溉。各种植区(小区)宜建中、小型水池。根据不同柑橘产区的年降水量及时间分布,以每 667 平方米 50~100 立方米的容积为宜。蓄水池的有效容积一般以 100 立方米为适,坡度较大的地方蓄水池的有效容积可减小。蓄水池的位置一般建在排水沟附近。在上下排水沟旁的蓄水池,设计时尽量利用蓄水池减小水的冲击力。

不论是实施滴灌灌溉或是蓄、引水灌溉,在园区内均应修建 3~5 立方米容积的蓄水池数个,用于零星补充灌水和喷施农药用水。

③灌溉管道(渠):引水灌溉的应有引水管道或引水水渠(沟),主管道应纵横贯穿柑橘园区,连通种植区(小区)水池,安装闸门,以便引水灌溉或接插胶管作人工手持灌溉。

④沤肥池:为使柑橘优质、丰产,提倡柑橘果树多施有机肥(绿肥、人粪、畜粪等),宜在柑橘园修建沤肥池,一般 0.33~0.67 公顷建 1 个,有效容积以 10~20 立方米为宜。

柑橘园(基地)灌溉用水,应以蓄引为主,辅以提水,排灌结合,尽量利用降水、山水和地下水等无污染水。水源不足需配电力设施和柴油机抽水,通过库、池、沟、渠进行灌溉。

(2)排水系统 平地(水田)柑橘园或是山地柑橘园,都必须有良好的排水系统,以利于植株正常生长结果。

①平地柑橘园:排洪沟、主排水沟、排水沟、厢沟,应沟沟相通,形成网络。

②山地(丘陵)园:应有拦洪沟、排水沟、背沟和沉沙坑(凼),并形成网络。

拦洪沟:应在柑橘果园的上方林带和园地交界处设置,拦洪沟的大小视柑橘园上方集(积)水面积而定。一般沟面宽 1~1.5 米,比降 3‰~5‰,以利将水排入自然排水沟或排洪沟,或引入蓄水池(库)。拦洪沟每隔 5~7 米处筑一土埂,土埂低于沟面 20~30

厘米,以利蓄水抗旱。

排水沟:在果园的主干道、支路、人行道上侧方,都应修宽、深各 50 厘米的沟渠,以汇集梯地背沟的排水,排出园外,或引入蓄水池。落差大的排水沟应铺设跌水石板,以减少水的冲力。

背沟:梯地柑橘园,每台梯地都应在梯地内沿挖宽、深各 20～30 厘米的背沟,每隔 3～5 米留一隔埂,埂面低于台面,或挖宽 30 厘米、深 40 厘米、长 1 米的坑,起沉积水土的作用。背沟上端与灌溉渠相通,下端与排水沟相连,连接出口处填一石块,与背沟底部等高。背沟在雨季可排水,在旱季可用于抗旱。

沉沙坑(凼):除背沟中设置沉沙坑(凼)外,排水沟也应在宽缓处挖筑沉沙坑(凼),在蓄水池的入口处也应有沉沙坑(凼),以沉积排水带来的泥土,在冬季挖出培于树下。

3. 土壤改良　完全适合柑橘果树生长发育的土壤不多,一般都要进行土壤改良,使土层变厚,土质变疏松,透气性和团粒结构变好,土壤理化性质得到改善,吸水量增加,变土面径流为潜流而起到保水、保土、保肥的作用。

不同立地条件的园地有不同的改良土壤的重点。平地、水田的柑橘园,栽植柑橘成功的关键是降低地下水位,排除积水。在改土前深开排水沟,放干田中积水。耕作层深度超过 0.5 米的可挖沟畦栽培,耕作层深度不到 0.5 米的应采用壕沟改土。山地柑橘园栽植成功的关键是加深土层,保持水土,增加肥力。

(1)水田改土　可采用深沟筑畦和壕沟改土。

①深沟筑畦:或叫筑畦栽培。适用耕作层深度 0.5 米以上的田块(平地)。按行向每隔 9～9.3 米挖 1 条上宽 0.7～1 米、底宽 0.2～0.3 米、深度 0.8～1 米的排水沟,形成宽 9 米左右的种植畦,在畦面上直接种植柑橘 2 行,株距 2～3 米。排水不良的田块,按行向每隔 4～4.3 米挖 1 条上宽 0.7～1 米、底宽 0.2～0.3 米、深度 0.8～1 米的排水沟,形成宽 4 米左右的种植畦,在畦面中间

直接种植柑橘 1 行,株距 2～3 米。

②壕沟改土:适用于耕作层深度不足 0.5 米的田块(平地),壕沟改土每种植行挖宽 1 米、深 0.8 米的定植沟,沟底面再向下挖 0.2 米(不起土,只起松土作用),每立方米用杂草、作物秸秆、树枝、农家肥、绿肥等土壤改良材料 30～60 千克(按干重计),分 3～5 层填入沟内,如有条件,应尽可能采用土、料混填。粗的改土材料放在底层,细料放中层,每层填土 0.15～0.2 米。回填时,将原来 0.6～0.8 米的土壤与粗料混填到 0.6～0.8 米深度,原来 0.2～0.4 米的土回填到 0.4～0.6 米深度,原来 0～0.2 米的表土回填到 0.2～0.4 米深度,原来 0.4～0.6 米的土回填到 0.2～0.4 米深度。最后,直到将定植沟填满并高出原地面 0.15～0.2 米。

(2)旱地改土　旱坡地土壤易冲刷,保水、保土力差,采用挖定植穴(坑)改良土壤。挖穴深度 0.8～1 米,直径 1.2～1.5,要求定植穴不积水。积水的定植穴要通过爆破,穴与穴通缝,或开穴底小排水沟等方法排水。挖定植穴时,将耕作层的土壤放一边,生土放另一边。

定植穴回填每立方米用的有机肥用量和回填方法与壕沟改土同。

(3)其他方法改土　其他改土方法有爆破法、堆置法和鱼鳞式土台。

①爆破改土:土层浅、土层下成土母质坚硬不易挖掘而成土母质容易风化时,可采用爆破作业。爆破后将不易风化的大块岩石取出砌梯壁,易风化的岩石置地表曝晒,经风化后可形成耕作土壤。

②堆置改土:适用于园区土层下多为坚硬难风化的砂岩、土层较浅(0.4～0.5 米)时,可采用堆置法改土。将土层集中到一起,埋入改土材料,筑成土畦。畦两边用石块垒壁,畦宽 2.5～3 米,土层厚 0.8～1 米。但是,当土层厚度不足 0.4 米时,建议将地块放

弃,改种其他经济作物。

③鱼鳞式土台:少量经过调整后仍位于坎上的特殊树位或梯地底层是坚硬倾斜石板时,可在树位的外方,距树位中心点2～3米处用石块修成半圆形,填入土壤和改土材料,使土层厚度达到0.8以上。

4. 种植区(小区) 见柑橘栽植。

5. 防护林 防护林应包括防风林和蓄水林等,有风害、冻害的柑橘产区在柑橘园的上部或四周应营造防护林。

防风林有调节柑橘果园温度、增加湿度、减轻冻害、降低风速、减少风害、保持水土、防止风蚀和冲击的作用。

防风林带通常交织栽植成方块网状,方块的长边与当地盛行的有害风向垂直(称主林带),短边与盛行的风向平行。林带结构分为密林带、稀林带和疏透林带3种。密林带由高大的乔木和中等灌木组成,防风效果好,但防风范围小,透风能力差,冷空气下沉易形成辐射霜冻。稀林带和疏透林带由1层高大乔木或1层高大乔木搭配1层灌木组成,这两种林带防风范围大,通气性好,冷空气下沉速度缓慢,辐射霜冻也轻,但局部防护效果较差。实践表明,疏透林带透风率30%时,防风效应最好。

防风林多以乔木为主要树种,搭配以灌木,效果较好。乔木树种选树体高大、生长快、寿命长、枝叶繁茂、抗风、抗盐碱性强,没有与柑橘相同病虫害的树种。冬季无冻害的地区可选木麻黄,冬季寒冷的柑橘产区可选冬青、女贞、洋槐、乌桕、苦楝、榆树、喜树、重阳木、柏树等乔木。灌木主要有紫穗槐、芦竹、慈竹、柽柳和杞柳等。

6. 附属建筑物 大型柑橘园(基地)的办公室、保管室、工具房、包装场、果品贮藏库、抽水房、护果房和养畜(禽)场,均属果园(基地)的附属设施。应根据果园的规模、地形和附属建筑的要求,做出相应的规划。如办公室位置要适中,便于对作业区实行管理;

养畜(禽)场宜在果园的上方水源、交通和饲料用地方便处。包装场宜在柑橘园的中心,并有公路与外界相连。果品贮藏库宜在背风阴凉、交通方便的地方。护果房宜在路边制高点处,抽水房宜在近水源又不会被水淹没的位置建造。

二、柑橘园地的建设

平地柑橘园比山地柑橘建园要简单,可根据园地的规划设计图上标示的道路、灌溉道(管、渠)、蓄水池、排水沟和改良土壤的要求等进行实施建设。根据园地的实况还可有所调整,以利于实用、方便。

山地柑橘园也可根据道路、水系的设计进行实施,按土壤改良的要求进行改良。现简介山地和平地柑橘园的建设。

(一)山地柑橘园建设

1. 测出等高线 测量山地柑橘果园可用水准仪、罗盘等,也可用目测法确定等高线。先在柑橘园的地域选择具有代表性的坡面,在坡面较整齐的地段大致垂直于水平线的方向自上而下沿山坡定一条基线,并测出此坡面的坡度。遇坡面不平整时,可分段测出坡度,取其平均值作为设计坡度。然后根据规划设计的坡度和坡地实测的坡度计算出坡线距离,按算出的距离分别在基线上定点打桩。定点所打的木桩处即是测设的各条等高线的起点。从最高到最低处的等高线用水准仪或罗盘仪等测量相同标高的点,并向左右开展,直到标定整个坡面的等高点,再将各等高点连成一线即为等高线。

对于地形复杂的地段,测出的等高线要作必要的调整。调整原则:当实际坡度大于设计坡度时,等高线密集,即相邻两梯地中线的水平距离变小,应适当调减线;相反,若实际坡度小于设计坡度时,也可视具体情况适当加线。凸出的地形,填土方小于挖土方,等高线可适当下移。凹入的地形,挖土方小于填土方,等高线可适当上移。地形特别复杂的地段,等高线呈短折状,应根据"大弯就势,小弯取直"的原则加以调整。

在调整后的等高线上打上木桩或画出石灰线,此即为修筑基地的基线。

2. 梯地的修筑方法　修筑水平梯地,应从下而上逐台修筑,填挖土方时内挖外填,边挖边填。梯壁质量是建设梯地的关键,常因梯壁倒塌而使梯地毁坏。根据柑橘园土质、坡度、雨量情况,梯壁可用泥土、草皮和石块等修筑。石梯壁投资大,但牢固耐用。筑梯壁时,先在基线上挖 1 条 0.5 米宽、0.3 米深的内沟,将沟底挖松,取出原坡面上的表土,以便填入的土能与梯壁紧密结合,增强梯壁的牢固度。挖沟筑梯时,应先将沟内表土搁置于上方,再从定植沟取底土筑梯壁(或用石块砌),梯壁内层应层层踩实夯紧。沟挖成后自内侧挖表土填沟,结合施用有机肥,等待以后定点栽植。梯地壁的倾斜度应根据坡度、梯面宽度和土质等综合考虑确定。土质黏重的角度可大一些,相反则应小一些,通常保持在 $60°\sim70°$。梯壁高度以 1 米左右为宜,不然虽能增宽梯面,但费工多,牢固度下降。筑好梯壁即可修整梯面,筑梯埂、挖背沟。梯面应向内倾,即外高内低。对肥力差的梯地,要种植绿肥,施有机肥,进行土壤改良,加深土层,培肥地力。

在库区山地建园,如何增宽梯面,降低梯壁高度,增加根际有效土壤体积,防止水土流失,是山地建园工程中需要解决的问题。

据 20 个果园实地调查和测算,在 $20°\sim30°$坡地筑 $3\sim4$ 米宽的梯地,一般梯壁高 $1.1\sim2.8$ 米。坡度每增加 $5°$,修筑梯地挖填土方量要增加 $28\%\sim31\%$。梯面每增宽 1 米,挖填土方量增加 $28\%\sim35\%$(表 4-1)。

表 4-1　不同坡度修筑梯地挖填土方量

坡度(°)	梯面宽(米)	梯壁高(米)	每 667 平方米 挖填土方(米³)	梯面加宽 1 米 增加土方量(%)
20	3.0	1.1	177.6	30.8
	3.5	1.3	209.5	
	4.0	1.4	232.4	
25	3.0	1.4	233.3	28.8
	3.5	1.6	266.0	
	4.0	1.8	298.8	
30	3.0	1.7	288.6	30.4
	3.5	2.0	332.5	
	4.0	2.2	376.3	
35	3.0	2.1	344.1	35.1
	3.5	2.4	399.0	
	4.0	2.8	464.8	

　　表 4-1 表明,在坡度大的地区,要求梯面太宽,不仅施工量大,且土层翻动也大,延迟了土壤熟化。但梯面过窄,树体空间和土壤营养不足。一般柑橘树冠,定植 3～4 年可达 1 米,10～15 年可达 3 米左右。据此,建议新建园修筑有工作道的复式梯地,以增加梯面空间,降低梯壁高度,有工作道便于出入管理。

　　20°～25°坡地,梯面应达到 3.5 米,同时在梯壁间再修建 1 条 0.5 米宽的工作道,实际梯面空间可达 4 米。25°～30°以上坡地,梯面宽应不小于 3 米,加上工作道后梯面空间可在 3.5 米左右,见图 4-1。

　　这种复式梯地,不仅加宽了梯面空间,同时将一个高的梯壁改成二段矮梯壁,既防止冲刷垮塌、减少施工量和土地翻动过大,又

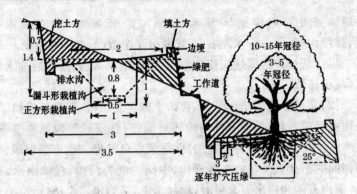

图 4-1　25°坡地修筑 3.5 米宽复式梯地示意　（单位：米）

每 667 平方米梯地 $\begin{cases} 挖土方：1.5 米×0.7 米+2×190 米=99.75 米^3 \\ 填土方：1.5 米×0.7 米+2×190 米=99.75 米^3 \end{cases}$

每 667 平方米挖栽植沟 $\begin{cases} 正方形：1 米×1 米×190 米=190 米^3 \\ 漏斗形：(2 米+0.5 米)×0.8 米÷2+190 米=190 米^3 \end{cases}$

合计每 667 平方米挖填土方量约 389.5 米^3

便于树冠长大后的出入管理。

（二）平地柑橘园建设

包括平地、水田、沙滩和河滩、海涂柑橘园等类型，地势平缓，土层深厚，利于灌溉、机耕和管理，树体生长良好，产量也较高。应特别注意水利灌溉工程、土地加工和及早营造防风林等。

1. 平地和水田柑橘园　包括旱地柑橘园和水田改种的柑橘园，这类型果园首要是降低果园地下水位和建好排灌沟渠。

(1)开设排、灌沟渠　旱作平地建园可采用宽畦栽植，畦宽4～4.5 米，畦间有排水沟。地下水位高的，排水沟应加深。畦面可栽1 行永久树，两边和株间可栽加密株。

水田柑橘园的建园经验是建筑浅沟灌、深沟排的排灌分家，筑墩定植，也是针对平地或水田改种地地下水位高所采取的措施。

建园时即规划修建畦沟、园围沟和排灌沟 3 级沟渠，由里往外逐级加宽加深,畦沟宽 50 厘米,园围沟宽 65 厘米、深 50 厘米以上,排灌沟宽、深各 1 米左右,3 级沟相互连通,形成排灌系统。

洪涝低洼地四周还应修防洪堤,防止洪水入侵,暴雨后抽水出堤,减少涝渍。

(2)筑墩定植　结合开沟,将沟土或客土培畦,或堆筑定植墩。栽柑橘后第一年,行间和畦沟内还可间作,收获后挖沟泥垒壁,逐步将栽植柑橘的园畦地加宽加高,修筑成龟背形。也可采用深、浅沟相间的形式,2～3 畦 1 条深沟,中间两畦为浅沟,浅沟灌水、排水,深沟蓄水和排水。栽树时,增加客土,适当提高定植位置,扩大株行距。

(3)道路及防风林建设　道路应按照果园面积大小规划主干道、支路、便道,以便于管理和操作。

常年风力较大的地区,应设置防风林带,与主导来风方向垂直设置。主林带乔木以 1～1.5 米株行距栽植 6～8 行,株间插栽 1 株矮化灌木树,主林带厚宜 8～15 米,两条主林带间距以树高 25 倍的距离为好。副林带与主林带成垂直方向,宽 6～10 米。防风林宜与建园同时培育,促使尽早发挥防风作用。

2. 沙滩、河滩柑橘园　江河和湖滨有些沙滩、河滩平地,多年未曾被淹没过,也可发展柑橘。这些果园受周围大水体调节气温,可减少冻害。但沙滩、河滩园也存在很多不利因素,如沙土导热快、园地地下水位高、地势高低不平。高处易旱,低处易涝、水肥易流失、容易遭受风害等。因此,沙滩、河滩建园的首要任务是加强土壤改良、营造防风林和加强排、灌水利设施的建设。沙滩园地选择时,应选沙粒粗度在 0.1 毫米以下的粉砂土壤、地势较高、地下水位较低、有灌溉水源保证的地方建园。定植前,以适宜的地下水位为准,取高填低,平整园地。如能逐年客土,将较黏重的土壤粉碎后撒布畦面更好。应尽早营造防风林带(同水田柑橘园),防止河风危害,并在园内空地种植豆科绿肥,覆盖沙面,降低地温,减少风沙飞扬。

三、柑橘栽植密度和方式

　　柑橘果树的栽植质量,不仅影响植株的成活率,而且对柑橘的早结果、丰产稳产,甚至寿命都关系密切。因此,栽植一定要把好质量关。

(一)栽植密度

　　柑橘的栽植密度,即柑橘栽植的株距和行距。柑橘的栽植密度与柑橘的品种、品系、砧木、土壤条件、栽植方式和管理的技术水平相关。

　　柑橘的品种不同,栽植的密度也有异:通常树冠大的宜稀植,树冠小的宜密植。柑橘各品种树冠大小依次为:柚、甜橙、柠檬、柑类、橘类、香橼、佛手、金柑。罗伯逊脐橙栽植树的密度可较华盛顿脐橙密。品系不同,密度也有异。如普通温州蜜柑的尾张,因其枝梢披散,树冠大,栽植的密度较早熟温州蜜柑兴津、龟井和特早熟温州蜜柑大浦、宫本要稀。同一品种也因气候冷暖密度有异,柑橘有周期性冻害之地,为便于受冻前早收获、冻后尽快恢复产量,宜适当密植;气候温暖、适宜柑橘生长之地宜适当稀植。砧木不同,密度也不同。乔化砧树树冠大宜稀,矮化砧树树冠小宜密。如卡里佐枳橙砧的纽荷尔脐橙栽植密度应较枳砧纽荷尔稀。前者密度宜3米×5米,即每667平方米栽45株;后者密度为3米×4米,即每667平方米栽培56株。土壤条件、栽植方式和管理的技术水平,对栽植密度也有不同要求:土壤瘠薄的山地栽植较土壤深厚肥沃的平地密度大;地下水位高的园地较地下水位低的园地密度大;控冠技术水平高的较控冠技术差的密度大;非机械化管理的较机械化管理的密度大。

不同柑橘品种每 667 平方米的常规种植密度见表 4-2。

表 4-2　三峡库区不同柑橘品种每 667 平方米的种植株数

品　种	砧　木	平地果园		山地果园	
		株行距（米）	每 667 平方米株数（株）	株行距（米）	每 667 平方米株数（株）
脐　橙	枳	4×3	56	4×2.5	67
	枳橙	5×3	45	4×3	56
	红橘	4.5×3	50	4×3	56
锦　橙	枳	4×3	56	4×2.5	67
	枳橙	5×3	45	4×3	56
	红橘	4.5×3	50	4×3	56
夏　橙	枳	4.5×3	50	4×3	56
	枳橙	5×3	45	4×3	56
	红橘	4.5×3	50	4×3	56
哈姆林、早金、特洛维他	枳	4.5×3	50	4×3	56
	枳橙	5×3	45	4×3	56
	红橘	4.5×3	50	4×3	56
血　橙	枳	4×3	56	4×3	56
	枳橙	5×3	45	4×3	56
	红橘	4.5×3	50	4×3	56
特早熟、早熟温州蜜柑	枳	3×3	74	3×2.5	89
普通温州蜜柑	枳	3.5×3	64	3×3	74
杂　柑	枳	3.5×3	64	3×3	74
椪　柑	枳	3.5×3	64	3×3	74

续表 4-2

品　种	砧　木	平地果园		山地果园	
		株行距（米）	每 667 平方米株数（株）	株行距（米）	每 667 平方米株数（株）
柠　檬	枳	5×3	45	4.5×3	50
	红橘	5×3	45	4.5×3	50
柚	枳	5×3.5	38	5×3	45
	酸柚	5×4	33	5×3.5	38
金　柑	枳	4×3	56	3.5×3	64

（二）栽植方式

　　柑橘栽植方式应根据地形及栽植后的管理方法确定。如山地柑橘园，坡度大，应采取等高梯地带状栽植；平地柑橘园则可采取长方形栽植、正方形栽植和三角形栽植。

　　1. 等高栽植　此种种植方式株距相等，行距即为梯地台面的平均宽度。将柑橘按等高栽植或成带状排列，每 667 平方米栽植株数的计算公式为：667（平方米）/株距（米）/株距（米）×梯面平均宽度（米）。得数是大约数，应加减插行或断行的株数。

　　2. 长方形栽植　行距大于株距，又称宽窄行栽植。这种栽植方式通风透光好，树冠长大后便于管理和机械作业，是目前柑橘生产上用得最普遍的一种栽植方式。每 667 平方米栽植株数的计算公式为：667（平方米）/株距（米）×行距（米）。如株距 3 米，行距 4 米，代入公式后为：667/3×4＝667/12＝55.6 株，即每 667 平方米栽植 56 株。

　　3. 正方形栽植　即株距和行距相等的栽植方式。此种栽植方式在树冠未封行前通风透光较好，但不能用于密植。因为密植

条件下通风透光不良、管理不便,同时也不利间种绿肥。每 667 平
方米种植株数的计算公式为:667(平方米)/株距或行距×株距或
行距(平方米)。

4. 三角形栽植　这种栽植方式株距大于行距,各行互相错开
而呈三角形排列。优点是可充分利用树冠间的空隙,增加叶面积
受光量;同时较正方形栽植可多栽 10%～15%的植株。缺点是果
园不便管理和机械化作业。山地柑橘园梯面较宽,栽 1 行有余、2
行不足时,常采用三角形栽植方式。每 667 平方米栽植株数的计
算公式为:667(平方米)/株距×株距×0.866。如株距为 3 米,则
每 667 平方米的栽植株数为:667/3×3×0.866=667/9×0.866=
667/7.794=85.5,即每 667 平方米栽 86 株。

(三)栽植时间

柑橘苗木有裸根苗和容器苗。裸根苗的栽植适期通常是春
季、秋季,且以秋季为主;容器苗全年可栽植,但高温干旱的盛夏、
伏天和气温低的冬季最好不栽植,不然会影响成活。

1. 秋季栽植　在 9～11 月秋梢老熟后、雨季尚未结束前进行
较好,因这时的气温较高,土壤水分适宜,根系伤口易愈合,并能长
1 次新根,翌年春梢又能正常抽生,对提高苗木成活率、扩大树冠、
早结丰产都有利。但秋植的柑橘要注意防干旱,冬季有霜冻的地
区要注意防冻。秋、冬干旱又无灌溉设施的地域和有冻害之地最
好春季栽植。秋季栽植也不宜太迟,太迟气温下降,雨水稀少,苗
木根系生长量少,恢复时间短,缓苗期长,甚至出现叶片变黄脱落。

2. 春季栽植　冬季有冻害、秋季和冬季干旱严重又无灌溉条
件的地区宜春季栽植。一般在春芽萌动前的 2～3 月份栽植。此
时,除我国西南的柑橘产区外,其他柑橘产区均雨水较多,气温又
逐渐回升,苗木栽后易成活。春季栽植虽不像秋植那样需要勤灌
水,但春梢抽生较差,恢复较慢。

此外,夏季多雨凉爽之地,柑橘也可在春梢停止生长后的 4 月底至 5 月底栽植。此时,雨水多,气温适宜,栽后发根快,只要管理到位,成活率也较高。

(四)栽植技术

1. 定点挖穴(沟) 根据采取的栽植方式,确定定植点,并挖穴(沟)。定植穴要求直径 1～1.2 米,深 0.8 米。

定植穴(沟)的开挖,秋植的应在植前 1 个月挖好;春植的最好在头年秋、冬挖好,以利于土壤熟化。梯地定植穴(沟)位置应在梯面外沿 1/3～2/5 处(中心线外沿),因内沿土壤熟化程度和光线均不如外沿,且生产管理的便道都在内沿。

2. 施基肥与回填 定植穴(沟)应施足基肥(见前述土壤改良)。回填穴(沟)的土壤要高出地面至少 15～20 厘米。筑成直径 60 厘米左右的土墩,在墩上定植苗木,以防土层下沉而将苗木的嫁接口埋入土中。

3. 栽植方法 裸根苗与容器苗的栽植方法有所不同,现简介如下。

(1)裸根苗 先将苗木稍作修整,剪去受伤的根系和过长的主根,将苗置入穴中。山地梯地栽植,苗的第一大主枝向着壁外沿方向,栽时前后左右对准或呈整齐的圆弧形(梯地),然后用手将须根提起,放一层须根,四周铺平后用细土压入,再放一层根铺平压实,根系不弯曲且要分布均匀,与土壤密接。然后轻踩苗木四周的土壤,最后覆土成墩。再在土墩面挖一圈浅沟,浇足定根水,有条件的可覆盖一些干杂草等(主干近处留出不盖)。栽植的深度、嫁接口高出地面 10～15 厘米,但也不能过浅,以免受旱和被风吹倒。

已假植 1～2 年的柑橘大苗种植,必须带土团栽植。春植最好在栽植前 1 年的 9 月份,先按树冠大小,在需带土团大小的边缘用铲切断侧根,并施稀薄肥,以促发新根。固定土球和取苗时土球不松散。种植后浇透定根水,并覆盖杂草等保湿。

(2)容器苗 栽植前轻拍育苗器四周,使苗木带土与育苗容器分离。一只手抓住苗木主干的基部,另一只手抓住育苗容器,将柑橘苗轻轻拉出,不拉破、散落营养土。栽植时必须扒去四周和底部1/4营养土至有根系露出为止,剪掉弯曲部分的根,疏理根部,使根系展开,便于栽植时根系末端与土壤接触,利于生长。栽后根颈部应稍高出地面,以防土壤下沉后根颈下陷至泥土中,生长不良和引发脚腐病等。栽后的柑橘苗做一个直径50~60厘米的土墩(树盘),充分浇足定根水。柑橘容器苗的栽植见图4-2。

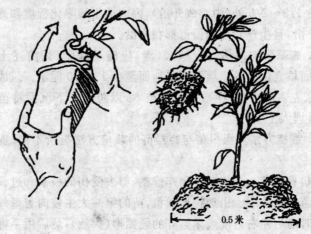

0.5米

图4-2 柑橘容器苗栽植

另一种栽植方法是施格兰公司曾采用的泥浆法栽植技术。先确定定植穴,后用专用的取土器钻1个直径20厘米、深40~50厘米的穴,灌满水。再从容器中取出苗,剪除主根末端弯曲部分,掏去根系上原有的一半营养土,将苗放入穴中,一边回填土一边加水,使根系周围的土壤松散,用手插入土中往根系方向挤压,使土壤与根系紧密接触。最后扶正主干,使其与地面垂直,并使根颈部高出地面 15 厘米左右。此法栽植后苗木根系与土壤接触紧密,即使在盛夏也可 3～4 天不浇水,成活率也高。但在雨天或温度较低时栽植,浇水宜少些。夏季定植时待栽苗木不能卧放,也不能在阳光下曝晒,以免伤根。

栽后一旦发现苗木栽植过深可采取以下方法矫正:通过刨土能亮出根颈部的,用刨土或刨土后留一排水小沟的方法解决。通过刨土无法亮出根颈部的,通过抬高植株矫正。具体做法:两人相对操作,用铁锹在树冠滴水线处插入,将苗轻轻抬起,细心填入细土、塞实,并每株灌水 10～20 升。

由于栽植的是柑橘无病毒苗,要求清除园内原有的柑橘类植株(通常都带有病毒),以免在修剪、除萌等人为操作中将病毒传至新植的无病毒苗。栽植柑橘无病毒苗成活率、产量均较露地苗高,经济寿命长,效益好,越来越受到广大种植者的青睐。

4. 栽后管理　柑橘苗木定植后 15 天左右(裸根苗)才能成活,此时若土壤干燥,每 1～2 天应浇水 1 次(苗木成活前不能追肥),成活后勤施稀薄液肥,以促使根系和新梢生长。

有风害的地区,柑橘苗栽植后应在其旁边插杆,用薄膜带用"∞"形活结缚住苗木,或用杆在主干处支撑。苗木进入正常生长时可摘心,促苗分枝形成树冠。也可不摘心,让其自然生长。砧木上抽发的萌蘖要及时抹除。

四、柑橘对环境安全的要求

对大气、灌溉水质、土壤质量的具体要求如下。

(一)大气质量

园地内空气质量较好且相对稳定,产地的上风向区域内无大量工业废气污染源。产地空气质量应符合《环境空气质量标准》二级标准(GB 3095-1996)或《农产品质量安全 无公害水果产地环境要求》空气质量指标(GB/T 18407.2-2001)或《无公害食品 柑橘产地环境条件》空气中各项污染物的浓度限值(NY/T 391-2000)等相关标准要求。

(二)灌溉水质

产地灌溉用水质量稳定,以江河湖库水作为灌溉水源的则要求在产地上方水源的各个支流处无显著工业、医药等污染源影响。产地灌溉用水质量应符合《农田灌溉水质标准》(GB 5084-92)或《农产品质量安全 无公害水果产地环境要求》农田灌溉水质量指标(GB/T 1840.2-2001)或《无公害食品 柑橘产地环境条件》灌溉水中各项污染物的浓度限值(NY 5016-2001)或《绿色食品 产地环境技术条件》农田灌溉水中各项污染物的浓度限值(NY 5016-2001)或《绿色食品 产地环境技术条件》农田灌溉水中各项污染物的浓度限值(NY/T 391-2000)等相关标准要求。

(三)土壤质量

产地土质肥沃,有机质含量高,酸碱度适中,土壤中重金属等有毒有害物质的含量不超过相关标准规定,不得使用工业废水和未经处理的城市污水灌溉园地。产地土壤环境质量应符合《土壤环境质量标准》二级标准(GB 15618-1995)或《农产品质量安全 无公害水果产地环境要求》土壤质量指标(GB/T 18407.2-2001)或《无公害食品 柑橘产地环境条件》土壤中各项污染物的浓度限值(NY 5046-2001)或《绿色食品 产地环境技术条件》土壤中各项污染物的含量限值(NY/T 391-2000)等相关标准要求。

第五章　现代柑橘土肥水管理技术

土壤、肥料、水分是现代柑橘果树生长结果的基础。适宜的土壤、科学的肥水管理，可使柑橘早结果、丰产稳产和优质。

一、土壤管理

柑橘果树生长、发育需要良好的土壤条件，只有在土层深厚、土质疏松，有机质丰富，既能通气又能保持一定湿度的微酸性土壤种植才能获得优质丰产的柑橘。

（一）土壤管理目标

通常，柑橘园的土壤管理应达到以下目标。

1. 土壤通气良好　柑橘根系需要氧气供其生长和呼吸，积水或板结的土壤会导致柑橘根系缺氧死亡。一般在土壤中氧气的含量不低于 15% 时根系生长正常，不低于 12% 时新根才能正常发生。当土壤中氧含量低于 7%～10% 时，根系生长明显受阻。土壤中二氧化碳含量过高，也会使根系生长停止；不良的通气条件可导致土壤中有毒物质的积累，从而影响根系对土壤矿物养分的吸收，严重时可使柑橘根系死亡。可见，生产中改善土壤的通气性，可满足柑橘果树生长发育所需。

2. 土壤湿度适宜　水是土壤中营养物质的载体，矿物养分有水的溶解才能被柑橘果树吸收利用，所以常说水肥不分家。

通常柑橘根系在土壤持水量为 60%～80% 时生长正常。含水过多会使柑橘根系缺氧产生硫化氢等有毒物质，抑制根系呼吸，甚至生长停止；水分过少则土壤中的矿物营养难以溶解，不易被根系吸收而使植株出现缺肥。适宜柑橘种植的土壤,应具备良好的排、蓄水调节能力,维持正常的水分供给和调节能力。

3. 土壤有机质丰富 土壤中的有机质经柑橘根系分解以后,可提供营养给柑橘根系,增加土壤的团粒结构,增加土壤的孔隙度,改善土壤的通气条件,提高土壤的保水保肥能力。通常柑橘果树正常生长所需的土壤有机质应在3%左右。

4. 发挥地力潜能 有人曾测算,当土壤的耕作层为30厘米时,每667平方米表土的氮素含量相当于123千克的尿素,磷含量相当于过磷酸钙约200千克,钾含量相当于硫酸钾100千克。若土壤耕作层达到1米的深度,则每667平方米的含氮量可达到1 900千克,含磷(P_2O_5)1 040千克,含钾(K_2O)1 767千克。这些矿物质养分经根系和根际微生物的分解,逐步变为可被柑橘吸收利用的有效态养分,可达节省肥量的目标。

5. 保持适宜的酸碱度 柑橘果树需要微酸性的土壤环境,以pH值6~6.5为最适。土壤是最活跃的柑橘种植介质,肥料的施用、根际分泌物等都可能对土壤酸碱度产生不同的影响,而土壤酸碱度对柑橘根系吸收矿物养分又起着促进或抑制的作用。土壤有较好的酸碱度平衡适应能力是土壤管理的目标之一。

6. 保护土壤、养分不流失 柑橘果园,尤其是山地柑橘园常发生土壤流失。1年流失表土1厘米,10年就10厘米,严重程度惊人。因此,防止柑橘园土壤流失是土壤管理的目标之一。

7. 避免土壤发生污染 生产优质、无公害柑橘的果园,应注意防止土壤被污染。通常通过加强对土壤的监测,严格控制柑橘园化肥、农药、除草剂、激素以及有可能对土壤产生污染的物质进入或施入土壤。

(二)土壤类型

我国柑橘主要在南方、西南方的红黄壤及紫色土丘陵山地栽培,此外冲积土也有零星栽培。现将土壤的主要类型简介如下。

1. 红壤 是在长期高温和干湿季交替条件下形成的土壤。主要成土母质有花岗岩、变质岩、石灰岩、砂页岩和第四纪老冲积物。植被为常绿阔叶林及针阔叶混交林。

红壤具有深厚的红色土层,心土和底土为棕红色,坚实黏重,和铁铝胶体黏结,呈棱块状结构,具有黏、酸、瘦、缺磷的特点。由于热量资源丰富,适宜柑橘种植。我国红壤主要分布在广西、福建、台湾、海南、浙江、江西、湖南、云南等省、自治区。红壤种植柑橘,应针对其特点,改良熟化土壤,采取深沟压埋有机肥(绿肥),施石灰,提高土壤 pH 值。

红壤柑橘园常易出现的缺素症是缺锌,其次是缺硼、缺镁、缺钙。随柑橘树龄和结果量的增加缺素症加重。由于红壤酸性强,锰的活性高,在个别柑橘园植株有可能出现锰中毒的现象。因此,生产上应注意矫治缺素症,防止锰中毒。

2. 紫色土 主要由紫色页岩和紫色砂岩风化而成。从颜色直至理化性质均受母岩性状的强烈影响,是一种幼年土。紫色土在植被被坏后水土侵蚀严重,母岩裸露。

紫色土当由页岩形成时,土壤较黏重,含碳酸钙高,呈中性至微碱性反应。当由砂岩形成,土壤质地疏松,碳酸钙被淋溶,土壤呈中性至微酸性。紫色页岩和砂岩形成土壤的共同特点是物理风化作用强烈,当母岩裸露,只要经过短暂时间日晒雨淋,热冷膨缩,即崩解成适于柑橘生长的土壤。土层浅薄,通透性良好,保水保肥力差,有机质含量 1% 左右,氮含量低,磷、钾含量高。紫色土主要分布在四川、重庆等省、直辖市,广东、云南、湖南等省也有零星分布。柑橘主要分布在紫色土丘陵山地。爆破改土、客土加厚土层、增施有机肥是紫色土柑橘种植成功之举。

紫色土柑橘园常有缺素症发生。枳砧柑橘缺铁,同时伴随缺锌。红橘砧零星发生缺锰。植株虽未明显出现缺镁症,但叶片分析含镁量低。

3. 黄壤　是亚热带温暖湿润地区常绿阔叶林条件下形成的土壤。成土母质多为石灰岩、砂页岩、变质岩和第四纪砾石及黏土。主要植被为常绿林和落叶阔叶林，或松、杉。

在温湿条件下，由于淋溶作用强烈，土壤呈酸至微酸性反应。有机质含量 2% 左右。当植被被破坏后耕作不当时有机质下降至 1% 左右。土壤黏、酸、瘦、缺磷。我国黄壤种植柑橘仅零星分布。栽培应注意水土保持，改良土壤，对易出现的缺钾进行预防。

4. 冲积土　江、河流域范围内的土壤受流水的侵蚀沉积为阶地及洲地。冲积土的特征是母质组成决定于流域的土壤类型。不同母质形成的土壤肥力有所不同。

由于多种沉积、冲积层次变化较大，沉积层深厚，以砂壤、中壤为主，通透性和耕作性能良好，养分含量比较高。冲积土最适柑橘根系生长，但保水保肥力较差，施肥宜勤施薄施。地下水位高的不宜建园。

（三）土壤管理

柑橘是多年生常绿果树，且具强大根系，在土壤中分布深广密集，因此要求土壤深厚肥沃。我国柑橘大都栽培在丘陵山地，尤其是三峡库区更如此。这些丘陵山地的土层浅薄或土壤不熟化，肥力低，远不能满足柑橘正常生长发育对水分和养分的要求。柑橘园土壤管理，就是不断改良土壤，熟化土壤，提高土壤肥力，创造有利于柑橘生长的水、肥、气、热条件。培肥土壤最有效的方法是多施有机肥。埋压各种有机肥，种植绿肥，深翻、中耕、培土、对酸性土施石灰，都有助于提高土壤肥力。

1. 柑橘根系　根群在树冠外围滴水线附近及垂直向下的地方分布较为稠密。许多砧木侧根、须根较为发达，横向分布较树冠大 1～3 倍。距地表 10～60 厘米土壤中的根量，占总根量的 90%

左右。根系分布的深度,取决于土壤透性、地下水位高低和砧木种类。如甜橙、柚等,主根粗长,深达 1～3 米,侧根多。枳和橘类主根较短,深 1 米左右,侧根也多。土壤透气差或地下水位高的园地,柑橘主、侧根生长受到限制。

为使根系迅速形成根群,必须满足根系所需的营养、土温、湿度和氧气等条件。大多数柑橘品种的气温为 25℃～28℃,土温 24℃～30℃,土壤含氧 2% 以上,根系生长最活跃。在此时期,增施有机肥,增强土壤团粒结构,适时灌水,保持土壤一定湿度(含水量 18%～20%),根系迅速形成根群,有利树冠和果实的生长发育。同时根系生长和地上部分生长常交替进行。地上部分旺长期,根系生长缓慢;而根系旺长期,地上部生长缓慢,见图 5-1。

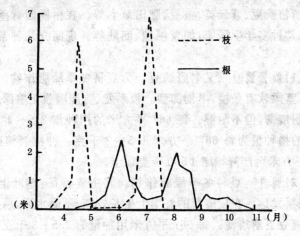

图5-1　根的生长和枝的生长曲线比较(高桥)

2. 中耕及半免耕　我国柑橘产区主要分布在温暖、湿润、雨水多的地区,柑橘园易生杂草,消耗土壤水分、养分,同时杂草又是病虫潜伏的场所,因此适时中耕可以克服上述弊端。中耕全年4～6次。一般雨后适时中耕,使土壤疏松,有助于形成土壤团粒结构,减少水分蒸发。降雨时有利于水分渗入土内,减少地表水分流失。中耕改善了土壤通气条件,有利于土壤微生物的活动,加速有机质的分解,提供柑橘更多的有效养分。大雨、暴雨前不宜中耕,否则易造成表土流失。为了防止水土流失,采用种植绿肥与中耕相结合的办法较为合理。

半免耕,即柑橘园株间中耕,行间生草或间作绿肥不中耕。幼龄柑橘园如果计划密植,株距窄而行距宽,株间浅耕保持土壤疏松,而行间生草或间作绿肥不中耕,其作用在于保持水土,改善土壤结构,节省劳力。

3. 间作与生草 柑橘园间作主要间作不同品种的绿肥。我国绿肥主要按季节分为夏季绿肥和冬季绿肥,而且以豆科作物为主。夏季绿肥有印度豇豆、绿豆、猪屎豆、竹豆、狗爪豆等,冬季绿肥有箭筈豌豆、紫云英、蚕豆、肥田萝卜等。在柑橘园背壁或附近空地,常种多年生绿肥,如紫穗槐、商陆等。现简介几种常栽绿肥植物。

(1)箭筈豌豆 又名野豌豆。为豆科冬季绿肥作物。其主要特征:茎柔软有条棱,半匍匐型。根系发达,能吸收土壤深层养分,耐旱耐瘠薄,但不耐湿。每 667 平方米的用种量 2.5~4 千克,留种用的播种量为每 667 平方米 1.5~2 千克。种植箭筈豌豆,每 667 平方米可产鲜绿肥 1 500 千克以上。

(2)豌豆 豆科冬季绿肥作物。其主要特征:茎叶上似有白霜,根系发达。在较瘠薄的红壤上生长较旺,不耐水渍,忌连作,比紫花豌豆更耐瘠薄。每 667 平方米用种量为 2.5~3 千克,产鲜绿肥 1 500 千克左右。

(3)紫花豌豆 1 年生豆科冬季绿肥作物。对气候、土壤要求不严,抗寒力比蚕豆(大豆)强,耐旱不耐湿。植株高大。

紫花豌豆含氮(N)0.364%,含磷(P_2O_5)0.151%,含钾(K_2O)0.251%。每 667 平方米用种量为 3.5~4 千克,鲜绿肥产量为 1 250~1 500 千克。

(4)蚕豆 1年生豆科冬季绿肥作物,对气候和土壤条件要求不严,以温暖湿润气候和较肥的黏壤土最适宜。根较浅,抗寒性较差。其鲜绿肥含氮(N)0.55%,含磷(P_2O_5)0.12%,含钾(K_2O)0.45%。每667平方米用种量为7~8千克,产鲜绿肥750~1000千克。

(5)印度豇豆 豆科夏季绿肥作物。茎蔓生缠绕,根深达1米以上,耐旱性强,耐瘠薄,适于新垦红壤柑橘园种植。生育期较长,植株再生能力强,可分期刈割作绿肥。鲜绿肥含氮(N)0.606%,每667平方米用种量为1.5~2.5千克,产鲜绿肥1000~2000千克。

(6)绿豆 1年生豆科夏季绿肥作物。耐旱、耐瘠薄,不耐涝。一般的土壤均可种植。播种期长。通常播后50天左右可压作绿肥。鲜绿肥含氮(N)0.52%,含磷(P_2O_5)0.12%,含钾(K_2O)0.93%。每667平方米用种量为1.5~2千克,产鲜绿肥750~1000千克。

(7)竹豆 土名钥匙豆。夏季豆科绿肥作物。匍匐蔓生,侧根细长,耐瘠薄、耐阴。适于有灌溉条件的柑橘园中种植。每667平方米用种量为1~1.5千克,鲜绿肥产量可高达4000千克以上。

(8)狗爪豆 又名富贵豆,系豆科夏季绿肥作物。蔓生,长达3米左右,适应性强,耐旱耐瘠薄,生长期长,7月上、中旬可覆盖全园。分两次刈割作绿肥:第一次离地面留4节处刈割,第二次再提高3节位刈割。每667平方米用种量为4~5千克,鲜绿肥产量为2000~3000千克。

(9)紫云英 又叫红花草。为豆科冬季绿肥作物。株丛不高,分枝近地面着生。须根发达,根瘤多。喜温暖湿润,耐瘠性较差。鲜绿肥含氮(N)0.40%,含磷(P_2O_5)0.036%,含钾(K_2O)0.72%。每667平方米用种量为2~2.5千克,产鲜绿肥4000~5000千克。

(10)紫花苜蓿 1年生豆科冬季绿肥作物。对土壤要求不严,性喜钙,耐瘠薄、耐湿,也较耐旱、耐盐碱。鲜绿肥含氮(N)0.56%,含磷(P_2O_5)0.18%,含钾(K_2O)0.316%。每667平方米用种量为1～1.5千克,产鲜绿肥1500千克。

(11)紫穗槐 多年生豆科落叶灌木。适应性强,在沙土、黏土和pH值为5～9的土壤中都能生长。耐湿耐旱,耐瘠中等。其鲜绿肥含氮(N)1.32%,磷(P_2O_5)0.36%,含钾(K_2O)0.79%。繁殖可用扦插或播种的方法。每667平方米产鲜绿肥2500～3000千克。

(12)柽麻 1年生豆科绿肥作物。对土壤要求不严,耐瘠薄、耐湿,也较耐干旱和盐碱。鲜绿肥含氮(N)0.78%,磷(P_2O_5)0.15%,含钾(K_2O)0.3%。每667平方米用种量为1.5～2千克,产鲜绿肥3000～4000千克。

(13)肥田萝卜 又叫满园花。为十字花科冬季绿肥作物。茎粗大,株型高。主根发达,侧根少。耐瘠薄,较耐酸,对土壤难溶性养分利用力强,适于在初开垦的红壤柑橘园中种植。每667平方米用种量为0.5千克,产鲜绿肥3000千克左右。

(14)黑麦 禾本科冬季绿肥作物。根系发达,分蘖力强。耐瘠薄、耐酸、耐寒,抗旱力强,栽培容易。适于初垦红壤柑橘园种植。每667平方米播种量为3～4千克。最好与豆科冬季绿肥混种。4月上旬盛花。为减缓与柑橘争肥的矛盾,应在3月中旬前后对黑麦增施速效氮肥。黑麦刈割后可不翻压,在其行间播种夏季绿肥。每667平方米产鲜绿肥1200～1500千克。

(15)黑麦草 禾本科冬季绿肥作物。分蘖力强,生长迅速而繁茂。须根发达,密布耕作层和地表,在地面上如一层白霉,对改善柑橘园的土壤结构有很大作用。耐瘠薄、耐旱,栽培容易。每667平方米播种量为1千克左右。最适与豆科冬季作物混播,并于3月中、下旬增施速效氮肥,以减缓与柑橘争肥的矛盾。每667平方米产鲜绿肥2000～3000千克。

(16)红三叶草、白三叶草　多年生豆科草本植物。适应性强，耐阴、耐湿。秋播(9 月上旬)或春播(3 月上旬)，每 667 平方米产鲜绿肥 3 000 千克。红、白三叶草混播更好。

(17)藿香蓟　菊科 1 年生草本作物，3 月份育苗移栽，以后落籽自然繁殖，每 667 平方米产鲜绿肥 2 000~3 000 千克，还可抑制红蜘蛛、吸果夜蛾。

(18) 百喜草　多年生禾本科草本植物。再生能力强，耐旱、耐涝、耐瘠薄和耐践踏，春播，每 667 平方米产鲜绿肥 4 000 千克。

(19)日本菁　多年生豆科绿肥，直立速生，每 667 平方米产鲜绿肥 5 000 千克以上。

(20)商陆　多年生宿根草本(中药材)植物，耐寒、耐旱、耐瘠薄。宜作梯壁绿肥。每 667 平方米产鲜绿肥 4 000 千克，3 月份育苗移栽，长久利用。

此外，树冠下不间作绿肥。幼树留出 1~1.5 米的树盘不种绿肥。柑橘园不间作高秆及缠绕性作物，如玉米、豇豆等。

柑橘园生草栽培，即在行间生草或种植牧草，覆盖柑橘园地表，其实质是一种土壤管理方法。生草栽培的关键是选择适宜的草种。按柑橘根系生长的特点，6~9 月份是旺长时期，理想的草种是 10 月发芽、翌年 5 月停止生长、6 月下旬草枯而作为敷草。目前最适宜的草种为意大利多花黑麦草。其特点是 1 年生牧草，不择地，喜酸性，耐湿，残草多，春天生长快而茂，很快覆盖全园，7 月中旬枯萎。9 月种子自行散落，下一代自然生长。

生草栽培对土壤具有保护作用，可防止水土流失，增加土壤有机质，促进土壤团粒结构的形成，增强土壤通透性，节省耕作劳力。

4. 深翻结合施有机肥　深翻可改善土壤结构，使透气性良好，有利于柑橘根系呼吸和生长发育，并把根系引向深处，充分利用土壤水分和养分。深翻通气良好，有利于有机质的分解，可使难于吸收的养料转化为可吸收的养料。由于通气的氧化作用，可消除土壤中的有毒有害物质,如硫化氢、沼气、一氧化碳等。深翻增强土壤保水保肥能力,减少病虫害的发生。深翻必须结合施有机肥,才有改良土壤、提高土壤肥力的效果,否则只能暂时改善一下土壤的物理特性。

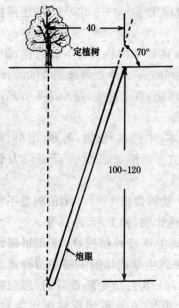

图 5-2 爆破方法示意
(单位:厘米)

(1)方式 深翻方式可分为全园深翻和局部深翻。全园深翻即在树冠外的土全部深翻,而对树冠下只进行中耕。局部深翻,即今年深翻株间土壤,明年深翻行间土壤,逐年扩大深翻范围。树冠扩大后深翻行间,中耕株间。

丘陵山地未改土定植的柑橘园,采果后对根系无法生长的岩层、坚土可实行爆破改土,加深耕作层。即轮流在株行间"放闷炮",炮眼与地面成 70°角,距定植点 40 厘米左右,爆破深度 1~1.2 米,见图 5-2,装硝铵炸药 200~300 克,爆破后将底层坚土与石块翻至表面,以利风化。如土壤含水量低,先行灌水,然后分层压有机肥。

(2)时间 一般采果后至春季柑橘发芽前深翻。由于此时根系处于相对休眠,不易损根伤树,有的在 7~9 月份深翻,此时气温高,雨水充足,有利促生新根,恢复快,但应特别注意不伤大根,否则易引起柑橘卷叶落叶,甚至死树。

(3)深度 柑橘根系分布在土层 60~100 厘米,多数在 20~

40 厘米,因此深翻 30 厘米左右即可。

(4)深翻、施肥　深翻必须结合施有机肥,才能达到改良土壤、提高土壤肥力的目的。绿肥可用山青草、树叶、栽培绿肥、作物秸秆、绿肥有机残体、饼肥、堆肥、河塘泥、处理过的垃圾等。每立方米土壤加 50～150 千克有机肥,与土壤分 3～4 层压入土中,再施畜粪杂肥,效果更好。对酸性土每 50 千克有机肥加入 0.5～1 千克石灰或钙镁磷肥,可调节土壤 pH 值。

5. 覆盖和培土

(1)覆盖　土壤覆盖分全园覆盖和局部覆盖(即树盘覆盖),或全年覆盖和夏季覆盖。由于夏季伏旱严重,着重介绍夏季(7～10月)树盘覆盖。覆盖材料绿肥、山青草、树叶、稻草等均可。覆盖厚度 10～20 厘米为宜,依材料多少而定。距树干 10 厘米的范围不覆盖。覆盖结束,将半腐烂物翻入土中。

覆盖有很多好处,可增加土壤有机质,使土壤疏松,透气性良好。减少土壤水分蒸发和病原微生物、害虫的滋生,有利于土壤微生物的活动,1 克表土可含微生物 3 亿～6 亿个。可稳定土温。在高温伏旱期,降低地温 6℃～15℃。冬季升高土温 1℃～3℃。可缩小季节和昼夜上下土层间的温差,以利于柑橘根系吸收土壤中的水分和养分。同时还有利于柑橘的生长发育,增加产量,改善品质。

(2)培土　可增厚土层,培肥地力。尤其土层浅薄的丘陵山地柑橘园,水土流失严重,根系裸露,应注意培土。培土应按土质而定,黏土客砂土,砂土客黏土。柑橘园附近选择肥沃的土壤培土,既可增加耕作层的厚度,也能起到施肥的作用,对柑橘生长有良好的效果。

培土时间,宜在冬季。培土前先中耕松土,然后客入山土、沙泥、塘泥等,一般培土厚度 10～15 厘米,每隔 1～2 年培土 1 次。大面积客土困难,可分期分批培土。三峡库区实施移土培肥工程,将要被水淹没的肥土上移至土壤瘠薄的柑橘园,以增厚培肥柑橘园的土壤。

(四)土壤改良

土壤的根本问题是熟化问题。我国柑橘栽培不少在丘陵山地,土壤肥力低,土质差,黏重板结,偏酸偏碱,土层浅薄(有的土壤实为母质),土壤含钙高,对柑橘的生长发育都不十分理想,因此必须改良。

柑橘是多年生常绿果树,为了柑橘丰产优质,在果树上山前必须采用各种措施,改良土壤,熟化土壤,提高土壤肥力,为柑橘丰产优质打下良好的土壤基础。

目前我国柑橘产量不高,平均 667 平方米产量低于世界柑橘平均每 667 平方米产量。低产的重要原因之一,是柑橘上山定植前未经认真改土,土壤不熟化。据 20 世纪 90 年代中期的初步调查,未经改土即定植的柑橘园占 50%,改良土壤不良的占 40%~45%,改土良好的占 5%~10%。因此未改土已定植的柑橘园,或新开辟的柑橘园,都必须坚持改土,培肥土壤,熟化土壤。

1. 柑橘园的土壤熟化 新开辟的丘陵山地柑橘园,应改良土壤,大量施用有机肥,每 667 平方米施 5 000 千克。对酸性土还应施适当的石灰,调节土壤 pH 值。坚持不改土,不定植柑橘苗。

已种植柑橘土壤不熟化的低产园,应针对不同低产原因合理改良土壤。一般柑橘园土壤的耕作层浅薄。有的丘陵荒山柑橘园土壤处于幼年土发育阶段,土层浅薄,深 30 厘米左右即为母岩(岩石),实难满足柑橘生长的要求。应采用深沟扩穴,爆破改土,加深土层,大量施有机肥,熟化耕作层。坚持不断改土,使熟化的土壤耕作层在 60 厘米以上,以利于柑橘的正常生长发育。

2. 红壤柑橘园土壤改良 由于红壤瘦、黏、酸和水土流失严重,远不能满足柑橘生长发育的要求,造成柑橘生长缓慢,结果晚,产量低,品质差,甚至无收。红壤土培肥改良措施:一是修筑等高梯田、壕沟或大穴定植。二是柑橘园种植绿肥,以园养园,培肥土壤。三是深翻改土,逐年扩穴,增施有机肥,施适量石灰,降低土壤酸性。四是建立水利设施,做到能排能灌。五是及时中耕,疏松土壤,夏季进行树盘覆盖。

3. 酸性土柑橘园土壤改良　柑橘是喜酸性植物,适宜 pH 值 5.5~6.5。对 pH 值过低、酸性过强的土壤,如 pH 值 4.5 以下,不仅不适宜柑橘生长,而且铝离子的活性强,对柑橘根系有毒害作用,因此必须施石灰改良,降低过量酸及铝离子对柑橘的危害。其化学反应如下:

原料选采运→原料卸载→检选→贮存→洗果→分级→榨汁→精制→调配→脱气→巴氏杀菌→果汁罐装→密封→冷却→装箱→成品

经多年施用石灰,使强酸性土改良为适宜柑橘生长的微酸性土。石灰使铝离子(Al^{3+})沉淀,克服铝离子对根系的毒害。一般每 667 平方米施石灰 25~50 千克。

4. 黏重土柑橘园土壤改良　黏重土壤由于含黏粒高、孔隙度小、透水和透气性差,但保水保肥力较强。重黏土(含黏粒 90% 以上),收缩大,干旱易龟裂,使根断裂并暴露于空气中。湿时不易排水,易引起根腐,因此不利柑橘生长发育。此类土壤应掺沙改土,深沟排水,深埋有机物,多施有机肥,经常中耕松土,改善土壤结构,增强土壤透水、透气能力。

5. 柑橘园土壤老化及其防止措施　柑橘园土壤老化的因子,主要是柑橘园坡度倾斜大,耕作不当,水土流失严重,使耕作层浅化;长期大量施用生理酸性肥料,如硫酸铵等,引起土壤酸化;长期栽培柑橘,土壤中积聚了某些有害离子和侵害柑橘的病虫害,因而使土壤肥力及生态环境严重衰退恶化,不适宜柑橘生长。

防止柑橘园土壤老化的措施：一是做好水土保持，在柑橘园上方修筑拦水沟，拦截柑橘园外天然水源。柑橘园内修建背沟、沉砂池、蓄水池等排灌系统。保护梯壁。梯壁可自然生草，也可人工栽培绿肥。梯壁的生草和绿肥宜割不宜铲。柑橘园间作绿肥和树盘覆盖等，都有利于减少土壤水土流失。二是多施有机肥，合理使用化肥，特别是要针对不同土壤，合理施用酸性肥料，以免造成土壤酸化。三是深翻，加强土壤通气，可消除部分有毒有害离子，还可消除某些病虫害对柑橘的侵害。

二、肥料管理

（一）柑橘所需的各种营养元素

柑橘果树的整个机体在生长发育过程中，需要30多种营养元素。柑橘要求6种大量元素——氮、磷、钾、钙、镁、硫，其含量为叶片干重的0.2%～0.4%。柑橘还需多种微量元素，一般常见的有硼、锌、锰、铁、铜、钼，其含量范围在0.12～100毫克/千克。柑橘需要的大量元素和微量元素，在数量上有多有少但都是不可缺少的，在生理代谢功能上相互是不可代替的。如果某一种元素缺少或过量，都会引起柑橘营养失调。人工栽培柑橘就是调节树体营养平衡，达到树势健壮，高产优质的目的。每生产1 000千克果实，需要氮1.1～1.18千克、五氧化二磷0.17～0.27千克、氧化钾1.7～2.61千克、氧化钙0.36～1.04千克、氧化镁0.17～1.19千克。

（二）营养元素的作用及缺素矫治

1. 氮　柑橘树体内氮素通常以有机态存在，成为蛋白质、叶绿素、生物碱等的构成成分。氮素在组织内尤其在叶片中，即使增加量很小,对枝叶的生长和果实的影响却很大,在施氮量不超过限量时,随着施氮量的增加,叶片的含氮量和果实的产量也会随之增加。在植株开花前后大量的氮素由叶片转至花蕾中满足开花的需要。若在冬季和早春大量落叶,则会造成氮素的大量损失,影响树势和花果的发育,造成减产。在一定范围内,植株的着花数和坐果数与树体内的含氮量呈正比,施氮量与产量之间呈现正相关,叶片含氮量低,果实小,且对果实品质也有不良影响。

缺氮原因。柑橘是常绿果树,需氮量较多,施肥不足是柑橘园缺氮的主要原因。此外,土壤肥力低下,有机质含量低,土壤渍水,雨量多,沙质土壤的柑橘产区,以及土壤含钠、氯、硫、硼过多或施用磷肥过多等,均可诱导柑橘缺氮。

缺氮症状。缺氮会使叶片变黄,缺氮程度与叶片变黄程度基本一致。当氮素供应不足时,首先出现叶片均匀失绿、变黄、无光泽。这一症状可与其他缺素症相区别。但因缺氮所出现的时期和程度不同,也会有多种不同的表现。如在叶片转绿后缺氮,其表现症状是先引起叶脉黄化,此种症状在秋、冬季发生最多。严重缺氮时,黄化增加,顶部形成黄色叶簇,基部叶片过早脱落、出现枯枝,造成树势衰退,甚至数年难以恢复。

柑橘根系对氮素不论是铵态氮、硝态氮还是尿素,均能在短期内吸收利用,但吸收情况受环境因子和树体内部因子的影响。如土壤水分供应减少时,会导致氮的吸收减少;在极干旱的情况下,甚至不能吸收氮素。再如在酸性土壤中 Ca^{2+}(钙离子,下同)多时,更有利于根系对铵态氮的吸收利用;若土壤溶液中 Ca^{2+}、Mg^{2+}、K^+ 的浓度低时,施硝态氮比施铵态氮更有利于树体的吸收利用。

氮肥过多会破坏营养元素之间的平衡,对钾、锌、锰、铜、钼、硼尤其是磷的有效吸收利用,均有不良影响。总之,氮肥使用适当,不仅保证枝叶生长良好,而且有壮花、稳果、壮果、壮梢和促进根系生长的作用,尤以促梢壮果需氮量大。适当配合磷、钾、钙、镁的施用,更有利于树体的生长发育。

缺氮应及时矫治,矫治措施除土施尿素等外,还可进行根外追肥。如柑橘新叶出现黄化,可叶面喷施 0.3%～0.5%尿素溶液,5～7 天 1 次,连续喷施 2～3 次即可。也可用 0.3%硫酸铵或硝酸铵溶液喷施。

2. 磷　磷是形成原生质、核酸、细胞核和磷脂等物质的主要成分。磷参与树体内的主要代谢过程,在光合作用、呼吸作用和生殖器官(果实)形成中均有重要作用。

缺磷原因。土壤中总磷含量低是柑橘园土壤缺磷的主要原因。此外,含游离石灰的土壤、渍水的土壤和酸性的土壤,磷的有效性均较低。再就是砧木、气候、生物活动等因素也可诱导土壤缺磷;施肥不当(如氮肥、钾肥用量过大)也会导致柑橘植株缺磷。柑橘园的土壤如果是丘陵山地酸性红壤和含碳酸钙高的潮土时施用磷肥有明显的效果。

缺磷症状。通常发生在柑橘花芽分化和果实形成期。缺磷植株根系生长不良。叶片稀少,叶片中氮、钾含量高,呈青铜绿色。老叶呈古铜色、无光泽,春季开花期和开花后老叶大量脱落。花少。新抽的春梢纤弱,小枝有枯梢现象。当下部老叶趋向紫色时,树体缺磷严重。严重缺磷的植株,树势极度衰弱,新梢停止生长,小叶密生,并出现继发性轻度缺锰症状;果实果面粗糙,果皮增厚,果心大,果汁少,果渣多,酸高糖少,常发生严重的采前落果。

缺磷矫治。磷在土壤中易被固定,有效性低。因此,矫治应采取土壤施肥和根外追肥相结合。土壤施肥应与有机肥配合施用;钙质土使用硫酸铵等可提高磷肥施用的有效性;酸性土施磷肥应与施石灰和有机肥结合;难溶性磷如磷矿粉用前宜与有机肥一起堆制,待其腐熟后再施用。根外追肥可用 0.5%～1%过磷酸钙(浸泡 24 小时,过滤喷施)或用 1%磷铵叶面喷施,7～10 天 1 次,连喷 2～3 次即可。柑橘土施磷肥,通常株施 0.5～1 千克的过磷酸钙或钙镁磷肥。

3. 钾　钾与柑橘的新陈代谢和碳水化合物合成、运输和转运有密切关系。钾适量能使植株健壮,枝梢充实,叶片增厚、叶色深绿,抗寒性增强,果实增大,糖、酸和维生素 C 含量提高,且增强果实的耐贮性。

缺钾原因。土壤中代谢性钾不足是柑橘缺钾的主要原因。此外,土壤钙、镁含量高也会使钾的有效性降低,导致柑橘缺钾。钾含量较低的沙质土壤以及含钙、镁较高的滨海盐渍土往往比其他土壤上种植柑橘更易缺钾;再者,土壤缺水干旱、土壤渍水以及柑橘品种、砧木等的影响也是柑橘缺钾的原因。

缺钾症状。柑橘缺钾,在果实上表现果实小,果皮薄而光滑、着色快,裂果多,汁多酸少,果实贮藏性变差。钾含量低的植株上皱缩果较多,新梢生长短小细弱,花量减少,花期落果严重。不少叶片色泽变黄,并随缺钾程度的增加,黄化由叶尖、叶缘向下部扩展,叶片变小,并逐渐卷曲、皱缩呈畸形,中脉和侧脉可能变黄,叶片出现枯斑或褐斑,抗逆性降低。

缺钾矫治。可采用叶面喷施的办法进行矫治,常用 0.5%～1%硫酸钾或硝酸钾进行叶面喷施,5～7 天 1 次,连续喷 2～3 次即可。此外,柑橘园旱季灌溉和雨季排涝是提高钾的有效性、防止柑橘缺钾的又一措施。通常每年春、夏两季施用钾肥效果好,成年柑橘树一般株施钾肥 0.5～1 千克或灰肥 10 千克。

4. 钙　钙在柑橘叶片中含量最多。钙与细胞壁的构成、酶的活动和果胶的组成有密切关系。钙素适量可调节树体内的酸碱度,中和土壤中的酸性,加快有机物质的分解,减少土壤中的有毒物质。

缺钙原因。柑橘缺钙的主要原因是土壤交换性钙含量低。当土壤含钙低于 0.25 毫克/100 克干土、pH 值 4.5 以下时,柑橘表现为缺钙症状。所以,在沙质土壤含钙量低的强酸性土壤上种植柑橘,会发生严重缺钙。一般酸性土壤中发生缺钙也较为普遍。丘陵坡地种植柑橘,由于钙的流失也易发生缺钙。此外,土壤中交换性钠浓度太高、长期施用生理酸性肥料也会诱导柑橘缺钙。

缺钙症状。柑橘缺钙,出现植株矮小,树冠圆钝,新梢短,长势弱,严重时树根易发生腐烂,并造成叶脉褪绿,叶片狭小而薄、变黄;病叶提前脱落,使树冠上部常出现落叶枯枝。缺钙常导致生理落果严重,坐果率低,果实变小,产量锐减。

缺钙矫治。柑橘缺钙时,可用 0.3%～0.5%硝酸钙或 0.3%磷酸二氢钙液进行叶面喷施,也可喷施 2%熟石灰液。我国柑橘缺钙多发生在酸性土壤,可采用土壤施石灰的方法矫治。通常每667 平方米土壤施石灰 60～120 千克,石灰最好与有机肥配合施用。这样,既可以调节土壤酸度,改良土壤,又可防止柑橘缺钙。土壤施石灰或过磷酸钙,或二者混合施用。石灰与石膏混合施用效果也好。

5. 镁 镁是柑橘果树光合作用主要物质叶绿素的组成元素。柑橘植株缺镁,常发生在生长季后期。

缺镁原因。大致有以下几种情况:一是土壤本身镁的含量低或代换性镁含量低(≤8～10 毫克/100 克干土)。二是土壤含镁或代换性镁本身含量较高,但因土壤钾含量过高或施用钾肥过多,使钾对镁产生拮抗作用,阻碍柑橘对镁的吸收。三是沙质壤土、酸性土壤镁的淋失严重,若不施用镁肥,会使柑橘产生缺镁。四是植株结果过多常会产生因缺镁而黄化,这是由于当镁缺乏时,镁由叶片转移到生长势强的果实等器官所致,尤其是秋、冬季果多的柑橘植株易因镁不足而黄化。

缺镁症状。缺镁在结果多的枝条上表现更重。病叶通常在叶脉间或沿主脉两侧显现黄色斑块或黄点,从叶缘向内褪色。严重的在叶基残留界限明显的倒"V"字形绿色区,在老叶侧脉或主脉往往出现类似缺硼症状的肿大和木栓化,果实变小,隔年结果严重。

缺镁矫治。缺镁通常采用土壤施氧化镁、白云石粉或钙镁磷肥等,以补充土壤中镁的不足和降低土壤的酸性,可每 667 平方米施 50~60 千克;叶面可喷施 1%硝酸镁,每月 1 次,连喷施 3 次。也可用 0.2%硫酸镁和 0.2%硝酸镁混合液喷施,10 天 1 次,连续 2 次即可。喷施加铁、锰、锌等微量元素或尿素,可增加喷施镁的效果。缺镁柑橘园,钾含量较高,可停施钾肥。同样含钾丰富的柑橘园,使用镁肥有好的效果。另外施氮可部分矫治缺镁症。

6. 铁　铁参与酶活动,与细胞内的氧化还原过程、呼吸作用和光合作用有关,对叶绿素的形成起促进作用。

缺铁原因。引起缺铁的原因很多,主要的有以下几个:一是碱性或石灰性土壤 pH 值高,使铁的有效性下降。二是土壤中重碳酸盐影响柑橘对铁的吸收和转运。三是石灰性土壤过湿和通气不良,导致锰溶解度增大,抑制根系呼吸,阻碍根系对铁的吸收。四是大量元素和微量元素(钾、钙、磷、镁、锌、铜等)的过多施用或缺乏造成营养不平衡以及其他重金属离子(镍、镉、钴等)的影响,都会阻碍柑橘对铁的吸收。五是土壤温度。另外,柑橘砧木对铁敏感性程度的不同均会使植株出现对铁吸收利用的差异。通常枳砧柑橘易出现缺铁,而枸头橙砧、香橙砧和红橘砧柑橘较不易发生缺铁。

缺铁症状。柑橘缺铁典型的症状是失绿。失绿首先发生在新梢上,在淡绿色的叶片上呈绿色的网状叶脉。失绿严重的叶片,除主脉呈绿色外全部发黄。缺铁植株常出现新梢黄化严重,老叶叶色正常。不同枝梢的叶片表现黄化的程度不一:春梢黄化较轻,秋梢和晚秋梢表现较为严重。受害叶片提早脱落,枯枝也时有发生。缺铁植株的果实变得小而光滑,果实色泽较健果更显柠檬黄。

缺铁矫治。由于铁在树体内不易移动,在土壤中又易被固定。

因此，矫治缺铁较难。目前，较为理想的办法有以下几种：一是选择适宜的砧木品种进行靠接，如枳砧柑橘出现黄化，可用枸头橙砧或香橙砧或红橘砧靠接。二是叶面喷施 0.2% 柠檬酸铁或硫酸亚铁可取得局部效果。三是土壤施螯合铁（Fe-EDTA）矫治柑橘缺铁，酸性土壤施螯合铁 20 克/株、中性土或石灰性土壤施螯合铁 15～20 克/株效果良好，但成本高，难以在生产上大面积推广。四是用 15% 尿素铁埋瓶或用 0.8% 尿素铁加 0.05% 黏着剂叶面喷施，也有一定效果。五是用柠檬铁或硫酸亚铁注射的办法，或在主干挖孔将药剂（栓）放入孔中对矫治黄化也有效果。六是土壤施酸性肥料，如硫酸铵等加硫黄粉和有机肥，既可改良土壤，又可提高土壤铁的有效性。七是施用专用铁肥，在 4 月中、下旬和 7 月下旬分别施 1 次叶绿灵或其他专用铁肥，先将铁肥溶解在水中，然后把水浇在树冠的滴水线下。1 年生树每次施叶绿灵 1～2 克，2 年生树每次施 2～3 克，3 年生树每次施 3～5 克，大树浇药量随之增加。用叶绿灵矫治缺铁效果较好。

7. 锰 锰是树体内各种代谢作用的催化剂。

缺锰原因。柑橘缺锰在酸性土壤和石灰性土壤的柑橘园均有发生。锰的缺乏与土壤中锰的有效含量有关，淋失严重的酸性土壤和碱性土壤均易发生锰的缺乏症。酸性土施石灰过量，土壤缺磷，富含有机质的沙质土均可出现缺锰。

缺锰症状。柑橘缺锰时，幼叶和老叶均出现花叶。典型的缺锰叶片症状是在浅绿色的基底上显现绿色的网状叶脉，但花纹不像缺铁、缺锌那样清楚，且叶色较深，随着叶片的成熟，叶花纹自动消失。严重缺锰时，叶片中脉区常出现浅黄色和白色的小斑点，症状在叶背阴面更明显。缺锰还会使部分小枝枯死。缺锰常发生在春季低温、干旱而又值新梢转绿时期。

缺锰矫治。酸性土壤柑橘缺锰，可采用土壤施硫酸锰和叶面喷施 0.3% 硫酸锰加少量石灰水矫治，10 天喷施 1 次，连续 2～3

次即可。此外,酸性土壤施用磷肥和腐熟的有机肥,可提高土壤锰的有效性。碱性或中性土壤柑橘缺锰,叶面喷施 0.3％硫酸锰,效果比土施更好,但必须每年春季喷施数次。

8. 锌　锌是某些酶的组成部分,与叶绿素、生长素的形成及细胞内的氧化还原作用有关。

缺锌原因。柑橘缺锌较为普遍,仅次于缺氮。引起缺锌的原因很多,诸如土壤中的有机质含量低,钾、铜过量或其他元素不平衡,以及施用高磷、高氮的土壤常会加剧锌的缺乏。柑橘缺锌常发生在碱性土、淋溶严重或用石灰过量的酸性土上。

缺锌症状。缺锌会破坏生长点和顶芽,使枝叶萎缩或生长停止,形成典型的斑驳小叶。叶片主脉和侧脉呈绿色,其余组织为浅绿色至黄白色、有光泽。严重缺锌时仅主脉或粗大脉为绿色,故有称缺锌症状为“绿肋黄化病”。

缺锌矫治。常采用叶面喷施 0.2％～0.5％的硫酸锌液,或加 0.1％～0.25％的熟石灰水,10 天 1 次,连续喷施 2～3 次即可。酸性土壤施硫酸锌,一般株施 100 克左右。

9. 铜　铜是某些酶的组成部分。铜与叶绿素结合,可防止叶绿素受破坏。

缺铜原因。柑橘缺铜主要发生在淋溶的酸性沙土、石灰性沙土和泥炭土中。此外,柑橘园施磷、施氮过多,也会导致缺铜。酸性土壤可溶性铝的增加也会使土壤缺铜。

缺铜症状。缺铜初期,叶片大,叶色暗绿,新梢长软,略带弯曲,呈“S”字形,严重时,嫩叶先端形成茶褐色坏死,后沿叶缘向下发展成整叶枯死,在其下发生短弱丛枝,并易干枯,早落叶和爆皮流胶,到枝条老熟时,伤口呈现红褐色。缺铜症在果实上的表现是出现以果梗为中心的红褐色锈斑,有时布满全果,果实变小,果心及种子附近有胶,果汁少。

缺铜矫治。缺铜症较少见,出现缺铜症时可用 0.01％～

0.02%硫酸铜液喷施叶片,10 天 1 次,连续喷施 2 次即可。注意在高温季节喷施浓度和用量不要过大,以防灼伤叶片。用等量式或倍量式波尔多液喷施效果也很好。注意夏季使用浓度不能过高而伤及叶片。

10. 硼 硼能促进碳水化合物的运转、花粉管发育伸长,有利于受精结实,提高坐果率;硼还可以改善根系中的氧供应,促进根系发育,提高果实维生素和糖的含量。

缺硼原因。柑橘缺硼的主要原因是土壤自然含硼量低。缺硼常发生在淋溶严重的酸性土壤、有机质含量低的土壤、有机胶体少的土壤、砖红壤化的土壤、使用石灰过量的土壤、碱性钙质土壤上。此外,栽培管理不当也会造成柑橘缺硼,如化肥施用过多的土壤较施用有机肥为主的土壤易表现缺硼。大量施用磷肥、氮肥的柑橘园易导致缺硼。以酸橙作砧木的柑橘园易发生缺硼。土壤干旱、果园土壤老化也是柑橘缺硼的原因之一。

缺硼症状。缺硼会影响分生组织活动,其主要症状是幼梢枯萎。轻微缺硼时,会使叶片变厚、变脆,叶脉肿大、木栓化或破裂,使叶片发生扭曲。严重缺硼时,顶芽和附近嫩叶(尤其是叶片基部)变黑坏死,花多而弱,果实小、畸形,皮厚而硬,果心、果肉及白皮层均有褐色的树脂沉积。此外,老叶变厚,失去光泽,发生向内反卷症状。酸性土、碱性土和低硼的土壤,特别是有机质含量低的土壤最易发生缺硼。干旱和施石灰过量,也会引起缺硼。缺硼还会引起缺钙。

缺硼矫治。缺硼可用 0.1%～0.2%硼砂液进行叶面喷施和根部浇施。叶面喷施 7～10 天 1 次,连续喷施 2～3 次即可。喷施硼加等量的石灰,可提高附着力,防止药害,提高喷施的效果。也可与波尔多液混合使用。根际浇施硼肥可用 0.1%～0.2%硼砂液,也可与人粪尿等混合浇施,效果更好。土施硼肥,一般每 667平方米施硼酸 0.25～0.5 千克。根际施硼过量会造成毒害,且施用的量不易掌握,加之缺硼严重的柑橘植株的根系已开始腐烂,吸肥力弱,效果不明显,故很少用。花期喷施硼是矫治缺硼的关键,可根据缺硼程度适当调节喷施硼的次数。

11. 钼　钼参与硝酸还原酸的构成,能促进硝酸还原,有利于硝态氮的吸收利用。

缺钼原因。缺钼一般发生在酸性土壤上。淋溶强烈的酸性锰浓度高,易引起缺钼。此外,过量施用生理酸性肥料,降低钼的有效性。磷不足,氮量过高,钙低也易引起柑橘缺钼。

缺钼症状。缺钼易产生黄斑病。叶片最初在早春出现水浸状,随后在夏季发展成较大的脉间黄斑。叶片背面流胶,并很快变黑。缺钼严重时,叶片变薄,叶缘焦枯,病树叶片脱落。缺钼初期,脉间先受害,且阳面叶片症状较明显。缺钼新叶呈现一片淡黄,且多纵卷向内抱合(常称新叶黄化抱合症状),结果少,部分越冬老叶中脉间隐约可见油渍状小斑点。

缺钼矫治。最有效的方法是喷施 0.01％～0.05％钼酸铵溶液。为防止新梢受药害,可在幼果期喷施。对缺钼严重的柑橘植株,可加大喷药浓度和次数,可在 5 月份、7 月份、10 月份各喷施 1 次浓度 0.1％～0.2％钼酸铵溶液,叶色可望恢复正常。对酸性土壤的柑橘园,可采用施石灰矫治缺钼。若用土施矫治缺钼,通常每 667 平方米施用钼酸铵 25～40 克,且最好与磷肥混合施用。

12. 硫　硫系胱氨酸及核酸等物质的组成部分,它能促进叶绿素的形成。

缺硫原因。主要原因是土壤含硫量低。但不少柑橘果园常使用石硫合剂防治病虫害,故缺硫症在柑橘园少见。

缺硫症状。新叶黄化(与缺铁相似),尤其是小叶的叶脉较黄,并在叶肉和叶脉间出现部分干枯,而老叶仍保持绿色。症状严重时,新生叶更加变黄、变小,且易早落,新梢短弱丛生、易干枯和着生丛芽。小果皮厚,并出现畸形。

缺硫矫治。可喷施 0.05%～0.1%硫酸钾溶液,或在土壤中施硫酸钾加以矫治。

(三)柑橘叶片营养元素适宜标准

我国宽皮柑橘类、柚和甜橙类、柑橘叶片营养元素含量的适宜标准分别见表 5-1、表 5-2、表 5-3。

表 5-1　我国宽皮柑橘类叶片营养元素含量适宜标准

元　素	温州蜜柑[①]	椪　柑[②]	本地早[③]	南丰蜜橘[④]
氮(%)	3.0～3.5	2.9～3.5(2.7～3.3)	2.8～3.2	2.7～3.0
磷(%)	0.15～0.18	0.12～0.16(0.12～0.15)	0.14～0.18	0.13～0.18
钾(%)	1.0～1.6	1.0～1.7(1.0～1.8)	1.0～1.7	0.9～1.3
钙(%)	2.5～5.0	2.3～3.7(2.3～2.7)	3.0～5.2	2.4～3.6
镁(%)	0.3～0.6	0.25～0.50(0.25～0.38)	0.30～0.55	0.29～0.49
铜(mg/kg)	4～10	4～16	—	—
锌(mg/kg)	25～100	20～50	—	—
锰(mg/kg)	25～100	20～150	—	—
铁(mg/kg)	50～120	50～140	—	—
硼(mg/kg)	30～100	20～60	—	—

注:1.①引自成慎坤(1985),②引自庄伊美(1985),③引自俞立达(1990),④引自赵道炳(1989)

2.表中数值系指营养性春梢叶片;椪柑栏内数值系指枳砧椪柑,小括号内数值系乔砧椪柑

第五章 现代柑橘土肥水管理技术

表 5-2 我国柚、甜橙类叶片营养元素含量的适宜标准

元 素	琯溪蜜柚[①]	锦 橙[②]	暗柳橙、改良橙、伏令夏橙[③]
氮(%)	2.50~3.10	2.75~3.25	2.50~3.30
磷(%)	0.14~0.18	0.14~0.17	0.12~0.18
钾(%)	1.4~2.2	0.7~1.5	1.0~2.0
钙(%)	2.0~3.8	3.2~5.5	2.0~3.5
镁(%)	0.32~0.47	0.20~0.50	0.22~0.40
铜(mg/kg)	8~17	4~8	4~18
锌(mg/kg)	24~44	13~20	25~70
锰(mg/kg)	15~140	20~40	20~100
铁(mg/kg)	60~140	60~170	90~160
硼(mg/kg)	15~50	40~110	25~100

注:1. ①引自庄伊美(1991),②引自周学伍(1991),③引自王珧等(1992)

2. 表中数值系指营养性春梢叶片

表 5-3 柑橘叶片营养标准值 (中国农科院柑橘研究所)

元 素	甜橙适量值		温州蜜柑适量值		占干物重
	中国	美国	中国	日本	
氮	2.5~2.8	2.5~2.7	3.0~3.5	2.5~3.0	%
磷	0.13~0.16	0.12~0.16	0.15~0.18	0.10~0.18	%
钾	1.3~1.8	1.2~1.7	1.0~1.6	1.0~2.0	%
钙	3.3~5.0	3.0~4.5	2.5~5.0	2.5~3.5	%
镁	0.27~0.45	0.3~0.49	0.3~0.6	0.3~0.5	%
硫	—	0.2~0.39	—	—	%
硼	—	36~100	30~100	30~100	mg/kg
铁	70~120	50~120	50~120	—	mg/kg
锰	21~49	25~120	25~100	30~100	mg/kg
锌	21~30	25~49	25~100	30~200	mg/kg
铜	5~10	5~12	4~10	—	mg/kg
铝	—	0.1~1.0	—	—	mg/kg

（四）柑橘叶片营养诊断标准

甜橙叶片、脐橙叶片、椪柑叶片营养诊断标准分别见表 5-4、表 5-5、表 5-6。

表 5-4　甜橙营养状况的叶片标准值

营养元素	缺 乏	最适范围	过 量	占干物质
氮	2.2	2.5～2.7	3.0	%
钾	0.7	1.2～1.7	2.4	%
磷	0.09	0.12～0.16	0.3	%
钙	1.5	3.0～4.5	7.0	%
镁	0.2	0.30～0.49	0.8	%
硫	0.14	0.20～0.39	0.6	%
硼	20	36～100	101～200	mg/kg
铁	35	50～120	130～200	mg/kg
锰	18	25～49	50～500	mg/kg
锌	18	25～49	50～200	mg/kg
铜	3.6	5～12	13～19	mg/kg
钼	0.05	0.1～1.0	2～50	mg/kg

表 5-5　脐橙叶片营养诊断标准 （恩布尔顿，1973）

元素	干物质为基础的单位	范　围				
		缺 乏	低	适 宜	高	过 剩
氮	%	<2.2	2.2～2.3	2.4～2.6	2.7～2.8	>2.8
磷	%	<0.09	0.09～0.11	0.12～0.16	0.17～2.8	>0.30
钾	%	<0.40	0.40～0.69	0.70～1.09	1.10～2.0	>2.30
钙	%	<1.6	1.6～2.9	3.0～5.5	5.6～6.9	>7.0
镁	%	<0.16	0.16～0.25	0.2～0.6	0.7～1.1	>1.2

续表 5-5

元素	干物质为基础的单位	范 围				
		缺 乏	低	适 宜	高	过 剩
硫	%	<0.14	0.14~0.19	0.2~0.3	0.4~0.5	>0.6
硼	mg/kg	<21	21~30	31~100	101~260	>260
铁	mg/kg	<36	36~59	60~120	130~200	>250
锰	mg/kg	<16	16~24	25~200	300~500	>1000
锌	mg/kg	<16	16~24	25~100	110~200	>300
钼	mg/kg	<0.06	0.06~0.09	0.10~3.0	4.0~100	>100
氯	%			<0.3	0.4~0.6	>0.7
钠	%			<0.16	0.17~0.24	>0.25
锂	mg/kg			<3	3~35	>35
砷	mg/kg			<1	1~5	>5

表 5-6 椪柑叶片营养诊断标准

营养元素	占干物质之比例				
	缺 乏	低	适 宜	高	过 剩
氮(%)	<2.2	2.2~2.4	2.5~2.7	2.8~3.0	>3.1
磷(%)	<0.09	0.09~0.11	0.12~0.16	0.17~0.29	>0.3
钾(%)	<0.7	0.7~1.1	1.2~1.7	1.8~2.3	>2.4
钙(%)	<1.5	1.5~2.9	3.0~4.5	4.6~6.0	>7.0
镁(%)	<0.2	0.2~0.29	0.3~0.49	0.5~0.7	>0.8
硫(%)	<0.14	0.14~0.19	0.2~0.39	0.1~0.6	>0.7
硼(mg/kg)	<20	20~35	36~100	101~200	>260
铁(mg/kg)	<35	35~49	50~120	130~200	>250
锌(mg/kg)	<18	18~24	25~49	50~200	>250
铜(mg/kg)	<3.6	3.7~4.9	5~12	13~19	>20
锰(mg/kg)	<18	18~24	25~49	50~500	>1000
钼(mg/kg)	<0.05	0.06~0.09	0.1~1	2~50	>100

柑橘果树生长发育过程中,不同矿物元素所起的作用不同。根据矿物养分回归学说,每株柑橘树所产果实的产量不同,需要补充的矿物养分的数量应根据果实的产量确定,大体可依照表 5-7 所列数据及各种矿物元素在土壤中可被柑橘利用的比例进行测算。

表 5-7　柑橘每吨鲜果中营养元素的平均含量　(单位:克)

元　素	含　量	元　素	含　量	元　素	含　量
氮	1906	硼	2.2	氯	24.7
磷	173	铜	1.2	钠	43.5
钾	1513	铁	6.6	铅	7.6
钙	626	锰	2.8	钴	0.003
镁	127	锌	0.9		
硫	137	钼	0.008		

(五)柑橘所需肥料的种类及特性

我国柑橘栽培,在广大农村由于有机肥来源广,施用有机肥历史悠久,故仍以施有机肥为主,施化肥少量。而具规模的柑橘基地,多施化肥,施有机肥料少。不论是果农种植,或是企业建柑橘基地,提倡种绿肥,多施有机肥。现将柑橘园常用的肥料种类及其特性介绍于后。

1. 常用的有机肥料　有机肥又称农家肥。其主要特点是不易溶于水,分解缓慢,是迟效肥。养分全面,既含大量元素,又含微量元素,使柑橘不易缺素。但养料成分含量低。柑橘常用的有机肥料见表 5-8。

表 5-8　柑橘常用各种有机肥料成分

肥料种类	肥分含量（%）			肥料种类	肥分含量（%）		
	氮素	磷酸	氧化钾		氮素	磷酸	氧化钾
粪尿：				油饼类：			
人　粪	1.00	0.40	0.30	大豆饼	7.00	1.32	2.13
人　尿	0.50	0.10	0.30	花生饼	6.32	1.17	1.34
猪　粪	0.60	0.45	0.50	棉籽饼	3.41	1.63	0.97
猪　尿	0.30	0.13	0.20	菜籽饼	4.60	2.48	1.40
马　粪	0.50	0.35	0.30	茶籽饼	1.11	0.37	1.23
马　尿	1.20	微量	1.50	桐籽饼	3.60	1.30	1.30
牛　粪	0.30	0.25	0.10	杂肥类：			
牛　尿	0.80	微量	1.40	骨　灰	0.06	40.00	—
羊　粪	0.75	0.60	0.30	猪　毛	13.00	0.02	微量
羊　尿	1.40	0.05	2.20	牛　毛	13.80	—	—
鸡　粪	1.63	1.54	0.85	人　发	13～15	0.08	0.07
鸭　粪	1.00	0.40	0.60	鸡　毛	14.21	0.12	微量
鹅　粪	0.55	0.54	0.95				
绿肥类：				泥土肥类：			
紫云英	0.40	0.11	0.35	熏　土	0.18	0.13	0.40
苕　子	0.56	0.13	0.43	炕　土	0.08～0.41	0.11～0.21	0.26～0.97
黄花苜蓿	0.55	0.11	0.40	墙　土	0.10	0.10	0.57
满园花	0.31	0.18	0.26	河　泥	0.27	0.59	0.91
蚕　豆	0.55	0.12	0.45	塘　泥	0.33	0.39	0.34
豌　豆	0.51	0.15	0.52	堆肥、沤肥类：			
猪屎豆	0.59	0.26	0.70	厩　肥	0.48	0.24	0.63
田　菁	0.52	0.07	0.15	土　粪	0.12～0.94	0.14～0.60	0.30～1.84
饭　豆	0.50	—	—	堆　肥	0.40～0.50	0.18～0.26	0.45～0.70
绿　豆	0.52	0.12	0.93	沤　肥	0.32	0.06	0.29
紫花苜蓿	0.56	0.18	0.31	粪　干	1.02	1.34	1.11
草木樨	0.52	0.04	0.19				

（1）**人粪尿**　是良好的优质有机肥料，肥效较一般的有机肥快速，是有机肥料的速效肥。含水分70%～80%，有机质20%左右。人粪尿以含氮为主，尿素态氮占87%，铵态氮占4.3%。人粪尿总含氮量占1.5%、五氧化二磷占0.63%、氧化钾占0.5%，同时还含有各种微量元素、可溶性盐和少量激素等。新鲜人粪尿呈中性，含氮多，而磷、钾较少，施用人粪尿应配合施磷、钾肥。长期单施人粪尿会破坏土壤结构，引起土壤板结。因此，人粪尿应和厩肥、堆肥等配合施用，特别是土壤质地疏松和缺乏有机质时更应配合厩肥等一起施用，肥效更好。

（2）**厩肥**　家畜粪尿、食物残渣及纤维垫料经发酵腐熟而成。厩肥含有机质丰富，一般为15%，有的高达30%。含氮0.5%～1%，五氧化二磷0.2%～0.4%，氧化钾0.5%～0.8%。厩肥是柑橘的良好基肥，适宜冬季大量施用。

（3）**绿肥**　是我国柑橘生产上极重要的肥源，在果园内外均可种植，特别是幼龄果园应利用株间、行间空地种植绿肥作物。绿肥作物应以豆科作物为主，如大豆、豌豆、蚕豆、绿豆、印度豇豆、印尼绿豆和紫云英等。因豆科绿肥的根瘤菌有固氮能力，能把大气中的无效氮固定转化成土壤中植物可吸收利用的有效氮。667平方米柑橘园埋压豆科绿肥1 000千克，相当于施入5千克纯氮。因此，柑橘园种豆科绿肥具有肥源广、施用方便、节省劳力、自给肥料、改良土壤、提高土壤肥力的作用。

（4）**饼肥**　又称油饼（枯）。是柑橘最好的优质有机肥料。饼肥在有机肥料中氮、磷、钾含量最丰富，含氮1.11%～7%、五氧化二磷0.37%～1.63%、氧化钾0.97%～2.13%。此外，还含钙、镁及各种微量元素。饼肥和其他有机肥料比较，又以含磷高为主要特征，这对改善果实品质有良好作用。饼肥的施用方法，是将油饼打成粉状，加20%～30%猪、牛粪水混匀，堆积腐熟发酵后施用。油饼若干施，须将粉状油饼与土杂肥混匀，撒施入施肥穴中，同时施入猪、牛粪水,待土吸水后盖土即可。

(5)杂肥 农家肥料种类很多,各地都有自己的杂肥,养分含量有高有低,但施入柑橘园均有改良土壤、提高土壤肥力的作用。归纳起来大致有以下杂肥:即塘泥、河泥、墙土、地皮土、猪牛皮渣、人发、骨粉等,都可作为肥料施入柑橘园。

2. 常用的化肥 化学肥料又称无机肥料。其主要特点是易溶于水,植物根系易于吸收,肥效快。所含养分单一,但养分含量高(表5-9)。国外以施化肥为主,增加柑橘产量。

表 5-9 柑橘常用各种无机肥料成分

肥料种类	肥分含量(%)			肥料种类	肥分含量(%)		
	氮素	磷酸	氧化钾		氮素	磷酸	氧化钾
氮 肥				重过磷酸钙	—	45.00	—
硫酸铵	20.80	—		磷矿粉		20.00	
硝酸铵	34.00			钙镁磷肥		18.00~22.00	
氯化铵	25.00						
石灰氮	20.00			**钾 肥**			
尿素	46.00			硫酸钾			48.00
氨水	17.00			氯化钾		4.00	50.00~60.00
碳酸氢铵	17.00						
磷 肥				木 灰		1.00~2.00	10.00
过磷酸钙	—	20.00		草 灰		1.00~2.00	5.00

(1)氮肥的特性及施用

①尿素[$CO(NH_2)_2$]:是化学中性氮肥。无论是酸性土、中性土、碱性土均可施用。含氮46%,是柑橘的优质氮肥,但施入土中易流失挥发,因此1次施用量不宜过多。尿素液叶面喷施易被吸收。根系不易直接吸收,需经转化才易被吸收。尿素在土壤中经脲酶作用,极易转化为易被吸收的铵态氮。

②碳酸氢铵（NH_4HCO_3）：是碱性氮肥。只适宜施入酸性土柑橘园，不适宜施入碱性土柑橘园。气温升高，易分解产生氨气而挥发，损失氮素肥效。因此宜深施，施后立即盖土。碳酸氢铵含氮17%，其中的铵离子[NH_4^+]积累过多，对柑橘根系有毒害作用。因此，1次施用量不宜过多。

③硫酸铵[$(NH_4)_2SO_4$]：是酸性肥料。适宜施入碱性土柑橘园，如海涂土和紫色土均可施用。硫酸铵含氮20%左右。

(2) 磷肥的特性及施用

①过磷酸钙[$Ca(H_2PO_4)_2$]：是目前柑橘应用最广的惟一水溶性磷肥。因生产过磷酸钙时加入过量的硫酸作用于磷矿粉，因此偏酸。按理论计算含五氧化二磷20%左右，实际出售的过磷酸钙含五氧化二磷18%左右。过磷酸钙施入过酸、过碱的土壤中，均易被固定而失效，因此柑橘园施用过磷酸钙应和有机肥配合施用。有机肥缓冲性能强，吸附在有机肥上的磷肥不易被固定失效，可延长磷肥的有效性。

②骨粉：主要成分为不溶性磷酸三钙[$Ca_3(PO_4)_2$]，是一种迟效性磷肥，若使用方法得当，肥效也好。骨粉除含磷外，还含有氮、钾、钙及微量元素，均是柑橘的良好养分，但需经过腐熟转化才能被植物吸收利用。将骨粉与有机肥料堆积发酵腐熟后施用，可以充分发挥肥效。骨粉若干施，必须和土壤混匀，并配合施猪、牛粪水，也有效果，但肥效缓慢，故多用作基肥冬季施用。骨粉含五氧化二磷20%左右，属有机磷肥。

(3) 钾肥的特性及施用

①硫酸钾（K_2SO_4）：是化学中性，生理酸性肥料。各类土壤柑橘园均宜施用。由于是生理酸性，施入中性和碱性土柑橘园更为适宜。硫酸钾是柑橘最好的钾肥，易溶于水，易被植物吸收利用。含氧化钾50%左右。

②氯化钾（KCl）：同样是化学中性，生理酸性钾肥。对土壤的

适应性与硫酸钾相同。氯化钾是柑橘上施用最广的钾肥,因价格较低,钾源广泛,一般含氧化钾 50%～60%。

实践证明,氯化钾中的氯离子[Cl⁻]对柑橘果实品质不利,主要降低其含糖量(约降低 0.2%)。由于硫酸钾来源少、价格高,氯化钾来源广、价格低。施用方法:如盆栽 2～3 年生,1 次用量 0.1 千克以下。田间 5～10 年生,1 次用量 0.5 千克以下。25 年生左右,1 次用量 1.5 千克以下。并把含氯肥料撒施入穴中,与土壤混匀,再施肥水盖土。施 3～5 年停施 1 年,含氯肥料对柑橘没有什么影响。国外柑橘园也广泛施用氯化钾。

氯离子的积累,对柑橘根系有毒害作用,这主要存在于降水量少的干旱地区。我国的三峡库区柑橘栽培区降水量丰富,一般年降水量在 1 000～1 500 毫米,氯离子易被淋洗,不易积累,因此,对根系没有什么伤害作用。

(4)复合肥料 工业生产的肥料,含两种以上养料成分的化肥,称复合肥。常见的复合肥有磷酸二氢钾、硝酸钾、磷酸二铵等。一般复合肥都含有氮、磷、钾 3 种大量元素,有的还含有微量元素。复合肥含养分较全面,基本上都是可溶性的,肥效快,易被植物吸收利用,是柑橘的优质肥料。目前我国正在大力推广配方施肥,按一定的比例,将氮、磷、钾混合起来,起到复合肥的效用,实际上是一种混合肥,但方法简便易行,柑橘园也常应用。国内规定配方复合肥氮、磷、钾含量必须在 25%以上,才允许出厂市售。

3. 微肥 随着化肥工业的发展,柑橘大量元素的施用量越来越高,使产量不断增加的同时,越来越显示出了微肥的重要作用。

有的柑橘园,微肥成了生产上的限制因子,严重影响柑橘的树势、产量和品质。如柑橘花而不实,主要缺硼。红壤土柑橘,从幼苗直至成年结果树,普遍不同程度缺锌,严重者树势衰弱,落叶落果,果实偏小。紫色土丘陵山地柑橘园,普遍缺铁,春、夏、秋梢均发生缺铁褪绿症,严重者整株黄化落叶直至死亡。

目前我国柑橘园主要缺铁、锌、硼、镁,极少缺铜或钼。

(六)柑橘施肥技术

1. 施肥原则 应根据不同柑橘品种、砧木、土壤类型、气候环境条件、肥料种类和密植程度等,合理经济施肥。

(1)看树施肥 柑橘种类繁多,应按不同品种、砧木、不同树龄、生育期以及不同缺乏症状等,采取合理施肥措施。

(2)气候施肥 由于雨量、温度等气候因素,不仅直接影响柑橘根系吸收养分的能力,而且对土壤有机质的分解和养分形态的转化以及土壤微生物的活动都有很大的影响,因此必须结合气候因子合理施肥。

(3)看土施肥 栽培柑橘的土壤类型、质地和结构、水分条件、土壤有机质和养分含量、土壤酸碱度、土壤熟化程度等常各不相同,故应根据不同的土壤情况,确定合理的施肥。

(4)经济施肥 即以最低的施肥成本,获得最高的经济效益。从目前的科学研究来看,以叶片分析为主,配合土壤分析的田间施肥试验,指导柑橘施肥,可达此目的。

(5)施肥与其他栽培措施结合 柑橘丰产是应用综合栽培措施的结果,因此施肥应与培肥土壤、耕作、灌水和防治病虫害等措施结合起来,才能充分发挥肥效,获得理想的产量和经济效益。

2. 幼树施肥 未进入结果期的幼树,其栽培目的在于促进枝梢的速生快长,培养坚实的枝干和良好的骨架枝,迅速扩大树冠,为早结丰产打下基础。所以幼树施肥应以氮肥为主,配合施磷、钾肥。氮肥的施用着重攻春、夏、秋 3 次梢,特别是攻夏梢。夏梢生长快而健壮,对扩大树冠起很大作用。因此幼树施肥的要点如下。

(1)增加氮肥施用量 因为幼树阶段主要是进行营养生长,要迅速扩大树冠,故需施大量氮肥。根据各地经验,一般 1～3 年生幼树全年施肥量,平均每株施氮 0.18～0.3 千克,合尿素 0.35～

0.6 千克,具体施用量,随树龄增加从少到多,逐年提高。氮、磷、钾的比例为 1∶0.5∶0.9。幼树随树龄增加、树冠不断扩大,对养分的需求不断增加。因此,幼树施肥应坚持从少到多、逐年提高的原则。

(2)施肥期 着重在各次抽生新梢的时期施肥,特别是 5~6 月份促生夏梢,应作为重点施肥期。7~8 月份促进秋梢生长,也是重要施肥期。

(3)施肥次数 幼树根系吸收力弱,分布范围小而浅,又无果实负担,因此一般 1 次施肥量不能过多,应采用勤施薄施的办法,即施肥次数要多,每次施用量要少。每年施肥 4~6 次,或更多次数。

(4)间作绿肥,培肥土壤 幼年柑橘园株间行间空地较多,为了改良土壤,增加土壤有机质,提高土壤肥力,防止杂草生长,应在冬季和夏季种植豆科绿肥,深翻入土,不断改良土壤,熟化土壤。

3. 结果树施肥 柑橘进入结果期后其栽培目的主要是继续扩大树冠,同时获得丰产和优质。这时施肥也就是调节营养生长和生殖生长的平衡,即既有健壮的树势,又能丰产优质。为达此目的必须按照柑橘生育特点和吸肥规律,采用合理的施肥技术,科学施肥。

(1)施肥期 柑橘在年生长周期中,抽梢、开花、结果、果实成熟、花芽分化和根系生长等都有一定的规律,确定施肥时期应予考虑。还应考虑土壤、气候、品种、砧木、树势、产量和肥源等因素。

①花期肥:花期是柑橘生长发育的重要时期,这时既要开花,又要抽春梢,花质好坏影响当年产量,春梢质量好坏既影响当年产量也影响翌年产量。因此,花前施肥是柑橘施肥的一个重点时期。为了确保花质和春梢质量良好,必须以施速效化肥为主,配合施有机肥,一般 2 月下旬至 3 月上旬施肥,施肥量占全年的 30%左右。

②稳果肥:稳果期正值柑橘生理落果和夏梢抽发期,这时施肥

的主要目的在于提高坐果率,控制夏梢大量抽发。故避免在5~6月大量施用氮肥,否则会刺激夏梢大量抽发,引起大量生理落果,严重影响当年产量。因此,一般不采用土壤施肥方法。为了保果,多采用叶面喷施肥料,可喷 0.3%尿素加 0.3%磷酸二氢钾加激素(激素浓度因种类而异),每 15 天左右 1 次,喷施 2~3 次便能取得良好效果,施肥量占全年的 5%左右。

③壮果肥:在这个时期,柑橘的生长发育特点是果实不断膨大,形成当年产量。抽秋梢,而秋梢是良好的结果母枝,影响来年花量和产量。花芽分化,一般 9 月下旬开始,直到第二年花器形成,因各地气候不同,时间略有差异。花芽分化的质量直接影响第二年的花量和结果。因此壮果期(或果实膨大期)是柑橘施肥的又一重点时期。为了使果实大、秋梢质量好、花芽分化良好,必须以施速效化肥为主,配合施有机肥。时间一般为 7 月至 8 月上旬,施肥量占全年的 35%左右。

④采后肥:柑橘挂果时间很长,一般为 6~12 个月,因此消耗水分、养分很多,采果后树势衰弱。为了恢复树势,继续促进花芽分化,充实结果母枝,提高抗寒越冬能力,为翌年结果打下基础,必须采果后及时施肥。此时(11~12 月份),因气温下降,根系活动差,吸肥力弱,应以施有机肥为主,配合施适量化肥。时间一般为10 月下旬至 11 月下旬。施肥量占全年的 30%左右。除果实挂树贮藏、晚熟品种在采前施肥外,其余一般多在采后施肥,也可提早在采前施,但施氮肥会严重影响果实贮藏质量。一般贮藏 1~2 个月腐烂率高达 15%~20%。

由于各地气候、土壤、栽培方式不同,施肥期和次数也有差异。施肥次数,一般为 3~6 次,推行 3~4 次。

施肥期和次数要因时因地制宜。如有些柑橘产区,柑橘密植,墩小、根浅、气温高、蒸发量大,多采用勤施、薄施。花多、果多、梢弱、叶黄和遭受灾害的植株,可随时补施肥料;结果很少而新梢生长很好的植株,可以少施 1~2 次,以抑制营养生长过旺,防止翌年花量过多或花而不实。早熟品种应提早施肥,晚熟品种适当延迟施肥,以适合柑橘生长发育对营养的要求。夏、秋干旱时,可配合抗旱施肥。

(2)施肥量及比例 施肥量的多少,受品种、树龄、结果量、树势强弱、根系吸肥力、土壤供肥状况、肥料特性及气候条件的综合影响。一般瘠土多施,肥土少施;大树多施,小树少施;丰产树、衰弱树多施,低产树、强树少施;甜橙耐肥多施,橘类较耐瘠略少施。从理论上讲,可用下列公式计算施肥量。

施肥量=(吸收量-土壤自然供肥量)÷肥料利用率(％)

如柑橘 667 平方米产 3 500 千克,需要吸收氮素 21 千克,一般土壤可供果树吸收的肥约占 1/3(即 7 千克),氮素的利用率一般为 50％,则施肥量=(21-7)÷50％=28(千克)。

肥料利用率,氮素为 40％~50％,五氧化二磷为 10％~25％,氧化钾为 40％。

实践证明,丰产园的实际施肥量比理论值大 1~1.5 倍。由此说明施肥量受许多综合因素的影响。

(3)施肥方法 对提高土壤肥效和肥料利用率起着十分重要的作用,因此,必须予以重视。施肥方法不当,不仅浪费肥料,甚至会伤害果树,造成减产。施肥方法归纳起来有两种,即土壤施肥和叶面施肥,以土壤施肥为主,配合叶面施肥。

①土壤根际施肥:柑橘是深根系作物,根主要分布在 60~100厘米深处。施肥的位置应在树冠外围滴水线的土壤内,见图 5-3之 1。因吸收根多分布在树冠外缘的土层中,施肥时还应注意东西南北对称轮换位置施肥。施肥深度一般为 20~40 厘米较好,随着树冠扩大,施肥穴还应逐年外移。

②施肥方式:幼年树多挖环状沟施肥,见图 5-3 之 2,梯地台面窄的果树挖放射状沟施肥,见图 5-3 之 3,成年结果树多挖条状沟

施,见图 5-3 之 4。沟的深度,追肥浅施,20 厘米左右;基肥宜深施,30～40 厘米,宽 30～40 厘米,长度依树冠大小而定(一般 1 米左右),沟底要平。肥料施入穴中,待粪水干后盖土。

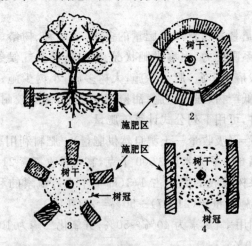

图 5-3　施肥位置示意

1. 施于滴水线下的土内　2. 环状沟施　3. 放射状施　4. 条状沟施

在做好柑橘园排灌和水土保持的基础上,施肥要看天气,大雨前不宜施肥,雨后初晴抢施肥;雨季干施,旱季液施,旱涝灾害后多施速效肥或根外追肥。

沙性土保土保水保肥力差,应勤施、薄施或浅施;黏土可重施,深浅结合,但需保持表层土壤疏松。红壤山地土层深厚应深施、沟施,既改良土壤,又引深根系,有利于抗旱、抗寒。

柑橘 1 年发根 2～3 次,以 6～7 月发根量最多,施肥配合发根期,吸肥最多,但也易损伤新根。因此发根期施肥宜淡、宜浅,冬、春深施、重施,以诱根入土。

柑橘抽梢、开花结果等生长发育旺盛时期,对氮、磷、钾的需要量最高。因此,必须予以充分满足。叶片干物重占植株的 20%,而叶片含氮量占 40%左右。氮素施入土中活性强,易于向土壤下层渗透或流失,一般利用率为 40%～50%。因此,氮肥不宜施得过深,1 次施用量不宜太多。果实中含钾量高,占植株含钾量的 40%。因此,一半左右的钾肥应在夏季施用。钾肥施入土中活性强,也易于流失,一般利用率为 40%。磷肥在果实成熟前 1～2 个月喷施,有降低酸含量、略为提高糖含量、改善果实品质的作用。磷肥施入土中移动困难,易被固定失效。因此,宜深施,一般用作基肥。磷肥的利用率低,通常为 10%～25%。

③根外追肥:柑橘枝、叶和果皮表面的气孔或皮孔通过渗透作用,能直接吸收溶解在水中的某些营养离子和分子,这就是根外追肥的原理。人工喷施适当的营养液于植物茎、叶等地上部,称根外追肥或叶面施肥。根外追肥用量省、运输距离短、养分吸收快、利用率高、见效快,一般喷施后 15 分钟至 24 小时即可吸收利用。特别是叶片背后,因气孔多,吸收力更强。如喷施尿素 24 小时后叶片上 80%的尿素被吸收。磷肥和其他微量元素采用根外追肥,可减少肥料被固定的损失,但不能代替土壤施肥。

柑橘保花保果、微量元素缺乏症矫治、根系生长不良引起叶色褪绿、结果太多导致暂时脱肥、树势太弱等都可以采用根外追肥,以补充根部施肥不足。根据柑橘在不同生育时期对养分的需要,以土壤施肥为主,配合根外追肥。综合各地经验,将根外追肥综述如下。

开花前喷施 0.5%尿素和 2%过磷酸钙及 1%硫酸钾的混合液,可提高开花结实率。花期喷 0.1%～0.2%硼砂或硼酸加 0.3%尿素混合液,或喷施 1%～2%过磷酸钙加 10 毫克/千克 2,4-D溶液,可使开花坐果良好。谢花后春梢叶片转绿时,喷施 0.4%～0.5%尿素加 0.2%～0.3%磷酸二氢钾,可减少幼果的脱落,提高坐果率。在幼果膨大期,喷施 0.3%尿素加 3%过磷酸钙加 0.5%～1%硫酸钾或硝酸钾溶液,可促进果实生长。还可喷施 2%石灰水,减少果实日灼病,并增加钙素。采果前 1～2 个月,喷施 1％～3％过磷酸钙浸出液 2～3 次，每 15 天左右喷 1 次，可降低柠檬酸含量，略微增加糖含量，改善果实品质。冬季喷施 0.3％～0.5％磷酸二氢钾或 3％过磷酸钙，可促进花芽的形成，增加花数。幼年树各次梢抽出后叶片开始转绿时喷施 0.3％尿素；8 月停止根部氮素供应后喷施 2％～3％过磷酸钙，加 1％硫酸钾或 3％～5％草木灰液，使枝条充实，提早结果。

实践证明，在进行根外追肥的同时，结合喷施生长素，可以取得更好的保花保果和果实生长的效果。中国农科院柑橘研究所对华盛顿脐橙的幼果涂 50 毫克/千克赤霉素，以抑制花芽分化；在小年谢花后可喷 50～100 毫克/千克赤霉素，也可提高坐果率 4 倍。重庆市的柑橘园谢花期喷 0.5％尿素和 5～10 毫克/千克 2,4-D，生理落果期喷施 0.2％尿素和 15～20 毫克/千克 2,4-D，每 20 天喷 1 次，共喷 2 次，提高了坐果率。四川省农科院果树研究所在锦橙花芽分化期喷 400 毫克/千克赤霉素，对花芽分化起到了显著的抑制作用。因此，对于生长不正常、存在大小年的柑橘园，在大年花芽分化盛期，可喷施 200～600 毫克/千克赤霉素，以抑制花芽分化；在小年谢花后可喷 50～100 毫克/千克赤霉素，以提高坐果率，从而取得缩小大小年的效果。

根外追肥和喷施生长素，应掌握适宜浓度和用量，过浓过多都会引起肥（药）害或其他副作用，过低过少效果不好。目前生产上肥料和生长素使用的浓度，见表 5-10。

由于品种、生长发育阶段和气候条件不同，喷施的浓度也有差异。如 2,4-D 在椪柑、红橘上的使用浓度一般为 10～20 毫克/千克，效果较好。气温低、水分较多，浓度可略高；高温干旱则浓度稍低。树冠直径 3 米左右的每株喷施肥液 5～7 千克，一般以喷湿叶片开始下滴水珠为度。生长素一般喷施 2～3 天即起作用，5～6 天效果即达高峰，喷施后的有效日期通常可维持 15～20 天。一般

表 5-10　肥料和生长素使用的浓度

名　称	使用浓度	名　称	使用浓度
尿　素	0.3%～0.5%	硫酸锌	0.2%
尿　水	20%～30%	硫酸锰	0.2%
硝酸铵	0.2%～0.3%	硫酸铜	0.01%～0.02%
硫酸铵	0.3%	硼　砂	0.1%～0.2%
过磷酸钙	1%～3%	硼　酸	0.1%～0.2%
磷酸二氢钾	0.3%～0.5%	钼酸铵	0.05%～0.1%
硫酸钾	0.5%～1.0%	柠檬酸铁	0.05%～0.1%
硝酸钾	0.5%～1.0%	2,4-D	10～20mg/kg
氯化钾	0.3%～0.5%	萘乙酸	50～100mg/kg
硫酸镁	0.2%	2,4,5-T	20mg/kg
硫酸亚铁	0.2%	赤霉素(GA$_3$)	50～100mg/kg

15～20 天喷施 1 次,连续喷施不宜超过 3 次,过多易产生药害。喷施后下雨,效果差或无效,应补喷。无风雨的晴天或阴天喷施效果好。夏季正午 12 时至下午 4 时不宜喷施,因气温高,易产生药害。

4. 肥料配合施用　柑橘施肥应按土壤类型和肥料特性配合施用。即大量元素和微量元素配合,有机和无机肥料配合。为了充分发挥肥效和不损失肥料,应按肥料特性合理配合施用。

(1)大量元素和微量元素配合　由于大量元素和微量元素的生理功能相互不可代替,因此彼此不可缺少。若缺少某一种元素,就会产生营养失调,出现缺素症,影响树势、产量、品质。因此,大量元素和微量元素必须配合施用。

(2)有机和无机肥配合施用　有机肥最好和化肥配合施用,长短结合,充分发挥肥效。同时有机肥分解产生的腐殖酸有吸收铵、钾、镁、钙和铁等离子的能力,可减少化肥的损失。果园大量施用有机肥,可改良土壤物理特性,提高土壤肥力,改善土壤深层结构,有利于根系生长,不易出现缺素症。特别是磷肥应和有机肥混合深施,使根群易于吸收,防止土壤固定或流失。植株生长旺盛季节,对营养要求高,施化肥为主,配合施有机肥料,及时供给植株需要的养分,保证柑橘正常生长发育。

(3)可以混合的肥料 肥料可以单施,也可混合施用。为使肥料发挥最大效果,生产上常将几种肥料混合施用,既可同时供给植株所需的几种养分,又可使几种肥料互相取长补短,或经过转化更有利于利用和提高肥效,还可减少操作次数,提高劳动效率,节省经费开支。

可以混合的肥料,是指两种以上的肥料混合后不但养分没有损失,而且还能改善物理性质,加速养分转化,防止养分损失或减少对植株的副作用,从而提高肥效。如硫酸铵与过磷酸钙混合,其化学反应生成的磷酸二氢铵,施入土中后遇水解离成 NH_4^+ 和 $H_2PO_4^-$,植物能同时吸收,对土壤不会产生不良影响。硫酸铵是生理酸性,过磷酸钙是化学酸性,单独施用会增加土壤酸性,对植物生长不利,二者混合施用就比分别施用好。硝酸铵和氯化钾混合施用,可改善化肥的物理性状,因混合生成的氯化铵比硝酸铵的物理性状好,减少吸湿性,施用方便。可以混合的肥料见图5-4。

(4)可以暂时混合的肥料 是指有些肥料混合后立即施用尚无不良影响,若长期放置会引起养分减少或使物理性状恶化,增加施用困难。

过磷酸钙和硝态氮混合,不但会引起肥料的潮解,使物理性状恶化,而且使硝态氮渐次分解,造成氮素损失。如事先用10%~20%磷矿粉或5%草木灰中和过磷酸钙的游离酸,然后混合就不会引起以上的化学变化,所以这两种肥料可以暂时混合,但不能久放。

尿素和氯化钾混合后营养成分虽没减少,但增加了吸湿性,易于结块。如尿素和氯化钾分别保存,5天吸湿为8%,而混合在同一条件下达到 36％。又如石灰氮与氯化钾、尿素与过磷酸钙混合，也会增加吸湿性。因此这种肥料混合后不宜长期放存。

为了减少硝态氮肥与其他肥料混合后的结块现象，一般可加少量的有机物，每 1 000 千克混合肥料中加入 100 千克的有机物即可。这种混合肥料应随配随用。暂时可以混合的肥料见图 5-4。

(5)不可以混合的肥料　主要指有些肥料混合后会引起肥料的损失，降低肥效，或使肥料的物理性质变坏，不便施用。

铵态氮不能与碱性肥料混合：如硫酸铵、硝酸铵、碳酸氢铵、腐熟的粪尿不能和草木灰、石灰、钙镁磷肥、窑灰钾肥等碱性物质混合，以免引起氮素的损失。其化学反应式如下：

$$(NH_4)_2SO_4 + CaO \rightarrow CaSO_4 + 2NH_3 \uparrow + H_2O$$

过磷酸钙和碱性肥料不能混合。过磷酸钙和草木灰、石灰质肥料、石灰氮、窑灰钾肥等碱性物质混合，会引起磷肥的退化，降低可溶性磷酸的含量。其化学反应式为：

$$CaH_4(PO_4)_2 + CaO \rightarrow Ca_2H_2(PO_4)_2 + H_2O$$

水溶性磷　　　　　　微酸溶性磷

$$Ca_2H_2(PO_4)_2 + CaO \rightarrow Ca_3(PO_4)_2 + H_2O$$

微酸溶性磷　　　　　难溶磷

据有关资料介绍，水溶性磷肥与等量的钢渣磷肥(含钙碱性磷肥)混合，经 3 小时后 50％水溶性磷退化；若与等量的氢氧化钙混合，3 小时后 94％的水溶性磷肥退化，经 24 小时几乎无水溶性磷酸存在；若与碳酸钙混合，磷的退化作用较缓，经 24 小时后也有80％的水溶性磷变成弱酸溶性磷酸。不可混合的肥料见图 5-4。

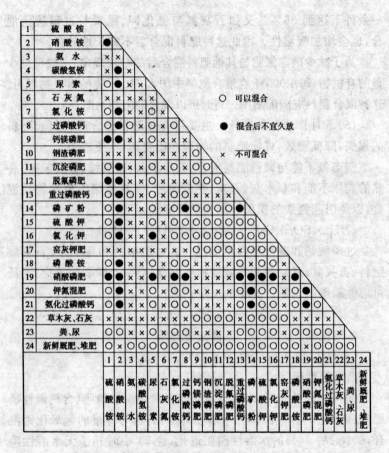

图 5-4　各种肥料混合情况

三、水分管理

（一）柑橘需水规律

1. 蒸腾耗水规律　柑橘在 1 年中不同的生长发育阶段,对水分的需求不同,而且有一定的变化规律。据研究,柑橘植株蒸腾耗水量是以 12 月份至翌年 2 月份最低,3 月份以后逐渐上升,6~8 月份为高峰期。气温与蒸腾量呈正相关(r=0.916 5)。蒸腾量的日变化,以中午 13~14 时最大,5~6 时及 21~22 时最小。物候期日耗水量,花期(120.3 毫升)＞花蕾期(105.2 毫升)＞萌芽抽梢期(79.5 毫升)。6~8 月份是植株月蒸腾量高峰期,月蒸腾量为95.8~118.9 毫米。如此时缺水,果实水分倒流叶面而蒸腾,导致果实增长率降低或为负值。

2. 不同生育期耗水量　12 年生枳砧先锋橙不同生育期的耗水量:2~4 月份为抽梢开花期,历时 80 天,单株蒸腾耗水量为 300升,占总蒸腾量的 16.18%;5~6 月份为幼果期,历时 60 天,单株蒸腾耗水量 523 升,占总蒸腾量的 28.05%;7~10 月份为果实生长膨大期,历时约 3 个半月,每株蒸腾耗水量为 925 升,占总蒸腾量的 49.73%;11~12 月份为果实着色成熟期,历时 50 天,每株蒸腾耗水量 85.6 升,占总蒸腾量的 4.6%,单株年总蒸腾耗水量为1 833升。

3. 叶片从果实中夺取水分　柑橘植株每天通过叶片蒸腾大量水分。当树体内水分亏缺时,叶片会从果实中夺取水分,满足蒸腾的需要,从而影响果实水分的亏缺。果实在缺水情况下停止生长,甚至萎蔫。而叶片在相当时间内保持正常状况。这就是在缺水情况下,果实的水分流向叶片所致。当土壤水分供给不足时,无论白天或夜间,叶片都会发生水分亏缺而萎蔫。

（二）柑橘灌溉

1. 缺水诊断 如何确定是否需要灌溉，不能凭叶片外部萎蔫卷曲来判断，因为这时柑橘已受旱害，灌溉已迟。而且这种干旱的严重影响，对柑橘植株是不可逆的，将影响柑橘正常生长发育。因此，必须采用科学的方法测定。目前诊断柑橘缺水的方法主要有以下两种。

（1）测定蒸腾量 因叶片蒸腾量和根系吸水量大体一致。在干旱季节，用尼龙袋套住一定量的叶片，收集蒸腾水量，再和正常情况比较，如蒸腾量为1毫升，干旱季节套同一小枝10片叶，12小时后取下，称得水的蒸腾量为0.5毫升，恰好比正常情况下降一半，即应灌溉。

（2）测定土壤水分 柑橘对土壤水分有一最适宜范围。土壤最大含水量称上限，最低含水量称下限，上、下限之间的含水量称土壤有效持水量。灌溉适宜期就是土壤有效水分消耗一半的时候，有效水分量的一半正好是田间持水量60%的含水量，所以土壤含水量下降到田间持水量的60%时，就是灌溉的适宜期。

柑橘植株是否需要灌溉，还可用简单的方法目测，即凭眼睛看。在阴天叶片出现卷曲，表明土壤已较干燥，需要灌溉。高温干旱天气，卷曲的叶片在傍晚不能恢复正常，说明土壤已较干燥，应立即灌溉。

2. 测定灌溉水定额 柑橘园的1次灌溉定额，可按下式计算。

灌水量（毫米）＝1/100（田间持水量－灌水前土壤含水量）×土壤容量（克/立方厘米）×根系深度（毫米）

上面提到灌水前土壤含水量是60%的田间持水量时为灌水适宜期，所以上式可简化成：

灌水量（毫米）＝1/100×0.4×田间持水量×土壤容重（克/立

方厘米)×根系深度(毫米)。

式中灌水量(毫米)×2/3可以换算成每667平方米灌水立方米数。

从上式看出,不同土壤类型和不同根系分布深度,就有不同的灌水定额。对某一柑橘园,灌水前必须测定土壤的田间持水量、土壤容量和柑橘根系密集层的深度,在一定时间内测1次即可。灌水定额的计算举例如下。

例:测得重黏土土壤容重为1.4克/立方厘米,田间持水量为35%,根系深度为200毫米,问每667平方米柑橘园需灌多少水?若以单株计,则每株柑橘需灌多少水?

解:灌水量＝0.4×35×1.4×200/100＝39.2(毫米)

667平方米灌水量＝39.2×2/3＝26.13(立方米)

1立方米水重1000升,26.13立方米水即重26130升。按每667平方米有柑橘56株计,则每株需灌水26130÷56＝466.6升。

答:每667平方米柑橘园需灌水26.13立方米,即26130升;或每株柑橘灌水466.6升。

另据金初豁等研究指出,紫色壤土适宜柑橘生长的含水率为20%～25%,即田间持水量78%以上。田间含水量低于20%,即应灌水。叶片开始萎蔫的水势为$-7×10^5$帕,叶片水分饱和亏为6%,可作为灌水的生理指标。

不同土壤质地容量和田间持水量见表5-11。

确定第二次灌水时间,可用灌水定额÷日耗水量,求出灌水间隔天数。据测,柑橘7～9月份日耗水量3～5毫米;11月份到翌年2月份,日耗水量1～2毫米。这样就可以确定何时需要抗旱灌水,灌水数量和灌水间隔日期。

据生产实践,成年(15～20年生)温州蜜柑在7～8月份每日每株耗水量在50升以上,每株灌水200～300升,伏旱时叶片不萎蔫。幼树灌水宜少量多次。土壤湿度以田间持水量60%～80%

表 5-11　土壤容量和田间持水量

土壤类别	土壤容量（克/立方厘米）	田间持水量（重量%）
砂　土	1.45～1.60	16～22
砂壤土	1.36～1.54	22～30
轻壤土	1.40～1.52	22～28
中壤土	1.40～1.55	22～28
重壤土	1.38～1.54	22～28
轻黏土	1.35～1.44	28～32
中黏土	1.30～1.45	25～35
重黏土	1.32～1.40	30～35

为宜。也可按表 5-12 确定灌水时间。

表 5-12　土壤需排灌的含水量标准　（%）

土壤质地	需灌水	需排水
砂质土	<5	>40
壤质土	<15	>42
黏质土	<25	>45

3. 灌溉方法

（1）浇灌　在水源不足或幼龄柑橘园以及零星栽植的果园，可以挑水浇灌。方法简便易行，但费时费工。为了提高抗旱效果，每担水（约 40 升）加 4～5 勺人、畜粪尿；为了防止蒸发，盖土后加草覆盖。浇水宜在早、晚时进行。

（2）沟灌　利用自然水源或机电提水，开沟引水灌溉。这种方法适宜于平坝及丘陵台地柑橘园。沿树冠滴水线开环状沟，在果树行间开一大沟，水从大沟流入环沟，逐株浸灌。台地可用背沟输水，灌后应适时覆土或松土，以减少地面蒸发。

(3)喷灌　利用专门设施,将水送到柑橘园,喷到空中散成小水滴,然后均匀地落下来,达到供水的目的。喷灌的优点是省工省水,不破坏土壤团粒结构,增产幅度大,不受地形限制。

喷灌的形式有 3 种:即固定式、半固定式和移动式,都可用作柑橘园喷灌。喷灌抗旱时,强度不宜过大,不能超过柑橘园土壤的水分渗吸速度,否则会造成水的径流损失和土壤流失。在背靠高山、上有水源可以利用的柑橘园,采用自压喷灌,可以大大节省投资及机械运行费。

(4)滴灌　滴灌又称滴水灌溉。利用低压管道系统,使灌溉水成滴地、缓慢地、经常不断地湿润根系的一种供水技术。

滴灌的优点是省水,可有效防止表面蒸发和深层渗漏、不破坏土壤结构、节约能源、省工、增产效果好。尤以保水差的砂土效果更好。滴灌不受地形、地物限制,更适合水源小、地势有起伏的丘陵山地。

使用滴灌时,应在管道的首部安装过滤装置或建立沉淀池,以免杂质堵塞管道。在山坡地为达到均匀滴水的目的,毛细管一定要沿等高线铺设。现将现代节水灌溉系统的组成、主要技术参数和使用注意事项简介于后。

现代节水灌溉系统由水泵、过滤系统、网管系统、施肥设备、网管安全保护设备、计算机系统、电磁阀和控制线、滴头与微喷头以及附属设施等组成。

水泵数量和分级扬程:根据水源分布、柑橘果园的面积相对高差与地形、地貌来确定和设置。一般单个系统控制面积为 33.3 公顷以下。

过滤系统:通常分设 3 级,第一级为 30 目自动冲洗阀网式过滤器,第二级为自动反冲洗沙石过滤器,第三级为 200 目自动冲洗网式过滤器。经过 3 级过滤,可充分滤除水中的杂质。

网管系统:由干管、支管和毛细管组成。干管为输水主管道;

支管连接干管将水送到各片区和小区;毛细管系统树下铺设的小管道;滴头和微喷头安插在毛细管上,将水送到根系区。

施肥设备:需具备流量控制和可编程序功能。

网管安全保护设备:首部需要设置能自动泄压、进气和排气的三功能阀。干管和支管在适度处设置自动进气、排气阀,并在适宜的位置安装大型调压阀,以消除地形落差引起的过高压力。在电磁阀和某些支管和适当位置,安装小型调压阀。

计算机系统:每套控制面积为 133.3 公顷以上。它应自带灌溉程序、可编程序,具有中文界面,并且有温度传感器、湿度传感器和自动气象站的配套设备。

电磁阀:最大流量为 40 立方米/时,能承受的压力在 1.3 兆帕以上,控制方式为线控。

滴头和微喷头:全为压力补偿滴头或压力补偿微喷头,能使各滴头和微喷头在一定压力范围内的出水量大致相同。

自动节水灌溉系统的附属设施:包括逆止阀、防波涌阀、水控蝶阀、水表和机房等。

自动节水灌溉系统的主要技术参数如下:

滴灌:灌水周期 1 天;最大允许灌水时间 20 小时/天;毛细管数每行树 1 根;滴头间距 0.75 米,随树龄增大滴头可由每树 1 个增加至 4 个;滴头流量≥3 升/时,土壤湿润比≥30%,工程适用率 90%以上;灌溉水利用系数 90%以上,灌溉均匀系数 90%以上;最大灌溉量:4 毫米/天。

微喷:灌溉周期 1 天;毛细管数每行树 1 根,每株树 1 个微喷头,最好为调式喷头;喷头流量≥3 升/分,土壤湿润比≥50%;工程适用率 90%以上;灌溉水利用系数 95%以上,灌溉均匀系数 95%以上;最大灌水量 5 毫米/天。

国务院三峡工程建设委员会办公室 2003、2005 年在三峡库区所建的 4 000 公顷柑橘示范园中,大多采用了国内外先进的滴灌灌溉技术。为使滴灌正常运转使用,必须注意以下几点:一是安装滴灌的山地柑橘园,坡度<25°,地形不宜切割复杂。不然会加大成本,且使用也困难。二是认真培训技术力量,掌握使用滴灌技术和简单的维修技术。三是园区的滴灌设施要统一管理,专人使用。四是果农(移民)要自觉维护滴灌设施,使之需用时能用。

(三)柑橘排水

1. 平地柑橘园　河谷、水田、江边等地区地势低平,建园时必须建立完整的排水系统,开筑大小沟渠。园内隔行开深沟,小沟通大沟,大沟通河流。深沟有利于降低水位和加速雨天排水。隔行深沟深度为 60～80 厘米,围沟深 1 米。每年需要进行维修,以防倒塌或淤塞。

2. 山地柑橘园　一般不存在涝害,只有山洪暴发,才有短暂的土壤积水过多,甚至冲毁果园台地。因此应在柑橘园上方坡地开筑深宽 1 米的拦水沟,使洪水流入山洞峡谷。

(四)灌溉水质

水源不同,水的质量也不一样。如地面径流水,常含有有机质和植物可利用的矿质元素。雨水含有较多的二氧化碳、氨和硝酸。雪水中也含有较多的硝酸。据报道,在 1 升溶解的雪水中,硝酸的含量可达到 2～7 毫克。因此,这一类灌溉水对果树是十分有利的。河水,特别是山区河流,常携带大量悬浮物和泥沙,仍不失为一种好的灌溉水。来自高山的冰雪水和地下泉水,水温一般较低,需增温后使用。但灌溉水中,不应含有较多的有害盐类。一般认为,在灌水中所含有害可溶性盐类,不应超过 1～1.5 克/千克。因柑橘果树抗盐力较弱,据 Chapman 报道,灌溉水所含可溶性盐总量达 500～700 毫克/千克时,柑橘叶片就有受盐害的危险。许多研究者推荐,把水中氯化物含量作为其含盐度指数。

灌溉水中各项污染物的浓度限值见表 5-13。

表 5-13　灌溉水中各项污染物的浓度限值

项　目	指　标	项　目	指　标
pH 值	≤5.8～8.5	铬(六价,毫克/升)	≤0.1
总汞(毫克/升)	≤0.001	氟化物(毫克/升)	≤3
总镉(毫克/升)	≤0.005	氰化物(毫克/升)	≤0.5
总砷(毫克/升)	≤0.1	石油类(毫克/升)	≤10
总铅(毫克/升)	≤0.1	氯化物(毫克/升)	≤250

第六章　现代柑橘枝叶花果管理技术

现代柑橘的枝叶花果管理技术：枝叶管理主要是整形、修剪和防治植株异常落叶；花果管理主要包括促花保果、防止裂果、日灼、脐黄（脐橙）、低温落果，以及疏花疏果、果实套袋等早结果丰产、优质的栽培技术。

一、枝叶管理

（一）整形修剪的原则

常规的整形是从幼苗开始的枝梢管理技术，修剪一般在植株结果以后开始。整形重在造就优质丰产的树形，修剪重在保持优质丰产的树形。近20年来，整形修剪技术发展趋向省力化、简单化，甚至提出未结果的幼树不作整形修剪，任其自然生长，到结果后再行必要的整形修剪，称之"先乱后治"。这种"先乱后治"的方法，目的是让结果前的树利用尽可能多的枝叶扩大树冠而尽早投产，从省力、节本上考虑也属可行。整形修剪应掌握如下原则。

1. 因地制宜　不同气候带、不同地域，甚至山地和平地，整形修剪都有差异。南亚热带柑橘产区1年抽4次梢，北亚热带产区2～3次梢。土层深厚之地的植株比土层浅薄之地的植株高大，山地柑橘园比平地柑橘园光照要好，因此整形修剪要掌握因地制宜。

2. 因树制宜　不同品种（品系）、不同砧木、不同树龄、不同结果量和生长势，其整形修剪的方法有异。

3. 轻重得当　轻重得当，也即抑促得当，长短兼顾。因为每一项修剪技术均会对植株的某些器官产生促进或抑制，且不同程度地会在近期或远期出现反应。如对幼树多短截,可促进生长,增加分枝,加速树冠形成,虽抑制了成花,但能迅速成冠而早结果;成年结果树短截部分夏、秋梢可刺激营养生长,虽然减少了第二年的花量,但可为第三年提供充足的预备枝,有利于持续丰产稳产。

4. 保叶透光 叶片是合成养分的器官,但过密会影响通风透光,进而影响光合作用。故修剪时应尽可能保持有效叶片,剪除无用枝,做到抽密留稀、上稀下密、外稀内密,使整个树冠光照充足,叶量适宜。

5. 立体结果 通过整形修剪,形成从内到外、从上到下,阳光充足,挂果累累的立体结果树形。

(二)整形修剪的主要方法

1. 短截(短切、短剪) 将枝条剪去一部分,保留基部一段称为短截。短截能促进分枝,刺激剪口以下 2～3 个芽萌发壮枝,有利于树体营养生长。整形修剪中主要用来控制主干、大枝的长度,并通过选择剪口顶芽调节枝梢的抽生方位和强弱。短截枝条 2/3 以上为重度短截,抽发的新梢少,长势较强,成枝率也高。短截枝条 1/2 的为中度短截,萌发新梢量稍多,长势和成枝率中等。短截 1/3 的为轻度短截,抽生的新梢较多,但长势较弱。

2. 疏剪(疏删) 将枝条从基部全部剪除,称为疏剪。通常用于剪除多余的密弱枝、丛生枝、徒长枝等。疏剪可改善留树枝梢的光照和营养分配,使其生长健壮,有利于开花结果。

3. 摘心 新梢抽生至停止生长前,摘除其先端部分,保留需要长度的称摘心。作用相似于短截。摘心能限制新梢伸长生长,促进增粗生长,使枝梢组织发育充实。摘心后的新梢,先端芽也具顶端优势,可以抽生健壮分枝,并降低分枝高度。摘心示意见图6-1。

4. 回缩 即剪去多年生枝组先端部分。常用于更新树冠大

枝或压缩树冠,防止交叉郁
闭。回缩反应常与剪口处
留下的剪口枝的强弱有关。
回缩越重,剪口枝萌发力和
生长量越强,更新复壮效果
越好。

5. 抹芽放梢 新梢萌
发至 1～3 厘米长时,将嫩
芽抹除,称为抹芽。其作用
与疏剪相似。由于柑橘是
复芽,零星抽生的主芽抹除
后可刺激副芽和附近其他
芽萌发,抽出较多的新梢。

图 6-1 摘心示意

反复抹除几次,到一定的时间不再抹除,让众多的萌芽同时抽生,
称放梢。抹除结果树的夏芽可减少梢果矛盾,达到保果的目的。
放出秋梢可培育成优良的结果母枝。

6. 疏梢 新梢抽生后疏去位置不当的、过多的、密弱的或生
长过强的嫩梢,称为疏梢。疏梢能调节树冠生长和结果的矛盾,提
高坐果率。

7. 拉枝、撑枝、吊枝和缚枝 幼树整形期,可采用绳索牵引拉
枝、竹竿撑枝和石块等重物吊枝等方法,将植株主枝、侧枝改变生
长方向,调节骨干枝的分布和长势,培养树冠骨架,见图 6-2。拉
枝也能削弱大枝长势,促进花芽分化和结果。缚枝是将枝梢用薄
膜条活结缚在枝桩上,起扶正、促梢生长和防枝条折裂的作用,常
用于高接换种抽发枝梢的保护。

8. 扭梢和揉梢 新抽生的直立枝、竞争枝或向内生长的临时
性枝条,在半木质化时,于基部 3～5 厘米处,用手指捏紧,旋转
180°,伤及木质部及皮层的称为扭梢。用手将新梢从基部至顶部

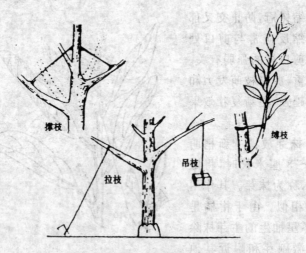

图 6-2　撑枝、拉枝、吊枝和缚枝示意

进行揉搓,只伤形成层,不伤木质部的称为揉梢。扭梢、揉梢都是损伤枝梢,其作用是阻碍养分运输,缓和生长,促进花芽分化,提高坐果率。扭梢、揉梢全年可进行,以生长季最宜,寒冬盛夏不宜进行。扭梢、揉梢用于柑橘不同品种,以温州蜜柑的效果最明显。此外,扭梢、揉梢之时间不同,效果也不同:春季可保花保果;夏季可促发早秋梢,缓和营养生长,促进开花结果;秋季可削弱植株的营养生长,积累养分,促进花芽分化,有利于翌年丰产。扭梢、揉梢方法分别见图 6-3、图 6-4。

9. 环割　用利刀割断大枝或侧枝韧皮部(树皮部分)一圈或几圈称为环割。环割只割断韧皮部,不伤木质部,起暂时阻止养分下流,使碳水化合物在枝、叶中高浓度积累,以改变上部枝叶养分和激素平衡,促使花芽分化或保证幼果的发育,提高坐果率。

环割促花主要用于幼树或适龄不开花的壮树,也可用于徒长性枝条。用于促进花芽分化:中亚热带在 9 月中旬至 10 月下旬,南亚热带在 12 月下旬前后,在较强的大枝、侧枝基部环割 1～2

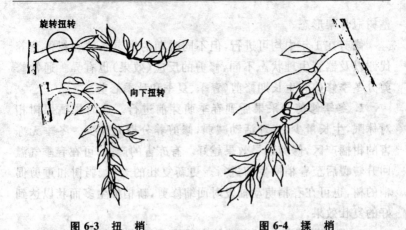

旋转扭转

向下扭转

图6-3 扭 梢 　　　　　图6-4 揉 梢

圈。用于保果则在谢花后在结果较多的小枝群上进行环割。

10. 断根　秋季断根前,将生长旺盛的强树,挖开树冠滴水线处土层,切断1~2厘米粗的大根或侧根,削平伤口,施肥覆土称为断根。断根能暂时减少根系吸收能力,从而限制地上部生长势,有利于促进开花结果。断根也可用于根系衰退的树再更新根系。有的柑橘产区,有利用秋、冬干旱,在11~12月份将树冠下表层根系挖出"晾根",待叶片微卷后施肥覆土,造成植株暂时生理干旱以促花芽分化的做法,此与断根作用相似。

11. 刻伤　幼树整形树冠空缺处缺少主枝时,可在春季芽萌动前于空缺处选择1个隐芽,在芽的上方横刻1刀,深达木质部,有促进隐芽萌发的效果。在小老树(树未长大即衰老的树)或衰弱树主干或大枝上纵刻1~3刀,深达木质部,可促弱树长势增强。

12. 疏花、疏果　春、夏季对过多的花蕾和幼果分期摘除,以节省树体养分、壮果促梢和提高果实质量。

(三)整形修剪的时期

柑橘整形通常从苗圃开始,逐年造型,并在以后不断维持和调整树冠骨架形态。

修剪在1年中均可进行,但不同时期的生态条件和树体营养代谢以及器官生理状态不同,修剪的反应(效果)也有异。通常修剪分冬季修剪和生长期修剪(春季、夏季和秋季修剪)。

1. 冬季修剪 采果后到春季萌芽前进行。这时柑橘果树相对休眠,生长量少,生理活动减弱,修剪养分损失较少。冬季无冻害的柑橘产区,修剪越早效果越好。有冻害的产区,可在春季气温回升转暖后至春梢抽生前进行。更新复壮的老树、弱树和重剪促梢的树,也可在春梢萌动抽发时回缩修剪,新梢抽生多而壮以达到好的复壮效果。

2. 生长期修剪 指春梢抽生后至采果前整个生长期的各项修剪处理。这时树体生长旺盛,修剪反应快,生长量大,对促进结果母枝生长、提高坐果率、促进花芽分化、延长丰产年限、复壮更新树势等,效果均明显。生长期不同季节的修剪又可分为以下几种。

(1)春季修剪 即在春梢抽生现蕾后进行复剪、疏梢、疏蕾等,以调节春梢和花蕾、幼果的数量比例,防止春梢过旺生长而增加落花落果。此外,疏去部分强旺春梢,也可减少高温异常落果。

(2)夏季修剪 指初夏第二次生理落果前后的修剪。包括幼树抹芽放梢培育骨干枝;结果树抹夏梢保果,长梢摘心,老树更新以及拉枝、扭梢、揉梢等促花和疏果措施,达到保果、复壮和维持长势等。

(3)秋季修剪 指定果后的修剪,主要是适时放梢、夏梢秋季短切等培育成花母枝以及环割、断根等促花芽分化和继续疏除多余果实,调整大小年产量,提高果实品质。

(四)树体结构和树形

1. 树体结构 柑橘树体结构分别由地上部的主干、中心枝干、主枝和地下部主根(垂直根)、侧根(水平根)和须根等组成,见

图 6-5。

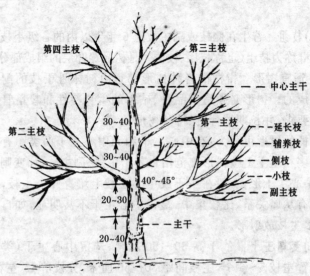

第四主枝

第三主枝

中心主干

30~40

第二主枝

30~40

第一主枝

延长枝

辅养枝

侧枝

40°~45°

小枝

20~30

副主枝

主干

20~40

图 6-5　柑橘树冠结构　（单位：厘米）

主干和中心主干、主枝等骨干枝是永久性的树体骨架。骨干枝上的枝组、小枝等要不断更新，为非永久性枝梢。

(1) 主干　自根颈到第一主枝分枝点的部分叫主干。是树冠骨架枝干的主轴，上连树冠，下通根系，是树体上下交流的枢纽。主干的高度称干高。

(2) 骨干枝　构成树冠的永久性大枝称骨干枝。可分为：一是中心主干——主干以上逐年延伸向上生长的中心大枝。二是主枝——由中心主干上抽生培育出的大枝，从下向上依次排列称第一主枝、第二主枝等，是树冠的主要骨架枝。主枝不宜太多，以免树冠内部、下部光照不良。三是副主枝——在主枝上选育配置的大枝，每个主枝可配 2~4 个副主枝。四是侧枝——着生在副主枝上的大枝或大枝上暂时留用的大枝。起着支撑枝组和叶片、花果的作用。

主枝、副主枝和侧枝先端培育为延伸生长的枝条,均称为延长枝。

(3)枝组　着生在侧枝或副主枝上5年生以内的各级小枝组成的枝梢群称为枝组(也称枝序、枝群),是树冠绿叶层的组成部分。

2. 适宜树形　柑橘的各种树形都是由树体骨干枝的配置和调整形成的。树形必须适应品种、砧木的生长特性和栽培管理方式等的要求,并长期培育、保持其树形。

柑橘的树形可分为:有中心主干和无中心主干两类。有中心主干形多在主干上按树形规范培育若干主枝、副主枝,如变则主干形;无中心主干形,一般在主干或中心主枝上培育几个主枝,主枝之间没有从属关系,比较集中,显得中心主干不甚明显,如自然开心形、多主枝放射形。

(1)变则主干形　干高30~50厘米,选留中心主干(类中央干),配置主枝5~6个,主枝间距30~50厘米,分枝角45°左右,主枝间分布均匀或有层次。各主枝上配置副主枝或侧枝3~4个,分枝角40°左右。变则主干形,见图6-6,适宜于橙类、柚类、柠檬等。

(2)自然开心形　干高20~40厘米,主枝3~4个,在主干上的分布错落有致。主枝分枝角30°~50°,各主枝上配置副主枝2~3个,一般在第三主枝形成后即将中心主干剪除或扭向一边作结果枝组。自然开心形,见图6-7,适宜于温州蜜柑等。

(3)多主枝放射形　干高20~30厘米,无中心主干。在主干上直接配置主枝4~6个,对主枝摘心或短截后大多发生双叉分枝成为次级主枝(副主枝)。对各级骨干枝均采用短截、摘心、拉枝等方法,使树冠呈放射状向外延伸。多主枝放射形,见图6-8,适宜于丛生性较强的椪柑等。

(五)树形培养

1. 变则主干形　主要是通过对中心主干和各级主枝的选择

和剪截处理而完成。

(1)主干的培养 在嫁接苗夏梢停止生长时,自30～50厘米处短截,扶正苗木,这是定干。

(2)中心主干的培养 定干后通常在其上部可抽发5～6个分枝,其中顶端1枝较为直立和强旺,可选作中心主干的延长枝,冬剪时对延长枝进行中度或重度短截,以保持延长枝的生长势。由于柑橘新梢自剪的特性,中心主干延长枝的生

图6-6 变则主干形

长很易歪向一边。因此,在短截延长枝时应通过剪口芽来调整其延伸的方向和角度,必要时可用支柱将中心主干延长枝固定扶正。若中心主干延长枝短截后分枝过多,则会使延长枝的生长减弱,需将一些影响其正常生长的枝梢(如密弱枝、徒长枝)疏除,以集中养分供应延长枝。

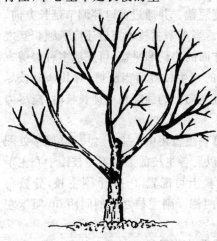

图6-7 自然开心形

(3)主枝培养 中心主干延长枝被短截处理后一般会抽生5～6个分枝,应根据其着生的位置,选择符合主枝配置

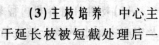

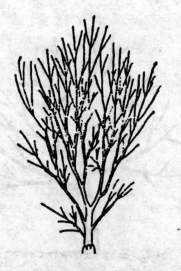

图6-8　多主枝放射形

条件的分枝作为主枝延长枝,进行中度和重度短截。短截轻重应根据该枝生长势的强弱而定。如生长势偏弱,需要较重短截;如偏旺,则轻度短截。通过剪口芽方位的选择也可调节主枝延长枝的方向或分枝角。还可通过撑、拉、吊等措施调整其分枝角和生长势。主枝选定后每年从短截后抽生的新梢中选择生长势旺盛、生长方向与主枝延长方向最为一致的分枝作为主枝延长枝,进行中度至重度短截。并通过剪口芽调节延长方向,通过短截轻重调节其生长势。当多个主枝确定后还应兼顾相互之间的间距、方位和生长势等方面的协调和平衡,可采取多种修剪方式扶弱抑强。对延长枝附近的密生枝应适当疏剪,对其余分枝尽量保留,长放不剪。若出现直立向上的强旺枝或徒长枝时,应尽力剪除。

(4)**副主枝的培养**　在第一主枝距中心主干40～50厘米处配置第一个副主枝(或侧枝)。以后各主枝的第一副主枝距中心主干的距离应酌情减小。每个主枝上可配置3～4个副主枝,分枝角40°左右,交叉排列在主枝的两侧。副主枝之间的间距30厘米左右。

(5)**枝组的培养和内膛辅养枝的蓄留**　对着生的副主枝、主枝及中心主干上的各分枝进行摘心或轻度短截,会促发一些分枝,再进行摘心和轻度短截,即可形成枝组。并使其尽快缓和长势,以利其开花结果。枝组结果后再及时回缩处理,更新复壮。在主枝或副主枝上,甚至在中心主干上还会有一些弱枝,应尽量保留,使其自然生长和分枝。如光照充足,这些内膛枝或枝组也可开花结果,而且是幼树最早的结果部位。此外,对骨干枝上萌生的直立旺枝,如能培养成枝组填补内膛空间,可进行扭梢、摘心和环割处理,使其缓和生长势,通过几次分枝形成枝组。

(6)延迟开心 在培养成 5～6 个主枝后应对中心主干延长枝进行回缩和疏剪,使植株上部开心,将光照引入内膛,同时树体向上的生长也得到缓解和控制。随着树冠的不断扩大,当相邻植株互相交叉时,也应对主枝延长枝回缩或疏剪,以免树冠交叉郁闭。变则主干形整形模式见图 6-9。

2. 自然开心形 前面已叙述了变则主干形树形培养。有了变则主干形的基础,自然开心形的培养变得较易,其培养过程与变则主干形第三主枝以下部位的配置基本一致,只是定干稍矮。

(1)主干与主枝培养 嫁接苗定干高度 20～40 厘米,以后按变则主干形的培养方法,配置 3 个主枝,主枝间的间距 20～30 厘米。

(2)及时开心 在第三主枝形成后及时将原有的中心主干延长枝从第三主枝处剪除,或做扭梢处理后倒向一边,留作结果母枝。如果对中心主干延长枝疏剪太迟,可能会造成较大的伤口而损伤树势。

(3)侧枝与枝组的培养 自然开心形可在主枝上直接配置侧枝,侧枝在主枝上的位置应呈下大上小的排列,互相错开。由于自然开心形树冠各部位的光照都很充足,可以在主枝、侧枝上配置更多的枝组,但要求分布均匀,彼此不影响光照。当植株开心后骨干枝上极易产生萌蘖而抽发徒长枝,对扰乱树形的要及时疏除,对有用的旺枝要采用拉枝、扭梢、环割等措施抑制其生长势,使其结果后再剪除。自然开心形第二年整形模式见图 6-10。

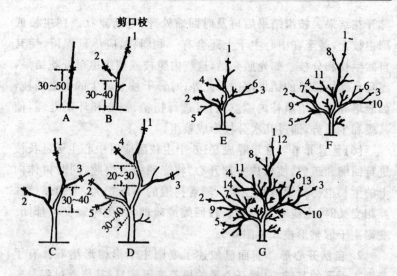

图6-9　变则主干形整形模式　（单位：厘米）

A～G分别为变则主干形整形步骤

1. 类中央干延长枝　2. 第一主枝延长枝　3. 第二主枝延长枝

4. 第三主枝延长枝　5. 第一主枝的第一副主枝延长枝

6. 第二主枝的第一副主枝延长枝　7. 第一主枝的第二副主枝延长枝

8. 第四主枝延长枝　9. 第一主枝的第三副主枝延长枝

10. 第二主枝的第二副主枝延长枝　11. 第三主枝的第一副主枝延长枝

12. 第五主枝延长枝　13. 第二主枝的第三副主枝延长枝

14. 第三主枝的第二副主枝延长枝

3. 多主枝放射形

（1）主干的培养　主干高度定为20～30厘米。当嫁接苗抽发夏梢后从离地30～40厘米处短截，便可促发4～6个晚夏梢或早秋梢，这些枝梢即是多主枝放射形的第一级主枝。

（2）主枝的培养　定干后连续对抽发的新梢及时摘心，冬季修剪时首先疏剪顶部分枝角度小的丛状分枝（又称"掏心"），保留下部几个较强壮分枝，并对其进行中度短截。摘心或短截后一般会发生两个或多个分枝。由于连续对夏、秋梢及时摘心，冬季在"掏

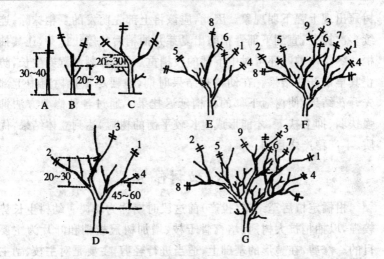

图 6-10 自然开心形第二年整形模式 （单位：厘米）

A~G 分别为自然开心型整形步骤

1. 第一主枝延长枝　2. 第二主枝延长枝　3. 第三主枝延长枝

4. 第一主枝的第一副主枝延长枝　5. 第二主枝的第一副主枝延长枝

6. 第三主枝的第一副主枝延长枝　7. 第一主枝的第二副主枝延长枝

8. 第二主枝的第二副主枝延长枝　9. 第三主枝的第二副主枝延长枝

心"基础上短截强壮分枝等,可加速分枝,降低分枝高度,经 2～4 年处理,就形成 12～20 个次级主枝。

(3)拉枝 由于主枝不断分枝和外延,大枝越来越多,树冠中上部的新梢密集,叶幕层上移,树冠内膛和下部的光照条件变差,骨干枝上难以形成小枝或枝组,造成内膛和下部秃裸。因此,每年要将骨干枝拉开,使其开张角度。使树冠内部和中下部光照条件改善。拉枝也有利于抑制主枝的生长势,纠正树形易出现的上强下弱的弊端。拉枝后树冠中心部位出现的徒长枝,适宜于培养作主枝的可以摘心并拉大其角度,多余的徒长枝则应及时疏除。

(4)调节树冠上下生长势的平衡 树冠顶部或上部的枝梢一般会较早抽出强夏梢,从而抑制或削弱下部枝梢的萌发和抽梢,使树冠出现上强下弱现象。因此,应该将上部先萌发的夏梢抹除,连续多次抹芽,直到下部春梢萌出夏芽并抽梢后才停止抹芽,让其抽梢。冬季修剪时还可对中下部的枝梢重点短截,刺激营养生长,防止其早期开花结果。在幼树初果时期,也要尽量让树冠中上部先开花结果,使树冠下部的枝梢延迟挂果。通过各种修剪方法抑强扶弱、抑上扶下,才能形成生长较平衡的树冠,达到立体结果、优质、丰产稳产之目的。

(六)幼树修剪

柑橘定植后至结果(投产)前这段时期称为幼树。幼树生长势较强,以抽梢扩大树冠、培育骨干枝、增加树冠枝梢和叶片为主要目的。修剪,在整形的基础上,适当进行轻剪,主要是对主枝、副主枝的延长枝短截和疏剪,尽可能保留所有枝梢作辅养枝。在投产前1年进行抹芽放梢,培育秋梢母枝,促花结果。

1. 疏剪无用枝 剪去病虫枝和徒长枝,以节省树体养分,减少病虫害传播。

2. 夏、秋长梢摘心 未投产的幼树,可利用夏、秋梢培育为骨干枝,加速扩大树冠。对生长过长的夏、秋梢在幼嫩时,即留8~10片叶摘心,促进增粗生长,尽快分枝。但投产前1年放出的秋梢不能摘心,以免减少翌年花量。已长成的长夏梢,不易再抽生秋梢,也不易分化花芽,可在7月下旬进行夏梢秋季切短,将老熟夏梢短截1/3~1/2,8月中、下旬即可抽生数条秋梢,翌年也能开花结果。

3. 短截延长枝 结合整形,对主枝、副主枝、侧枝的延长枝短截1/3~1/2,使剪口1~2芽抽生健壮枝梢,延伸生长。其他枝梢宜少短截。

4. 抹芽放梢 幼树定植后在夏季进行抹芽放梢1~2次,可促使多抽生一两批整齐的夏、秋梢以充实树冠,加快生长。放梢宜在伏旱之前,以免新梢因缺水而生长不良。柑橘中的宽皮柑橘类因花芽生理分化期稍晚,放梢可晚或多放 1 次梢。树冠上部生长旺盛的树,抹芽时可对上部和顶部的芽多抹 1～2 次,先放下部的梢,待生长到一定长度再放上部梢,促使树冠下大上小,以求光照好,内外结果多。

5. 疏除花蕾　树体小,养分积累不足,开花结果后会抑制树体生长,进而影响今后产量,故对不该投产的幼小树应及时摘除花蕾。

(七)初结果树修剪

从柑橘幼树结果至盛果期前的树称为初结果树。此时,树冠仍在扩大,生长势仍较强,修剪反应也较明显。为尽快培育树冠,提高产量,修剪仍以结合整形的轻剪为主。主要是及时回缩衰退枝组,防止枝梢未老先衰。注意培育优良的结果母枝,保持每年有足够花量。随着树龄、产量的增加,修剪量也逐年增加。

1. 抹芽放梢　多次抹除全部夏梢,以减少梢、果争夺养分,提高坐果率。适时放出秋梢,培育优的结果母枝。注意在放梢前应重施秋肥,以保证秋梢健壮生长。

2. 继续对延长枝短截　结合培育树形,继续短截培育延长枝,直至树冠达到计划大时为止,让其结果后再回缩修剪。同时,继续配置侧枝和枝组。

3. 继续对夏、秋梢摘心　摘心方法同幼树。并对已长成的夏梢进行秋季短截,促进抽生秋梢母枝。

4. 短截结果枝与落花落果枝　结果枝与落花落果枝若不修剪,翌年会抽生较多更纤细的枝梢而衰退。冬季应短截 1/3～2/3。强枝轻短,弱枝重短或疏剪,使翌年抽生强壮的春梢和秋梢,成为翌年良好的结果母枝。

5. 疏剪郁闭枝　结果初期,树冠顶部抽生直立大枝较多,相互竞争,长势较强,应做控制:树势强的疏剪强枝,长势相似的疏剪直立枝,以缓和树势,防止树冠出现上强下弱。植株进入丰产期时,外围大枝较密,可适当疏剪部分 2~3 年生大枝,以改善树冠内膛光照。树冠内部和下部纤弱枝多,应疏去部分弱枝,短截部分壮枝。

6. 夏、秋梢母枝的处理　树体抽生夏、秋梢过多,翌年花量很多,会浪费树体营养,而形成大、小年结果。冬季修剪时,可采用"短强、留中、疏弱"的方法,短截 1/3 的强夏、秋梢,保留春段或基部 2~3 芽,使之抽生营养枝;保留约 1/3 的生长势中等的夏、秋梢,供开花结果;剪除 1/3 左右较弱的夏、秋梢,以减少母枝数量和花量,节省树体的营养。

7. 环割与断根控水促花　幼树树势强旺,成花很少或不开花,成为适龄不结果树,应在投产前 1 年或旺盛生长结果很少的年份,以及结果枝多,预计翌年花量不足的健壮树进行大枝或侧枝环割,或进行断根控水处理,以促进花芽分化。

(八)盛果期树修剪

进入盛果期,树体营养生长与生殖生长趋于平衡,树冠内外上下能结果,且产量逐年增加。经数年丰产后树势较弱,较少抽生夏、秋梢,结果母枝转为以春梢为主。枝组也大量结果后而逐渐衰退,且已形成大小年结果现象。

盛果期树体修剪的主要目的是及时更新枝组,培育结果母枝,保持营养枝与花枝的一定比例,延长丰产年限。因此,夏季采取抹芽、摘心,冬季采取疏剪、回缩相结合等措施,逐年增大修剪量,及时更新衰退枝组,并保持梢、果生长相对平衡,以防大小年结果现象的出现。

1. 枝组轮换压缩修剪　柑橘植株丰产后其结果枝容易衰退,每年可选 1/3 左右的结果枝从枝段下部短截,剪口保留 1 条当年生枝,并短截 1/3~1/2,防止其开花结果,使其抽生较强的春梢和夏、秋梢,形成强壮的更新枝组。也可在春梢萌动时,将衰退枝组自基部短截回缩,留 7～8 厘米枝桩,待翌年抽生春梢,其中较强的春梢陆续抽生夏、秋梢使枝组得以更新,2～3 年即可开花结果。结果后再回缩,全树每年轮流交替回缩一批枝组复壮,保留一批枝组结果,使树冠紧凑,且能缓慢扩大。

2. 培育结果母枝　抽生较长的春、夏梢留 8～10 片叶尽早摘心,促发秋梢。夏季对坐果过多的大树,回缩一批结果枝组,也可抽发一批秋梢,其中一部分翌年也可结果。

3. 结果枝组的修剪　采果后对一些分枝较多的结果枝组,应适当疏剪弱枝,并缩剪先端衰退部分。较强壮的枝组,只缩剪先端和下垂衰弱部分。已衰退纤弱无结果价值的枝组,可缩剪至有健壮分枝处,见图 6-11。所有剪口枝的延长枝均要短剪,不使开花,只抽营养枝,以更新复壮枝组。

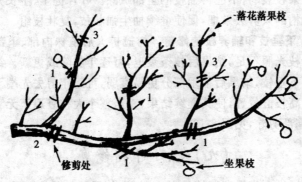

图 6-11　结果枝群修剪示意
1. 为结果枝群较壮时,剪去衰退部分　2. 为结果枝群较弱时,缩剪全部衰退部分
3. 为剪口枝短剪延长枝

柑橘中的温州蜜柑、椪柑等夏、秋梢结果较多的母枝,采果后母枝较弱时,冬季可在有健壮分枝处短截或全部疏剪。若全树结果较多,也可在夏季留 5～7 厘米长桩短截,促使剪口处隐芽抽发秋梢,多数也能转化为结果母枝,形成交替轮换结果,见图 6-12。

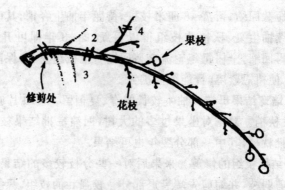

图 6-12 夏秋长梢母枝修剪示意
1. 长梢母枝较弱时,冬季修剪先端衰退部分 2. 全树结果过多时,夏季修
剪短截处 3. 夏季短剪后,隐芽萌发的秋梢 4. 剪口枝短截长枝

结果枝衰弱,不能再抽枝的全部疏除。叶片健全、生长充实可以再抽梢的只剪去果把,促使继续抽生强壮枝,复壮枝组。

4. 下垂枝和辅养枝的修剪 树冠扩大后植株内部、下部留下的辅养枝光照不足,结果后枝条衰退,可逐年剪除或更新。结果枝群中的下垂枝,结果后下垂部分更易衰弱,可逐年剪去先端下垂部分以抬高枝群位置,使其继续结果,直至整个大枝衰退至无利用价值,自基部剪除,见图 6-13。

(九)大、小年树修剪

柑橘进入盛果期后结果过多时,会使翌年结果少而形成大小年结果现象,若不及时矫治,则大、小年产量差幅越来越大,甚至出现隔年结果现象,严重影响生产和市场供应。为防止大、小年结果,促使丰产稳产,对大年树要适当减少花量,增加抽生营养枝,小年树则尽可能保留能开花的母枝,保花保果,以提高其产量。

1. 大年树修剪 大年树修剪是指大年结果前的冬季修剪和早春修剪,以及开花后的夏、秋修剪。其修剪要点:一是疏剪密弱枝、交叉枝、病虫枝。二是回缩衰退枝组和落花落果枝组。三是疏剪树冠上部、中部郁闭大枝（即开"天窗"），改善光照。四是短截夏、秋梢母枝，采用"疏弱、短强、留中"的措施，以减少花量，促抽营养枝。大、小年产量差幅很大时，可多短、少留，剪除较多花量；反之，可适当少短。五是 7 月短截部分结果枝组、落花落果枝组，促抽秋梢，增加小年结果母枝。六是第二次生理落果结束后

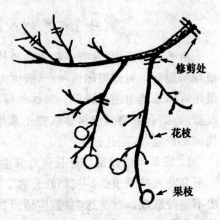

图 6-13　下垂枝修剪示意

分期进行疏果，先疏除发育不良、畸形、密生等劣质果，以后逐渐疏去分布过密的小果，最终按照品种要求的叶果比留果定产。七是坐果略多的大年树，进行环割促花，以增加小年的花量。但坐果太多，营养不足的树，不宜环割。八是结合秋季施肥进行断根、控水等促使花芽分化。九是根据树冠夏、秋梢母枝多少、当年产量多少、秋季气温高低和日照多少等，预测翌年花量过大的树，冬季至早春对树冠喷施赤霉素，以控花促发营养枝。

2. 小年树修剪　是指大年采果后的修剪。小年树势弱，成花母枝少，修剪最好在春季萌发至现蕾时进行。其修剪要点：一是尽量保留成花母枝。凡大年未开过花的强夏、秋梢和内膛的弱春梢营养枝，均有可能是小年的成花母枝，应全部保留。二是短截疏剪树冠外围的衰弱枝组和结果后的夏、秋梢结果母枝，注意选留剪口饱满芽，更新枝群。三是开花前进行复剪，花后进行夏季修剪，疏去未开花坐果的衰弱枝群，使树冠通风透光，枝梢健壮，果实增大，产量提高。四是抹除夏梢，减少生理落果。五是采果后冬季重回缩、疏剪交叉枝和衰退枝组，对树冠内膛枝也适当短截复壮。

（十）成年树改造修剪

由于各种原因，常有一些柑橘树长势强旺，适龄而不开花。密植栽培园后期树冠郁闭而减产，病虫为害后出现衰弱和树冠衰退，但还有结果能力的老树等。对这些树在找出低产或衰弱原因予以改造后，结合修剪能使树体恢复正常生长，抽生优良成花母枝，尽快恢复产量，甚至达到丰产。

1. 旺长树的修剪　旺长树营养生长强而消耗了大量养分，使之不开花或结果极少。枝梢旺长的原因主要有砧穗组合不当或施肥不当等造成。改造这类树，应适当控制氮肥使用，增加磷、钾肥的使用量，配合修剪，促使营养生长向生殖生长转化。修剪技术上采取多疏剪，少短截，防止刺激枝梢旺长。其要点：一是因品种不良的可进行高接，更换品种。二是疏剪部分强枝。生长较旺的树冠不宜短截，也不能1次疏剪过重，以免抽发更多强枝。主要是逐年疏剪部分直立枝组和强旺侧枝，改善树冠内部光照，使留的枝梢多次分枝，缓和长势，促进开花。三是抑制主根旺长。春季枝梢萌发期，将主根下部20厘米的土壤掏出，以木凿沿主根周围刻伤韧皮部，削弱根系生长，以相应减弱树冠枝梢旺长。四是保花保果。采用少疏成花母枝、拉枝、大枝环割、断根控水等措施，促使花芽分化。开花后抹除强春梢和全部夏梢保果，以增加载果量来削弱树势，逐步实现梢果平衡，进而转入丰产稳产。

2. 树冠郁闭园的修剪　柑橘的计划密植园投产后树冠逐渐扩大并封行，导致内膛郁闭，光照恶化，抽枝稀少，绿叶层变薄，顶部枝梢竞相直立生长，形成"鸡蛋壳"。此类型的树体尚好，及早改造还能高产。应采取及时间伐，结合回缩修剪，可有好的效果。其技术要点：一是疏剪顶部密枝。将中、上部过密遮荫的强枝疏剪部分，或缩剪中心枝干顶部大枝，改善光照。二是冬剪时短截部分1年生枝，促发营养枝，充实树冠叶绿层。三是逐年缩剪非永久（间伐)树。树冠交叉封行后逐步对非永久树与永久树交接的大枝进行压缩修剪,让出空间,保证永久树正常扩冠,直至非永久(间伐)树结果不多时,将间伐树砍伐或移出。四是间伐后永久树按丰产稳产树修剪。

3. 落叶树的修剪 由于病虫害或其他原因,树体落叶后枝梢衰弱。如落叶在花芽分化之前,则导致翌年的花少或无花,抽生春梢多而纤弱,树势衰退。若在花芽分化后落叶,则翌年能抽较多的无叶花蕾,因陆续脱落而坐果率极低,进而使树体更加衰弱。落叶柑橘树的修剪宜在春梢萌芽时进行,并配合勤施、薄施肥料和土壤覆盖效果更好。其主要技术:一是当枝梢局部落叶时短截无叶部分。二是枝组、侧枝或全树落叶时,重剪落叶枝,疏剪和回缩落叶枝组和枝梢,集中养分供应留树枝梢生长。三是剪除密集、交叉、直立和位置不当的无叶小枝和枝组,留下的枝梢进行短截,促发更新枝梢。四是尽量保留没有落叶的枝和叶片。五是显蕾后及早摘除花蕾,疏除全部幼果。

4. 衰老树的更新修剪 结果多年的老树,树势衰弱,若主干、大枝尚好,具有继续结果能力的可在树冠更新前 1 年 7～8 月份进行断根,压埋绿肥、有机肥,先更新根系;于春芽萌动时,视树势衰退情况,进行不同程度的更新修剪,促发隐芽抽生,恢复树势,延长结果年限。

(1)局部更新(枝组更新) 结果树开始衰老时,部分枝群衰退,尚有部分结果的可在 3 年内每年轮换 1/3 侧枝和小枝组,剪去先端 2/3～3/4,保留基部一段,促抽新的侧枝,更新树冠。轮换更新期间,尚有一定产量,彼此遮荫不易遭受日灼伤害。3 年全树更新完毕,即能继续高产。

(2)中度更新(露骨更新) 树势中度衰弱的老树,结合整形,在 5～6 级枝上,距分枝点 20 厘米处缩剪或锯除,剪除全部侧枝和 3～5 年生小枝组,调整骨架枝,维持中心主干、主枝和副主枝等的从属关系,删去多余的主枝、重叠枝、交叉枝干。这种更新方法当年能恢复树冠,翌年即可投产。

(3)重度更新(主枝更新) 树势严重衰退的老树,可在距地面80～100厘米高处3～5级骨干大枝上,选主枝完好、角度适中的部位锯除,使各主枝分布均匀,协调平衡。剪口要削平并涂接蜡保护。枝干用石灰水刷白,防止日灼。新梢萌发后抹芽1～2次放梢,逐年疏除过密和位置不当的枝条,每段枝留2～3条新梢,过长的应摘心,促使长粗,重新培育成树冠骨架,第三年即可恢复结果。

5. 移栽大树的修剪 柑橘计划密植园间伐树移栽、果园缺株补植等常需移栽大树。移栽取树时应根据挖根所带土球大小相应回缩树冠。如不带土球移栽,应自主枝或主干锯除树枝,不带叶片。根系挖掘出土后应蘸浓泥浆保护须根。移栽后用竹竿三角形固定树体。2～3年树冠恢复后可在侧枝上进行环割促花,以达尽快投产。

6. 受冻树修剪 遭受冻害的柑橘树,应根据受冻害程度进行修剪。其技术要点:一是推迟修剪。冻害树在早春气温回升后受冻枝干还会继续向下部干枯,同时抽生春梢的时期也略有推迟,最好待干枯结束后春梢抽芽时,缩剪干枯枝干。冻害落叶未干枯的枝条,应保留让其抽梢,其中部分抽梢后还会枯死,到春梢展叶时,再剪除干枯部分。二是减少花量保留枝叶。受冻枝条花质差、坐果少,修剪中宜多疏剪弱枝,短截强枝,促使少开花、多抽枝,恢复树势。有叶枝梢可保留结果。三是冻害树剪(锯)的伤口大,应用刀削平伤口,用薄膜包扎或涂以接蜡。受冻柑橘树易暴发树脂病、炭疽病,应及早喷药防治。

二、防止异常落叶

叶片是果实生长的原动力。要想结果累累,首先要保证有最大限度的叶片。柑橘是常绿果树,与冬季落叶的落叶果树不同,一般是春季新叶开始生长时,老叶(寿命 15 个月左右,最长的可达 36 个月)才陆续脱落。若是未入秋(不久)即落叶,或冬季到春季来临前大量落叶,则称为不正常落叶或异常落叶的生理病害。其原因与环境条件和树体营养状况有关。

(一)落叶的原因及危害

除强风危害和害虫直接侵害造成落叶的机械原因外,还有病害(溃疡病、炭疽病等)病菌的危害,氮、镁、硼及其他元素的缺乏和锰元素的过剩,环境的污染,缩二脲等有毒物质的危害以及冻害、潮害和旱害等皆属生理性原因。生理性落叶与机械性落叶不同,生理性落叶都在叶柄的基部产生离层组织而使叶片脱落。

异常落叶对柑橘果树的危害极大。由于有机养分的损失,如花芽分化前落叶,会使翌年花量减少,甚至无花,抽发的春梢多而纤弱。如在花芽分化完成后落叶,则翌年花多、质差(多数是无叶花),着果率低,树势变弱。

(二)防止落叶的措施

1. 针对成因采取措施　落叶若是冬季干旱所致,可用喷水或喷油乳剂使叶片直接吸收水分,喷布油乳剂可抑制叶片水分蒸发。

2. 科学修剪　已发生异常落叶(如出现在局部枝梢),宜短截无叶的部分。如全树叶片大部分脱落,则应进行疏去密生、纤弱、直立和交叉的小枝、枝组,留下的枝梢注意排布均匀,然后进行重短截,保留残叶,疏去全部花蕾,促进骨干枝的隐芽萌发,使树冠得到更新。

3. 施肥保叶果　对秋、冬落叶过多的植株,为保翌年产量,宜采取多次土壤薄施并结合叶面喷肥。分别在抽梢期、现蕾开花期、生理落果期、壮果期时进行追肥。肥料以速效肥为主,氮、磷、钾配合。同时喷布激素和营养液保叶保果,即在现蕾开花期、生理落果期喷布浓度 8 毫克/千克的 2,4-D、浓度 40 毫克/千克的赤霉素液 3 次;在萌芽现蕾期、新梢生长期喷 0.2%~0.3%硼肥、0.3%磷酸二氢钾加 0.4%尿素等。

4. 做好防旱 防旱,尤其是冬季干旱,以防落叶。

5. 防治病虫害 加强病虫害防治,重点是螨类、蚧类、溃疡病、炭疽病、疮痂病等的防治,以防止因病虫害造成异常落叶。

三、花果管理

柑橘的花果管理主要包括:促花控花、保花保果、疏花疏果和果实套袋等。

(一)促花控花

1. 促花 柑橘是易成花、开花多的品种,但有时也会因受砧木、接穗品种、生态条件和栽培管理等的影响,而迟迟不开花或成花很少。对出现的此类现象常采用控水,环割,扭梢,圈枝与摘心,合理施肥和药剂促花等措施促花。

(1)控水 对长势旺盛或其他原因不易成花的柑橘树,采用控水促花的措施。具体方法是在 9 月下旬至 12 月将树盘周围的上层土壤扒开,挖土露根,使土层水平根外露,且视降水和气温的情况露根 1~2 个月后覆土。春芽萌芽前 15~20 天,每株施尿素 200~300 克加腐熟厩肥或人、畜粪水肥 50~100 千克。上述控水方法仅适用于暖冬的南亚热带柑橘产区。冬季气温较低的中、北亚热带柑橘产区,可利用秋、冬少雨和空气湿度低的特点,不灌水使柑橘园保持适度干燥,至中午叶片微卷及部分老叶脱落。控水时间一般 1~2 个月。气温低,时间宜短;反之气温高,时间宜长。

(2)环割 见整形修剪章节,从略。

(3)扭梢与摘心　见整形修剪章节，从略。

(4)合理施肥　施肥是影响花芽分化的重要因子，进入结果期未开花或开花不多的柑橘园，多半与施肥不当有关。柑橘花芽分化需要氮、磷、钾等营养元素，但氮过多会抑制花芽分化，尤其是大量施用尿素，导致植株生长过旺，营养生长与生殖生长失去平衡，使花芽分化受阻。氮肥缺乏也影响花芽分化。在柑橘花芽生理分化期（果实采收前后不久）施磷肥，能促进花芽分化和开花，尤其对壮旺的柑橘树效果明显。钾对花芽分化影响不像氮、磷明显，轻度缺乏时花量稍减，过量缺乏时也会减少花量。可见合理施肥，特别是秋季9～10月份施肥比11～12月份施肥对花芽分化、促花效果明显。

(5)药剂促花　目前，多效唑（PP_{333}）是应用最广泛的柑橘促花剂。在柑橘树体内，PP_{333}能有效抑制赤霉素的生物合成，降低树体内赤霉素的浓度，从而达到促进花芽分化的目的。

多效唑的使用时间在柑橘花芽开始生理分化至生理分化后3个月内。一般连续喷施2～4次，每次间隔15～25天，使用浓度500～1 000毫克/千克。近年，中国农业科学院柑橘研究所研制的多效唑多元促花剂，促花效果比单用多效唑更好。

2. 控花　柑橘花量过大，消耗树体大量养分，结果过多使果实变小，降低果品等级，且翌年开花不足而出现大小年。控花主要用修剪，也可用药剂控花。

(1)修剪　常在冬季修剪时，对翌年花量过大的植株，如当年的小年树、历年开花偏大的树等，修剪时剪除部分结果母枝或短截部分结果母枝，使之翌年萌发营养枝。

(2)药剂　用药剂控花，常在花芽生理分化期喷施20～50毫克/千克浓度的赤霉素1～3次，每次间隔20～30天能抑制花芽的生理分化，明显减少花量，增加有叶花枝，减少无叶花枝。还可在花芽生理分化结束后喷施赤霉素，如1～2月份喷施，也可减少花量。赤霉素控花效果明显，但用量较难掌握，有时会出现抑花过量而导致减产,用时应慎重。大面积用时应先做试验。

(二)保花保果

柑橘尤其是脐橙花量大,落花落果严重,坐果率低。在空气相对湿度较高的地域栽培华盛顿脐橙,如不采取保果措施,常会出现"花开满树喜盈盈,遍地落果一场空"的惨景。

柑橘落果是由营养不良,内源激素失调,气温、水分、湿度等的影响和果实的生理障碍所致。

柑橘保花保果的关键是增强树势,培养健壮的树体和良好的枝组。为防止柑橘的落果,常采用春季施追肥、环剥、环割和药剂保果等措施。

1. 春季追肥 春季柑橘处于萌芽、开花、幼果细胞旺盛分裂和新老叶片交替阶段,会消耗大量的贮藏养分,加之此时多半土温较低,根系吸收能力弱。追施速效肥,常施腐熟的人尿加尿素、磷酸二氢钾、硝酸钾等补充树体营养之不足。研究表明,速效氮肥土施 12 天才能运转到幼果,而叶面喷施仅需 3 小时。花期叶面喷施后花中含氮量显著增加,幼果干物质和幼果果径明显增加,坐果率提高。用叶面肥保花保果,常用浓度 0.3%~0.5%的尿素,或浓度 0.3%尿素加 0.3%磷酸二氢钾在花期喷施,谢花后 15~20 天再喷施 1 次。

2. 环剥、环割 花期、幼果期环割是减少柑橘落果的一种有效方法,可阻止营养物质转运,提高幼果的营养水平。环割较环剥安全,简单易行,但韧皮部输导组织易接通,环割 1 次常达不到应有的效果。对主干或主枝环剥 1~2 毫米宽 1 圈的方法,可取得保花保果的良好效果,且环剥 1 个月左右可愈合,树势越强愈合越快。

此外,春季抹除春梢营养枝,节省营养消耗也可有效提高坐果率。

3. 药剂保果

(1) 防止幼果脱落　目前使用的主要保果剂有细胞分裂素类（如人工合成的 6-苄腺嘌呤）和赤霉素。6-苄基腺嘌呤（BA）是柑橘有效的保果剂，尤其是脐橙第一次生理落果防止剂，效果较赤霉素好，但 BA 对防止第二次生理落果无效。赤霉素则对第一、第二次生理落果均有良好作用。

20 世纪 90 年代初，中国农业科学院柑橘研究所研制成功的增效液化 6-苄基腺嘌呤加赤霉素，极易被果实吸收，保果效果显著且稳定。生产上的花期和幼果期喷施浓度 20～40 毫克/千克 6-苄基腺嘌呤加浓度 30～70 毫克/千克的赤霉素，有良好的保果作用。

用增效液化 6-苄基腺嘌呤涂果时间：幼果横径 0.4～0.6 厘米（约蚕豆大）时即开始涂果，最迟不能超过第二次生理落果开始时期，错过涂果时间达不到保果效果。涂果方法：先配涂液，将 1 支瓶装（10 毫升）的增效液化 6-苄基腺嘌呤加赤霉素加普通洁净水 750 毫升，充分搅匀配成稀释液，用毛笔或棉签蘸液均匀涂于幼果整个果面至湿润为宜，但切忌药液流滴。药液现配现涂，当日用完。增效液化 6-苄基腺嘌呤加赤霉素（喷施型）10 毫升/瓶，每 667 平方米用量 3～6 瓶；增效液化 6-苄基腺嘌呤加赤霉素（涂果型）10 毫升/瓶，每 667 平方米用量约 1 瓶。

(2) 防止裂果　柑橘尤其是脐橙的裂果、落果带来的损失不小，控制裂果除用栽培措施外，目前尚无特效的药剂。生产上使用的绿赛特（中国农业科学院柑橘研究所推出），其防效也只有 50%～60%。

生产上防止柑橘裂果的综合措施：一是及早去除畸形果、裂果，如脐橙顶端扁平、大的开脐果易裂果，宜尽早去除。二是喷涂植物生长调节剂如赤霉素，促进细胞分裂与生长，以减轻裂果，但使用要适当，不然会使果实粗皮、味淡、成熟推迟。如分别于第二次生理落果前后的 6 月上、下旬用赤霉素 200～250 毫克/千克液涂幼果脐部(对已轻度初裂的脐穴,在赤霉素液中加 70％甲基托布津 800 倍液)。三是在雨后及时对主枝环割 1/2 圈,深达木质部。四是深翻改土,果园覆盖,减少水分蒸发,缓和土壤水分交替变化幅度。五是及时灌水,有条件的用喷灌,效果更好。六是增施钾肥,增强果皮抗裂强度。在幼果期喷施 0.2％磷酸二氢钾,6～8月特别是 7 月上、中旬增施 1～2 次钾肥。七是选择抗裂品种种植,如纽荷尔脐橙。朋娜脐橙我国不少地域种植表现裂果严重。

(3)防止脐黄 脐黄是脐橙果实脐部黄化脱落的病害。这种病害是病原性脐黄、虫害脐黄和生理性脐黄的综合表现。病原性脐黄由致病微生物在脐部侵染所致;虫害脐黄则由害虫引起,生产上使用杀菌剂、杀虫剂即可防止;生理性脐黄是一种与代谢有关的病害,用中国农业科学院柑橘研究所研制的脐黄抑制剂"抑黄酯"(FOWS)10 毫升/瓶,667 平方米用量 1～2 瓶,在第二次生理落果刚开始时涂脐部,可显著减少脐黄落果。

此外,加强栽培管理,增强树势,增加叶幕层厚度,形成立体结果,减少树冠顶部与外部挂果,也是减少脐黄落果的有效方法。

(4)防止日灼落果 日灼又称日烧。是脐橙、温州蜜柑等果实开始或接近成熟时的一种生理障碍。其症状的出现是因为夏、秋高温酷热和强烈日光暴晒,使果面温度达 40℃以上而出现的灼伤。开始为小褐斑,后逐渐扩大,呈现凹陷,进而果皮质地变硬,果肉木质化而失去食用价值。

防止脐橙、温州蜜柑等的日灼,可采取综合措施:一是深翻土壤,促使柑橘植株的根系健壮发达,以增加根系的吸收范围和能力,保持地上部与地下部生长平衡。有条件的还可覆盖树盘保墒。二是及时灌水、喷雾,不使树体发生干旱。三是树干涂白,在易发生日灼的树冠上、中部和东南侧喷施 1％～2％熟石灰水,并在柑橘园西南侧种植防护林,以遮挡强日光和强紫外线的照射。四是日灼果发生初期可用白纸贴于日灼果患部,果实套袋的方法可防止日灼病。五是防治锈壁虱,必须使用石硫合剂时,浓度以 0.2 波美度为宜,并注意不使药液在果上过多凝聚。六是喷施微肥。

（三）疏花疏果

疏花疏果是柑橘克服大小年和减少因果实太小而果品等级下降的有效方法。

大年树通过冬、春修剪增加营养枝,减少结果枝,控制花量。疏果时间在能分清正常果、畸形果、小次果的情况下越早越好,以尽量减少养分损失。通常对大年树可在春季萌芽前适当短截部分结果母枝,使其抽生营养枝,增加花量。为保证小年能正常结果,还需结合保果。对畸形果、伤残果、病虫果、小果等应尽早摘除。在第二次生理落果结束后大年树还需疏去部分生长正常但偏小的果实。疏果根据枝梢生长情况、叶片的多少而定。在同一生长点上有多个果时,常采用"三疏一,五疏二或五疏三"的方法。

柑橘一般在第二次生理落果结束后即可根据叶果比确定留果数,但对裂果严重的朋娜等脐橙要加大留果量。叶果比通常为50～60：1,大果型的可为 60～70：1。

目前,疏果的方法主要用人工疏果,人工疏果分全株均匀疏果和局部疏果两种。全株均匀疏果是按叶果比疏去多余的果,使植株各枝组挂果均匀;局部疏果系指按大致适宜的叶果比标准,将局部枝全部疏果或仅留少量果,部分枝全部不疏或只疏少量果,使植株轮流结果。

（四）果实套袋

柑橘果实可行套袋,套袋适期在 6 月下旬至 7 月中旬(生理落果结束)。套袋前应根据当地病虫害发生的情况对柑橘全面喷药1～2 次,喷药后及时选择正常、健壮的果实进行套袋。果袋应选抗风吹雨淋、透气性好的柑橘专用纸袋,且以单层袋为适。采果前

15～20 天摘袋。果实套袋着色均匀,无伤痕,但糖含量略有下降,酸含量略有提高。

现择柑橘套袋提高品质的实例介绍于后。

1. 纽荷尔脐橙套袋 三峡库区湖北秭归彭红等,用 19 年生枳砧罗伯逊脐橙作中间砧的纽荷尔脐橙进行套袋。套袋前,花期针对花量、花质进行了花期复剪,7 月上旬进行疏果(疏除小果、畸形果和病虫果等),于 7 月 14 日用扫螨净 1 500 倍液等喷雾,分别于 7 月 24 日、8 月 25 日选择无病虫害、无畸形和 60 毫米以上的果实套袋。纸袋由河北省保定生产,双层袋,内袋为黑色,外袋为花纹蜡纸,大小为 16 厘米×19 厘米。对照为该果园脐橙。试验得到了如下结果。

(1)对内质的影响 10 月下旬去袋,11 月中旬采收。7 月 24 日套袋果实:可溶性固形物 12%,对照为 12%;8 月 25 日套袋的果实:可溶性固形物 11%,对照为 10.9%。

(2)对果实外观的影响 套袋的所有果实的外观都有明显改善,主要表现为果面光洁亮丽,油胞细腻,着色均匀,提高了商品性。套袋果皮厚 2.2 毫米,对照为 2.1 毫米。

(3)防日灼、防虫、防药害的效果 可 100%防止日灼和桃蛀螟的发生。套袋后只为害果实的害虫可不再喷药,防治其他害虫,因药剂不与果实直接接触,减少了果实的污染和药害发生。

(4)套袋效益 套袋果与未套袋果的内质基本一致。但套袋果外观明显改善,可作精品果销售。75 毫米以上的套袋果,每千克可增值 0.2～0.4 元,每 667 平方米按 2 500 千克计算,可增值 500～1 000 元,经济效益显著。

脐橙套袋必须有常规的栽培技术相配合。双层纸袋,袋内温度高,果实早期就变为浅黄色,所以套果袋以单层蜡纸袋为好。套袋时间在第二次生理落果后即可进行。去袋时间在果实刚进入转色期为宜。

2. 甜橙套袋　北京汇源集团重庆柑橘产业化开发有限公司，2004年所建柑橘示范园，2006年始果，2007年投产。为提高所种植的锦橙、脐橙、夏橙等甜橙品种的质量，尤其是果实的外观，采取了甜橙套袋技术。现简介如下。

(1) 套袋的时间　全园、全树实施套果的，在第二次生理落果结束后果园进行1次全面疏理。疏除病虫果、畸形果、机械伤果、发育不良的小果。选择性套果的，选果面无伤的大果和有充分叶片供给营养的果实进行套袋。为使套袋后不再出现落果，时间宜在6月下旬至7月上旬，夏橙套袋时间可稍晚，在7月中、下旬进行。

(2) 套袋方法　套袋前进行病虫害防治，喷药2次。药剂宜选水剂，以免在果面形成斑痕。具体做法：疏果、定果后在套袋前7～10天进行第一次喷药；第二次喷药在套袋前1天进行。大面积柑橘园分片喷药，喷一片套袋一片，不能喷药后间隔3～4天再套袋。如喷药后果实未套完袋遇雨，则应重新喷药后再套袋。

套袋时，选无伤痕的好果，将果实自果顶至果蒂套入袋内，一果一袋。如有叶片阻碍，可将叶片置于果袋外，袋口置于果梗着生部上端。如遇一个结果枝上结2～3个果，先将小果疏去后再套袋。袋口缠扎用折扇法，顺时针或逆时针将袋口折叠收紧，然后用扎口铁丝紧绕果梗1圈、缠紧，不然害虫易从松动的袋口进入袋内。

套袋前的周到喷药和缠紧袋口是套袋的关键。

(3) 套袋后的管理　一是果实套袋后要勤检查，防止袋口松动和破袋。对已受病菌、害虫侵染的要用药剂处理后再重新套袋。二是晚熟品种夏橙12月中、下旬喷施2,4-D 20毫克/千克1次，防止冬季低温落果。

3. 柚类套袋　据报道效果有异，但总的趋势是：可使果面洁净美观，着色均匀，提高果实外观质量和商品率，减少农药残留污染、机械伤和病虫侵害，降低生产成本。套袋的综合技术如下。

(1) 培育健壮树势　提高树体的抗性，保证获得大果、正形果和优质果。还可减少套用薄膜袋后柚果出现日灼的比率。

(2)选用优质袋　规格以 25 厘米×40 厘米为最适。纸袋用纸要求吸湿性差,外表面上蜡,最好能微透光的白色或黄色纸;用薄膜材料要用透气薄膜,底部两角分别留食指大小的小孔。

(3)单株套袋　应采取套薄膜袋与套单层或双层纸袋相结合的方式。双层纸袋生产高档柚果。树冠下部和内膛套薄膜袋,弱树、弱枝和树冠上方受太阳直射的外围套一部分单层纸袋,这样既节省成本,又可生产不同消费层次的柚果。

(4)套袋时间　5月中旬、第二次生理落果后按留大去小、留健去弱、留正去畸和合理确保载果量的原则对全树疏果、定果,并彻底防治 1 次病虫害后 1～2 天即可套袋。

(5)套袋前科学用药　主要防治红蜘蛛、凤蝶、炭疽病等。

(6)套袋技术　按先内膛和下部、后外围和上部的顺序套袋。套袋时注意不要将叶片套入袋内。袋要下垂,袋口在果柄外捆紧,以雨水不能渗入为度。不能捆扎过紧而伤了果柄;也不能过松,以免害虫、病菌随雨水进入袋内。

(7)套袋后的管理　针对危害除果实以外的病虫害,如潜叶蛾、炭疽病、溃疡病(疫区)等进行防治。发现套袋已破,可用盆盛药液浸果,待干后再补套袋。套袋柚园,以施优质腐熟的有机肥为主。果实生长后期不使用速效氮肥,可用磷酸二氢钾喷施 2～3 次。不要在果实着色期灌水等。

(8)去袋时间　在果实刚开始着色时去袋。双层袋可分 2 次去袋,外层袋去掉 1 周后再去掉内层袋。薄膜袋可不去,带袋上市销售。此外,套袋果应适当晚采。

此外,柚类套袋有可溶性固形物下降(0.4%)的报道,尤其是用双层袋的下降更明显。还有连续 3 年套用不透光纸袋而柑橘粉蚧为害严重的报道,出现这种情况,应全部改用薄膜袋或停止套袋。

第七章　现代柑橘无公害
病虫草害防治技术

目前,柑橘果实的污染主要来自大气、土壤和农药,而化学合成农药在柑橘病虫害防治中使用最多、最有效,但也是污染最为严重。

农药对柑橘果实的污染主要是三个方面:一是喷施农药造成对果实的直接污染。二是果园喷施农药后对土壤形成第二次污染:喷施的农药有相当部分直接或经雨水(灌溉水)而流入土壤,造成对土壤的污染;土壤中农药对果实造成间接污染,又通过果园地表水径流进入江河、湖泊,造成对水系的污染而威胁整个生态系统,尤其是高残毒农药。三是因同一种(类)农药的连续使用,造成病虫害抗药性群体的积累而不得不加大用药量,使之进一步加剧农药的污染和危害。

一、病虫害无公害防治要求

柑橘病虫害无公害防治应积极贯彻"预防为主,综合防治"的植保方针。以农业和物理防治为基础,生物防治为核心,按照病虫害发生规律和经济阈值,科学使用化学防治技术,有效控制病虫危害。

柑橘病虫害的无公害防治要严禁检疫性病虫害从疫区传入保护区,保护区不得从疫区调运苗木、接穗、果实和种子,一经发现立即烧毁。

柑橘病虫害无公害防治要以农业防治和物理防治为基础。农业防治:一是种植防护林。二是选用抗病品种和砧木。品种应根据柑橘的生态指标,在最适宜区和适宜区,选择市场需要的优良品种种植,尤其应选择抗病性、抗逆性较强的品种发展。我国柑橘产区,采用的砧木主要是枳,也有采用红橘、酸橘、枳橙、红檬檬和酸柚作砧木的。盐碱土和石灰性紫色土,宜选用红橘砧,对已感染裂皮病、碎叶病的品种,不能用枳和枳橙作砧木,要选红橘作砧木。三是园内间作和生草栽培,种植的间作物或草类应是与柑橘无共生性病虫、浅根、矮秆,以豆科作物和禾本科牧草为宜,且适时刈割,翻埋于土壤中或覆盖于树盘或用于作饲料。四是实施翻土、修剪、清洁果园、排水、控梢等农业措施,疏松土壤、改善树冠通风透光,减少病虫源,增强树势,提高树体自身的抗病虫能力。提高采果质量,减少果实伤口,降低果实腐烂率。物理机械防治:一是应用灯光防治害虫,如用灯光引诱或驱避吸果夜蛾、金龟子、卷叶蛾等。二是应用趋化性防治害虫,如大实蝇、拟小黄卷叶蛾等害虫,对糖、酒、醋液有趋性,可利用其特性,在糖、酒、醋液中加入农药诱杀。三是应用色彩防治害虫,如用黄板诱杀蚜虫。黄板可土法自制:在木板上涂上黄油漆,油漆干后将其固定在比柑橘植株高的显眼处,涂上机油即可诱捕;也可用黄色颜料涂上,用薄膜包后再涂上机油。诱捕中注意检查机油是否干燥和被雨水冲刷,以达到捕杀效果。四是人工捕捉害虫、集中种植害虫中间寄主诱杀害虫,如人工捕捉天牛、蚱蝉、金龟子等害虫;在吸果夜蛾发生严重的柑橘产区人工种植中间寄主,引诱成虫产卵,再用药剂杀灭幼虫。

　　柑橘病虫害无公害防治要以生物防治为核心。一是人工引移、繁殖释放天敌,如用尼氏钝绥螨防治螨类;用日本方头甲和湖北红点唇瓢虫等防治矢尖蚧;用松毛虫、赤眼蜂防治卷叶蛾等。二是应用生物农药和矿物源农药,如使用苏云金杆菌、苦·烟水剂等生物农药和王铜、氢氧化铜、矿物油乳剂等矿物源农药。三是利用性诱剂,如在田间放置性诱剂和少量农药,诱杀实蝇雄虫,以减少与雌虫的交配机会,而达到降低害虫虫口密度。

柑橘病虫害无公害防治要有效地进行生态控制。如科学规划园地,种植防护林,改善生态环境,果园间作或生草栽培等抑制病虫为害。

柑橘病虫害无公害防治要科学使用化学农药防治。但是不得使用高毒、高残留的农药。

现代柑橘生产中禁止使用的农药见表 7-1。

表 7-1 现代柑橘生产中禁止使用的农药

种 类	农药名称	禁用原因
有机氯杀虫、杀螨剂	六六六、滴滴涕、林丹、硫丹、三氯杀螨醇	高残毒
有机磷杀虫剂	久效磷、对硫磷、甲基对硫磷、治螟磷、地虫硫磷、蝇毒磷、丙线磷(益收宝)、苯线磷、甲基硫环灵、甲拌磷、乙拌磷、甲胺磷、甲基乙柳磷、氧乐果、磷胺	剧毒、高毒
氨基甲酸酯类杀虫剂	涕灭威(铁灭克)、克百威(呋喃丹)	高毒
有机氮杀虫、杀螨剂	杀虫脒	慢性毒性、致癌
有机锡杀螨剂杀菌剂	三环锡、薯瘟锡、毒菌锡等	致畸
有机砷杀菌剂	福美砷、福美申砷等	高残毒
杂环类杀菌剂	敌枯双	致畸
有机氮杀菌剂	双胍辛胺(培福朗)	毒性高、有慢性毒性
有机汞杀菌剂	富力散、西力生	高残毒
有机氟杀虫剂	氟乙酰胺、氟硅酸钠	剧毒
熏蒸剂	二溴乙烷、二溴氯丙烷	致癌、致畸、致突变
二苯醚类除草剂	除草醚、草枯醚	慢性毒性

现代柑橘生产中限制使用的农药见表 7-2。

表 7-2　现代柑橘生产中限制使用的农药

通用名	剂型及含量	稀释倍数或 kg (ml)/(667 米² · 次)	施用方法	最后一次施药距采果的天数（安全间隔期）	实施要点及其说明
苄螨醚	5%乳油	1000～2000 倍液	喷雾	30	
克螨特	73%乳油	2000～3000 倍液	喷雾	30	对嫩梢有药害，7月份以后使用不超过2500倍
唑螨酯	5%悬浮剂	1000～2000 倍液	喷雾	21	
三唑锡	25%可湿性粉剂 20%悬浮剂	1500～2000 倍液 1000～2000 倍液	喷雾 喷雾	30	对嫩梢有药害
双甲脒	20%乳油	1000～1500 倍液	喷雾	21	20℃以下药效低，作用慢
单甲脒	25%水剂	800～1200 倍液	喷雾	21	22℃以上药效好
水胺硫磷*	40%乳油	800～1000 倍液	喷雾	21	
杀扑磷*	40%乳油	800～1000 倍液	喷雾	30	
敌敌畏	80%乳油	500～1500 倍液 5～10 倍液	喷雾 注射天牛虫孔	21	
喹硫磷	25%乳油	600～1000 倍液	喷雾	28	
乐果	40%乳油	1000～1500 倍液	喷雾	21	
毒死蜱（乐斯本）	40.7%乳油	800～1500 倍液	喷雾	21	
杀螟丹	98%可湿性粉剂	1800～2000 倍液	喷雾	21	

续表 7-2

通用名	剂型及含量	稀释倍数或 kg (ml)/(667 米²·次)	施用方法	最后一次施药距采果的天数（安全间隔期）	实施要点及其说明
抗蚜威	50%可湿性粉剂	1000～2000 倍液	喷雾	21	
灭多威	24%水剂	1000～2000 倍液	喷雾	30	
丁硫克百威	20%乳油	1000～2000 倍液	喷雾	21	
氯氟氰菊酯	2.5%乳油	2500～3000 倍液	喷雾	21	
甲氰菊酯	20%乳油	2500～3000 倍液	喷雾	30	低温时使用效果更好
氰戊菊酯	20%乳油	2500～3000 倍液	喷雾	21	
溴氰菊酯	2.5%乳油	1250～2500 倍液	喷雾	28	
顺式氰戊菊酯	5%乳油	4000～6000 倍液	喷雾	21	
氟氰菊酯	30%乳油	6000～12000 倍液	喷雾	21	
顺式氯氰菊酯	10%乳油	6000～15000 倍液	喷雾	21	
氯氰菊酯	10%乳油	2000～4000 倍液	喷雾	30	
福美双	50%可湿性粉剂	500～800 倍液	喷雾	21	
抑霉唑	22.2%乳油	1000～2000 倍液	浸果		浸后取出贮藏
硫线磷	10%颗粒剂	（3～4）kg/（667m²·次）	撒于土中	120	树盘内 3-5cm 表土疏松撒药后覆土
百草枯	20%水剂	（200～300）ml/（667m²·次）	低压喷雾		杂草生长旺盛期低压喷雾

＊为高毒农药，有其他低毒或中毒农药代替品种时，优先选用低毒、中毒农药

现代柑橘生产中允许使用的主要农药见表 7-3。

表 7-3　现代柑橘生产中允许使用的农药

通用名	剂型及含量	稀释倍数或 kg (ml)/(667 米²·次)	施用方法	最后一次施药距采果的天数	实施要点及其说明
浏阳霉素*	10%乳油	1000～2000 倍	喷雾	15	
华光霉素*	2.5%可湿性粉剂	400～600 倍	喷雾	15	发生早期使用
苦　参*	0.36%水剂	400～600 倍	喷雾	15	
硫　黄*	50%悬浮剂	200～400 倍	喷雾	15	不能与矿物油混用也不能在其后施用
机油乳剂*	95%乳油	50～200 倍	喷雾	15	花蕾期至第二次生理落果期和成熟前 45 天不用药,有冻害的地区冬季不用药
哒螨灵	15%乳油	1500～2000 倍	喷雾	30	
四螨嗪	20%悬乳剂	1500～2000 倍	喷雾	30	
噻螨酮	5%乳油、5%可湿性粉剂	1500～2000 倍	喷雾	30	
氟虫脲	5%乳油	600～2000 倍	喷雾	30	
苯丁锡	50%可湿性粉剂	2000～3000 倍	喷雾	21	
苯螨特	10%乳油	1500～2000 倍	喷雾	21	
溴螨酯	50%乳油	1000～3000 倍	喷雾	21	
吡螨胺	10%可湿性粉剂	2000～3000 倍	喷雾	21	
齐墩螨素	1.8%乳油	4000～5000 倍	喷雾	21	

续表 7-3

通用名	剂型及含量	稀释倍数或 kg (ml)/(667 米²·次)	施用方法	最后一次施药距采果的天数	实施要点及其说明
苏云金杆菌*	100 亿个/mg 乳剂	500～1000 倍	喷雾	15	
烟碱*	10%乳油	500～800 倍	喷雾	15	
鱼藤酮*	2.5%乳油	200～500 倍	喷雾	15	
辛硫磷*	50%乳油	500～800 倍	喷雾	15	傍晚进行
敌百虫	90%晶体	800～1000 倍	喷雾	28	
噻嗪酮	25%可湿性粉剂	1000～1500 倍	喷雾	35	2 龄期喷药,对成虫无效
定虫隆	5%乳油	1000～2000 倍	喷雾	35	
除虫脲	20%悬浮剂	1500～3000 倍	喷雾	35	
伏虫隆	5%乳油	1000～2000 倍	喷雾	30	
灭幼脲	25%悬浮剂	1000～1500 倍	喷雾	30	
啶虫脒	3%乳油	1500～5000 倍	喷雾	21	
吡虫啉	10%可湿性粉剂	1500～5000 倍	喷雾	21	
抗霉菌素120*	2%水剂	200 倍	喷雾	15	
多氧霉素*	10%可湿性粉剂	1000～1500 倍	喷雾	15	
石硫合剂*	45%结晶	早春 180～300 倍,晚秋 300～500 倍	喷雾	15	30℃以上降低浓度和施药次数
波尔多液*	0.5%等量式	0.5%等量式	喷雾	15	
王铜*	30%悬浮剂	600～800 倍	喷雾	15	
氢氧化铜*	77%可湿性粉剂	400～600 倍	喷雾	15	
络氨铜	14%水剂	300～500 倍	喷雾	15	

续表 7-3

通用名	剂型及含量	稀释倍数或 kg (ml)/(667 米²·次)	施用方法	最后一次施药距采果的天数	实施要点及其说明
链霉素*	72%可湿性粉剂	600～700mg/kg	喷雾	15	弱树易发生喷后落叶（笔者加注）
春雷霉素*	4%可湿性粉剂	15～50mg/kg 用于治疗树脂病	喷雾	15	
代森锌	80%可湿性粉剂	600～800 倍	喷雾	21	
代森铵	50%水剂	500～800 倍	喷雾	21	
代森锰锌	80%可湿性粉剂	600～800 倍	喷雾	21	
三乙磷酸铝	80%可湿性粉剂		喷雾，涂抹	21	
甲基硫菌灵	70%可湿性粉剂	1000～1500 倍	喷雾	30	
异菌脲	50%可湿性粉剂	1000mg/kg	浸果		浸湿后取出贮藏
多菌灵	50%可湿性粉剂	500～1000 倍	喷雾	21	
甲霜灵	25%可湿性粉剂	100～400 倍	喷雾，涂抹	21	
百菌清	75%可湿性粉剂	500～800	喷雾	21	
溴菌腈	25%乳油或可湿性粉剂	500～800	喷雾	21	
咪鲜胺	25%乳油	500～1000	浸果		浸湿后取出贮藏
噻菌灵	45%悬浮剂	300～450	浸果		

续表 7-3

通用名	剂型及含量	稀释倍数或 kg (ml)/(667 米²·次)	施用方法	最后一次施药距采果的天数	实施要点及其说明
噻枯唑	25%可湿性粉剂	500～800 倍	喷雾	21	
棉 隆	75%可湿性粉剂或 95%原粉	线虫 3.2～4.8kg 加水 75 升，30～50g/m²	沟施，毒土撒施	120	
草甘膦	10%水剂	750～1000ml	喷雾		
莠去津	50%可湿性粉剂	150～250g(砂壤土)，300～400g(壤土)，400～500g(黏土)	喷雾		豆科和十字花科敏感
氟乐灵	45%乳油	125～200ml	喷雾		药后 5～7 天间作物播种
二甲戊乐灵	33%乳油	200～300ml	喷洒表土	芽前	
乙草胺	50%乳油	40～90ml	喷雾		以下果园除草较不多用(笔者注)
氟草烟	20%乳油	75～150ml	喷雾		
喹禾灵	10%乳油	75～200ml	喷雾		
吡氟乙草	12.5%乳油	50～160ml	喷雾		
茅草枯	60%钠盐	500～1500ml	喷雾		施药以早晚为宜，不能与激素类除草剂和百草枯等混用
稀禾定	20%乳油	85～200ml	喷雾		
吡氟禾草灵	35%乳油	67～160ml	喷雾		

注：*为生物源农药和矿物农药

二、病虫害的生物防治

现代柑橘园的生物防治，是实现无公害生产的重要组成部分。尤其是利用天敌防治害虫生产上已在应用。通过对天敌昆虫的保护、引移、人工繁殖和释放，科学用药，创造有利于天敌昆虫繁殖的生态环境，使天敌昆虫在柑橘果树的生物防治中发挥应有的作用。

(一)天敌昆虫

我国的柑橘天敌昆虫已发现很多，主要有以下几种。

1. 异色瓢虫　异色瓢虫捕食橘蚜、木虱、红蜘蛛等。

保护利用可在早春时捕捉麦田瓢虫，将其迁至柑橘园内；控制喷药或进行挑治，或使用选择性农药；可用马铃薯嫩芽培养桃蚜，或用蚕豆培养豆蚜，以人工繁殖瓢虫。也可用人工饲料饲养，但产卵量会减少。人工饲料配方为：蔗糖5克、葡萄糖6克、蜂蜜10克、酵母片1克、琼脂1.5克及少量新鲜蚜虫。瓢虫新产卵在2℃～7℃时可保存1周以上，成虫在12℃～15℃时饲养数天，经交配后在0℃～5℃时可保存几个月。

2. 龟纹瓢虫　龟纹瓢虫捕食橘蚜、棉蚜、麦蚜和玉米蚜等。保护利用，参照异色瓢虫。工人饲养龟纹瓢虫最好的饲料是新鲜蜂蛹。用花粉剂饲养低龄幼虫，用新鲜蛹饲养高龄幼虫。

3. 深点食螨瓢虫　该虫又名小黑瓢虫。其成虫和幼虫均捕食红蜘蛛和四斑黄蜘蛛，捕食量比塔六点蓟马、钝绥螨大，是四川、重庆柑橘园螨类天敌的优势种。

此外，还有腹管食螨瓢虫、整胸寡节瓢虫、湖北红唇瓢虫、红点唇瓢虫、拟小食螨瓢虫、黑囊食螨瓢虫、七星瓢虫等，限于篇幅，从略。

4. 日本方头甲　该虫捕食矢尖蚧、糠片蚧、黑点蚧、褐圆蚧、白轮蚧、桑盾蚧、米兰白轮蚧、琉璃圆蚧、柿绵蚧和樟囊蚧等。

5. 大草蛉 该虫捕食蚜虫、红蜘蛛。

6. 中华草蛉 该虫捕食蚜虫和红蜘蛛。

7. 塔六点蓟马 该虫捕食红蜘蛛、四斑黄蜘蛛等螨类,尤其以早春其他天敌少时较多,且具较强的抗药性。

8. 尼氏钝绥螨 该螨捕食红蜘蛛和四斑黄蜘蛛等,可取食玉米、丝瓜、青杠、茶树和某些豆类的花粉,故可用花粉进行人工饲料繁殖,应用于生产。

9. 德氏钝绥螨 该螨捕食红蜘蛛和跗线螨,也取食玉米、茶和丝瓜等的花粉,可进行人工繁殖。

10. 矢尖蚧蚜小蜂 该虫寄生于矢尖蚧未产卵的雌成虫。

11. 矢尖蚧花角蚜小蜂 该虫寄生于矢尖蚧的产卵雌成虫。

12. 黄金蚜小蜂 该虫寄生于褐圆蚧、红圆蚧、糠片蚧、黑点蚧、矢尖蚧、黄圆蚧和黑刺粉虱等害虫。

此外,还有盾蚧长缨蚜小蜂、双带巨角跳小蜂、红蜡蚧扁角跳小蜂等天敌。

13. 粉虱细蜂 该虫寄生于黑刺粉虱、吴氏刺粉虱和柑橘黑刺粉虱。

14. 白星姬小蜂 1年发生10余代,6月份开始出现,8月份为出现高峰期,体外寄生,寄生于潜叶蛾的2龄及3龄幼虫。

该虫寄生于潜叶蛾幼虫,对潜叶蛾的发生有显著的抑制作用。

保护利用,注意农药的选择。此外,在喷药时间上应避开上午小蜂羽化较多的时刻,以下午为好。

15. 广大腿小蜂 该虫寄生于拟小黄卷叶蛾、小黄卷蛾等。

保护利用在人工捕捉时,发现腹部不会转动的卷叶蛾蛹,即为被寄生的蛹,不要捏死,可放在竹筐里悬挂田间,使寄生蜂羽化后飞出再行寄生作用。

16. 汤普逊多毛菌 属半知菌纲,丛梗孢目,束梗孢科,多毛霉属。该菌寄生于锈壁虱。

17. 粉虱座壳孢　又称赤座霉、腥红菌和赤座孢子等,属鲜壳孢科,座壳孢属。

该菌除寄生于柑橘粉虱外,还寄生于双刺姬粉虱、绵粉虱、桑粉虱、烟粉虱和温室白粉虱等。

18. 褐带长卷叶蛾颗粒体病毒　属杆状病毒属,B亚组。该病毒寄生于褐带长卷叶蛾幼虫。

二点螳螂、海南蟾、蟾蜍等也是柑橘害虫的天敌。

(二)天敌保护利用

1. 人工饲养和释放天敌控制害虫　如室内用青杠和玉米等花粉来繁殖钝绥螨等防治红蜘蛛,用马铃薯饲养桑盾蚧来繁殖日本方头甲和湖北红点唇瓢虫等防治矢尖蚧等;用夹竹桃叶饲养褐圆蚧,用马铃薯饲养桑盾蚧来繁殖蚜小蜂防治褐圆蚧等;用蚜虫或米蛾卵饲养大草蛉防治木虱、蚜虫;用柞蚕或蓖麻蚕卵繁殖松毛虫赤眼蜂防治柑橘卷叶蛾等。

2. 人工助迁天敌　如将尼氏钝绥螨多的柑橘园中带天敌的柑橘叶片摘下,挂于红蜘蛛多而天敌少的柑橘园内,防治柑橘叶螨;将被粉虱细蜂寄生的黑刺粉虱蛹多的柑橘叶摘下,挂于黑刺粉虱严重而天敌少的柑橘园中,让寄生蜂羽化后寄生于黑刺粉虱若虫;将被寄生蜂寄生的矢尖蚧多的柑橘叶片采下,放于寄生蜂保护器中,挂在矢尖蚧严重而天敌少的柑橘园中防治矢尖蚧等。

3. 改善果园环境条件　创造有利于天敌生存和繁殖的生态环境,使天敌在柑橘园中长期保持一定的数量,将害虫控制在经济受害水平之下。如在柑橘园内或其周围种植天敌食料植物或宿主的寄主植物作为中间寄主,以便在害虫缺乏时,天敌便转移到中间宿主上生存和繁殖,以保持天敌有一定的种群数量,在害虫发生时能及时控制住害虫。如在柑橘园内种植某些豆科作物或藿香蓟,以利用其花粉或间作物上的红蜘蛛繁殖捕食螨,再转而控制柑橘上的红蜘蛛等。在柑橘园周围种植泡桐和榆树等植物,来繁殖桑盾蚧等,作为日本方头甲、整胸寡节瓢虫和湖北红点唇瓢虫等的食料和中间宿主。又如在柑橘园套种多年生的草本植物薄荷、留兰香,可在此类植物的叶片、茎秆上匿藏不少捕食螨、瓢虫、蜘蛛、蓟马、草蛉等天敌而防治红蜘蛛的为害。间种近年从澳大利亚引进的固氮牧草,有利于不少捕食螨、瓢虫、蓟马和草蛉等天敌匿藏和繁殖,可减少柑橘园红蜘蛛的为害。此外,增加柑橘园的湿度,有利于汤普逊多毛菌、粉虱座壳孢和红霉菌的传播、侵染和繁殖。

4. 使用选择性农药　这是最重要的保护天敌的措施之一。如在红蜘蛛等叶螨发生时,应少喷或不喷有机磷等广谱性杀虫剂,主要喷施机油乳剂、克螨特、四螨嗪、速螨酮和三唑锡等,以减少对食螨瓢虫和捕食螨的杀害作用;防治矢尖蚧应喷施机油乳剂和优得乐等对天敌低毒的药剂,少喷施或不喷施有机磷等农药,以保护矢尖蚧等的捕食和寄生天敌;在锈壁虱发生和危害较重的柑橘产区和季节,应尽量少喷施或不喷施波尔多液等杀真菌药剂,以免杀死汤普逊多毛菌,导致锈壁虱的大量发生。

5. 改变施药时间和施药方式　选择天敌少的时候喷施药。如对红蜘蛛和四斑黄蜘蛛应在早春发芽时进行化学防治,因此时天敌很少。开花后气温逐渐升高,天敌逐渐增多,一般不宜全园喷药,必要时可用一些选择性药剂进行挑治少数虫口多的柑橘植株,尤其是不应用广谱性杀虫、杀螨剂。对矢尖蚧等发生数代较多的蚧类害虫,应提倡在第一代的1～2龄若虫盛发期时进行化学防治,以减少对天敌的杀伤。

三、主要病虫害防治

（一）裂 皮 病

裂皮病是世界性的柑橘病毒病害，对感病砧木的植株可造成严重的危害。

1. 分布和症状 裂皮病在我国柑橘产区的枳砧柑橘上有发生，以枳作砧木的柑橘表现症状明显。病树通常表现为砧木部树皮纵裂，严重的树皮剥落，有时树皮下有少量胶质，植株矮化，有的出现落叶、枯枝，新梢短而少，见图 7-1。

2. 病原 由病毒引起，是一种没有蛋白质外壳的游离低分子核酸。

3. 发病规律 病原通过汁液传播。除通过带病接穗或苗木传播外，在柑橘园主要通过工具（枝剪、果剪、嫁接刀、锯等）所带病树汁液与健康株接触而传播。此外，田间植株枝梢、叶片

图 7-1　柑橘裂皮病症状

互相接触也可由伤口传播。

4. 防治方法 一是用指示植物——伊特洛香橼亚利桑那 861 品系鉴定出无病母树进行嫁接。二是用茎尖嫁接培育脱毒苗。三是将枝剪、果剪、嫁接刀等工具用 10％漂白粉液消毒（浸泡 1 分钟），用清水冲洗后再用。四是选用耐病砧木，如红橘。五是一旦园内发现有个别病株，应及时挖除、烧毁。

（二）黄 龙 病

黄龙病又名黄梢病。系国内、外植物检疫对象。

1. 分布和症状 我国广东、广西、福建的南部和台湾、海南等省、自治区的柑橘产区普遍发生；云南、贵州、四川、湖南、江西、浙江部分柑橘产区也有发生。

黄龙病的典型症状有黄梢型和黄斑型，其次是缺素型。该病发病之初，病树顶部或外围1～2枝或多枝新梢叶片不转绿而呈均匀的黄化，称为黄梢型。多出现在初发病树和夏、秋梢上，叶片呈均匀的淡黄绿色，且极易脱落。有的叶片转绿后从主、侧脉附近或叶片基部沿叶缘出现黄绿相间的不均匀斑块，称黄斑型。黄斑型在春、夏、秋梢病枝上均有。病树进入中、后期，叶片均匀黄化，先失去光泽，叶脉凸出，木栓化，硬脆而脱落。重病树开花多，结果少，且小而畸形，病叶少，叶片主、侧脉绿色，其脉间叶肉呈淡黄色或黄色，类似缺锌、锰、铁等微量元素的症状，称为缺素型。病树严重时根系腐烂，直至整株死亡。

果实上表现为：不完全着色，仅在果蒂部与部分果顶部着色，其余均为绿色。果形表现为蒂部大、顶部大、腰凹小的"哑铃形"高圆果。果实极度变小。

2. 病原 黄龙病为类细菌危害所致，它对四环素和青霉素等抗生素以及湿热处理较为敏感。

3. 发病规律 病原通过带病接穗和苗木进行远距离传播。柑橘园内传播系柑橘木虱所为。幼树感病，成年树较耐病，春梢发病轻，夏、秋梢发病重。黄龙病的3种黄化叶见图7-2。

4. 防治方法 一是严格实行检疫，严禁从病区引苗木、接穗和果实到无病区（或保护区）。二是一旦发现病株，及时挖除、烧毁，以防蔓延。三是通过指示植物鉴定或茎尖嫁接脱除病原后建立无病母本园。四是砧木种子和接穗要用49℃热湿空气处理50

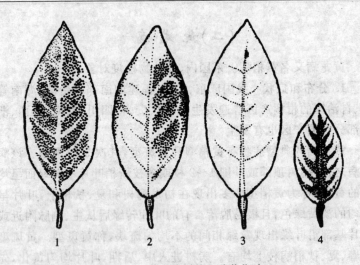

图 7-2　黄龙病树的 3 种黄化叶

1～2. 斑驳黄化叶　3. 均匀黄化叶　4. 缺素型黄化叶

分钟或用 1 000 毫克/千克浓度盐酸四环素或盐酸土霉素处理 2 小时，或 500 毫克/千克浓度浸泡 3 小时后取出用清水冲洗。五是隔离种植，选隔离条件好的地域建立苗圃或柑橘园，严防柑橘木虱。六是对初发病的结果树用 1 000 毫克/千克盐酸四环素或青霉素注射树干，有一定的防治效果。

（三）碎叶病

1. 分布和症状　我国四川、重庆、广东、广西、浙江和湖南等地均有发生。其症状是病树砧穗结合处环缢，接口以上的接穗肿大。叶脉黄化，植株矮化，剥开结合部树皮可见砧穗木质部间有一圈缢缩线，此处易断裂，裂面光滑。严重时叶片黄化，类似环剥过重出现的黄叶症状。碎叶病症状见图 7-3。

2. 病原　由碎叶病毒引起，是一种短线状病毒。

3. 发病规律　枳橙砧上感病后有明显症状。该病除了可由

带病苗木和接穗传播外,在
田间还可通过污染的刀、剪
等工具传播。

4. 防治方法　一是严
格实行植物检疫,严禁带病
苗木、接穗、果实进入无病
区,一旦发现,立即烧毁。
二是建立无病苗圃,培育无
病毒苗。无病毒母株(苗)
可通过:①利用指示植物鉴

图 7-3　碎叶病症状

定,选择无病毒母树。②热处理消毒,获得无病毒母株,在人工气
候箱或生长箱中,每天白天 16 小时、40℃、光照,夜间 8 小时、
30℃、黑暗,处理带病柑橘苗 3 个月以上可获得无病毒苗。③热处
理和茎尖嫁接相结合进行母株脱毒。在生长箱中处理,每天光照
和黑暗各 12 小时,35℃处理 19～32 天,或昼 40℃、夜 30℃处理 9
天加昼 35℃、夜 30℃处理13～20 天,接着取 0.2 毫米长的茎尖进
行茎尖嫁接,可获得无病毒苗。三是对刀、剪等工具,用 10%漂白
粉液进行消毒,用清水冲洗后再用。四是对枳砧已受碎叶病侵染,
嫁接部出现障碍的植株,采用靠接耐病的红橘砧,可恢复树势,但
此法在该病零星发生时不宜采用。五是一旦发现零星病株,挖除、
烧毁。

（四）温州蜜柑萎缩病

1. 分布和症状　又名温州蜜柑矮缩病。我国从日本引进的
有些特早熟温州蜜柑带有此病。此病主要危害温州蜜柑,也危害
脐橙、夏橙、伊予柑等,还可侵染豆科、十字花科、菊科、葫芦科等
34 种草本植物,但多数寄主为隐症状带毒者。

病株春梢新芽黄化,新叶变小皱缩,叶片两侧明显向叶背面反卷成船形或匙形,全株矮化,枝叶丛生。一般仅在春梢上出现症状,夏、秋梢上症状不明显。严重时开花多、结果少,果实小而畸形,蒂部果皮变厚。

2. 病原 系由温州蜜柑萎缩病毒引起的一种病毒性病害。

3. 发病规律 病害最初是散点性发病,以后以发病树为中心,呈轮状向外扩大。病毒在柑橘树体内增殖。气温达 20℃~35℃时树上能表现出明显的感病症状,30℃以上高温其增殖受到抑制。该病主要通过嫁接和汁液传播,远距离传播主要通过带病的接穗和苗木。

4. 防治方法 一是从无病的树上采穗。将带毒母树置于白天 40℃、夜间 30℃(各 12 小时)的高温环境热处理 42~49 天后采穗嫁接,或用上述温度热处理 7 天后取其嫩芽作茎尖嫁接可脱除该病毒。二是及时砍伐重症的中心病株,并加强肥水管理,增强轻病树的树势。三是病树园更新时进行深翻。

(五)溃 疡 病

溃疡病是柑橘的细菌性病害,为国内、外植物检疫对象。

1. 分布和症状 我国柑橘产区有发生,以东南沿海各地为多。该病危害柑橘嫩梢、嫩叶和幼果。叶片发病开始在叶背出现针尖大的淡黄色或暗绿色油渍状斑点,后扩大成灰褐色近圆形病斑。病斑穿透叶片正反两面并隆起,且叶背隆起较叶面明显。中央呈火山口状开裂,木栓化。周围有黄褐色晕圈。枝梢上的病斑与叶片上的病斑相似,但较叶片上的更为突起。有的病斑环绕枝一圈使枝枯死。果实上的病斑与叶片上的病斑相似,但病斑更大,木栓化突起更显著,中央火山口状开裂更明显。

2. 病原 该病由野油菜黄单胞杆菌柑橘致病变种引起,已明确有 A、B、C 3 个菌系存在。我国的柑橘溃疡病均属 A 菌系,即致病性强的亚洲菌系。

3. 发病规律　病菌在病组织上越冬,借风、雨、昆虫和枝叶接触作近距离传播,远距离传播由苗木、接穗和果实引起。病菌从伤口、气孔和皮孔等处侵入。夏梢和幼果受害严重,秋梢次之,春梢轻。气温 25℃～30℃和多雨、大风条件会使溃疡病盛发,感染 7～10 天即发病。苗木和幼树受害重,甜橙和幼嫩组织易感病,老熟和成熟的果实不易感病。溃疡病的病叶、病枝、病原细菌和病果见图 7-4。

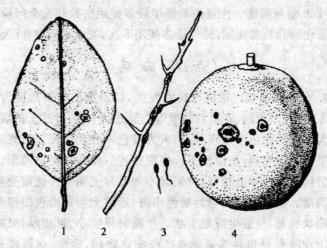

图 7-4　柑橘溃疡病
1. 病叶　2. 病枝　3. 病原细菌　4. 病果

4. 防治方法　一是严格实行植物检疫,严禁带病苗、接穗、果实进入无病区,一旦发现,立即彻底烧毁。二是建立无病苗圃,培育无病苗。三是加强栽培管理,彻底清除病原。增施有机肥、钾肥,搞好树盘覆盖;在采果后及时剪除溃疡病枝,清除地面落叶、病果烧毁;对老枝梢上有病斑的用利刀削除病斑,深达木质部,并涂上波美 3～5 度石硫合剂,树冠喷波美 0.8～1 度石硫合剂 1～2次;霜降前全园翻耕、株间深翻 15～30 厘米,树盘内深翻 10～15

厘米,在翻耕前每 667 平方米地面撒熟石灰(红黄壤酸性土)100～150 千克。四是加强对潜叶蛾等害虫的防治,夏、秋梢采取人工抹芽放梢,以减少潜叶蛾为害伤口而加重溃疡病。五是药剂防治,杀虫剂和杀菌剂轮换使用,保护幼果在谢花后喷 2～3 次药,每隔7～10 天喷 1 次,药剂可选用 30%氧氯化铜 700 倍液;在夏、秋梢新梢萌动至芽长 2 厘米左右,选用 0.5%等量波尔多液、40%氢氧化铜 600 倍液、1 000～2 000 毫克/千克浓度的农用链霉素、25%噻枯唑 500～800 倍液喷施。注意药剂每年最多使用次数和安全间隔期,如氢氧化铜和氧氯化铜,每年最多使用 5 次,安全间隔期 30 天。

(六)疮 痂 病

1. 分布和症状 柑橘产区有发生,以沿海的柑橘产区为多。主要危害嫩叶、嫩梢、花器和幼果等。其症状表现:叶片上的病斑,初期为水渍状褐色小圆点,后扩大为黄色木栓化病斑。病斑多在叶背呈圆锥形突起,正面凹下。病斑相连后使叶片扭曲畸形。新梢上的病斑与叶片上相似,但突起不如叶片上明显。花瓣受害后很快凋落。病果受害处初为褐色小斑,后扩大为黄褐色圆锥形木栓化瘤状突起,呈散生或聚生状。严重时果实小,果皮厚,果味酸而且出现畸形果和早落果现象。疮痂病病梢、病果、病原菌见图7-5。

2. 病原 疮痂病菌属半知亚门痂圆孢属的柑橘疮痂圆孢菌。

3. 发病规律 以菌丝体在病组织中越冬。翌年春,阴雨潮湿、气温达 15℃ 以上时,便产生分生孢子,借风、雨和昆虫传播。危害幼嫩组织,尤以未展开的嫩叶和幼果最易感染。

4. 防治方法 一是在冬季剪除并烧毁病枝叶,消灭越冬病原。二是加强肥水管理,促枝梢抽生整齐健壮。三是春梢新芽萌动至芽长 2 厘米前及谢花 2/3 时喷药,隔 10～15 天再喷 1 次,秋梢发病地区也需保护。药剂可选用 0.5%等量式波尔多波、多菌

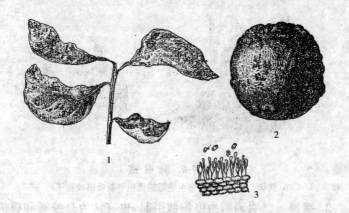

图 7-5 疮痂病
1. 新梢被害状　2. 病果　3. 病原菌

灵、溃疡灵等。50％多菌灵用 1 000 倍液,25％溃疡灵用 800～1 000 倍液,30％氧氯化铜用 600～800 倍液,77％氢氧化铜用 400～600 倍液。

(七)脚腐病

1. 分布和症状 又叫裙腐病、烂蔸病。是一种根颈病。我国柑橘产区均有发生。其症状部呈不规则的黄褐色水渍状腐烂,有酒精味。天气潮湿时病部常流出胶液,干燥时病部变硬结成块,以后扩展到形成层甚至木质部。病健部界线明显,最后皮层干燥翘裂,木质部裸露。在高温多雨季节,病斑不断向纵横扩展。沿主干向上蔓延,可延长达 30 厘米;向下可蔓延到根系,引起主根、侧根腐烂。当病斑向四周扩散,可使根颈部树皮全部腐烂,形成环割而导致植株死亡。病害蔓延过程中,与根颈部位相对应的树冠,叶片小,叶片中、侧脉呈深黄色,以后全叶变黄脱落,且使落叶、枝干枯,病树死亡。当年或前一年,开花结果多,但果小,提前转黄,且味酸易脱落。脚腐病症状、病原菌见图 7-6。

图 7-6　脚 腐 病

1. 病状　2. 病原菌（寄生疫霉菌的孢子囊及游动孢子）

2. 病原　已明确系由疫霉菌引起，也有认为是疫霉和镰刀菌复合传染。

3. 发病规律　病菌以菌丝体在病组织中越冬，也可随病残体在土中越冬。靠雨水传播，田间 4～9 月份均可发病，但以 7～8 月份最盛。高温、高湿，土壤排水不良，园内间种高秆作物，种植密度过大，树冠郁闭，树皮损伤和嫁接口过低等均利于发病。甜橙砧感病，枳砧耐病。幼树发病轻，大树尤其是衰老树发病重。

4. 防治方法　一是选用枳、红橘等耐病的砧木。二是栽植时，苗木的嫁接口要露出土面，可减少、减轻发病。三是加强栽培管理，做好土壤改良，开沟排水，改善土壤通透性。注意间作物及柑橘的栽植密度，保持园地通风，光照良好等。四是对已发病的植株，选用枳砧进行靠接。重病树进行适当的修剪，以减少养分损失。五是病部浅刮深纵刻，再涂抹药剂防治，药剂可选择 20% 甲霜灵 100～200 倍液、80% 乙磷铝 100 倍液、77% 可杀得 10 倍液和 1：1：10 的波尔多浆等。六是用大蒜、人尿等涂刮病斑后的患处，也有良好防效。方法是将病树腐烂部位的组织及周围 0.5 厘米的健皮全部刮除，沿刮除区外缘将树皮削成 60° 左右的斜面，然后用大蒜涂抹患处，注意涂抹均匀，使其附着一层蒜液，1 周后再涂 1 次，治愈率 98% 以上。人尿治疗具体做法是在离病斑 0.5 厘米的周围健部用利刀刻划,然后在病斑上以0.5厘米(小更好)的间隔,纵横刻划多道切口,深达木质部,刷上人尿即可。也可刮皮刷治。

(八)流 胶 病

1. 分布和症状 流胶病在我国柑橘产区普遍发生,是以柠檬受害最重的一种真菌性病害。该病一般发生在离地面30厘米的主干上。病部初期为褐色油状小点,后中央裂缝,常流出珠状胶汁,以后病斑扩大成圆形或不规则形,流胶增多,组织软腐有酒味。受害树干输导组织被破坏,叶片黄化易脱落,枝枯,树势衰弱,严重时整株死亡。

2. 病原 由真菌的疫霉菌引起。

3. 发病规律 在病斑上越冬的病菌是翌年侵染的来源。病菌主要由伤口侵入发病。该病在高温多雨季节发生严重,在地势低洼积水处发病也严重。嫁接部位低,栽植过深,不合理的密植、间作及果园偏施氮肥均易发病。

4. 防治方法 一是选用抗性砧木红橘、枳等,在偏碱性土果园用红橘作砧木,在中性、微酸性土用枳作砧木。二是选地势较高、排水好、土壤疏松的地块建园。三是加强栽培管理、排灌,增施有机肥,避免不合理间作,增强树体抗病力。四是防治好天牛、吉丁虫,减少病菌侵入伤口。五是物理防治,用喷灯对准发病部位,从外缘向中央灼烧,时间30～40秒,烧至腐烂部与相接的健部边缘不留紫褐色的胶液为止。六是药剂防治,6月上、中旬树冠喷药,用80%敌敌畏800～1000倍液,或90%晶体敌百虫800倍液喷施防治吉丁虫为害和病菌侵入。用药物防病部,浅刮深纵刻涂药,涂病部的药剂与防治脚腐病同。

(九)炭 疽 病

1. 分布和症状 我国柑橘产区均有发生。危害枝梢、叶片、果实和苗木,有时花、枝干和果梗也受危害,严重时引起落叶、枯梢,树皮开裂,果实腐烂。叶片上的叶斑分叶斑型和叶枝型两种。病枝上的病斑也是两种:一种多从叶柄基部腋芽处开始,为椭圆形至长菱形,稍下凹,病斑环绕枝条时,枝梢枯死、呈灰白色,叶片干挂枝上;另一种在晚秋梢上发生,病梢枯死部呈灰白色,上有许多黑点。嫩梢遇阴雨时,顶端3～4厘米处会发现烫伤状,经3～5天即呈现凋萎发黑的急性型症状。受害苗木多从地面7～10厘米嫁接口处发生不规则的深褐色病斑,严重时顶端枯死。花朵受害后雌蕊柱头常引起褐腐而落花(称花萎症)。幼果受害后果梗发生淡黄色病斑,后变为褐色而干枯,果实脱落或成僵果挂在枝上。大果染病后出现干疤、泪痕和落果3种症状。炭疽病也是重要的贮藏病害。

柑橘炭疽病病叶、病果、病枝和病原菌见图7-7。

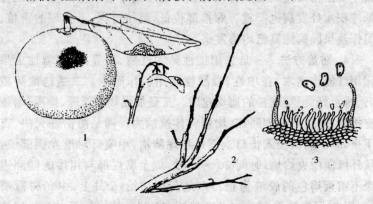

图7-7 柑橘炭疽病叶、病果、病枝和病原菌
1. 病果、病叶 2. 病枝 3. 病原菌

2. 病原 病菌属半知菌亚门的有刺炭疽孢属的胶孢炭疽菌。

3. 发病规律 病菌在组织内越冬,分生孢子借风、雨、昆虫传播,从植株伤口、气孔和皮孔侵入。通常在春梢后期开始发病,以夏、秋梢发病多。

4. 防治方法 一是加强栽培管理,深翻土壤改土,增施有机肥,并避免偏施氮肥、忽视磷肥、钾肥的倾向,特别是多施钾肥(如草木灰)。做好防冻、抗旱、防涝和其他病虫害的防治,以增强树势,提高树体的抗性。二是彻底清除病源,剪除病枝梢、叶和病果梗集中烧毁,并随时注意清除落叶、落果。三是药剂防治,在春、夏、秋梢嫩梢期各喷 1 次,着重在幼果期喷 1~2 次。7 月下旬至 9 月上、中旬果实生长发育期 15~20 天喷 1 次,连续 2~3 次。药剂选择 0.5% 等量式波尔多液,30% 氧氯化铜(王铜)600~800 倍液,77% 氢氧化铜(可杀得)400~600 倍液,80% 代森锰锌可湿性粉剂(大生 M-45)400~600 倍液,25% 溴菌腈(炭特灵)1 000~1 500 倍液。

防治苗木炭疽病应选择有机质丰富、排水良好的砂壤土做苗床,并实行轮作。发病苗木要及时剪除病枝叶或拔除烧毁。尤其要注意春、秋季节晴雨交替时期的喷药,药剂同上。

(十)树 脂 病

1. 分布和症状 树脂病在我国柑橘产区均有发生。因发病部位不同而有多个名称:在主干上称树脂病,叶片和幼果上称沙皮病,在成熟或贮藏果实上称蒂腐病。枝干症状分流胶型和干枯型。流胶型病斑初为暗褐色油渍状,皮层腐烂坏死变褐色,有臭味。此后危害木质部并流出黄褐色半透明胶液,当天气干燥时病部逐渐干枯下陷,皮层开裂剥落,木质部外露。干枯型的病部皮层红褐色,干枯略下陷,有裂纹,无明显流胶。但两种类型病斑木质部均为浅褐色,病健交界处有一黄褐色或黑褐色痕带,病斑上有许多黑色小点。病菌侵染嫩叶和幼果后使叶表面和果皮产生许多深褐色散生或密集小点,使表皮粗糙似沙粒,故称沙皮病;衰弱或受冻害枝的顶端呈明显褐色病斑,病健交界处有少量流胶,严重时枝条枯死,表面生出许多黑色小点称为枯枝型;病菌危害成熟果实在贮藏中会发生蒂腐病(见贮藏病害)。树脂病症状见图7-8。

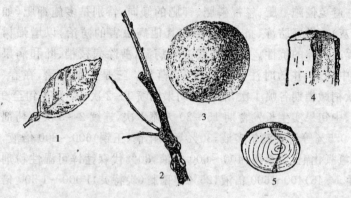

图7-8　树脂病
1.病叶　2.病枝　3.病果　4.被害树干纵剖面　5.被害树干横剖面

2. 病原　真菌引起,其有性阶段称柑橘间座壳菌,属子囊菌亚门;无性阶段属半知菌亚门。

3. 发病规律　以菌丝体或分生孢子器生存在病组织中。分生孢子借风、雨、昆虫和鸟类传播,10℃时分生孢子开始萌发,20℃和高湿最适于生长繁殖。春、秋季易发病,冬、夏梢发病缓慢。病菌在生长衰弱、有伤口、冻害时才侵染,故冬季低温冻害有利病菌侵入,木质部、韧皮部皮层易感病。大枝和老树易感病,发病的关键是湿度。

4. 防治方法　一是加强栽培管理,深翻土壤,增施有机肥、钾肥,以增强树势,提高树体抗性。二是防治冻害、日灼。三是认真清园,结合修剪将病虫枝、枯枝、机械损伤枝剪除,挖除病枯树桩和死树,集中烧毁,以减少病源。四是药剂防治。在春梢萌发和幼果期各喷1次药,药剂可选择50%甲基托布津或50%多菌灵1 000倍液,或枝干病斑浅刮深刻后涂多菌灵或甲基托布津100倍液,或1:4碱水,或沥青(柏油)和甲基托布津混合液(比例100:1)刷涂,或用 1∶1∶10 波尔多浆刷涂均有效果。

(十一) 黑 斑 病

1. 分布和症状　黑斑病又叫黑星病。在我国长江流域以南的柑橘产区均有发生。

主要危害果实,叶片受害较轻。症状分黑星型和黑斑型两类。黑星型发生在近成熟的果实上,病斑初为褐色小圆点,后扩大成直径 2~3 毫米的圆形黑褐色斑,周围稍隆起,中央凹陷呈灰褐色,其上有许多小黑点,一般只危害果皮。果实上病斑多时可引起落果。黑斑型初为淡黄色斑点,后扩大为圆形或不规则形、直径 1~3 厘米的大黑斑,病斑中央稍凹陷,上生许多黑色小粒点,严重时病斑覆盖大部分果面。在贮藏期间果实腐烂、僵缩如炭状。

2. 病原　该病由半知菌亚门茎点属所致。其无性阶段为柑橘茎点霉菌,其有性阶段称柑橘球座菌。

3. 发病规律　主要以未成熟子囊壳和分生孢子器落在叶上越冬,也可以分生孢子器在病部越冬。病菌发育温度 15℃~38℃、最适 25℃,高湿有利于发病。大树比幼树发病重,衰弱树比健壮树发病重。田间 7~8 月份开始发病,8~10 月份为发病高峰。

4. 防治方法　一是冬季剪除病枝、病叶,清除园内病枝、叶烧毁,以减少越冬病源。二是加强栽培管理,增施有机肥,及时排水,促壮树体。三是药剂防治。花后 1~1.5 个月喷药,15 天左右喷 1 次,连续喷 3~4 次。药剂可选用 0.5% 等量式波尔多液,多菌灵 1 000 倍液,45% 石硫合剂结晶 120 倍液(用于冬季和早春清园),30% 氧氯化铜 600~800 倍液,77% 氢氧化铜 400~600 倍液。

(十二) 煤 烟 病

1. 分布和症状　煤烟病又叫煤病。有 30 多种病原菌。因一些害虫分泌的蜜露或植物体外渗物质供营养而诱发。煤烟病全国柑橘产区几乎都在发生。

该病发生在枝梢、叶片和果实上。发病初期,表面出现暗褐色点状小霉斑,后继续扩大成绒毛状黑色或灰黑色霉层,后期霉层上散落许多黑色小点或刚毛状突起物霉层,遮盖枝叶和果面阻碍柑橘正常光合作用,导致树势衰退。严重受害时,开花少、果实小、品质下降。

不同病原引起的症状也有异:煤炱属的煤层为黑色薄纸状,易撕下和自然脱落;刺盾属的煤层如锅底灰,用手擦时即可脱落,多发生于叶面;小煤炱属的煤层则呈辐射状、黑色或暗褐色的小霉斑,分散在叶片正、背面和果实表面。霉斑可相连成大霉斑,菌丝产生细胞,能紧附于寄主的表面,不易脱落。

2. 病原　有30种真菌病原菌,主要有煤炱属、刺盾属、小煤炱属等病原菌所致。

3. 发病规律　煤烟病由多种真菌引起,除小煤炱属是纯寄生菌外,其他均为表面附生菌。以菌丝体及闭囊壳或分生孢子器在病部越冬,翌年春季由霉层分散孢子借风雨传播。果园郁闭,管理不良,湿度大易发生煤烟病。煤烟病的病菌常以粉虱类、蚧类或蚜虫类害虫的分泌物为营养而发病。

4. 防治方法　一是抓好粉虱类、蚧类或蚜虫类的防治。二是加强栽培管理,合理修剪,改善果园通风透光条件,完善排灌设施。三是采后清园,清除已发生的煤烟病,喷施45%石硫合剂结晶200倍液加敌百虫600～800倍液。四是小炱煤属应在发病初期开始防治,药剂采用70%甲基托布津600～800倍液。

(十三)白 粉 病

1. 分布和症状　白粉病在我国西南和华南地区常有发生,四川、重庆和三峡库区的柑橘产区也有发生。主要危害柑橘新梢、嫩叶及幼果。嫩叶上病斑为白色霉斑,呈绒毛状。霉斑在嫩叶正反面均可产生,大多近圆形。霉层下面的叶肉组织开始呈水浸状,以后逐渐失绿、呈褐色,叶肉组织背面呈黄色,严重时霉层覆盖整个叶片,造成叶片皱缩、畸形、落叶。叶片老熟后病部白色霉层为浅灰褐色。嫩枝受害后无明显黄斑,严重时霉层覆盖整个枝条,导致枝条萎缩、扭曲,甚至枯死。幼果受害与嫩枝相似,果皮皱缩,后期形成僵果。

2. 病原 白粉病病原菌的无性阶段属半知菌类,丛梗孢目,粉孢属。

3. 发病规律 主要以分生孢子借助气流传播,在三峡库区4月中旬气温达到18℃时开始发病,6月中、下旬达到发病高峰,最适合发病的温度为24℃~30℃。在多雨潮湿的条件下该病易流行。果园偏施氮肥,种植过密,病源下方的果园发病较重,山地果园发病北坡比南坡重,树冠内部枝叶、幼果发病较树冠四周重,近地面枝叶发病较重。

4. 防治方法 一是冬季结合清园喷施45%石硫合剂结晶200倍液,或喷施50%甲基托布津800~1000倍液,或77%可杀得可湿性粉剂600~800倍液。二是冬季剪除病枝叶,其他时间剪除受害的徒长枝,集中烧毁,减少病源。三是加强栽培管理,增施磷、钾肥及有机肥,控制氮肥用量,提高树体抗病力。

(十四)黄 斑 病

黄斑病又名脂点黄斑病、脂斑病、褐色小圆星病。

1. 分布和症状 黄斑病在我国不少柑橘产区有发生。受害植株1片叶片上可生数十个或上百个病斑,使叶片光合作用受阻,树势被削弱,引起大量落叶,对产量造成一定的影响。枝梢受害后僵缩不长,影响树冠扩大;果实被害后产生大量油痕污斑,影响果品商品性。

黄斑病有脂点黄斑型、褐色小圆星型、混合型(即1片叶片上既发生脂点黄斑型的病斑,又有褐色小圆星型病斑)和果实上症状等 4 种。

2. 病原 该病是子囊菌亚门球腔菌属的柑橘球腔菌侵染所致。

3. 发病规律 病菌以菌丝体在病叶和落叶中越冬。翌年春子囊果释放子囊孢子借风、雨水等传播。该病原菌生长适温为 25℃左右,5～6 月份温暖多雨,最利于子囊孢子的形成、释放和传播危害。栽培管理粗放,树势衰弱,清园不彻底会加重发病。

4. 防治方法 一是加强栽培管理,增施有机肥、钾肥,增强树势,提高树体抗病力。二是冬季彻底清园,剪除病枝、病叶,清除地面病枝、病叶、病果,集中烧毁。三是药剂防治。结果树谢花 2/3、未结果树春梢叶片展开后第一次喷药,相隔 20 天再喷 1～2 次。药剂选用 50％多菌灵可湿性粉剂 800～1 000 倍液,80％代森锰锌可湿性粉剂 500 倍液,0.5％等量式波尔多液。

(十五)拟脂点黄斑病

1. 分布和症状 我国不少柑橘产区有发生。症状与黄斑病的症状相似。一般 6～7 月份在叶背出现许多小点,其后周围变黄,病斑不断扩大老化,病部隆起,小点可连结成不规则的大小不一的病斑,颜色黑褐。病斑相对应处的叶面也出现不规则的黄斑。

2. 病原 与黄斑病雷同。

3. 发病规律 与黄斑病相似。该病发生与螨类严重发生、风害等有关,红蜘蛛、锈壁虱为害重的叶片,受风害的叶片,易发病。

4. 防治方法 与黄斑病防治相同。

(十六)苗期立枯病

1. 分布和症状 我国柑橘产区均有发生。由于发病时间和部位不同,该病有青枯型、顶枯型和芽腐型 3 种症状。幼苗根颈部萎缩或根部皮层腐烂,叶片凋萎不落,很快青枯死亡的为青枯型;顶部叶片感病后产生圆形或不定形褐色病斑,并很快蔓延枯死的为顶枯型;幼苗胚伸出地面前受害变黑腐烂的为芽腐型。

2. 病原　系多种真菌所致,其中主要有立枯丝核菌、疫霉和茎点霉菌。

3. 发病规律　以菌丝体或菌核在病残体或土壤中越冬,条件适宜时传播、蔓延。田间 4～6 月份发病多,高温、高湿、大雨或阴雨连绵后突然暴晒时发病多而重。幼苗 1～2 片真叶时易感病,60天以上的苗较少发病。

4. 防治方法　一是选择地势较高、排水良好的砂壤土育苗。二是避免连作,实行轮作,雨后要及时松土。三是及时拔除并烧毁病苗,减少病源。四是药剂防治。播种前 20 天,用 5％棉隆进行土壤消毒,药剂用量为 30～50 克/平方米。或采用无菌土营养袋育苗。田间发现病株时喷药防治,每隔 10～15 天喷 1 次,连续喷2～3 次。药剂可选 70％甲基托布津可湿性粉剂或 50％多菌灵可湿性粉剂 800～1 000 倍液,0.5∶0.5∶100 的波尔多液,大生M-45可湿性粉剂 600～800 倍液,25％甲霜灵 200～400 倍液等。

(十七)苗 疫 病

1. 分布和症状　我国柑橘的不少产区均有发生。此病危害幼苗的茎、枝梢及叶片,幼嫩部分受害尤重。幼茎发病通常在嫁接口以上 3～5 厘米处,呈浅黑色小斑,扩大后变为褐色或黑褐色,大多有流胶现象。当病斑环绕幼茎后上部叶片萎蔫,最后整株枯死。枝梢受害呈褐色或黑褐色病斑,罹病嫩梢有时呈软腐状,引起枯梢。叶片受害时,大多数从叶尖或叶缘开始,嫩叶病斑浅褐色或褐色,老叶病斑为黑褐色。也有叶片中间形成圆形或不规则形大斑,病斑中央呈浅褐色,周围呈深褐色,有时有浅褐色晕圈。病叶易脱落,严重时整株幼苗叶片几天内可全部脱落。湿度大时,新梢病部有时生出白色霉状物,幼苗根部受害呈褐色或黑褐色根腐而枯萎。

2. 病原 是一种真菌,属鞭毛菌亚门,疫霉菌属。以菌丝体在病组织中越冬,也可以卵孢子在土壤中越冬。

3. 发病规律 气候条件是本病发生的主要因素;相对湿度达80%以上时,温度越高发病中心和新病斑形成越快;而相对湿度在70%以下时,病斑难以形成,已发病的中心也难以扩散。该病春季和秋季较重,其中又以春、秋梢转绿期间发病迅速,老熟的枝梢和叶片较抗病。

4. 防治方法 一是苗圃要选择地形高、排水良好、土质疏松的新地,合理轮作,避免连作。苗木种植不宜过密。二是加强管理,及时挖除病株。三是药剂防治可选用25%瑞毒霉1 000倍液、80%乙磷铝可湿性粉剂400～500倍液在发病期间喷施,防效良好。

(十八)根线虫病

1. 分布和症状 我国的柑橘产区有发生。危害须根。受害根略粗短、畸形、易碎,无正常应有的黄色光泽。植株受害初期,地上部无明显症状。随着虫量增加,受害根系增多,植株会表现出干旱、营养不良症状,抽梢少而晚。叶片小而黄,且易脱落。顶端小枝会枯死。根线虫的幼虫、雌成虫等见图7-9。

2. 病原 由半穿刺线虫属的柑橘半穿刺线虫所致。

3. 发病规律 主要以卵和2龄幼虫在土壤中越冬,翌年春发新根时以2龄虫侵入。虫体前端插入寄主皮内固定,后端外露。由带病的苗木和土壤传播,雨水和灌溉水也能作近距离传播。

4. 防治方法 一是加强苗木检验,培育无病苗木。二是选用抗病砧,如枳橙和某些枳作砧木。三是加强肥水管理,增施有机肥和磷肥、钾肥,促进根系生长,提高抗病力。四是药剂防治,2～3月份在病树四周开环形沟,每667平方米施15%铁灭克5千克、10%克线灵或10%克线丹颗粒5千克。按原药:细沙土为1:15

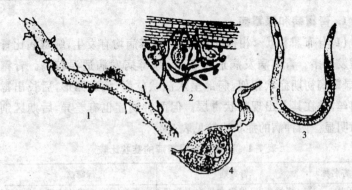

图 7-9　根线虫病

1. 须根上寄生的雌成虫及卵囊　2. 病根剖面　3. 幼虫　4. 雌成虫

的比例,配制成毒土,均匀深埋树干周围进行杀灭即可。

(十九)根结线虫病

1. 分布和症状　我国华南柑橘产区有发生。线虫侵入须根,使根组织过度生长,形成大小不等的根瘤,最后根瘤腐烂,病根死亡。其他症状同根线虫病。

2. 病原　由根结线虫属的柑橘根结线虫所致。

3. 发病规律　主要以卵和雌虫越冬。环境适宜时,卵在卵囊内发育为 1 龄幼虫,蜕皮后破卵壳而出,成为 2 龄幼虫,活动于土中,并侵染嫩根,在根皮和中柱间为害,且刺激根组织过度生长,形成不规则的根瘤。一般在通透性好的沙质土中发病重。

4. 防治方法　与根线虫病同。

(二十)贮藏病害

柑橘的贮藏病害主要是两大类:一类是由病原物侵染所致的侵染性病害,如青霉病、绿霉病、蒂腐病等;另一类是生理性病害,如褐斑病(干疤)、水肿等。

1. 青霉病和绿霉病

(1)分布和症状 柑橘的青霉病、绿霉病均有发生,绿霉病比青霉病发生多。青霉病发病适温较低,绿霉病发病适温较高。青霉病、绿霉病初期症状相似,病部呈水渍状软腐,病斑圆形,后长出霉状菌丝,并在其上出现粉状霉层。但两种病症也有差异,后期区别尤为明显。两种病的症状比较见表7-4。

表7-4　青霉病与绿霉病的症状比较

病害名称	青霉病	绿霉病
孢子丛	青绿色,可发生在果皮上和果心空隙处	橄榄绿色,只发生在果皮上
白色菌丝体	较窄、仅1~2毫米,外观呈粉状	较宽、8~15毫米,略带胶着状,有皱纹
病部边缘	有水渍状,规则而明显	水渍状,边缘不规则、不明显
黏着性	对包果纸和其他接触物无黏着力	包果纸黏在果上,也易与其他接触物黏结
气　味	有霉味	有芳香气味

(2)病原 青霉病为意大利青霉侵染所引起,它属半知菌,分生孢子无色、呈扫帚状。绿霉菌由指状青霉所侵染,分生孢子串生,无色单胞,近球形。

(3)发病规律 病菌通过气流和接触传播,由伤口侵入。青霉病发生的最适温度为18℃~21℃,绿霉病发生的最适温度为25℃~27℃,湿度均要求95%以上。

(4)防治方法 一是适时采收。二是精细采收,尽量避免伤果。三是对贮藏库、窖等用硫黄熏蒸、紫外线照射或喷药消毒,每立方米空间10克,密闭熏蒸消毒24小时。四是采下的柑橘果实用药液浸1分钟,集中处理,并在采果当天处理完毕。药剂可选25%戴挫霉乳油500~1 000毫克/千克,或用噻菌灵(特克多、TBZ)500~1 000毫克/千克。五是改善贮藏条件,通风库以温度

5℃～9℃、湿度以 90％为宜。

2. 炭疽病

(1)分布和症状　该病是柑橘贮藏保鲜中、后期发生较多的病害。常见的症状有两种:一种是在干燥贮藏条件下,病斑发展缓慢,限于果面,不侵入果肉。另一种是在湿度较大的情况下产生软腐型病斑,病斑发展快,且危及果肉。在气温较高时,病斑上还可产生粉红色黏着状的炭疽孢子。病果有酒味或腐烂味。

(2)病原　由属于半知菌亚门的盘长孢子状刺盘孢所致。

(3)发病规律　病菌在病组织上越冬。分生孢子经风、雨、昆虫传播,从伤口或气孔侵入。寄主生长衰弱,高温、高湿时易发生。病菌从果园带入,在果实贮藏期间发病。

(4)防治方法　一是加强田间管理,增强寄主抵抗力。二是冬季结合清园,剪除病枝烧毁。三是多发病果园抽梢后喷施 50％退菌特 500～700 倍液,杀灭炭疽病菌,以免果实贮藏期间受危害。

3. 蒂腐病

(1)分布和症状　我国柑橘产区均有发生。分褐色蒂腐病和黑色蒂腐病两种。褐色蒂腐病症状为果实贮藏后期果蒂与果实间皮层组织因形成离层而分离,果蒂中的维管束尚与果实连着,病菌由此侵入或从果梗伤口侵入,使果蒂部发生褪色病斑。由于病菌在囊、瓣间扩展较快,使病部边缘呈波纹状深褐色,内部腐烂较果皮快。当病斑扩展至 1/3～1/2 时,果心已全部腐烂,故名穿心烂。黑色蒂腐病多从果蒂或脐部开始,病斑初为浅褐色、革质,后蔓延全果,病斑随囊瓣排列而蔓延,使果面呈深褐色蒂腐直达脐部,用手压病果,常有琥珀色汁流出。高湿条件下,病部长出污黑色气生菌丝,干燥时病果成黑色僵果,病果肉腐烂。

(2)病原　褐色蒂腐病由柑橘树脂病所致。黑色蒂腐病的病原在有性阶段为柑橘囊孢壳菌,属子囊菌;在病果上常见其无性阶段,病原称为蒂腐色二孢菌,属半知菌亚门。

(3)发病规律 病菌从果园带入,在果实贮藏期间才发病。病菌从伤口或果蒂部侵入,果蒂脱落、干枯和果皮受伤均易引起发病,高温、高湿有利该病发生。

(4)防治方法 一是加强田间管理、病害防治,将病原消灭在果园。二是适时、精细采收,减少果实伤口。三是运输工具、贮藏库(房)进行消毒。四是药剂防治同青霉病、绿霉病防治。

4. 水 肿

(1)分布和症状 水肿是冷库和气调库贮藏中出现的生理病害。病果初期是果皮失去光泽,显出由里向外渗透的浅褐色斑点。以后逐渐发展连成片,严重时整个果实呈"水煮熟状"。其白皮层和维管束也变为浅褐色,易与果肉分离,囊壁出现许多白色小点。病果有异味。

(2)病原 生理性病害。系长期处于不适宜低温或氧气不足、二氧化碳过量环境,导致果实生理失调所致。

(3)发病规律 在库温3℃以下、二氧化碳3%以上的库内易发生水肿。此外,高湿可促使水肿提早发生和蔓延。贮藏中,用薄膜包果比用纸包果的发病多。

(4)防治方法 一是适时采收。二是贮藏库内温度不宜过低(3℃以上),湿度不宜过高,经常通风透气,使二氧化碳浓度不超过1%,氧的浓度不低于19%,良好的贮藏环境可抑制水肿病的发生。

(二十一)日 灼 病

1. 分布和症状 日灼病又叫日烧病、日焦病。全国各地的柑橘产区均有发生。其症状是烈日直接照射下引起的果皮灼伤。灼伤部位变成棕黄色或棕褐色,果皮坚硬粗糙,严重的果皮紧贴果肉或下陷干枯形成疤斑,果实畸形,囊瓣枯缩,汁胞干瘪,果肉粒化,味淡。

2. 病原 系果皮在高温下受烈日直接暴晒引起的生理性病

害。

3. 发病规律　6月下旬至9月，因强烈阳光和高温或干旱天气所致。发病轻重与种植园的坡面，土壤含水量，柑橘品种，树冠方位和喷施农药的品种、浓度相关。在同样条件下，柑橘园西面的植株果实受害较重。土层浅，土壤含水量不足的发生日灼果较多。温州蜜柑尤其是早熟、特早熟品种日灼较重，而椪柑、蕉柑、柚、甜橙发生较少。脐橙在甜橙中发生日灼相对较多，夏橙很少发生，柠檬、金柑等也很少发生。同一植株树冠西向和西南向的果实受害较多。在高温烈日的上午11时至下午3时喷施农药的极易发生日灼。

4. 防治方法　一是深翻土壤，引根深入，健壮生长，增加根系的吸水范围和能力。二是防止果园干旱，高温干旱时应及时灌水，以保持土壤水分，提高空气湿度。三是避免在高温烈日时喷施农药。四是对已发生的日灼果实，及时用小块白纸粘贴灼伤处或涂石灰，可使轻微的病斑消失，或用套袋既预防日灼，又可提高果实的外观。五是营造防护林，果园内种绿肥，减少光照强度，改善柑橘园小气候。六是防治锈壁虱必须用石硫合剂时，浓度以0.2度为宜，并防止药剂在果表面过多凝积。

（二十二）裂果病

1. 分布和症状　裂果病在全国各柑橘产区均有发生，是柑橘壮果期重要的生理病害，常导致大量减产。

裂果病一般从脐部开始，沿子房线向果蒂纵裂，也有少数沿果脐横裂或不规则的其他裂向。果实裂果后很易腐烂、脱落。

2. 病原　水分供应不及时，导致果肉生长迅速、果皮生长缓慢而暴裂。

3. 发病规律　久旱下雨，特别是下暴雨，果肉迅速膨大，而果皮不能相应生长而胀裂。通常在8～10月的壮果期发生。以土壤瘠薄、柑橘树生长差、间种有红苕（甘薯）等争夺肥水作物的柑橘园裂果重。裂果较多的品种有早熟温州蜜柑、红江橙、锦橙、脐橙。脐橙中的朋娜裂果高时可达 40%～50%。

4. 防治方法 一是加强肥水管理，增强树势，壮果期增施钾肥。二是旱前覆盖树盘或全园覆盖。8 月底至 9 月初用稻草、杂草或用薄膜覆盖可显著降低裂果率。三是园内间种不与柑橘争肥水的矮秆浅根作物。四是选种抗裂品种，如脐橙的纽荷尔发生裂果很少。五是第二次生理落果前后用 150～250 毫克/千克的赤霉素溶液涂幼果脐部。对初裂果实，可在喷施的赤霉素中加 200 毫克/千克的甲基托布津。六是裂果前，每 10～15 天用果实防裂剂 800～1 000 倍液喷施，连续喷 3 次，喷施尿素 150 克、氯化钾 100 克、食醋 100 克、石灰 100 克，对水 50 升的混合液也有防裂的作用。

（二十三）脐 黄 病

1. 分布和症状 脐黄是脐橙果实脐部黄化脱落，是病原性脐黄、虫害脐黄和生理性脐黄的综合表现。在我国的脐橙产区均有发生。其症状是在脐橙第二次生理落果后出现脐部黄化，最后导致果实脱落，严重影响脐橙产量。

2. 病原 初步认为是病原性脐黄、虫害脐黄和生理性脐黄的综合。病原性脐黄由致病微生物在脐部侵染所致；虫害性脐黄则由虫害引起；生理性脐黄是一种与代谢有关的病害。

3. 发病规律 脐黄落果与脐橙品种、树龄、果实的着生部位密切相关。朋娜脐橙、眉山 9 号脐橙发生率高，闭脐多的纽荷尔脐橙、华盛顿脐橙很少发生。幼树、高接换种树裂果率高，以后随树龄增大而裂果率下降。脐黄落果与果实的着生部位相关。脐黄裂果率：树冠上部＞下部，树冠外部＞内部。着生在顶部直立的结果母枝上的果实脐黄落果率最高，着生在中部斜生的结果母枝上的果实脐黄率次之；着生在中、下部下垂的结果母枝上的果实脐黄率最低。通过修剪和拉枝可减少脐黄落果。

4. 防治方法 一是防治害虫，重点防治黄蜘蛛、潜叶蛾、卷叶蛾、蚧类、天牛等，保护树体健壮生长。二是加强肥水管理，多施钾肥、有机肥，及时做好抗旱排涝。三是控制结果枝的长势，通过拉吊等措施改变枝的直立生长方位。四是药剂防治，可选用中国农业科学院柑橘研究所研制的脐黄抑制剂（FOWS）10毫升/瓶，每667平方米用量1～2瓶。在第二次生长落果开始时加多菌灵、苯菌特等杀菌剂和乐果等杀虫剂涂脐部，浓度400倍，喷施浓度1 200倍。可显著减少脐黄落果。

（二十四）褐斑病

1. 分布和症状 褐斑又称干疤、油斑病、塌皮、座蒂和走泌等。是柑橘果实上重要的生理病害之一，我国柑橘产区均有发生。褐斑病不仅影响果实外观，而且降低果实食用价值。该病一般发生在采橘前，特别是接近成熟的果实易发病。同时也发生在采后的贮藏运输期间，先在果皮上出现形状不规则的淡黄色或淡绿色病斑，病症交界处明显，病斑内油胞显著突出，油胞间的组织凹陷、后变为黄褐色，油胞萎缩。褐斑病病斑不会引起果实腐烂。

2. 病原 是果实因油胞破裂后油液外渗，侵蚀果皮细胞而引起的一种生理性病害。

3. 发病规律 褐斑病发生与品种、环境条件、果实损伤、虫害和农药使用等有密切的关系。果皮结构细密脆嫩的甜橙品种，如哈姆林甜橙发病重；果皮结构粗糙疏松的品种，如柑类、橘类、柠檬发病较轻。采摘果实前昼夜温差大、雾水重、贮藏期间不适的温度、湿度和气体成分，果实受刺伤、风伤、压伤、冰雹击伤等机械损伤，果实成熟时受红头叶蝉为害，以及果实生长后期使用石硫合剂等均会加重此病。

4. 防治方法 一是果实适时采收,尤宜适当早采。选晴好天气露水干后精细采收,轻拿轻放、轻运。需贮藏的果实,先摊放预贮2～3天,待果皮收汗后再贮藏。二是做好害虫的防治,果实生长后期,着重对刺吸式口器的害虫,如叶蝉等加强防治。三是套袋。四是种植防护林,改善果园的小气候条件。

(二十五)枯水、浮皮、砂囊粒化和砂囊干硬

1. 分布和症状 枯水、浮皮在我国的宽皮柑橘品种中常有发生,砂囊粒化症常发生在甜橙和柚类上,砂囊干硬多数发生在宽皮柑橘上。

枯水、浮皮是一种生理障碍,症状在宽皮柑橘中表现为果皮外观完好,但重量明显减轻,囊瓣干缩失水,果汁少且淡而无味。砂囊粒化,在甜橙中表现为果皮油胞凸出、凹凸不平、色淡而无光泽、呈不正常丰满,手触坚硬无柔软感。果皮变厚、白皮层疏松、色泽变淡而透明,脆裂,囊壁变厚、硬、透明性减弱呈白色。汁胞粒质化,失去固有风味而不堪食用。砂囊粒化大多首先在果梗先端出现,逐渐延向果顶,使砂囊变大、硬化。砂囊干梗,在果实顶部和中部易发生,使砂囊失去水分变平呈尖状收缩。

2. 病原 是果实晚采和贮藏期间出现的生理病害(障碍)。

3. 发病规律 枯水、浮皮与品种、采收期、树龄和树势等相关。宽皮柑橘果实的结构,特别是白皮疏松的品种,如红橘发病最重。果实延迟采收,幼龄树、长势旺盛树所结的果实易出现枯水、浮皮。

砂囊粒化常发生在甜橙和柚类上,也与品种、采收期、树龄、树势等相关。砂囊粒化大多发生在大果和可溶性固形物低的果实,强势树、幼树、强修剪的树易发生。贮藏期发生少,低湿可能会加重粒化症。砂囊干硬症,一般发生在宽皮柑橘的中、小型果,贮藏期间发生较多,低湿、高温或过熟促发该症。

4. 防治方法　一是果实适时或适当提早采收。为防枯水、浮皮,宜选甜橙等作较长时间贮藏,宽皮柑橘只能短期贮藏。二是加强栽培管理,多施有机肥,促使树势健壮,不旺长。

(二十六)回　青

1. 分布和症状　由于气温回升,原已色泽完好的果实再次显绿,称为回青。通常发生在晚熟品种上,尤其以夏橙为甚。

果实回青,色泽变差,风味变淡,品质会出现下降。

2. 病原　气温回升后在晚熟品种果实上出现的生理障碍。

3. 发病规律　果实回青与气温关系密切。温度越高,日照越强,回青越严重。冬季温暖、春季冷凉的年份,回青延迟。回青与树体和果实的营养生理状况也有关。伏令夏橙树冠下部生长势弱的少叶枝、内膛枝和下垂枝上所结的果实回青早、程度重。

4. 防止方法　一是果实的常规套袋,或在橙色鲜艳时套黑色纸袋。二是在果实采后进行低温贮藏1～2个月,或用乙烯利等处理也可使回青果实褪绿。

(二十七)红 蜘 蛛

1. 分布和为害症状　红蜘蛛又叫橘全爪螨,属叶螨科。我国柑橘产区均有发生。它除了为害柑橘以外,还为害梨、桃和桑等经济树种。主要吸食叶片、嫩梢、花蕾和果实的汁液,尤以嫩叶为害为重。叶片受害初期为淡绿色,后出现灰白色斑点,严重时叶片呈灰白色而失去光泽,叶背布满灰尘状蜕皮壳,并引起落叶。幼果受害,果面出现淡绿色斑点;成熟果实受害,果面出现淡黄色斑点;果蒂受害导致大量落果。

2. 形态特征　雌成螨椭圆形,长0.3～0.4毫米,红色至暗红色,体背和体侧有瘤状凸起。雄成螨体略小而狭长。卵近圆球形,初为橘黄色,后为淡红色,中央有一丝状卵柄、上有10～12条放射状丝。幼螨近圆形,有足 3 对。若螨似成螨,有足 4 对。红蜘蛛雌成虫、卵和被害叶见图 7-10。

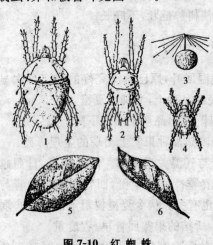

图 7-10 红蜘蛛

1. 雌成螨 2. 雄成螨 3. 卵
4. 幼螨 5. 被害叶片 6. 正常叶

3. 生活习性 红蜘蛛 1 年发生 12～20 代,田间世代重叠。冬季多以成螨和卵在枝叶上,在多数柑橘产区无明显越冬阶段。当气温 12℃时虫口渐增,20℃时盛发。20℃～30℃的气温和 60%～70%的空气相对湿度,是红蜘蛛发育和繁殖的最适条件。红蜘蛛有趋嫩性、趋光性和迁移性。叶面和背面虫口均多。在土壤瘠薄、向阳的山坡地,红蜘蛛发生早而重。

4. 防治方法 一是利用食螨瓢虫、日本方头甲、塔六点蓟马、草蛉、长须螨和钝绥螨等天敌防治红蜘蛛,并在果园种植藿香蓟、白三叶草、百喜草、大豆、印度豇豆,冬季还可种植豌豆、肥田萝卜和紫云英等。还可生草栽培,创造天敌生存的良好环境。二是干旱时及时灌水,可以减轻红蜘蛛为害。三是科学用药,避免滥用,特别是对天敌杀伤力大的广谱性农药。科学用药的关键是掌握防治指标和选择药剂种类。一般春季防治指标在 2～3 头/叶,夏、秋季防治指标 5～7 头/叶。天敌少的防治指标宜低;反之天敌多的防治指标宜高。药剂要选对天敌安全或较为安全的。通常冬季、早春可选机油乳剂 200 倍液;开花前,气温较低可选用 5%尼索朗(噻螨特)3 000 倍液或 5%霸螨灵 3 000 倍液;生长期可选 73%克螨特 3 000 倍液、15%速螨酮乳油 2 000～3 000 倍液、25%三唑锡可湿性粉剂 1 500～2 000 倍液、50％托尔克可湿性粉剂 2 000～3 000倍液、45％石硫合剂结晶 250～400 倍液等。

(二十八)侧多食跗线螨

1. 分布和为害症状　侧多食跗线螨又名茶黄螨、半跗线螨、白蜘蛛。我国不少柑橘产区和三峡库区产区均有发生。寄主植物除柑橘外,还有银杏、板栗、芒果、桃、梨、茶叶、辣椒和茄子等 64 种植物。幼螨和成螨为害柑橘的幼芽、嫩叶、嫩枝和幼果。受害的幼芽不能抽出展开,形成一丛丛的胡子状;受害的嫩枝变成灰白色至灰褐色,表面木栓化,并产生龟裂;受害的嫩叶增厚变窄,呈柳叶状;受害的幼果畸形变小,果皮增厚、呈灰白色至灰褐色,并引起落果。

2. 形态特征　成虫:雌体椭圆形,体长 0.15～0.25 毫米,宽0.11～0.16 毫米,淡黄色至黄色。沿背中线有 1 条白色条纹,由前向后逐渐增宽。足 4 对,其中第四对细而退化。雄体近棱形、扁平,尾部稍尖,长 0.12～0.20 毫米,宽 0.05～0.12 毫米,淡黄色至黄绿色。卵椭圆形,底部扁平,长 0.1～0.13 毫米,宽 0.05～0.09毫米,无色透明。表面有 6～8 列纵横排列整齐的乳白色突起。幼螨体近椭圆形,末端渐尖,初孵时白色,后趋透明,若螨棱形,淡绿色,长 0.12～0.25 毫米,宽 0.06～0.1 毫米。

3. 生活习性　侧多食跗线螨在重庆和三峡库区 1 年发生20～30 代,以成螨在绵蚧卵囊下、盾蚧类残存的介壳内或杂草等的根部越冬,5 月开始活动,6～7 月、9～10 月为盛发期,11 月后减少。在温度 25℃～30℃、潮湿阴暗的环境下有利于该螨的发生和为害。卵多产生于嫩叶背面、叶柄和幼芽的缝隙内,幼螨、若螨和成螨均在嫩叶背面为害。受害嫩叶变成黄褐色,僵化、皱缩,叶缘反卷。若腋芽受害,会失去抽梢能力,变成秃顶。若螨和雌成螨不很活跃,传播借风力、苗木、昆虫和鸟类。雄成螨较活跃,爬行迅速,交配时常将雌成螨背在背上爬行。

侧多食跗线螨的天敌有尼氏钝绥螨、长须螨、德氏钝绥螨、小花蝽、深点食螨瓢虫、日本方头甲和介点蓟马等。

4. 防治方法 一是保护利用天敌,特别是捕食螨。二是集中放梢,打断该害螨的食物链,缩短为害期。三是合理修剪,改善柑橘园和植株通风透光条件,减轻为害。四是夏、秋梢抽发时是该螨的盛发期,可用药剂防治,药剂可选用73%克螨特2 000～2 500倍液、20%达螨酮1 500～2 000倍液、5%尼索朗1 500～2 000倍液、25%三唑锡1 500～2 000倍液、5%果圣800～1 000倍液,7～10天喷1次,连喷2次。

(二十九)四斑黄蜘蛛

1. 分布和为害症状 四斑黄蜘蛛又名橘始叶螨,属叶螨科。在我国柑橘产区均有发生,重庆、四川等地为害重。主要为害叶片、嫩梢、花蕾和幼果。嫩叶受害后在受害处背面出现微凹、正面凸起的黄色大斑,严重时叶片扭曲变形,甚至大量落叶。老叶受害处背面为黄褐色大斑,叶面为淡黄色斑。

2. 形态特征 雌成螨长椭圆形,长0.35～0.42毫米,足4对,体色随环境而异,有淡黄、橙黄和橘黄等色;体背面有4个多角形黑斑。雄成虫后端削尖,足较长。卵圆球形,其色初为淡黄,后渐变为橙黄、光滑。幼螨初孵时淡黄色,近圆形,足3对,见图7-11。

3. 生活习性 四川、重庆1年发生20代。冬季多以成螨和卵在叶背停留。无明显越冬期,田间世代重叠。成螨3℃时开始活动,14℃～15℃时繁殖最快,20℃～25℃和低湿是最适的发生条件。春芽萌发至开花前后是为害盛期。高温少雨时为害严重。四斑黄蜘蛛常在叶背主脉两侧聚集取食,聚居处常有蛛网覆盖,产卵于其中。喜在树冠内和中、下部光线较暗的叶背取食。对大树为

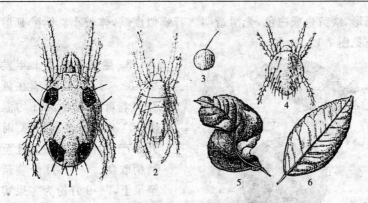

图 7-11 四斑黄蜘蛛
1. 雌成虫 2. 雄成虫 3. 卵 4. 若虫 5. 被害叶 6. 正常叶

害较重。

4. 防治方法 一是认真做好测报,在花前螨、卵数达 1 头(粒)/叶,花后螨、卵数达 3 头(粒)/叶时进行防治。通常春芽长 1 厘米时就应注意其发生动态,药剂防治主要在 4～5 月份进行。其次是 10～11 月份,喷药要注意对树冠内部的叶片和叶背喷施。二是合理修剪,使树冠通风透光。三是防治的药剂与红蜘蛛的防治药剂相同。

(三十)锈壁虱

1. 分布和为害症状 锈壁虱又名锈蜘蛛等,属瘿螨科。我国柑橘产区均有发生。为害叶片和果实,主要在叶片背面和果实表面吸食汁液。吸食时使油胞破坏,芳香油溢出,被空气氧化,导致叶背、果面变为黑褐色或铜绿色,严重时可引起大量落叶。幼果受害严重时,变小、变硬;大果受害后果皮变为黑褐色,韧而厚。果实有发酵味,品质下降。

2. 形态特征 成螨体长 0.1～0.2 毫米,体形似胡萝卜。初为淡黄色,后为橙黄色或肉红色,足 2 对,尾端有刚毛 1 对。卵扁圆形,淡黄色或白色,光滑透明。若螨似成螨,体较小。锈壁虱形态见图7-12。

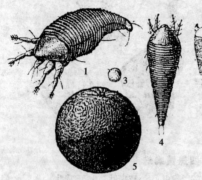

图 7-12 锈壁虱
1. 成虫侧面　2. 若虫　3. 卵
4. 成虫正面　5. 甜橙果实被害状

3. 生活习性　1 年发生 18～24 代,以成螨在腋芽和卷叶内越冬。日均温度 10℃时停止活动,15℃时开始产卵,随春梢抽发迁至新梢取食。5～6 月份蔓延至果上,7～9 月份为害果实最甚。大雨可抑制其为害,9 月后随气温下降虫口减少。

4. 防治方法　一是剪除病虫枝叶,清出园区,同时合理修剪,使树冠通风透光,减少虫害发生。二是利用天敌,园中天敌少可设法从外地引入,尤以刺粉虱黑蜂、黄盾恩蚜小蜂为有效。三是药剂防治。认真做好测报,从 5 月份起,经常检查,在叶片上或果上每视野(10 倍手持放大镜为 1 个视野)有 2～3 头虫、当年春梢叶背出现被害状、果园中发现 1 个果出现被害状时开始防治。药剂可选用 75%炔螨特 2 000 倍液,或 1.8%阿维菌素乳油 2 500 倍液,10%吡虫啉可湿性粉剂 1 200～1 500 倍液,40%乐斯本乳油 1 500 倍液,90%晶体敌百虫 600～800 倍液,40%乐果乳油 800～1 000 倍液,0.5%果圣 1 000 倍液。

(三十一)矢尖蚧

1. 分布和为害症状　矢尖蚧又名尖头介壳虫,属盾蚧科。我国柑橘产区均有发生。以若虫和雌成虫取食叶片、果实和小枝汁液。叶片受害轻时,被害处出现黄色斑点或黄色大斑;受害严重时,叶片扭曲变形,甚至枝、叶枯死。果实受害后呈黄绿色,外观、内质变差。

2. 形态特征　雌成虫介壳长形,稍弯曲,褐色或棕色,长约3.5毫米。雄成虫体橙红色,长形。卵椭圆形,橙黄色。矢尖蚧形态及被害状见图7-13。

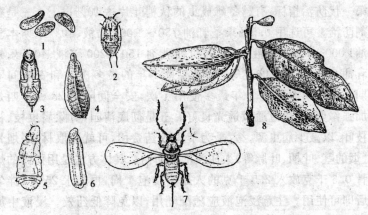

图7-13　矢尖蚧

1. 卵　2. 初孵若虫　3. 雄蛹　4. 雌虫介壳　5. 雌成虫
6. 雄虫介壳　7. 雄虫　8. 被害状

3. 生活习性　1年发生2～4代,以雌成虫和少数2龄若虫越冬。当日平均气温17℃以上时,越冬雌成虫开始产卵孵化,世代重叠;17℃以下时停止产卵。雌虫蜕皮2次后成为成虫。雄若虫则常群集于叶背为害,2龄后变为预蛹,再经蛹变为成虫。在重庆,各代1龄若虫高峰期分别出现在5月上旬、7月中旬和9月下旬。温暖潮湿的条件有利其发生。树冠郁闭的易发生,且为害较重。大树较幼树发生重。雌虫分散取食,雄虫多聚在母体附近为害。

4. 防治方法　一是利用矢尖蚧的重要天敌(矢尖蚧蚜小蜂、黄金蚜小蜂、日本方头甲、豹纹花翅蚜小蜂、整胸寡节瓢虫、红点唇瓢虫和草蛉等），并为其创造生存的环境条件。二是做好预测预报。四川、重庆、湖北及气候相似的柑橘产区，初花后 25～30 天为第一次防治期。或花后观察雄虫发育情况，发现园中个别雄虫背面出现白色蜡状物之后 5 天内为第一次防治时期，15～20 天后喷第二次药。发生相当严重的柑橘园第二代 2 龄幼虫再喷一次药。第一代防治指标：有越冬雌成虫的秋梢叶片达 10% 以上。三是药剂防治。可选用 0.5% 果圣乳油 750～1 000 倍液、40% 乐斯本乳油 1 000～1 500 倍液、95% 的机油乳剂 150～200 倍液、40% 乐果乳油 800～1 000 倍液等，用药注意 1 年的最多次数和安全间隔期。如乐斯本乳油，1 年最多使用 1 次，安全间隔期 28 天。四是加强修剪，使树冠通风透光良好。五是彻底清园，剪除病虫枝、枯枝叶，以减少病虫源。六是为节省农药费用，可就地取材，用烟骨（烟的茎、叶柄、叶脉等）人尿浸泡液防治。具体方法是用切碎的烟骨 0.5 千克放入 2.5 千克的人尿中浸泡 1 周，再加水 25 升，拌匀后即可使用。注意浸泡液应随配随用，以免降低药效。浸液中加少量洗衣粉可增加药效。

（三十二）糠 片 蚧

1. 分布和为害症状 糠片蚧又名灰点蚧，属盾蚧科。

在我国柑橘产区均有发生。为害柑橘、苹果、梨、山茶等多种植物，枝、干、叶片和果实都能受害。叶片和果实的受害处出现淡绿色斑点，并能诱发煤烟病。糠片蚧形态及被害状见图 7-14。

2. 形态特征 雌成虫介壳长 1.5～2 毫米，形态和色泽不固定，多为不规则椭卵圆形，灰褐色或灰白色。雌成虫近圆形，淡紫色或紫红色。雄成虫淡紫色，腹部有针状交尾器。卵椭圆形，淡紫色。

3. 生活习性 1 年发生 3～4 代，以雌成虫和卵越冬，少数有 2 龄若虫和蛹越冬。田间世代重叠。各代 1 龄、2 龄若虫盛发期：

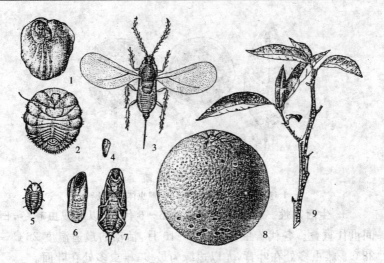

图 7-14　糠片蚧
1. 雌成虫介壳　2. 雌成虫　3. 雄成虫　4. 卵　5. 初孵幼蚧
6. 雄蛹介壳　7. 雄蛹　8. 被害果　9. 被害枝梢

4～6月,6～7月,7～9月,10月至翌年4月,且以7～9月为甚。雌成虫能孤雌生殖。

4. 防治方法　一是保护天敌,如日本方头甲、草蛉、长缨盾蚧蚜小蜂和黄金蚜小蜂等,并创造利于天敌生存的环境。二是加强栽培管理,增加树体抗性。三是1龄、2龄若虫盛期是防治的关键时期,应每15～20天喷药1次,连续喷2次。药剂与矢尖蚧同。

(三十三)褐圆蚧

1. 分布和为害症状　褐圆蚧又名茶褐圆蚧,属盾蚧科。我国柑橘产区均有发生。为害柑橘、栗、椰子和山茶等多种植物。主要吸食叶片和果实的汁液,叶片和果实的受害处均出现淡黄色斑点。

2. 形态特征　雌成蚧壳为圆形,较坚硬,紫褐色或暗褐色。雌成虫杏仁形,淡黄色或淡橙黄色。雄成虫蚧壳为椭圆形,成虫体淡黄色。卵长椭圆形,淡橙黄色。褐圆蚧形态及被害状见图7-15。

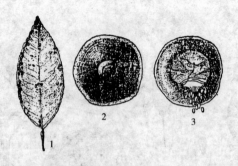

图 7-15 褐圆蚧

1. 被害状 2. 雌性背壳 3. 雌虫体腹面及卵

3. 生活习性 褐圆蚧 1 年发生 5～6 代，多以雌成虫越冬，田间世代重叠。各代若虫盛发于 5～10 月，活动的最适温度 26℃～28℃。雌虫多处在叶背，尤以边缘为最多；雄虫多处在叶面。

4. 防治方法 一是保护天敌（如日本方头甲、整胸寡节瓢虫、草蛉、黄金蚜小蜂、斑点蚜小蜂和双蒂巨角跳小蜂等），并创造其适宜生长的条件，以利用其防治褐圆蚧。二是在各代若虫盛发期喷药，每 15～20 天喷 1 次，连喷 2 次。所用药剂与防治矢尖蚧的药剂同。

（三十四）黑点蚧

1. 分布和为害症状 黑点蚧又名黑点介壳虫，属盾蚧科。在我国柑橘产区均有发生。除为害柑橘外，还为害枣、椰子等。常群集在叶片、小枝和果实上取食。叶片受害处出现黄色斑点，严重时变黄；果实受害后外观差，成熟延迟。还可诱发煤烟病。黑点蚧形态及被害果实状见图 7-16。

2. 形态特征 雌成虫倒卵形、淡紫色，其蚧壳长方形、漆黑色。雄成虫蚧壳小而窄，长方形，淡紫红色。

3. 生活习性 黑点蚧主要以雌成虫和卵越冬。因雌成虫寿命长，并能孤雌生殖，可在较长的时间内陆续产卵和孵化，在 15℃

以上的适宜温度时不断有新的若虫出现，发生不整齐。该虫在四川、重庆等中亚热带柑橘产区 1 年发生 3~4 代，田间世代重叠。4 月下旬 1 龄若虫在田间出现，7 月中旬、9 月中旬和 10 月中旬为其 3 次出现高峰。第一代为害叶片，第二代为害果实。其虫口数叶面较叶背多，阳面比阴面多，生长势弱的树受害重。

4. 防治方法　一是保护天敌（如整胸寡节瓢虫、湖北红点唇瓢虫、长缨盾蚧蚜小蜂、柑橘蚜小蜂和赤座霉等），并创造其良好的生存环境。二是加强栽培管理，增强树势，提高抗性。三是当越冬雌成蚧每叶 2 头以上时，即应注意防治。药剂防治的重点，5~8 月 1 龄幼蚧的高峰期进行。药剂参照防治矢尖蚧药剂。

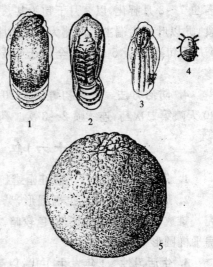

图 7-16　黑点蚧
1. 雌成虫背面　2. 雌成虫腹面　3. 雄幼蚧
4. 初龄幼蚧　5. 被害果

（三十五）红帽蜡蚧

1. 分布和为害症状　主要分布于长江以南各省、直辖市、自治区及台湾省，以四川、浙江、贵州等省柑橘产区为害较重。

2. 形态特征　雌成虫蜡壳很厚，初为粉红色，后为黄褐色。雄成虫蜡壳不透明，乳白色，体红褐色，翅半透明。卵椭圆形，紫红色。若虫初孵时椭圆形，红褐色。蛹红褐色。茧白色。

3. 生活习性　1 年发生 1 代，以雌成虫越冬。翌年 6 月产卵。

若虫7~8月孵化,以8月下旬为甚。初孵幼蚧多栖息于叶片上取食,尤以叶背尖端主脉两侧为多。9月后又迁到枝条为害,至翌年4月下旬达高峰,5月上旬全部迁至枝条上取食。尤以2年生枝为多。

4. 防治方法 发现初孵幼蚧20天左右喷布第一次药,再过20天喷第二次药,连续喷2~3次。药剂参见矢尖蚧防治药剂。

(三十六)红 蜡 蚧

1. 分布和为害症状 同红帽蜡蚧。

2. 形态特征 雌成虫椭圆形,紫红色,背面覆盖着厚厚的蜡壳。雄成虫蚧壳较雌的狭小,色较暗。卵椭圆形,淡紫红色。幼虫扁平椭圆形,淡紫色。

3. 生活习性 1年发生1代,以受精雌成虫越冬。通常5月中旬开始产卵孵化,5月下旬达盛期,6月下旬至7月中旬结束。柑橘园阳山比阴山发生早,树冠上部比中、下部发生早。卵孵化期是用药的关键期。

该虫可借风力、昆虫、农事操作传播。

4. 防治方法 一是冬剪剪除虫枝,园外烧毁。二是保护和利用红蜡蚧跳水蜂、环纹扁角跳小蜂、蜡蚧扁角跳小蚧、黑软蚧蚜小蜂、日本软蚧蚜小蜂等天敌。三是药剂防治参见矢尖蚧防治药剂。

(三十七)黑刺粉虱

1. 分布和为害症状 黑刺粉虱属粉虱科。我国柑橘产区均有发生。为害柑橘、梨和茶等多种植物。以若虫群集叶背取食,叶片受害后出现黄色斑点,并诱发煤烟病。受害严重时,植株抽梢少而短,果实的产量和品质下降。

2. 形态特征 雌成虫体长0.2~1.3毫米,雄成虫腹末有交尾用的抱握器。卵初产时为乳白色,后为淡紫色,似香蕉状,有一短卵柄附着于叶上。若虫初孵时为淡黄色、扁平、长椭圆形,固定后为黑褐色。蛹初为无色,后变为黑色且透明。黑刺粉虱形态特征和叶片被害状见图7-17。

3. 生活习性　黑刺粉虱1年发生4～5代,田间世代重叠,以2龄、3龄若虫越冬。成虫于3月下旬至4月上旬大量出现,并开始产卵。各代1龄、2龄若虫盛发期在5～6月、6月下旬至7月中旬、8月下旬至9月上旬和10月下旬至12月下旬。成虫多在早晨露水未干时羽化并交配产卵。

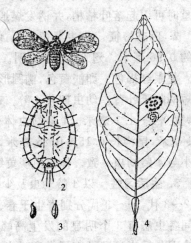

图7-17　黑刺粉虱
1. 成虫　2. 蛹壳　3. 卵　4. 叶片被害状

4. 防治方法　一是保护天敌(如刺粉虱黑蜂、斯氏寡节小蜂、黄金蚜小蜂、湖北红点唇瓢虫、草蛉等),并创造其良好的生存环境。二是合理修剪,剪除虫枝、虫叶,清除出园。三是加强测报,及时施药。越冬代成虫从初见日后40～45天进行第一次喷药,隔20天左右喷第二次,发生严重的果园各代均可喷药。药剂可选机油乳剂150～200倍液,10%吡虫啉可湿性粉剂1 200～1 500倍液,0.5%果圣水剂750～1 000倍液,40%乐斯本乳油1 500倍液。另外,也可用90%晶体敌百虫800倍液或40%乐果乳油1 000倍液在蛹期喷药,以减少对黑刺粉虱寄生蜂的影响。

(三十八)柑橘粉虱

1. 分布和为害症状　柑橘粉虱又名橘黄粉虱、通草粉虱、橘裸粉虱、白粉虱等,属同翅目、粉虱科。

国内各柑橘产区均有发生。寄主植物除柑橘外,还为害柿、栗、桃、梨、枇杷等果树和茶、棉等。以幼虫聚集在嫩叶背面为害,严重时可引起落叶枯梢,并诱发煤烟病。

2. 形态特征 成虫淡黄绿色,雌虫体长约1.2毫米,雄虫体长约0.96毫米。翅2对,半透明。虫体及翅上均覆盖有蜡质白粉。复眼红褐色。卵淡黄色,椭圆形、长约0.2毫米,表面光滑,以一短柄附于叶背。幼虫期共4龄。1~4龄幼虫体长0.3~1.5毫米,宽0.2~1.1毫米。4龄幼虫体长0.9~1.5毫米,体宽0.7~1.1毫米,尾沟长0.15~0.25毫米,中后胸两侧显著凸起。蛹的大小与4龄幼虫一致。体色由淡黄绿色变为浅黄褐色。

3. 生活习性 以4龄幼虫及少数蛹固定在叶片越冬。1年发生2~3代。1~3代分别寄生于春、夏、秋梢嫩叶的背面。1年中田间各虫态有3个明显的发生高峰,其中以2代的发生量最大。成虫羽化后当日即可交尾产卵。未经交尾的雌虫可行孤雌生殖,但所产的卵均为雄性。初孵幼虫爬行距离极短,通常在原叶固定为害。

已发现的柑橘粉虱天敌有粉虱座壳孢菌、扁座壳孢菌、柑橘粉虱扑虱蚜小蜂、华丽蚜小蜂、橙黄粉虱蚜小蜂、红斑粉虱蚜小蜂、刺粉虱黑蜂和草蛉等。其中以座壳孢菌为效果最好,其次是寄生蜂。

4. 防治方法 一是利用天敌座壳孢菌和寄生蜂的自然控制作用。园内缺少天敌时可从其他园采集带有座壳孢菌或寄生蜂的枝叶挂到柑橘树进行引移。为保护天敌,化学防治在柑橘粉虱严重发生、天敌少时才进行。二是药剂防治,考虑到防治效果和保护天敌,以初龄幼虫盛发期喷药效果最佳。鉴于柑橘粉虱的发生期多与多数盾蚧类害虫相近,且多种药可以兼治,应结合其他害虫防治进行。药剂与防治黑刺粉虱相同。

(三十九)双刺姬粉虱

1. 分布和为害症状 双刺姬粉虱又名寡刺长粉虱,属同翅目、粉虱科,我国大部分柑橘产区包括三峡柑橘产区均有发生。该虫群集于叶上吸食汁液,并诱发煤烟病,使柑橘生长发育受到抑制,枝梢抽发短而少。

2. 形态特征 成虫体淡黄色,薄覆蜡粉。复眼紫红色。雌体长约 0.99 毫米。有触角,以第一节最短,第三节最长,第七节次之。雄体长约 1.06 毫米。触角第七节最长,第四节最短,第三节次之。卵长约 0.2 毫米,呈弯月形。初为淡黄色,后为褐色。近基部有一卵柄附着于叶上。蛹淡黄色,长椭圆形,长约 1.24 毫米。

3. 生活习性 在重庆双刺姬粉虱 1 年发生 4 代,以若虫越冬。各代成虫分别于 4 月、6 月、7～8 月和 9～10 月出现;幼虫则于 5 月下旬、6 月下旬、8 月上中旬和 11 月上旬出现 4 次高峰,以第一次高峰为最多。

4. 防治方法 以 4 月份防治越冬若虫为重点,主要药剂与防治黑刺粉虱的相同。

(四十)星天牛

1. 分布和为害症状 星天牛属天牛科。在我国柑橘产区均有发生。为害柑橘、梨、桑和柳等植物。其幼虫蛀食离地面 0.5 米以内的根颈和主根皮层,切断水分和养分的输送而导致植株生长不良,枝叶黄化,严重时死树。

2. 形态特征 成虫体长 19～39 毫米,漆黑色,有光泽。卵长椭圆形,长 5～6 毫米,乳白色至淡黄色。蛹长约 30 毫米,乳白色,羽化时黑褐色。星天牛的形态特征及被害状见图 7-18。

3. 生活习性 星天牛 1 年发生 1 代,以幼虫在木质部越冬。4 月下旬开始出现,5～6 月份为盛期。成虫从蛹室爬出后飞向树

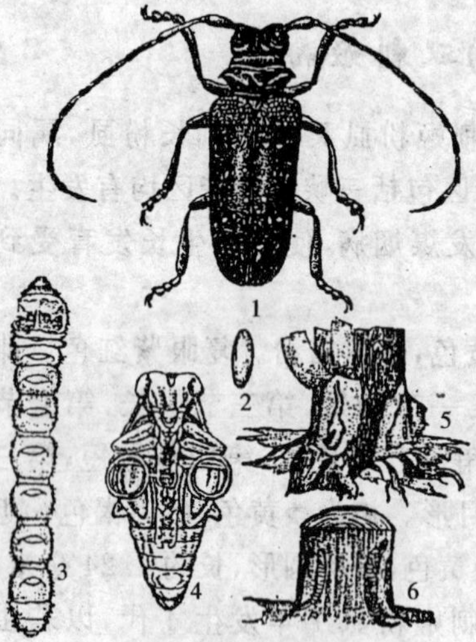

图 7-18 星天牛

1. 成虫 2. 卵 3. 幼虫 4. 蛹
5. 根颈部皮层被害状
6. 根颈部木质部被害状(纵剖面)

冠,啃食嫩枝皮和嫩叶。成虫常在晴天 9～13 时活动、交尾、产卵,中午高温时多停留在根颈部活动、产卵。5 月底至 6 月中旬为其产卵盛期,卵产在离地面约 0.5 米的树皮内。产卵时,雌成虫先在树皮上咬出一个长约 1 厘米的倒"T"字形伤口,再产卵其中。产卵处因被咬破,树液流出表面而呈湿润状或有泡沫液体。幼虫孵出后即在树皮下蛀食,并向根颈或主根表皮迂回蛀食。

4. 防治方法 一是捕杀成虫,白天 9～13 时、主要是中午在根颈附近捕杀。二是加强栽培管理,使树体健壮,保持树干光滑。三是堵塞孔洞,清除枯枝残桩和苔藓地衣,以减少产卵和除去部分卵和幼虫。四是立秋前后人工钩杀幼虫。五是立秋和清明前后将虫孔内木屑排除,用棉花蘸 40%乐果 5～10 倍液塞入虫孔,再用泥封住孔口,以杀死幼虫;还可在产卵盛期用 40%乐果 50～60 倍液喷洒树干、根颈部。

(四十一)褐天牛

1. 分布和为害症状 褐天牛又名干虫,属于天牛科。我国柑橘产区均有发生。为害柑橘、葡萄等果树。幼虫在离地面 0.5 米左右的主干和大枝木质部蛀食,虫孔处常有木屑排出。树体受害后导致水分和养分运输受阻,出现树势衰弱,受害重的枝、干会出现枯死,或易被风吹断。褐天牛的形态及被害状见图 7-19。

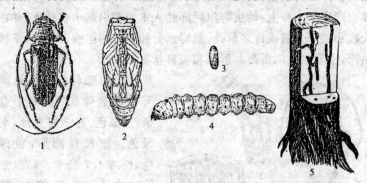

图7-19 褐天牛

1. 成虫 2. 蛹 3. 卵 4. 幼虫 5. 被害树干剖面

2. 形态特征 褐天牛成虫体长 26~51 毫米。初孵化时为褐色。卵椭圆形,长 2~3 毫米,乳白色至灰褐色。幼虫老熟时长46~56 毫米,乳白色,扁圆筒形。蛹长 40 毫米左右,淡米黄色。

3. 生活习性 褐天牛 2 年发生 1 代,以幼虫或成虫越冬。多数成虫于 5~7 月出洞活动。成虫白天潜伏洞内,晚上出洞活动,尤以下雨前闷热夜晚 8~9 时最盛。成虫产卵于距地面 0.5 米以上的主干和大枝的树皮缝隙,成虫以中午活动最盛,阴雨天多栖息于树枝间;产卵以晴天中午为多,产于嫩绿小枝分叉处或叶柄与小枝交叉处。6 月中旬至 7 月上旬为卵孵化盛期。幼虫先向上蛀食,至小枝难容虫体时再往下蛀食,引起小枝枯死。

4. 防治方法 一是树上捕捉天牛成虫,捕捉时间为傍晚,尤以雨前闷热傍晚 8~9 时最佳。二是其他防治方法参照星天牛。三是啄木鸟是天牛最好的天敌。

(四十二)光盾绿天牛

1. 分布和为害症状 光盾绿天牛又名枝天牛,属天牛科。我国柑橘产区有发生,以四川、重庆的柑橘产区较多。只为害柑橘。成虫产卵于小枝上,幼虫孵出后即蛀入木质部引起小枝枯死,并在大枝和主干上造成许多洞孔,阻碍水分和养分的运输,严重时植株枯死,也易被大风折断。形态和被害状见图7-20。

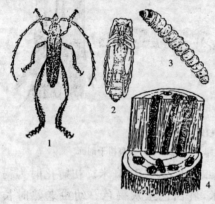

图7-20 光盾绿天牛

1. 成虫 2. 蛹 3. 幼虫 4. 树干被害状

2. 形态特征 光盾绿天牛成虫体长 24～27 毫米,墨绿色,有金属光泽,头绿色。卵长扁圆形,黄绿色,长约 4.7 毫米。幼虫老熟时体长 46～51 毫米,淡黄色。蛹体长 19～25 毫米,黄色。

3. 生活习性 光盾绿天牛多为 1 年发生 1 代,以幼虫越冬。成虫 4～5 份开始出现,5 月下旬至 6 月中旬盛发。

4. 防治方法 与防治星天牛相似。

(四十三)柑橘凤蝶

1. 分布和为害症状 柑橘凤蝶又名黑黄凤蝶,属凤蝶科。我国柑橘产区均有发生。为害柑橘、山椒等,幼虫将嫩叶、嫩梢食成缺刻。

2. 形态特征 成虫分春型和夏型。春型,体长21～28 毫米,翅展70～95 毫米,淡黄色。夏型,体长 27～30 毫米,翅展 105～108 毫米。卵圆球形,淡黄色至褐色。幼虫初孵出时为黑色鸟粪状,老熟幼虫体长 38～48 毫米,为绿色。蛹近菱形,长 30～32 毫米,为淡绿色至暗褐色。各形态特征及被害状见图7-21。

3. 生活习性 1 年发生 3～6 代,以蛹越冬。3～4 月份羽化的为春型成虫,7～8 月份羽化的为夏型成虫,田间世代重叠。成虫白天交尾,产卵于嫩叶背或叶尖。幼虫遇惊时,即伸出触角发出难闻气味,以避敌害。老熟后即吐丝做垫头,斜向悬空化蛹。

4. 防治方法 一是人工摘除卵或捕杀幼虫。二是冬季清园除蛹。三是保护天敌凤蝶金小蜂、凤蝶赤眼蜂和广大腿小蜂,或蛹的寄生天敌。四是为害盛期

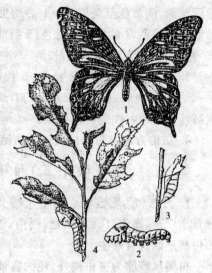

图 7-21 柑橘凤蝶
1. 成虫 2. 幼虫 3. 蛹
4. 被害状及产于叶上的卵

药剂防治。药剂可选 Bt 制剂(每克 100 亿个孢子)200～300 倍液,10％吡虫啉可湿性粉剂 1 200～1 500 倍液,25％除虫脲可湿性粉剂 1 500～2 000 倍液,10％氯氰菊酯乳油 2 000～2 500 倍液,25％溴氰菊酯乳油 1 500～2 000 倍液,0.3％苦参碱水 200 倍液,90％晶体敌百虫 800～1 000 倍液。

(四十四)玉带凤蝶

1. 分布和为害症状 玉带凤蝶又名白带凤蝶、黑凤蝶。分布和为害与柑橘凤蝶相同。

2. 形态特征 成虫体长 25～32 毫米、黑色,翅展 90～100 毫米。雄虫前后翅的白斑相连成玉带。雌虫有 2 型:一型与雄虫相似,后翅近外缘有数个半月形深红色小点;另一型的前翅灰黑色。

卵圆球形,淡黄色至灰黑色。1 龄幼虫黄白色,2 龄幼虫淡黄色,3
龄幼虫黑褐色,4 龄幼虫油绿色,5 龄幼虫绿色。老熟幼虫长 36～
46 毫米。蛹绿色至灰黑色,长约 30 毫米。

3. 生活习性 1 年发生 4～5 代,以蛹越冬,田间世代重叠。
3～4 月份出现成虫,4～11 月份均有幼虫,但 5、6、8、9 月份出现 4
次高峰。其他习性同柑橘凤蝶。

4. 防治方法 与柑橘凤蝶的防治相同。

(四十五)柑橘尺蠖

1. 分布和为害症状 柑橘尺蠖又名海南油桐尺蠖、大尺蠖。
分布于广东、海南、广西、福建、湖南、浙江等省、自治区,三峡库区
的柑橘产区也有发生。

柑橘尺蠖除为害柑橘外,还为害油桐、茶树、漆树、柿树和乌桕
等。幼虫为害寄生植物的叶片,被害叶片往往只留下主脉,严重时
全树成为秃枝。

2. 形态特征 成虫体灰白色,足黄白色,腹面黄色,腹末有一
丛黄褐色毛。前翅白色,杂以灰黑小点,并有明显的黑线。自前缘
至后缘有 3 条黄褐色波状纹,以近外缘的 1 条最明显。雄蛾中间
的 1 条不明显。后翅与前翅相近。雌蛾体长 22～25 毫米,翅展
60～65 毫米,触角丝状;雄蛾体长 19～21 毫米,翅展 52～55 毫
米,触角羽毛状。卵椭圆形,直径 0.7～0.8 毫米,青绿色,孵化前
呈黑色。卵粒堆叠成圆形或椭圆形的卵块,上面有黄褐色绒毛。
幼虫初孵时呈灰褐色,1 龄、2 龄幼虫呈黄白色,3 龄幼虫为青色,4
龄以后的老熟幼虫体色因环境而异有深褐色、灰绿色、青绿色等。
头部密布棕色小斑点,头部中尖往下凹,气门紫红色。老熟幼虫体
长 60～70 毫米。蛹初为绿褐色,后转为黑褐色。体长 22～26 毫
米。腹部末节具臀棘,臀棘的基部两侧各有一突出物。柑橘尺蠖
的形态见图 7-22。

3. 发病规律　柑橘尺蠖南亚热带 1 年发生 3~4 代,中亚热带的三峡库区柑橘产区 1 年发生 2~3 代。以成虫越冬。翌年 4 月下旬至 5 月下旬成虫开始羽化产卵,第一代幼虫发生在 5 月上旬至 6 月下旬,第二代幼虫大量发生在 7 月上、中旬至 8 月中旬,第三代幼虫大量发生于 8 月下旬至 9 月下旬,以 7~9 月第二、第三代幼虫为害柑橘秋梢最严重。

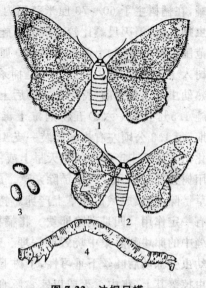

图 7-22　油桐尺蠖
1. 雌成虫　2. 雄成虫　3. 卵
4. 幼虫

成虫多在雨后晚上羽化出土,白天主要栖息于橘树主干、叶背及防护林树干背风处。有趋光性,昼伏夜出,飞翔力较强。成虫羽化、羽化后当晚可交尾,1~2 天后即可产卵,卵成堆产于叶背、防护林树皮裂缝及杂草灌木丛中。卵孵化后幼虫能很快向树冠上部爬行。1 龄、2 龄幼虫喜在树冠顶部叶尖直立,晚上吐丝下垂,随风飘散或转株为害,取食嫩叶叶肉或将叶食成缺刻;3 龄后自叶尖或叶缘向内咬食成缺刻,4 龄后食量剧增,每头每天可食叶 10 片以上。幼虫老熟后入土深约 3 厘米造土室化蛹。如园土疏松,绝大部分幼虫在距树干 50~70 厘米范围内化蛹;如园土板结,则可远至 70 厘米以外化蛹。

4. 防治方法　一是翻挖灭蛹。秋、冬季节结合施肥,深翻园土 20 厘米以上,使蛹深埋不能羽化出土。或被翻出土面,冰冻致死。或被天敌杀死,挖除。在各代蛹期,特别是越冬代和第一代蛹,在橘树主干 60~70 厘米范围内,挖园土 3 厘米左右集中杀灭虫蛹,这是消灭尺蠖比较有效的措施。在有虫树主干 60~70 厘米范围内铺上薄膜,上面再垫 7~10 厘米厚的湿润松土,老熟幼虫下树入土化蛹时,集中杀死。二是捕杀幼虫。在成虫羽化出土和老熟幼虫入土化蛹前,特别是在雨后土壤湿度较大时,在树干周围撒施 1.5% 甲基一六〇五粉剂毒土毒杀蛾。在各代成虫盛发高峰期,每 1.3 公顷左右柑橘园装一支 40 瓦黑光灯诱捕虫蛾。成蛾孵化出土后至未产卵前的每天早上或傍晚,利用其栖息不动的习性,用树枝扑打杀死。三是铲除杂草。成蛾产卵前将橘园及周围的杂草铲除,防止成蛾在杂草上产卵。特别是 7~8 月彻底铲草 2 次,有一定作用。四是刮除卵块。将橘树主干、叶背和防护林树皮裂缝中的卵块刮除集中烧毁或深埋。五是振落幼虫。利用 3~5 龄幼虫受惊动后吐丝下垂习性,于树下铺设薄膜或纸,振动树枝使幼虫掉落其上,集中杀灭或以家禽啄食。六是药剂防治。重点抓住第一、第二代 1~2 龄幼虫时喷药,是全年防治的关键。1~3 龄幼虫可用 90% 晶体敌百虫 600~800 倍液加 0.2% 洗衣粉、敌杀死 2 000 倍液、甲胺磷 800 倍液、速灭杀丁 2 500 倍液等进行防治,效果显著。4 龄以后的幼虫,可用敌杀死 1 500~2 000 倍液、50% 杀螟松 500 倍液、0.8% 敌敌畏乳油 800~1 000 倍液、速灭杀丁 2 000 倍液、300 亿/克青虫菌 1 000~1 500 倍液喷杀,效果良好。

(四十六)潜 叶 蛾

1. 分布和为害症状　潜叶蛾又名绘图虫,属潜蛾科。我国柑橘产区均有发生,且以长江以南产区受害最重。主要为害柑橘的嫩叶、嫩枝,果实也有少数被为害。幼虫潜入表皮蛀食,形成弯曲带白色的虫道,使受害叶片卷曲、硬化、易脱落。受害果实易烂。

2. 形态特征　潜叶蛾成虫体长约 2 毫米,翅展 5.5 毫米左右,身体和翅均匀白色。卵扁圆形,长 0.3~0.36 毫米,宽 0.2~

0.28 毫米,无色透明,壳极薄。幼虫黄绿色。蛹呈纺锤状,淡黄色至黄褐色。潜叶蛾形态特征及被害状见图 7-23。

3. 生活习性　潜叶蛾1 年发生 10 多代,以蛹或老熟幼虫越冬。气温高的产区发生早、为害重。我国柑橘产区 4 月下旬见成虫,7~9 月份为害夏、秋梢最甚。成虫多于清晨交尾,白天潜伏不动,晚间将卵散产于嫩叶叶背主脉两侧。幼虫蛀入表皮取食。田间世代重叠,高温多雨时发生多、为害重。秋梢为害重,春梢受害少。

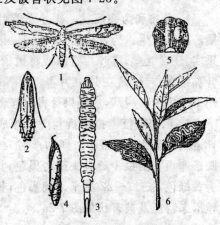

图 7-23　潜叶蛾
1. 成虫　2. 成虫休止状　3. 卵
4. 蛹　5. 幼虫　6. 被害状

4. 防治方法　一是冬季、早春修剪时剪除有越冬幼虫或蛹的晚秋梢,春季和初夏摘除零星发生的幼虫或蛹。二是在夏、秋梢抽发期,先控制肥水,抹除早期抽生的零星嫩梢,在潜叶蛾卵量下降时供给肥水,集中放梢,配合药剂防治。三是在新梢大量抽发期,芽长 0.5~2 厘米时,防治指标为嫩叶受害率 5% 以上,喷施药剂,7~10 天喷 1 次,连续喷2~3 次。药剂可选择 1.8% 阿维菌素 2 000~3 000 倍液,5% 农梦特乳油 1 000~2 000 倍液,10% 吡虫啉 1 000~1 500 倍液,25% 除虫脲可湿性粉剂 1 500~2 000 倍液,10% 氯氰菊酯乳油 2 000~2 500 倍液,2.5% 氯氟氰菊酯乳油 2 500~3 000 倍液,20% 甲氰菊酯乳油 2 000~2 500 倍液等。

(四十七)拟小黄卷叶蛾

1. 分布和为害症状　拟小黄卷叶蛾属卷叶蛾科。在我国柑橘产区有发生。为害柑橘、荔枝和棉花等。幼虫为害嫩叶、嫩梢和果实,还常吐丝,将叶片卷曲或将嫩梢黏结在一起,也可将果实和叶黏结在一起,藏在其中为害。为害严重时,可将嫩枝、叶吃光。幼果受害大量脱落,成熟果受害引起腐烂。

2. 形态特征　拟小黄卷叶蛾雌成虫体长 8 毫米,黄色,翅展18 毫米;雄成虫体略小。卵初产时为淡黄色,呈鱼鳞状排列成椭圆形卵块。幼虫 1 龄时头部为黑色,其余各龄为黄褐色。老熟时为黄绿色,长 17~22 毫米。蛹褐色,长 9~10 毫米。拟小黄卷叶蛾形态特征及被害状见图 7-24。

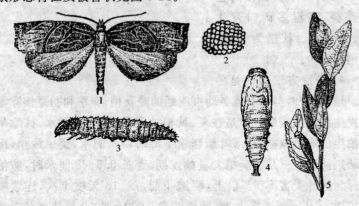

图 7-24　拟小黄卷叶蛾
1. 成虫　2. 卵　3. 幼虫　4. 蛹　5. 被害状

3. 生活习性　拟小黄卷叶蛾在重庆地区 1 年发生 8 代,以幼虫或蛹越冬。成虫于 3 月中旬出现,随即交配产卵。5~6 月为第二代幼虫盛期,系主要为害期,导致大量落果。成虫白天潜伏在隐蔽处,夜晚活动。卵多产树体中、下部叶片。成虫有趋光性和迁移性。幼虫遇惊后可吐丝下垂,或弹跳逃跑,或迅速向后爬行。

4. 防治方法 一是保护和利用天敌。在 4～6 月份为卵盛发期,每 667 平方米释放松毛虫赤眼蜂 2.5 万头,每代放蜂 3～4 次。同时保护核多角体病毒和其他细菌性天敌。二是冬季清园时,清除枯枝落叶、杂草,剪除带有越冬幼虫和蛹的枝叶。三是生长季节巡视果园随时摘除卵块和蛹,捕捉幼虫和成虫。四是成虫盛发期在柑橘园中安装黑光灯或频振式杀虫灯诱杀,每公顷安 40 瓦黑光灯 3 只;也可用 2 份糖,1 份黄酒,1 份醋和 4 份水配制成糖醋液诱杀。四是幼果期和 9 月份前后幼虫盛发期可用药剂防治。药剂可选择 2.5% 功夫或 20% 中西杀灭菊酯 2 000～2 500 倍液,1.8% 阿维菌素 2 000～3 000 倍液,25% 除虫脲可湿性粉剂 1 500～2 000 倍液,90% 晶体敌百虫 800～1 000 倍液,2.5% 溴氰菊酯乳油 2 000～2 500 倍液等。

(四十八)褐带长卷叶蛾

1. 分布和为害症状 褐带长卷叶蛾又名茶淡卷叶蛾。属鳞翅目,卷叶蛾科。我国柑橘产区均有发生。其寄主较多,幼虫为害柑橘果实、嫩梢、嫩叶。幼果受害后大量脱落,成熟果受害易腐烂,不耐贮运。幼虫常吐丝将嫩叶卷曲,或将嫩梢和叶片黏结在一起,或将果实黏结在一起后在其中取食,严重时将枝、叶吃尽。

2. 形态特征 成虫体暗褐色。雌体长 8～10 毫米,雄体长 6～8 毫米。头顶有深褐色鳞毛,胸部背面黑褐色,腹面黄白色,前翅长方形、暗褐色,基部呈褐色斑纹约占翅的 1/5,前缘中央到后缘中后方有深褐色宽带,后翅淡黄色。雄体前翅前缘基部有 1 个近椭圆形突起,栖息时折于肩角上。卵椭圆形,淡黄色,呈鱼鳞状排列成椭圆形卵块。幼虫 1 龄的头部为黑色,腹部黄绿色,胸足和前胸背板深黄色。其余各龄的头部黑色。2～4 龄的前胸板和胸足黑色。老熟时体长 20～23 毫米,前胸背板、头和前、中足为黑色,后足黑褐色。蛹黄褐色,长 8～13 毫米。

3. 生活习性 该虫在重庆及三峡库区 1 年发生 4～6 代,以幼虫越冬,田间世代重叠。4～5 月份开始为害嫩梢、嫩叶、花蕾和幼果,9～11 月为害成熟果实。幼虫活跃,遇惊后能迅速向后跳动或吐丝下垂逃跑,稍后又循回原处。幼虫在卷叶内化蛹,成虫多于清晨羽化,傍晚交尾。卵多于夜晚产于叶片上。每一雌成虫产 2～3 个椭圆形卵块,每 1 个卵块有卵约 300 粒。

4. 防治方法 与拟小黄卷叶蛾相同。

(四十九)吸果夜蛾

1. 分布和为害症状 吸果夜蛾在我国柑橘产区均有发生,在四川、重庆等地为害重。属夜蛾科。为害柑橘、桃和芒果等。成虫吸食果实汁液,受害果表面有针刺状小孔,刚吸食后的小孔有汁液流出,约 2 天后果皮刺孔处海绵层出现直径 1 厘米的淡红色圆圈,以后果实腐烂脱落。

2. 形态特征 成虫体长 35～42 毫米,翅展约 100 毫米。卵近球形,直径约 1 毫米,乳白色。幼虫老熟时长 60～70 毫米,紫红色或褐色。蛹长约 30 毫米,为赤色。吸果夜蛾(枯叶夜蛾、嘴壶夜蛾、鸟嘴壶夜蛾)形态特征及被害状见图 7-25。

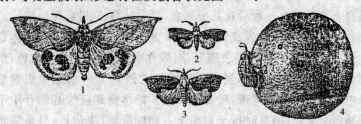

图 7-25 吸果夜蛾形态特征及被害状
1. 枯叶夜蛾 2. 嘴壶夜蛾 3. 鸟嘴壶夜蛾 4. 被害状

3. 生活习性 该虫 1 年发生 2～3 代,以成虫越冬。田间 3～

11 月份可见成虫,以秋季最多。晚间交配,卵产于幼虫寄主通草等植物上。

4. 防治方法　一是连片种植,避免早、中、晚熟品种混栽。二是夜间人工捕捉成虫。三是去除寄主木防己和汉防己植物。四是灯光诱杀。可安装黑光灯、高压汞灯或频振式杀虫灯。五是拒避,每树用 5～10 张吸水纸,每张滴香油 1 毫升,傍晚时挂于树冠周围;或用塑料薄膜包萘丸,上刺数个小孔,每株挂 4～5 粒。六是果实套袋。七是利用赤眼蜂天敌。八是药剂防治可选用 2.5％功夫乳油 2 000～3 000 倍液等。

(五十)嘴壶夜蛾

1. 分布和为害症状　嘴壶夜蛾又名桃黄褐夜蛾,属夜蛾科。分布为害症状同吸果夜蛾。

2. 形态特征　成虫体长 17～20 毫米,翅展 34～40 毫米。雌虫前翅紫红色,有"N"字形纹。雄虫赤褐色,后翅褐色。卵为球形,黄白色,直径 0.7 毫米。老熟幼虫体长 44 毫米,漆黑色。蛹为红褐色。

3. 生活习性　1 年发生 4 代,以幼虫或蛹越冬。田间世代重叠,在 5～11 月份均可见成虫。卵散产于十大功劳等植物上,幼虫在其上取食。成虫 9～11 月间为害果实,尤以 9～10 月为甚。成虫白天潜伏,黄昏进园为害,以 20～24 时最多。早熟果受害重。喜食健果,很少食腐烂果。山地果园受害重。

4. 防治方法　铲除寄主十大功劳等植物。其余与吸果夜蛾同。

(五十一)鸟嘴壶夜蛾

1. 分布和为害症状　我国柑橘产区均有发生。除为害柑橘外,还可为害苹果、葡萄、梨、桃、杏、柿等果树的果实。

2. 形态特征　成虫体长 23～26 毫米,翅展 49～51 毫米。卵扁球形,直径 0.72～0.75 毫米。高约 0.6 毫米。卵壳上密布纵纹。初产时黄白色,1～2 天后变灰色。幼虫共 6 龄。初孵时灰色,后变为绿色。老熟时灰褐色或灰黄色,似枯枝。体长 46～60 毫米。蛹体长 17.6～23 毫米,宽 6.5 毫米,暗褐色。

3. 生活习性　中、北亚热带 1 年发生 4 代,以幼虫和成虫越冬,卵多散产于果园附近背风向阳处木防己的上部叶片或嫩茎上。成虫为害柑橘,9 月下旬至 10 月中旬为第四个高峰。成虫有明显的趋光性、趋化性(芳香和甜味),略有假死。松毛虫赤眼蜂是其天敌。

4. 防治方法　与吸果夜蛾同。

(五十二)恶性叶甲

1. 分布和为害症状　又名柑橘恶性叶甲、黑叶跳虫、黑蛋虫等。国内柑橘产区均有分布。寄主仅限柑橘类。以幼虫和成虫为害嫩叶、嫩茎、花和幼果。

2. 形态特征　成虫体长椭圆形。雌虫体长 3～3.8 毫米,体宽 1.7～2 毫米。雄虫略小。头、胸及鞘翅为蓝黑色,有光泽。卵长椭圆形,长约 0.6 毫米。初为白色,后变为黄白色。近孵化时为深褐色。幼虫共 3 龄,末龄体长 6 毫米左右。蛹椭圆形,长约 2.7 毫米,初为黄色,后变为橙黄色。恶性叶甲形态特征及被害状见图 7-26。

3. 生活习性　浙江、四川、重庆、贵州等地 1 年发生 3 代,福建发生 4 代,广东发生 6～7 代。以成虫在腐朽的枝干中或卷叶内越冬。各代幼虫发生期 4 月下旬至 5 月中旬,7 月下旬至 8 月上旬和 9 月中、下旬,以第一代幼虫为害春梢最严重。成虫散居,活动性不强。非过度惊扰不跳跃,有假死习性。卵多产于嫩叶背面或叶面的叶缘及叶尖处。绝大多数 2 粒并列。幼虫喜群居。孵化前后在叶背取食叶肉,留有表皮,长大一些后则连表皮食去,被害叶呈不规则缺刻和孔洞。树洞较多的果园,为害较重。高温是抑制该虫的重要因子。

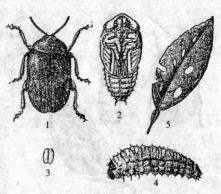

图 7-26　恶性叶甲

1. 成虫　2. 蛹　3. 卵　4. 幼虫　5. 被害状

4. 防治方法　一是消除有利其越冬、化蛹的场所。用松碱合剂,春季发芽前用 10 倍液,秋季用 18～20 倍液杀灭地衣和苔藓;清除枯枝、枯叶、霉桩,树洞用石灰或水泥堵塞。二是诱杀虫蛹。老熟成虫开始下树化蛹时用带有泥土的稻根放置在树权处,或在树干上捆扎涂有泥土的稻草,诱集化蛹,在成虫羽化前取下烧毁。三是初孵幼虫盛期药剂防治,选用 2.5％溴氰菊酯乳油,20％氰戊菊酯乳油 2 000～2 500 倍液,90％晶体敌百虫 800～1 000 倍液等。

(五十三)橘潜叶甲

1. 分布和为害症状　又名橘潜蝽、红金龟子等。柑橘产区有发生,以浙江、福建、四川、重庆等地发生较多。成虫在叶背取食叶肉,仅留叶面表皮。幼虫蛀食叶肉成长形弯曲的隧道,使叶片萎黄脱落。

2. 形态特征　成虫卵圆形,背面中央隆起,体长 3～3.7 毫米,宽 1.7～2.5 毫米。雌虫略大于雄虫。卵椭圆形,长 0.68～0.86 毫米,黄色,横黏于叶上,多数表面附有褐色排泄物。幼虫共 3 龄。全体深黄色。蛹长 3～3.5 毫米,淡黄色至深黄色。橘潜叶甲形态特征及被害状见图 14-27。

3. 生活习性　每年发生 1 代,以成虫在树干上的地衣、苔藓

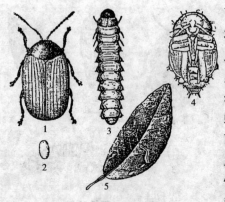

下、树皮裂缝及土中越冬。3月下旬至4月上旬越冬成虫开始活动，4月上、中旬产卵，4月上旬至5月中旬为幼虫为害期，5月上、中旬化蛹，5月中、下旬羽化，5月下旬开始越夏。成虫喜群居，跳跃能力强。越冬成虫恢复活动后取食嫩叶、叶柄和花蕾。卵单粒散产，多黏在嫩叶背上。蛹室的位置均在主干 60～150 厘米的

图 7-27　橘潜叶甲
1. 成虫　2. 卵　3. 幼虫　4. 蛹　5. 被害状

范围内，入土深度 3 厘米左右。

4. 防治方法　与防治恶性叶甲同。

（五十四）花 蕾 蛆

1. 分布和为害症状　花蕾蛆又名橘蕾瘿蝇，属瘿蚊科。我国柑橘产区均有发生。仅为害柑橘。成虫在花蕾直径 2～3 毫米时，将卵从其顶端产入花蕾中，幼虫孵出后食害花器，使其成为黄白色不能开放的灯笼花。

2. 形态特征　雌成虫长 1.5～1.8 毫米，翅展 2.4 毫米，暗黄褐色，雄虫略小。卵长椭圆形，无色透明。幼虫长纺锤形、橙黄色，老熟时长约 3 毫米。蛹纺锤形，黄褐色，长约 1.6 毫米。花蕾蛆形态特征及被害状见图 7-28。

3. 生活习性　1 年发生 1 代、个别发生 2 代，以幼虫在土壤中越冬。柑橘现蕾时，成虫羽化出土。成虫白天潜伏，晚间活动，将卵产在子房周围。幼虫食害后使花瓣变厚，花丝、花药呈黑色。幼虫在花蕾中约 10 天，即弹入土壤中越夏、越冬。潮湿低洼、荫蔽的

柑橘园、沙土及砂壤土有利其发生。

4. 防治方法　一是幼虫入土前摘除受害花蕾,煮沸或深埋。二是成虫出土时进行地面喷药,即当花蕾直径2～3毫米时,用50％辛硫磷1 000～2 000倍液、20％中西杀灭菊酯或溴氰菊酯2 000～2 500倍液喷施地面,每7～10天喷1次,连喷2次。三是成虫已开始上树飞行、但尚未大量产卵前,用药喷树冠1～2次。药剂可选80％敌敌畏乳油1 000倍液和90％晶体敌百

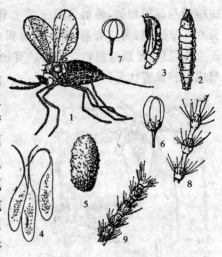

图7-28　花蕾蛆
1. 雌成虫　2. 幼虫　3. 蛹　4. 卵　5. 茧
6. 正常花蕾　7. 被害花蕾　8. 雄虫触角
9. 雌虫触角

虫800倍的混合液,或40％乐斯本2 000倍液。四是成虫出土前进行地膜覆盖。

(五十五)橘　蚜

1. 分布和为害症状　橘蚜属蚜科。在我国柑橘产区均有发生。为害柑橘、桃、梨和柿等果树。橘蚜常群集在柑橘的嫩梢和嫩叶上吸食汁液,引起叶片皱缩卷曲、硬脆,严重时嫩梢枯萎,幼果脱落。橘蚜分泌物大量蜜露可诱发煤烟病和招引蚂蚁上树,影响天敌活动,降低光合作用。橘蚜也是柑橘衰退病的传播媒介。

2. 形态特征　无翅胎生蚜,体长1.3毫米,漆黑色,复眼红褐色,有触角6节、灰褐色。有翅胎生雌蚜与无翅型相似,有翅两对、白色透明。无翅雄蚜与雌蚜相似,全体深褐色,后足特别膨大。有

翅雄蚜与雌蚜相似,惟触角第三节上有感觉圈 45 个。卵椭圆形,长 0.6 毫米,初为淡黄色,渐变为黄褐色,最后呈漆黑色、有光泽。若虫体黑色,复眼红黑色。橘蚜的有翅胎生雌蚜成虫、无翅胎生雌蚜成虫和被害状见图 7-29。

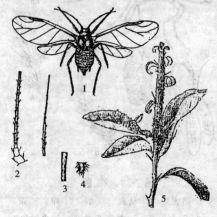

图 7-29 橘 蚜
1. 有翅胎生雌蚜成虫 2. 触角
3. 腹管 4. 尾片 5. 被害状

3. 生活习性 橘蚜 1 年发生 10～20 代,在北亚热带的浙江黄岩主要以卵越冬,在福建和广东以成虫越冬。越冬卵 3 月下旬至 4 月上旬孵化为无翅若蚜后即上嫩梢为害。若虫经 4 龄成熟后即开始生幼蚜,继续繁殖。繁殖的最适温度为 24℃～27℃,气温过高或过低、雨水过多均影响其繁殖。春末夏初和秋季干旱时为害最重。有翅蚜有迁移性。秋末冬初便产生有性蚜交配产卵,越冬。

4. 防治方法 一是保护天敌(如七星瓢虫、异色瓢虫、草蛉、食蚜蝇和蚜茧蜂等),并创造其良好生存环境。二是剪除虫枝或抹除抽发不整齐的嫩梢,以减少橘蚜食料。三是加强观察,当春、夏、秋梢嫩梢期有蚜率达 25% 时喷药防治。药剂可选择 50% 抗蚜威 2 000 倍液,20% 中西杀灭菊酯或 20% 灭扫利 2 000～2 500 倍液,或 10% 吡虫啉(蚜虱净)可湿性粉剂 1 500 倍液,或乐果 800～1 000 倍液。注意每年最多使用次数和安全间隔期。如乐果每年最多使用 3 次,安全间隔期 14 天。

（五十六）橘二叉蚜

1. 分布和为害症状　橘二叉蚜又名茶二叉蚜，属蚜科。我国柑橘产区有分布。为害柑橘、茶和柳等植物。为害症状与橘蚜同。

2. 形态特征　橘二叉蚜的有翅胎生雌虫体长 1.6 毫米，黑褐色，翅无色透明，因前翅中脉分二叉而得名。无翅胎生雌蚜体长 2 毫米，近圆形，暗褐色或黑褐色。若虫与成蚜相似，无翅，淡黄绿色或淡棕色。

3. 生活习性　橘二叉蚜虫 1 年发生 10 余代，以无翅雌蚜或老熟若虫越冬。3～4 月份开始取食嫩梢、叶，以春末、夏初和秋季繁殖多，为害重。繁殖的最适条件是 25℃左右的温度和少雨。雨水多或干旱不利其繁殖。多行孤雌生殖。有翅蚜有迁移性。

4. 防治方法　同橘蚜。

（五十七）柑橘木虱

1. 分布和为害症状　柑橘木虱是黄龙病的传病媒介昆虫，是柑橘各次新梢的重要害虫。成虫在嫩芽上吸取汁液和产卵。若虫群集在幼芽和嫩叶上为害，致使新梢弯曲，嫩叶变形。若虫的分泌物会诱发煤烟病。我国广东、广西、福建、海南、台湾均有，浙江、江西、湖南、云南、贵州和四川、重庆部分柑橘产区有分布。

2. 形态特征　成虫体长约 3 毫米，体灰青色且有灰褐色斑纹，被有白粉。头顶凸出如剪刀状，复眼暗红色，单眼 3 个、橘红色。触角 10 节，末端 2 节黑色。前翅半透明，边缘有不规则黑褐色斑纹或斑点散布。后翅无色透明。足腿节粗壮，跗节 2 节，具 2 爪。腹部背面灰黑色，腹面浅绿色。雌虫孕卵期腹部橘红色，腹末端尖。卵如芒果形，橘黄色，上尖下钝圆。有卵柄，长 0.3 毫米。若虫刚孵化时体扁平、黄白色，5 龄若虫土黄色或带灰绿色，体长 1.59 毫米。

3. 生活习性　1年中的代数与新梢抽发次数有关,每代历时长短与气温相关。周年有嫩梢的条件下,1年可发生11～14代,田间世代重叠。成虫产卵在露芽后的芽叶缝隙处,没有嫩芽不产卵。初孵的若虫吸取嫩芽汁液并在其上发育生长,直至5龄。成虫停息时尾部翘起,与停息面呈45°角。8℃以下时成虫静止不动,14℃时可飞能跳,18℃时开始产卵繁殖。木虱多分布在衰弱树上。1年中,秋梢受害最重,其次是夏梢,5月的早夏梢被害后会暴发黄龙病。在晚秋梢上木虱会再次发生为害高峰。

4. 防治方法　一是做好冬季清园,通过喷药杀灭,可减少春季的虫口。二是加强栽培管理尤其是肥水管理,使树势旺,抽梢整齐,以利于统一喷药防治木虱。三是药剂防治可选用40%乐果乳油800倍液,20%速灭杀丁乳油2 000～2 500倍液等。

(五十八)大 实 蝇

1. 分布和为害症状　大实蝇其幼虫又名柑蛆,属实蝇科。受害果叫蛆柑。我国四川、湖北、贵州、云南等柑橘产区有少量或零星为害。成虫产卵于幼果内。幼虫蛀食果肉,使果实出现未熟先黄,黄中带红现象,最后腐烂脱落。

2. 形态特征　大实蝇成虫体长12～13毫米,翅展20～24毫米。身体褐黄色,中胸前面有"人"字形深茶褐色纹。卵为乳白色,长椭圆形,中部微弯,长1.4～1.5毫米。蛹黄褐色,长9～10毫米。大实蝇形态特征及被害状见图7-30。

3. 生活习性　1年发生1代,蛹在土中越冬。4月下旬出现成虫,5月上旬为盛期,6月至7月中旬进入果园产卵,6月中旬为盛期,7～9月孵化为幼虫,蛀果为害。受害果9月下旬至10月下旬脱落,幼虫随落果至地,后脱果入土中化蛹。成虫多在晴天中午出土。成虫产卵在果实脐部,产卵处有小刺孔,果皮由绿色变黄色。阴山湿润的果园和蜜源多的果园受害重。

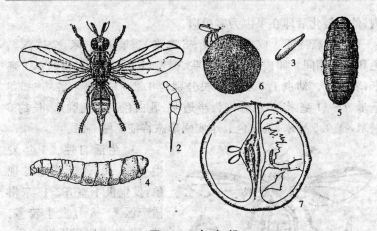

图7-30 大实蝇

1. 雌成虫 2. 雌成虫腹部侧面 3. 卵 4. 幼虫 5. 蛹
6. 幼果被害状 7. 被害果纵剖面

4. 防治方法 一是严格实行检疫,禁止从疫区引进果实和带土苗木等。二是摘除受害幼果,并煮沸深埋,以杀死幼虫。三是冬季深翻土壤,杀灭蛹和幼虫。四是幼虫脱果时或成虫出土时,用65%辛硫磷1000倍液喷施地面,杀死成虫,每7~10天喷1次,连续喷2次。成虫入园产卵时,用2.5%溴氰菊酯或20%中西杀灭菊酯2000~2500倍液加3%红糖液,喷施1/3植株树冠,每7~10天喷1次,连续喷2~3次。五是辐射处理。在室内饲养大实蝇,用γ射线处理雄蛹,将羽化的雄成虫释放到田间与野外的雌成虫交配受精并产卵,但卵不会孵化,以达防治之目的。墨西哥20世纪70年代即用此项技术防治果实蝇,效果显著。

(五十九)小实蝇

1. 分布和为害症状 该害虫为国内外检疫性害虫,在广东、广西、福建、湖南和台湾等柑橘产区均有分布。该害虫寄主较为复杂,除为害柑橘外,还为害桃、李、枇杷等。成虫产卵于寄主果实内,幼虫孵化后即在果内为害果肉。

2. 形态特征　成虫体长 6～8 毫米,翅展 16 毫米,全体深黑色和黄色相间。卵梭形,一端稍尖、微弯,长约 1 毫米,宽约 0.1 毫米,乳白色。幼虫 1、2、3 龄体长分别为 1.2～1.3 毫米、2.5～5.8 毫米、7～11 毫米,体色分别为半透明、乳白色。蛹椭圆形,长约 5 毫米,宽 0.5 毫米,淡黄色。小实蝇形态特征见图 7-31。

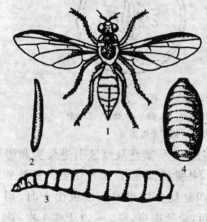

图 7-31　小实蝇
1. 成虫　2. 卵　3. 幼虫　4. 蛹

3. 生活习性　1 年发生 3～5 代,无严格越冬现象,发生极不整齐。广东柑橘产区 7～8 月发生较多。其习性与大实蝇相似。

4. 防治方法　一是严格检疫制度,严防传入。严禁从有该虫地区调进苗木、接穗和果实。二是药剂防治,在做好虫情调查的前提下,成虫产卵前期喷布 90% 晶体敌百虫 800 倍液,或 20%中西杀灭菊酯 2 000～2 500 倍液,或 20%灭扫利 2 000～2 500 倍液与 3%红糖水混合液,诱杀成虫。每次喷 1/3 的树,每树喷 1/3 的树冠,每 4～5 天喷 1 次,连续喷 3～4 次。遇大雨重喷。喷后 2～3 小时成虫即大量死亡。三是人工防治。在虫害果出现期,组织联防,发动果农摘除虫害果深埋、烧毁或水煮。

(六十) 长 吻 蝽

1. 分布和为害症状　长吻蝽又名角尖蝽蟓、橘棘蝽和大绿蝽等。属半翅目,蝽科。我国柑橘产区均有发生。其寄主有柑橘、梨和苹果等。

　　长吻蝽的成、若虫取食柑橘嫩梢、叶和果实。受害叶片呈枯黄色，嫩梢受害处变褐干枯，幼果受害后因果皮油胞受破坏，果皮紧缩变硬，果汁少、果小，受害严重时引起大量落果，果实在后期受害会腐烂脱落。

　　2. 形态特征　成虫绿色长盾形。雌虫体长 18.5～24 毫米，雄虫体长 16～22 毫米。前胸背板前缘两侧角呈角状突起，微向后弯曲呈尖角形（故称角尖蝽）。肩角边缘黑色，其上有甚多的粗大黑色刻点。头凸出，吻长达腹末第二节或末节，故名长吻蝽。复眼半球形、黑色，触角 5 节、黑色，足棕褐色。腹部各节前后缘为黑色，后缘两侧突出呈刺状，故称橘棘蝽。前翅绿色。雄虫腹面末生殖节中央不分裂，雌虫则分裂。卵圆桶形、灰绿色。顶部有圆形卵盖。卵盖圆周上有 25 个突起。卵直径 1.8 毫米。若虫初孵时椭圆形、淡黄色。头小呈长方形、周围黑色。口器细长如丝，触角 5 节、黑色，胸部各节后缘有黑纹，腹部淡黄色，背部两侧各有 8 个黑点，腹面黄红色。2 龄若虫红黄色，腹部背面有 3 个黑斑。3 龄若虫触角第四节端部白色。4 龄若虫前胸与中胸特别膨大，腹部有 5 个黑斑。5 龄若虫体绿色，前胸略有角状突起，中后胸出现翅芽，腹部 5～6 节背腹面的黑斑退化成刻点，腹部每边各有 10 多个黑斑，背面中央有红褐色圆点 2 对，中央有一臭腺孔。

　　3. 生活习性　长吻蝽 1 年发生 1 代，以成虫在枝叶或其他荫蔽处越冬。翌年 4～5 月成虫开始活动，5 月上、中旬产卵，5～6 月份为产卵盛期，卵常在叶片上以 13～14 粒整齐排成 2～3 行。雌虫一生产卵 3 次。卵期 5～6 天。若虫 5～10 月均有分布。1 龄多群集于叶片或果面、叶尖，但多不取食。第二龄若虫开始分散。2～3 龄若虫常群集于果上吸食，是引起落果的主要虫态。4、5 龄和成虫分散取食。成虫常栖息于果或叶片之间，遇惊后即飞远处和放出臭气。各虫态历期受温度和食物影响，在广州地区为 25～

39 天。7～8 月为害最烈。被害果一般不出现水渍状。

4. 防治方法 一是 5～9 月份应经常巡视果园,发现叶片上的卵块及时摘除烧毁。在早晨露水未干、成虫和若虫不甚活动时进行捕捉。药剂防治最好在 3 龄之前进行。二是药杀,药剂有90％晶体敌百虫 1 000 倍液、80％敌敌畏 1 000 倍液等。三是其天敌有卵寄生蜂、黄惊蚁和螳螂等,应加以保护和利用。

(六十一)黑蚱蝉

1. 分布和为害症状 黑蚱蝉又名知了、蚱蝉。属同翅目,蝉科。我国重庆、湖北和三峡库区等不少柑橘产区均有发生。黑蚱蝉食性很杂,除为害柑橘外还为害柳和楝树等植物。其成虫的采卵器将枝条组织锯成锯齿状的卵巢,产卵其中,枝条因被破坏使水分和养分输送受阻而枯死。被产卵的枝梢多为有果枝或结果母枝,故其为害不仅对当年产量,而且对翌年花量都会有影响。

2. 形态特征 雄成虫体长 44～48 毫米,雌成虫体长 38～44毫米,黑色或黑褐色,有光泽,被金色细毛。复眼突出、淡黄褐色,触角刚毛状,中胸发达,背面宽大,中央高并具"X"形突起。雄虫腹部 1～2 节有鸣器,能鸣叫。翅透明,基部 1/3 为黑色。前足腿节发达,有刺。雌虫无鸣器,有发达的产卵器和听觉器官。卵细长,乳白色,有光泽,长 2.5 毫米。末龄若虫体长 35 毫米,黄褐色。

3. 生活习性 黑蚱蝉 12～13 年才完成 1 代,以卵在枝内或以若虫在土中越冬。一般气温达 22℃ 以上、进入梅雨期后成虫大量羽化出土,6～9 月尤以 7～8 月份为甚。晴天中午或闷热天气成虫活动最盛。成虫寿命 60～70 天。7～8 月份交配产卵,卵多产在树冠外围 1～2 年生枝上,1 条枝上通常有卵穴 10 余个,每穴有卵 8～9 粒。每只雌成虫可产卵 500～600 粒,卵期约 10 个月。若虫孵出后即掉入土中吸食植物根部汁液,秋凉后即深入土中,春暖后再上移为害。若虫在土中生活 10 多年,共蜕皮 5 次。老熟若虫在 6～8 月份的每日傍晚 8～9 时出土爬上树干或大枝,用爪和前足的刺固着在树皮上,经数小时蜕皮变为成虫。

4. 防治方法　一是在若虫出土期,每日傍晚 8～9 时在树干、枝上人工捕捉若虫。二是冬季翻土时杀灭部分若虫。三是结合夏季修剪,剪除被为害、产卵的枝梢,集中烧毁。四是成虫出现后用网或黏胶捕杀,或夜间在地上举火把后再摇树,成虫即会趋光扑火。

(六十二)金龟子

1. 分布和为害症状　我国部分柑橘产区有金龟子为害。常见的金龟子有花潜金龟子、铜绿金龟子、红脚绿金龟子和茶色金龟子等。

金龟子食性杂,主要以成虫取食叶片,也有为害花和果实的。发生严重时将嫩叶吃光,严重影响产量。幼虫为地下害虫,为害幼嫩多汁的嫩茎。

2. 形态特征　常见的花潜金龟子成虫体长 11～16 毫米、宽 6～9 毫米,体型稍狭长,体表散布有众多形状不同的白绒斑,头部密被长茸毛,两侧嚼点较粗密。鞘翅狭长,遍布稀疏弧形刻点和浅黄色长绒毛,散布众多白绒斑。腹部光滑,稀布刻点和长绒毛,1～4 节两侧各有 1 个白绒斑。卵白色,球形,长约 1.8 毫米。老熟幼树体长 22～23 毫米,头部暗褐色,上颚黑褐色,腹部乳白色。蛹体长约 14 毫米,淡黄色,后端橙黄色。

其他金龟子形态大同小异,从略。

3. 生活习性　花潜金龟子 1 年发生 1 代,以幼虫在土壤中越冬,越冬幼虫于 3 月中旬至 4 月上旬化蛹,稍后羽化为成虫,4 月中旬至 5 月中旬是成虫活动为害盛期。成虫飞翔能力较强,多在白天活动,尤以晴天最为活跃,有群集和假死习性,为害以上午 10 时至下午 4 时最盛。常咬食花瓣、舐食子房,影响受精和结果。也可啃食幼果表皮,留下伤痕。成虫喜在土中、落叶、草地和草堆等有腐殖质处产卵,幼虫在土中生活并取食腐殖质和寄主植物的幼根。

4. 防治方法 金龟子可用诱杀、药杀、捕杀成虫和冬耕土壤时杀灭幼虫、成虫等方法。

一是诱杀。利用成虫有明显的趋光性,可设置黑光灯或频振式杀虫灯在夜间诱杀。利用成虫群集的习性,可用瓶口稍大的浅色透明玻璃瓶,洗净用绳子系住瓶颈,挂在柑橘树上,使瓶口与树枝距离在 2 厘米左右,并捉放 2～3 头活金龟子于瓶中,使柑橘园金龟子陆续飞过来,钻入瓶中而不能出来。通常隔3～4株挂1只瓶,金龟子快满瓶时取下,用热水烫死,瓶洗净可再用。也可用一端留有竹节的长 40～50 厘米的竹筒,在筒底放 1～2 个腐果,加少许糖蜜,挂在树上。悬挂时筒口要与枝干相贴,金龟子成虫闻到腐果和蜜糖气味会爬入筒中,但难以爬出而被杀死。二是药杀。成虫密度大时,可进行树冠喷药,药剂可选择 90％晶体敌百虫或80％敌敌畏乳油 800 倍液喷施。三是捕杀。针对成虫的假死性,可在树冠下铺塑料(或旧布),也可放一加有少许煤油或洗衣粉的水盆,振摇树枝,收集落下的金龟子杀灭。此外,果园中养鸡,捕食金龟子效果也明显。四是冬耕。利用冬季翻耕果园时杀死土壤中的幼虫和成虫。如结合施辛硫磷(每公顷 3.5～4 千克),效果会更好。五是在地上举火后摇动树,成虫趋光扑火而亡。

(六十三)蜗 牛

1. 分布和为害症状 蜗牛又名螺蛳、狗螺蛳等。属软体动物门,腹足纲,有肺目,大蜗牛科。我国大部分柑橘产区均有分布,其食性很杂,能为害柑橘干、枝的树皮和果实。枝的皮层被咬食后使枝条干枯,果实的果皮和果肉遭其食害后引起果实腐烂脱落,直接影响果实产量和品质。

2. 形态特征 成虫体长约35毫米,体软,黄褐色。头上有2个触角,体背有1个黄褐色硬质螺壳。卵白色、球形,较光亮,孵化前土黄色。幼体较小,螺壳淡黄色,形体和成体相似。

3. 生活习性 1年发生1代。以成体或幼体在浅土层或落叶下越冬,壳口有一白膜封住。3月中旬开始活动,晴天白天潜伏,晚上活动,阴雨天则整天活动。刮食枝、叶、干和果实的表皮层及果肉,并在爬行后的叶片和果实表面留下一层光滑黏膜。5月份成体在根部附近疏松的湿土中产卵,卵表面有黏膜,许多卵产在一起,开始是群集为害,后来则分散取食。低洼潮湿的地区和季节发生多、为害重。干旱时则潜伏在土中,11月份入土越冬。

4. 防治方法 一是人工捕捉,发现蜗牛为害时立即不分大小一律捕杀。养鸡、鸭啄食。二是在蜗牛产卵盛期中耕松土进行暴卵,可以消灭大批卵粒。为害盛期在果园堆放青草或鲜枝叶,可诱集蜗牛进行捕杀。三是早晨或傍晚,用石灰撒在树冠下的地面上或全园普遍撒石灰1次,每667平方米20～30千克,连续2次可将蜗牛全部杀死。

柑橘病虫害的防治,是一个复杂的过程,在进入新世纪环保的今天,既要防治病虫危害,又要注重环境的有效保护。因此,各柑橘产区,应大力提倡"环保型植物保护"的理念,抓住柑橘产区病虫害的优势种群,采用一些基础性的农药品种和防治手段,做好病虫害的有效防治十分必要。

如浙江柑橘产区的黄振东、陈国庆等提出:将害螨(橘全爪螨和橘锈螨)、盾蚧类害虫(矢尖蚧、糠片蚧、褐圆蚧、红圆蚧、黄圆蚧、长白蚧等)、果面病害(疮痂病、炭疽病、黑点病、黑斑病、黄斑病等)3大类病虫害作为全省病虫害的优势种群(各县、市可另加一些局部性、季节性严重危害的病虫害),选用矿物油类、杀螨剂(克螨特、三唑锡和其他阿维菌素复配的杀螨剂)、杀蚧剂(速扑杀或杀扑磷、优乐得或扑虱灵、石硫合剂、松碱合剂等)、杀菌剂(大生等代森锰锌类、波尔多液等铜制剂)4大类药剂约10余种,形成所谓"三、四、十"柑橘病虫标准化、省力化的防治模式。

同时根据柑橘生长期来区分病虫害的防治对象和所使用的药剂。

春梢期包括萌芽开始到春梢生长。时间3月上旬至5月上、中旬。主要病虫害有疮痂病、全爪螨(红蜘蛛)、蚜虫类等3种,推荐使用的药剂杀菌剂有波尔多液等铜制剂、大生等代森锰锌类、矿物油类药剂如绿颖等或阿维菌素等复配的杀螨剂,如考虑药剂的混合使用,不选用波尔多液,可选用噻菌铜、绿菌灵等有机铜药剂。

幼果期,从花全部开放至幼果期。主要防治果面病虫害和贮藏期的蒂腐病,继续防治全爪螨、蚜虫以及长白蚧、矢尖蚧等幼蚧期的盾蚧类害虫,选用的药剂有大生等杀菌剂、绿颖等矿物油类杀虫剂或阿维菌素、扑虱灵等复配剂混合使用。

果实膨大期,7月上、中旬至9月底,重点防治各种果面病害、盾蚧类害虫、螨类中的锈螨,选用的药剂有大生等代森锰锌类、绿颖等矿物油类杀虫剂或速扑杀、扑虱灵等有机磷复配剂。

果实成熟期,10月上旬至柑橘果实采收,防治的重点为锈螨、全爪螨、果面盾蚧类害虫、果面各种病害的扩大,选用的药剂有矿物油类杀虫剂(兼有增加果面亮度)、大生等代森锰锌类杀菌剂。

休眠期,采果后至翌年萌芽前,防治重点是越冬的全爪螨,各种介壳虫和越冬的各种病害。防治方法以农业防治为主,萌芽前剪除病虫枝并烧毁。化学防治选用药剂克螨特、矿物油类杀虫剂,如机油乳剂、绿颖、石硫合剂、松脂合剂等。

四、柑橘园杂草及其处理

现代柑橘栽培既要防治草害,又要留草、生草栽培。草害是指对柑橘生长有危害特别是恶性危害的杂草,必须防治、根除。留草是指柑橘园中自然生长的杂草中对柑橘果树无甚危害或危害不大，且可用作绿肥（或饲料）等的杂草，通过优势种群的培植，用作园中留草。生草（栽培）是人工播种适合柑橘果园种植的草种，经栽培管理覆盖园地，定期刈割用作绿肥（饲料）的种植。

（一）柑橘园的杂草

柑橘园杂草少则几十种，多则百余种。既有单子叶杂草，又有有双子叶杂草；既有一年生杂草，又有多年生杂草。主要的杂草有白茅（又名茅针、茅草、甜根草等）、铺地黍（又名硬骨草、龙骨草）、狗牙根（又名绊根草、铁线草）、升马唐、牛筋草（又名蟋蟀草）、绿狗尾草（又名狗尾草、青狗尾草等）、无芒稗（又名光头稗）、碎米落草（又名竹节菜、竹叶菜、碧蝉蛇、竹草等）、铜锤草（又名红花酢浆草）、酢浆草（又名黄花酢浆草、老鸭嘴、满天星、酸味草、斑鸠酸等）、空心莲子草（又名莲子草、虾钳草、节节花、白花仔等）、扛板归（又名犁头刺、蛇倒退、贯叶蓼、）、胜红蓟（又名藿香蓟、臭炉草、咸虾花、白花草、白花臭草）、艾蒿、鬼灯笼（又名灯笼草、苦灯笼）、大叶丰花草（又名耳草、日本草、飞机草）、箣仔树（又名合金欢树）、葎草（又名拉拉藤、野丝瓜藤）、芦苇、铁芒萁和悬钩子等。

上述杂草中属恶性杂草的有多年生的芦苇、铁芒萁、悬钩子、白茅、铺地黍、狗牙根、艾蒿、鸭跖草、铜锤草、酢浆草、香附；也有一年生的绿狗尾草、无芒稗、碎米莎草、空心莲子草、扛板归、葎草等。还有鬼灯笼、箣仔树等恶性灌木、小乔木，为害柑橘果树。对恶性的杂草、灌木、小乔木，可用人工铲除和用不同的除草剂杀灭。

非恶性杂草有升马唐、马唐、毛马唐、二型马唐、纤维马唐、止血马唐、长花马唐、牛筋草、胜红蓟、鸡眼草、野豌豆、早熟禾、大叶丰花草、紫苏、蒲公英、黑麦草。既可作绿肥，增加土壤有机质，改良土壤；又可作为饲料，有的可覆盖土壤，对水土保持有良好的作用。夏季良好的杂草覆盖率，可降低柑橘园温度，提高湿度；还能对锈壁虱等害虫起抑制作用。可有意识的留种和培养,使其成为柑橘园的优势种群,留种种植或生草种植。

(二)柑橘园留草良种的播种

草种从春季到秋季均可播种。且以春季 3～4 月和秋季的 9 月进行播种,尤以 3～4 月份播种最适。春播的草种可在其他杂草未开始生长之前形成优势种,可减少除草用工和减轻劳动强度。播种方法有直播和条播。早春雨水较多的南方柑橘产区,应在杂草未发芽前抢先播种。如藿香蓟,可在秋季花朵发黑、发黄时采种,在春季 3～4 月草种与少量细沙、草木灰一起撒于柑橘园的土壤表面,发芽后每 667 平方米用 10 千克左右尿素全园撒施,促其生长。5～6 月即可形成藿香蓟的优势种群,既对其他杂草生长起抑制作用,又可作为红蜘蛛等害虫天敌的寄主,有利于控制红蜘蛛为害。

(三)留草种植后对园中其他杂草的处理

柑橘园留草,只要大多数的 1 年生杂草或播种良种形成的优势种群,通常 1 年中不进行全园除草。如果确实需要,可分期分块进行:如梯地留草种植的,先进行梯面除草,1 个月后再对梯壁除草,以防生态条件剧变,导致柑橘园病虫害的暴发。

(四)慎用化学除草剂

现代柑橘果园,应根据病虫草无公害防治的要求,选用允许使用的除草剂,且人工除草与化学除草交替进行,以防土壤板结恶化。使用时要考虑环境条件,如温度、湿度、光照等对药效的影响,严防柑橘植株枝叶和果园间作物发生病害;注意除草剂的残留,防止柑橘树慢性中毒,不连年使用某种除草剂;防止人、畜中毒和环境受污染。

第八章 现代柑橘防灾救灾技术

冻害、热害、风害、旱害、涝害等自然灾害和空气、土壤、水分污染等的公害严重影响柑橘果树生长发育、产量和品质。因此,针对各种灾害的发生,采取避灾、防灾和救灾,直接关系到柑橘生产效益的高低,甚至成败。

一、冻害及其防止

柑橘是热带、亚热带的常绿果树,对冬季低温较落叶果树的苹果、梨、桃更敏感。柑橘果树的冻害,从古至今,从外国至我国常有发生,特别是全球气候变冷的时期,柑橘冻害更是频频发生。

在我国的宋政和元年(公元1111年)就出现过大冻。在《砚北杂志》作了"洞庭以种橘为业者,其利与农亩等。宋政和元年(公元1111年)冬大寒,积雪尺余,河水尽冰,凡橘皆死,明年伐而为薪,取给焉"。又据统计,从公元1450~1999年的549年间,共出现80年严重冻害年,平均10年中有3次冻害。1949~2005年,出现过1954年冬至1955年、1968年冬至1969年、1976年冬至1977年、1991年冬至1992年4次大冻害,使我国柑橘生产遭受重大损失。

世界上不少生产柑橘的国家(地区)柑橘也受冻害危害。世界柑橘生产大国——美国,全国50个州中,有柑橘生产的只有佛罗里达州、加利福尼亚州、得克萨斯州和亚利桑那州等4个州。佛罗里达州年平均温度22℃,极端低温-6℃~-5℃,加利福尼亚州年平均温度17.4℃,极端低温-5℃及以下,由于美国主要生产耐寒性较宽皮柑橘弱的甜橙,且不论是晚熟、中熟品种均要留树贮藏,挂树越冬,这样即使像美国最南端冬季平均气温最高的得克萨斯州的里奥谷兰盆地,冬季也难免北极干冷气团的袭击,尤其是在温暖的条件下,一旦遇上冷空气,更易造成柑橘冻害。冻害使美国柑橘生产惨遭损失。如 1980～1985 年,佛罗里达州柑橘连续遭受 4 次大冻害,柑橘面积由 33.8 万公顷降到 25.72 万公顷,冻毁甜橙1 120万株。

(一)冻害成因

柑橘冻害的因素很多,国内外气象、园艺果树的专家、学者有过不少报道,加以归纳可分为两大类,即植物学因素和气象学因素。

植物学因素:包括柑橘的种类、品种、品系,砧木的耐寒性,树龄大小,肥水管理水平,植株长势,晚秋梢停止生长的迟早,结果量的多少及采果早晚,有无病虫害及其危害程度,晚秋至初冬喷施药剂的种类和次数等均息息相关。

气象学因素:最主要的是低温的强度和低温持续的时间;其次是土壤和空气的干湿程度,低温前后的天气状况和低温出现时的风速、风向,光照强度,以及地形、地势等。浙江大学黄寿波先生对柑橘冻害因子用图解作了表示,见图 8-1。

1. 柑橘苗木冻害模拟试验 20 世纪 80 年代,笔者与上海气象研究所等合作,在 VGV-36 型人工气候箱中进行了温州蜜柑苗木不同冻害的天气的模拟试验。得出如下结果:一是柑橘苗期冻害与低温强度呈指数关系。随低温强度的增大,冻害率(冻害率=冻叶百分率×0.5+冻枝百分率×0.5)较快增加。-5℃ 连续 3天、4 天处理的均无冻害发生;-7℃ 连续 3 天、4 天处理的开始出现冻害(1 级冻害);-9℃ 连续 2 天或 2 天以上则产生明显冻害,-9℃ 3 天以上可达 3 级冻害。二是从持续低温的天数看,也与柑橘苗木冻害呈指数关系。1 天低温处理:仅-11℃有轻度冻害;2天低温处理:-7℃几乎无影响,-9℃、-11℃苗木明显受冻,达 2

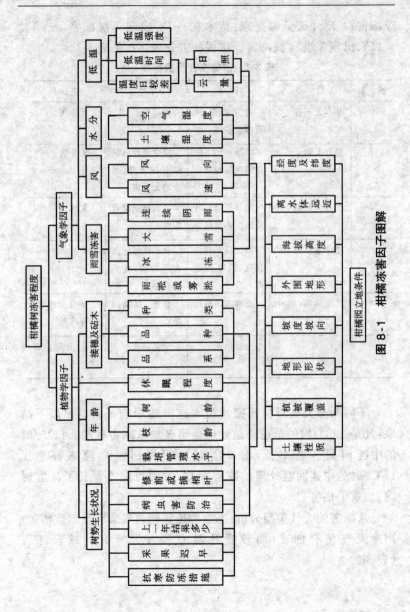

图 8-1 柑橘冻害因子图解

级冻害;3天、4天低温处理:苗木在-7℃出现1级冻害,-9℃、-11℃出现3级、4级冻害。柑橘冻害分级标准见表8-1。

表8-1　柑橘冻害分级标准

级别	树势	叶片	1年生枝	主干
0	基本无损害	叶片正常,未因冻害脱落	无冻伤	无冻害
1	稍有影响	25%~50%叶片因冻害脱落	除个别晚秋梢微有冻斑外,其余均无冻害	无冻害
2	有一定影响	50%~75%叶片因冻害脱落	少数秋梢微有冻害	无冻害
3	较严重影响	75%以上叶片枯死、脱落或缩存	秋梢冻枯长度大于枝长,夏梢稍有影响	无冻害
4	严重影响,树有死亡可能	全部冻伤枯死	秋梢、夏梢均死亡	部分受冻害,腋芽冻死
5	死亡	全部枯死	全部冻死	地上部全部冻死

不同回温天气对温州蜜柑苗木冻害的影响试验得出以下结果:凡是19℃/时的急速回温处理会明显加重冻害程度。11℃/时的中速回温冻害率低,而2℃/时的缓慢回温处理冻害率比11℃/时的中速回温处理的冻害率高,原因可能是延长了冻害时间,加重了伤害。

从冻害的天气类型分析:冻后急速转晴天气会明显加重伤害;阴冷天气稍有加重;而较缓升温的多云天气有利减轻冻害(表8-2)。

表 8-2　不同回温速度对温州蜜柑冻害的影响

处理温度	−11℃，2 天	每天 3 小时
回温速度(℃/时)	冻枝率(%)	冻害率(%)
19	45.0	72.5
11	11.1	55.6
2	14.3	57.2

不同土壤湿度对苗木抗冻性影响的试验：在柑橘栽培中，提高土壤湿度常作为柑橘防冻的措施，这是水分影响土壤分子热传导，使土壤降温变得缓慢所致。试验得出，在同样的低温条件下，土壤湿度较小时(土壤干燥)苗木的冻害率较土壤湿度大时高，且受冻而卷曲的叶片不及土壤湿度大的易恢复(表 8-3)。

表 8-3　温州蜜柑不同土壤湿度下的冻害率

处　理	−7℃，2 天(每天 3 小时)		−7℃低温天气过程(4 天)	
土壤湿度	干	湿	干	湿
冻害率(%)	17.2	12.5	59.4	0

低温锻炼对苗木抗寒的试验：即所进行的强制加深休眠的试验结果表明：随着低温锻炼(强制休眠)次数的增多，苗木的抗寒力也增强，低温锻炼距低温处理(出现)的时间愈近，抗寒力愈强。未经处理的对照植株，处理前一直处在 5℃ 以上的环境，冻害最严重，冻叶率高达 91.7%。由此表明初冬缓慢降温，有益柑橘抗寒力提高，急剧降温或忽冷忽热，会降低植株抗寒力，加重冻害。

2. 柑橘冻害因子浅析

(1)柑橘种类、品种不同、抗寒力各异　有栽培和经济价值的枳、金柑和柑橘 3 属中，抗寒力以枳属居首，其次是金柑属，柑橘属中除有一些种类(如宜昌橙、香橙)外，一般都较金柑属不耐寒。不同种类的柑橘耐寒性也不同:我国不同种类柑橘耐寒力由强到弱,多数认为:枳>枳橙>金柑>宽皮柑橘>酸橙>甜橙>柚>柠檬、枸橼。与日本试验结论:枳>香橙>金柑>宽皮柑橘>酸橙>甜橙>柚>葡萄柚>柠檬、来檬和枸橼基本一致。

不同的柑橘品种、品系其抗寒力也不同。一般认为:甜橙品种中的先锋橙、锦橙、脐橙耐寒力较强,桃叶橙、血橙、冰糖橙次之,新会橙、雪柑、红江橙较弱,夏橙因果实挂树越冬耐寒力弱。宽皮柑橘品种中,温州蜜柑、本地早、早橘、乳橘、南丰蜜橘、朱红橘、椪柑耐寒力较强,早橘次之,蕉柑最弱。品系间也有差异,如温州蜜柑中,较强的是大浦、日南 1 号等,宫川、兴津、龟井次之,尾张等再次,清江等较弱。

笔者对宽皮柑橘的 7 个主要品种,甜橙的 5 个主要品种和金柑做了抗寒性测定,2 年的结果表明:金柑抗寒力最强;宽皮柑橘类中以温州蜜柑最抗寒,但品系间有一定的差异,其中早熟的兴津、宫川居首,中晚熟的尾张其次,本地早、椪柑第三,黄皮第四,徐行早橘第五;甜橙类中,罗伯逊脐橙较抗寒,其次为先锋橙、暗柳橙、哈姆林甜橙。椪柑在−7℃以上低温表现较抗寒,仅次于温州蜜柑,但在−9℃、−11℃低温下抗寒力明显下降,但总的积分仍较高,表明椪柑在冬季不经常出现−9℃低温地区仍适种植。

(2)砧木不同抗寒力各异 柑橘砧木的耐寒力,作为嫁接苗,公认枳最强,枳橙次之,酸橙和香橼第三。笔者等在人工气候箱中模拟试验的结果:抗寒性以枳砧最强,其次是枳橙,本地早第三,枸头橙(酸橙)第四,与其他试验相吻合。

还需提到的是砧木的繁殖方式和嫁接口高度不同,也引起抗寒性的差异:如以扦插枳作砧木的柑橘抗寒性不如实生枳作砧木的柑橘。嫁接口高度影响抗寒性,是因为辐射霜冻的极端低温都出现在接近地面处,若该处是耐寒的砧木,柑橘就不易受冻;反之是不耐寒的柑橘品种则易受冻。生产上提高嫁接口高度,既有便于农事操作,不伤树体,又有提高抗寒性的双重作用。

(3)树龄、树势和结果量不同抗寒力各异　通常,青壮年结果树的组织器官健壮,树体内营养物质积累丰富,其抗寒力比幼树和衰老树均强。

树势与栽培管理有关。科学栽培管理,树势健壮,既不衰弱,又不旺长,树体抗寒力强。结果量有时也会影响植株抗寒力:挂果多,采收迟,树体营养消耗大,还阳(恢复树势)肥跟不上,抗寒力会下降。同样,结果过少,营养生长旺盛,抽生晚秋梢也会使枝梢受冻。

(4)柑橘植株不同器官的抗寒力各异　一般认为植株各器官的耐寒性:主干、老枝最强,成熟枝次之,叶片再次,花蕾和果实最弱。有报道称,$-11℃$低温柑橘主干(地上部)冻死。$-9℃$骨架枝冻坏,持续 3 小时$-6.1℃$的低温可冻坏直径 0.6 厘米的枝条;持续 6 小时$-7.2℃$的低温使直径 5 厘米的枝条受冻,树皮冻裂;持续 12 小时$-6.6℃\sim-7.7℃$的低温可冻死主干。

柑橘叶片抗寒性比枝梢弱。中国农业科学院气象研究所报道,温州蜜柑在$-7℃\sim-8℃$时,叶片及当年生枝梢被冻死,华盛顿脐橙在$-7℃$、柠檬在$-6℃$叶片、新梢被冻死。

柑橘的花和幼果是最不耐寒的。有报道,$-1℃$低温持续 30 分钟可使温州蜜柑花蕾和幼果受冻害,果径 1.8 厘米以上的幼果,在$-1.7℃$的低温下能忍受 7 小时以上,在$-3℃\sim-4℃$时也可忍受 2.5 小时。

(5)栽培措施不同抗寒力各异　土层深厚,使植株根深叶茂,抗寒性强。合理施肥,氮、磷、钾三要素配合得当,可增强树体抗寒力;反之,施氮肥过多,引起徒长和延长枝梢生长期,抗寒力会减弱。钾肥过量,会出现铁、镁、锌等元素不足,使组织细胞浓度下降而减弱抗寒力。而钙、镁、铁、锌、硼等元素不足更会降低树体的抗寒力。

施肥时期和方法不当,也削弱树体的抗寒力。如秋施氮肥会促发晚秋梢而受冻;柑橘有冻害之地采后肥浅施,易将根系引向地表而易受冻。

适时排灌有助植株抗寒性提高。土壤中水分过多、氧气减少,导致根系吸收力减弱,甚至死亡;干旱土壤干燥,根系吸收水分受阻,也影响树势,秋旱后突然降水会促发晚秋梢,不利树体抗寒。

(二)避冻、防冻和冻后救扶

1. 避冻栽培

我国柑橘适栽区域广,南、中、北亚热带和边缘热带气候区均可种植。因此,从宏观的角度考虑,柑橘应尽可能在无冻的区域发展种植,即在柑橘的最适宜生态区、适宜生态区种植。次适宜区种植,必须是次适宜区中具有适种柑橘的小气候之地。不在不适宜区(可能种植区)种植。20世纪80~90年代,北亚热带和北缘地带的省、直辖市,发展柑橘制定了柑橘的避冻区划,可作参照。从微观的角度考虑,热量条件不丰富的地域种植柑橘的园地(基地)选择,要尽可能实行避冻栽培,预先采取冻害防止的措施。种植柑橘要以避冻为主,预防为主。

2. 防冻措施

(1)选择耐寒品种和耐寒砧木

宽皮柑橘中温州蜜柑、朱红橘、椪柑、本地早、早橘、乳橘等耐寒性强或较强;甜橙中先锋橙、锦橙、脐橙、哈姆林甜橙、路比血橙抗寒力较强,而夏橙、新会橙等较弱。金柑中金弹的耐寒力较罗浮强。

砧木耐寒性强,综合性状好的应选枳,其次是枳橙、红橘。

(2)加强栽培管理,提高树体抗寒力

①改善土壤:土壤是柑橘果树的根本。深厚、肥沃、疏松、微酸性的土壤能使柑橘植株根深叶茂,生长健壮,具有强的抗寒力;反

之,瘠薄、黏重、酸性或碱性,根系生长受阻,树势衰退,抗寒力减弱。为防柑橘冻害,改善土壤条件采取:全园深翻,扩穴改土培肥,加深和扩大耕作层,有条件的还可培土增厚土层。通过改土培肥,土壤条件改善后可达到:一是引根深入。二是改良土壤通透性,增强土壤肥力,提高土壤中潜在磷的吸收力。三是较好发挥冻前灌水的作用。

②合理排灌:柑橘果树喜湿润,怕干旱,但也忌土壤中水分过多。凡地下水位高于1~1.5米的柑橘园,要注意及时排水,尤其是梅雨季节的及时排水,或用筑墩栽培,不然会影响根系深扎,生于近地表而受冻。适时灌溉也能提高柑橘树体的抗寒力。我国北亚热带和北缘柑橘产区常有冬季干旱,尤其是伏旱、秋旱,不仅严重影响柑橘生长和产量的提高,而且会引起植株冬季抗寒力的减弱,因此,做好伏、秋、冬干旱及时灌水,以利植株正常生长,同时注意土壤深翻,多施有机肥和绿肥,旱情出现前树盘松土、覆盖,肥水避免促发晚秋梢而受冻,冻前灌水等措施,防止和减轻柑橘的冻害。

③科学施肥:科学施肥涉及肥料种类、施肥量、施肥时期及施肥方法。国外用叶片和土壤营养分析指导施肥。美国佛罗里达州,把提高钾肥的使用量即氮:钾定为1:1,以增强树体的抗寒性。日本也提出施氮适量,特别是增施钾肥后可提高温州蜜柑的耐寒力。我国柑橘北缘产区,也有用增施钾肥来提高植株的抗寒力。我国柑橘果园,常有用有机肥作基肥的习惯,增施有机肥有助防止柑橘冻害。如湖北十堰方滩乡和平村5组,柑橘大树冬季大寒前每株树盘沟施大粪45千克,堆渣滓土33.3厘米厚,辅以树干缠草,经6次-9℃低温均未受冻。各地防冻经验还表明:早施采果肥,不仅有利恢复树势,有利花芽分化,还有利树体安全越冬。夏橙防冻保果,通常在霜前20天施1次防冻过冬肥,一般1株产果50千克的成年树,施牛粪和杂草50千克、枯饼2千克、柑橘复

合肥 0.5 千克,扩穴施入与土充分拌和,粗肥放穴底,细肥放上层,施后用脚踏实,可有效防冻保果。冬季清园,松土的同时,每 667 平方米柑橘园撒施草木灰 350～450 千克,且与表土混合,有较好的防冻作用。也有施采前肥和过冬肥增强树体抗寒力的做法:采果肥在采前 15 天左右,修剪疏枝后施入,以农家肥为主,配搭氮、磷、钾化肥,在树冠滴水线外缘挖深 50 厘米的宽 40～50 厘米的圆形沟或环形沟,每株成年树施堆厩肥 50～60 千克、尿素 5 千克、过磷酸钙 2 千克、硫酸钾 1 千克,混匀后施入,后浇稀薄人粪尿 25～30 千克,覆土严实后并培土于树根部,防冻效果明显。

秋季施肥应防止晚秋梢大量抽发而造成冻害,尤其是幼树,更应注意使枝梢在晚秋前停止生长,切忌为促树冠扩大而施氮肥过多。已抽生的晚秋梢,未老熟的可行摘除。施有机肥的方法宜深不宜浅,深施诱导根系深扎,增强植株的抗寒性。

④挂果适中:挂果量适中(度)既有利克服柑橘果树的大小年,又有利增强树体的抗寒性。生产中常因结果过多,使树势减弱,抗寒力下降;同样,结果过少,使枝梢旺长,不健壮和延后成熟而受冻。

达到适量挂果可采取:一是疏果,即稳果后按叶果比疏除一部分果,使结果适中。二是开花结果多的大年树,可疏花疏果,以利增强树势。预测有寒冻的年份,一般改冬剪为早春的 2 月修剪。

⑤适当密植:不仅可早结果、早受益,而且因较密、树冠与树冠间较密接,防止了热的散发,起到减轻柑橘园冻害的作用。我国柑橘有冻害的北缘产区,常采取带土移栽,大苗定植,矮化密植,甚至丛栽(即每穴 2～3 株)的方法,以防止成年柑橘植株特别是幼年柑橘植株的冻害。在宫川温州蜜柑园调查:每 667 平方米栽 150 株的比每 667 平方米栽 120 株的抗寒力强。前者仅上部秋梢冻死,树冠中、下部仍有不少平展的绿叶;120 株的则无平展绿叶。冻害最重的是 667 平方米栽 56 株的,不但秋梢冻枯,而且大部分叶片卷缩枯黄。

⑥适时控梢：适时控制秋梢可避免抽生晚秋梢而受冻。常采取的办法：一是控肥。最后 1 次追肥在立秋前施入，且控制氮肥的用量，以免秋梢生长不充实。同时随时抹除晚秋梢。二是为促使秋梢老熟，常不施肥灌水，或施一定量的钾肥。三是于晚秋梢生长季（10 月上、中旬）用生长延缓矮壮素（CCC）1 000～2 000 毫克/千克和氯化钙（$CaCl_2$）1%～2%喷施，可促嫩梢停止生长。

⑦培土覆盖：有冻害之地的柑橘幼树，常用培土和覆盖树盘的方法防止植株冻害。培土：高度 30～40 厘米，其上覆盖稻草、干草、绿肥则更好。培土时间于 12 月上、中旬完成，在芽萌动前将土扒开。覆盖：霜冻来临前树盘覆盖 15～20 厘米厚的稻草、杂草等，并在其上盖 5 厘米厚的土。培土和覆盖防冻作用明显。

⑧喷药防冻：用石硫合剂或松碱合剂喷雾，也可用机油乳剂与 80%敌敌畏、40%乐果乳油混合的稀释 300 倍液喷雾，使农药均匀的附着在叶片上，既提高抗寒力，又兼治病虫害。

⑨病虫害防治：做好防治危害柑橘叶片、枝、干的病虫害，如树脂病、炭疽病、脚腐病等病害及螨类、蚧类、天牛、吉丁虫等害虫，能使树体有足够健壮的叶片和枝干抗御寒冷。

(3) 其他各种防冻措施

①树干包扎、涂白：树干包扎防寒，常用于幼树。一般在冻前用稻草等包扎树干，可起到良好的防冻作用。用塑料薄膜包扎树干，效果最好。用石灰水将树干涂白，对防止主干受冻有一定的作用，有的还在石灰水中加入适量黄泥和牛粪。也有用生石灰 5 千克、石硫合剂原液 0.5 升、盐 0.5 千克、动物油 0.1 升及水 20 升制成涂白剂，秋末冬初涂白树干。

②喷保温剂：对树冠喷施抑蒸保温剂，使柑橘叶片上形成一层分子膜，可抑制叶片水分蒸发而减轻冻害。如使用上海市农业科学院自制的长风 3 号叶面保温剂均匀喷施柑橘植株表面后使叶片气孔阻挡系数增大 90%～167%，抑制蒸腾 20%～50%，增加树体

温度 0.3℃～3.6℃,提高叶片含水量 1%～4%,明显减少了柑橘植株的落叶和冻害。

③喷沼气液:在上冻前 11～12 月份,用沼气发酵后的液肥喷施 3 次,防寒效果显著。

④罩盖树冠:在寒潮来临之前,在树冠上罩盖一层聚丙烯纺织的布袋(也可用回收的化肥包装袋制成),开春后去除。与对照比植株叶色深绿,叶绿素含量较对照高 20%,而且发芽、开花比对照提前 5 天左右。

⑤熏烟防冻:当柑橘园气温会降至－5℃前,每 667 平方米设 3～4 个烟堆,点火熏烟雾,有一定的防冻效果。

⑥高砧嫁接:即利用抗寒性强的砧木,在其干高 30 厘米以上部位嫁接,使抗寒性较差的接穗品种躲过地面低温层而免受冻害。

⑦燃烧加温:美国采用在低温来临前燃油加温的方法使柑橘冻害。

⑧鼓风防冻:美国、西班牙等国,凡冬季柑橘有冻的区域,均装有大马力的鼓风机,在寒潮来临之时,开动鼓风机,防止过境冷空气下沉而使柑橘植株受冻。

3. 冻后救扶　柑橘植株冻后恢复的快慢,常与冻害的程度以及冻后采取的救扶措施有关。一般采取以下救扶措施。

(1)及时摇落树冠积雪　如遇柑橘树冠积雪受压,应及时摇落积雪,以免压断(裂)树枝;对已撕裂的枝桠,及时绑固。方法是将撕裂的枝桠扶回原位,使裂口部位的皮层紧密吻合,在裂口上均匀涂上接蜡,用薄膜包扎,再用细棕绳捆绑,并设立支柱固定或用绳索吊枝固定,松绑应在愈合牢固后进行。

(2)保花保果　花果量少、树势较强的可用赤霉素加营养液保果,在花期和谢花后的幼果期喷施 40 毫克/千克浓度的赤霉素加 0.3%尿素、0.2%磷酸二氢钾、硼砂、硫酸钾营养液保花保果。

(3)合理修剪　受冻树修剪宜轻、采取抹芽为主的方法。不同受冻程度的树,方法有异:对受冻轻、树冠较大的树,除剪去枯枝外,还应剪去荫蔽的内膛枝、细弱枝、密生枝等;对受冻重枝干枯死的树,修剪宜推迟,待春芽抽生后剪去枯死部分,保留成活部分。对重剪树的新梢应作适当的控制和培养,但要防止徒长,以免寒流前枝叶仍不充实,再次引起冻害。对受冻的小树,在修剪时尽量保留成活枝叶,属非剪不可的也宜待春梢长成后再剪除。

枝干受冻不易识别,剪(锯)过早会发生误剪;剪(锯)过迟会使树体浪费水分。故应适时剪(锯)。剪(锯)后较大的伤口,应涂刷保护剂,以减少水分蒸发。

(4)枝干涂白防晒　受冻的植株,尤其是 3、4 级冻害的枝、干夏季应涂白,以防止严重日灼造成树的枝、干裂皮。

(5)施肥促恢复　冻后树体功能显著减弱,肥料要勤施薄施。受 1、2 级冻害的植株当年发的春梢叶小而薄,宜在新叶展开后用 0.3%~0.5%尿素液喷施 1~2 次。3、4 级冻害的植株发芽较迟,生长停止也较晚,应在 7 月以前看树施肥。幼树发芽较早,及时施肥。

(6)冻后灌水　冻后特别是干冻后根与树体更需要水,应及时灌水还田;也有用喷水减轻冻害的,即用清水或 3%~5%过磷酸钙浸出液喷施叶片,可减轻冻害。

(7)松土保温　解冻后立即对树盘松土,使其保住地热,提高土温。据报道,每平方厘米地表每小时可释放 25.14 焦耳热,冬季土温高于气温,松土能保持土壤热量。

(8)防治病虫　冻害后最易发生树脂病,应注意防治。通常可在 5~6 月份和 9~10 月份用浓碱水(碱与水的比例为 1∶4)涂洗 2~3 次,涂前刮除病皮。同时注意螨类为害,以利枝叶正常生长而尽快恢复树势。

二、热害及其防止

柑橘是热带、亚热带的常绿果树（枳例外），性喜温暖湿润，但也怕热。在柑橘花期到稳果期间，若出现 30℃ 及其以上气温的异常天气，则会影响正常的开花结果，且时间越早，高温的危害越大。柑橘在开花到稳果期间，因出现异常高温天气，导致异常落花落果，造成产量损失，称为柑橘的热害。

（一）热害的机制

柑橘热害的机制，主要是异常高温造成树体光合作用降低，生理功能受阻，树体代谢失调在花和幼果上的反应。异常高温条件下造成异常落果，多数柑橘园并非土壤干旱缺水或营养缺乏，而是异常高温导致新梢、新叶与花、果互相争夺养分和水分，并引起调运养分和水分的内源激素因高温而受破坏，使花、幼果中内源激素含量低于新梢、新叶中的含量，使养分和水分流向新梢、新叶，甚至有叶果枝上的新叶还从幼果内吸取水分，使幼果因养分、水分供应不上而大量落果。

从生理角度分析高温热害引起的落果，日本用电镜扫描观察到：柑橘的幼果在果梗基部和子房与蜜盘连接处这两个"节"位上，在正常情况下，细胞分裂较快，维管束相互紧密连结，但当遇到高温不良环境时，维管束的分化就变得特别慢，细胞大且不协调并形成离层，最终造成大量落果。

（二）热害异常落果成因

1. 品种、品系与异常落果 不同品种、品系，异常落果有异。同为 9 年生的宫川温州蜜柑、尾张温州蜜柑、南丰蜜橘、椪柑和樟头红，着果率分别为 0、0.8%、4.1%、4.8% 和 5.3%，可见无核品种比有核品种落果严重，早熟温州蜜柑比中晚熟温州蜜柑落果严重。

2. 树龄、树势与异常落果　对尾张温州蜜柑 6、7、8 年生植株着果率调查，分别为 0、0.8% 和 1.1%，表明树龄越小，落果越重。同时，对 9 年生树调查，发现凡树势强旺，春梢猛发或树势衰弱，花量大，不发或少发春梢的落果更为严重。而树势中庸，春梢抽发中等的落果较轻。

3. 果枝类型与异常落果　在正常情况下，有叶果枝，特别是有叶长果枝着果率较高，而无叶枝着果率较低。但在异常高温天气下，无叶退化枝着果较多（占总果数的 91%），有叶短果枝着果较少（占 9%），而有叶长果枝全部果实脱落。

4. 着果部位与异常落果　树冠上部、外部落果严重，几乎落光；而下部和内膛着果较多。

5. 施肥、喷激素与异常落果　凡冬季施基肥延至 12 月底，春肥过重，导致春梢大量发生，加剧梢果矛盾而加重落果。凡花期高温天气来临时，未采取保花、保果措施，可加剧异常落果。

6. 冬季落叶与异常落果　凡冬季落叶严重，而导致树势衰退，影响花芽分化和花质，异常落花落果严重。

7. 及时灌水与异常落果　凡高温干旱能及时灌水的着果率较高。5 月高温期间对 3 株尾张温州蜜柑分别灌 40 千克、80 千克、120 千克猪尿水，结果灌 120 千克的着果率最高，株产 40 千克；灌 80 千克的居中，株产 30 千克；灌 40 千克的株产 10 千克，而相邻未灌的几乎无收。

8. 柑橘产地与异常落果　我国柑橘热害导致异常落果，以长江中、下游柑橘产区最甚，且以春、夏之交的 5 月初发生次数最多。

（三）热害的防止

为防止或减轻柑橘热害，宜采取以下措施。

1. 选好园地　针对热害的成因，在柑橘园址选择上应将高温影响作为一个主要因素考虑,尽量进行避热栽培。如在大气候环境中选择局部小气候适宜之地,设置涵养林,改善生态环境等。江、河边栽培也可减轻热害。

2. 选好品种 不同种类、品种的柑橘耐热性不同,宜选抗热性强的品种和砧木。如种植温州蜜柑,中晚熟品种较早熟品种耐热;种植甜橙,有核品种比无核品种耐热。

3. 建好园地 种植地进行改土培肥,土层深厚、疏松、肥沃的土壤,柑橘种植后抗热性较强;反之,土壤瘠薄的抗热性差。

4. 加强管理 加强栽培管理可减轻柑橘的热害。栽培管理包括土壤管理、肥料管理、水分管理、枝梢管理和病虫害防治。

(1)土壤管理 重在加深土层,提高土壤有机质含量;也可进行树盘覆盖,当气温高于 30℃ 时,对未封行的投产树进行覆盖。3～9 月份实行全园生草栽培,也有利于减轻热害。

(2)肥料管理 一是重施催芽肥,于 3 月上旬春芽开始萌动时,重施以速效氮肥为主的肥料,以满足树体抽梢、开花、着果的需要。二是增施磷、钾肥,春季叶面经常喷施磷、钾肥对防止热害,减轻异常落果作用明显。

(3)水分管理 及时灌水,保持土壤湿润,可减轻热害,喷水效果则更佳。

(4)枝梢管理 一是保护好越冬叶片。放好秋梢,并在采果后适时施尿素或稀粪水,以增强树势,保护叶片;也可喷施浓度为 10 毫克/千克的 2,4-D 液,保叶过冬。二是重抹春梢,减少新叶量。春梢要早抹、重抹、多抹。早抹即从现蕾开始;重抹即根据新老叶的比例,抹除多余的春梢。也可采取先抹除 70% 的春梢后再用早夏梢来弥补树体叶片的不足;多抹即多批多次抹梢,一般每 7～10 天 1 次,直至第二次整理落果结束。也可抹除盛花末期后的全部晚春梢和早夏梢,花期以前的春梢抹除 30%～50%,对留下的春梢留3～5 叶摘心。

　　（5）病虫害防治　做好花蕾蛆、螨类、叶甲类和炭疽病等的防治，保叶保果。

　　5. 应急措施　一是喷施保花保果剂。使用增效液化 BA 加 GA（涂果型）或增效液化 BA 加 GA（喷布型）。使用方法，涂果型每瓶（10 毫升）加水 0.5～1 升（橙类成年树加水 0.6～0.75 升，幼树加水 0.75～1 升，温州蜜柑加水 0.75～1 升充分搅匀，配成稀释液。在柑橘谢花后 5～10 天，用毛笔蘸稀液涂幼果整个果面，湿润即可。一般涂果 1 次即有足够的挂果量。对部分生长较弱或营养生长太旺而极易落果的植株，可在第二次生理落果开始时再涂 1 次。喷布型每瓶（10 毫升）加水 10～15 升，充分搅匀，配成稀释液，柑橘 70%～80% 谢花时，用喷雾器对树冠幼果进行喷布，主要喷果实，叶片和新梢上尽量少喷。第一次喷后 10～25 天再喷 1 次。对极易落果的品种或植株，可在谢花后 30～40 天喷第三次，喷后 12 小时内下雨，应在天晴时补喷 1 次。采用微型喷布（用灭蚊型或其他微型喷雾器对准花、幼果喷）效果更好。微型喷布每瓶加水 5 升左右。柚类喷前应做小试验，以确保安全。温州蜜柑还可选用其专用保果剂——宝柑灵。使用方法：每包宝柑灵粉剂加50%～70% 酒精或白酒 25～50 毫升，搅动溶解后加水 25 升喷布树冠，盛花末期喷第一次，15～25 天后重喷 1 次，以喷花、果为主，湿润即可。此外，也可在花蕾期喷赤霉素 10 毫克/千克加0.4%～0.5% 磷酸二氢钾加 0.1% 硼砂；谢花后 7～15 天内，喷 30～40 毫克/千克加细胞分裂素 800 倍液；第二次生理落果喷 10 毫克/千克2,4-D 加 800 倍绿明绿宝液防止温州蜜柑异常落果。还可用多效唑保果。当春梢长 1.5 厘米时喷布生长抑制剂多效唑保果（用药迟效果不理想），7～10 天后再喷 1 次。二是环剥、环割。初花期至盛花末期，对初结果树或偏旺树大枝进行环割或环剥。三是雨前喷布甲基托布津等杀菌药剂防止霉菌侵染，雨后及时摇落残花与水滴对保果也有一定效果。

三、风害及其防止

风对柑橘果树有利有弊,微风可减轻柑橘园冬季的霜冻和夏季的高温。对于郁闭而湿度大的柑橘园,微风可降低温度,减少病虫害。有微风的晴天采摘柑橘,有利柑橘果实贮藏前预贮工作的进行。

风有时会给柑橘果树带来严重的危害,如寒风、干热风、台风和潮风等。以下作简单介绍。

(一)寒风害及其防止

1. 寒风的危害 寒风加重柑橘果树的冻害。笔者在上海试验:-5℃的 2 天低温处理对各柑橘品种均未发生冻害,而在-5℃的环境下加 5 级风(8 米/秒左右)处理冻害率均无增加,但在-7℃环境下加 5 级风处理后各品种冻害率都比-7℃不加大风的成倍增高,接近-9℃ 2 天低温处理下的冻害率。试验表明,不造成冻害的低温条件下,风速增大不会造成冻害率的增加,而出现造成冻害的低温条件时,大风则会加重冻害。

日本武智、长谷场等的试验认为,冬季风速从 0 米起递增至 1 米、2 米、3 米,则叶温下降 5℃~10℃,且在日照量多时寒风降低叶温尤为明显。寒风易使营养状况不良和受病虫危害的柑橘树严重落叶,进而导致春季发芽不良,枝梢抽生纤细,无叶花多,产量低,形成大小年。

风加重柑橘冻害的原因是大风加快了细胞间隙水的散失,同时气孔失水也加大,造成叶片及枝条的生理干旱,加重了低温对柑橘的伤害,呈现叶片明显干枯。柑橘果树寒风害与落叶的关系见图 8-2。

2. 寒风害的防止 防止寒风害,可采取以下措施。①建造防风林,设置防风障。建防风林可减缓风速,改善柑橘园小气候条件。北缘柑橘产区防风林可用水杉、女贞、樟树、法国冬青和竹等。上海前卫农场试验表明,防风林内风速比林外小,平均减少 60％以上;柑橘园内风速更小,平均减小 90％以上,且一般随着与防风林距离的增大,风速减弱的效应也相应减小。防风林面积与柑橘园面积之比以 1：20 为宜。风障也可减缓风速而减轻柑橘冻害。上海前

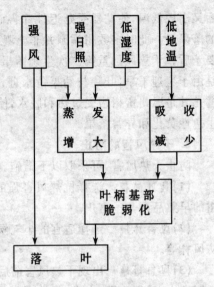

图 8-2　柑橘果树寒风害与落叶的关系

卫农场一年生密植温州蜜柑园周围用蒲包搭成高 2.8 米的风障,风障内风速下降,减轻了柑橘的落叶率。距风障 2 米处,风速 0.2 米/秒,落叶率 5.24％;对照园,风速 4.2 米/秒,落叶率 34.35％。②树冠覆盖也是防寒风害的有效措施。

（二）干热风害及其防止

1. 干热风害及机制　干热风害主要指柑橘果树开花到稳果期前后,由于异常高温、低湿并伴有一定风速的干热风使柑橘所受的危害。

研究危害机制认为:危害开花、着果的干热风,是一种经过跃变而形成的高温、低湿和偏西南风或西风的特殊大气干旱现象。如 1985 年和 1986 年浙江衢州有 1 次冷热天气跃变,日最高气温 35℃～36℃,伴有西南风和西风,日相对湿度低于 55％～79％,其

后又出现低温,使花器受延迟性冻害而加重了谢花期干热风造成的落果量。此时多数柑橘园并非土壤干旱,而热、干和跃变才是主要矛盾。干热风加重第二次生理落果和稳果后的异常落果,主要是由于生理干旱,叶片与幼果争水分,而干热风跃变的天气,使柑橘尤其是温州蜜柑遭受过热和脱水,使幼果生理代谢失调,从而发生急性黄化和异常落果。

2. 干热风害的防止

防止干热风害,可采取以下措施。

(1)选好品种 选择抗热风害强的柑橘品种、品系,如温州蜜柑的早熟品系——宫川。

(2)改善环境 选择适宜的小气候,深翻压肥,改良土壤,营造防风林等。

(3)应急措施 出现干热风害前后可采取如下应急措施:一是适度灌水,采用沟灌、穴灌、早晚对树冠喷水等。二是控梢。对春梢作适当疏删,徒长性春梢留 3～5 片叶摘心,抹除夏梢。三是叶面喷施 0.3％磷酸二氢钾和 0.3％尿素,既供水降温又促进枝梢老熟和果实膨大。四是用赤霉素保果,于花蕾露白喷 50 毫克/千克赤霉素液,第二次生理落果高峰期前用浓度 200～300 毫克/千克赤霉素液涂幼果。五是谢花期遇干热风害,可在主枝上环割 2～3 圈,以增加地上部养分和水分减少落果。环割要适度,过轻不起作用,过重影响树势和翌年产量。

(三)台风害及其防止

1. 台风的危害 我国沿海柑橘产区深受台风之害。台风可损坏柑橘枝叶,吹落果实,甚至将柑橘植株连根拔起而毁园。

(1)危害果实 我国沿海 7、8、9 三个月常遇台风侵袭。7月果实进入生长期,风对果实的伤害,轻者由叶片摇动摩擦果面而造成伤痕影响外观,重者吹落果实。9 月台风,早熟品种接近成熟期,台风可瞬间吹落全部果实而损失惨重。

(2)危害植株 风速超过10米/秒以上的台风,能严重损害植株;轻者损叶折枝,重者折裂主枝,甚至连根拔起。加之台风带来暴雨、潮水还会冲起柑橘树尤其是幼树。受淹的植株也会影响生长,甚至死树。

(3)影响光合作用 台风除影响果实、植株外,还使叶片提前脱落,影响植株的光合作用。还会因台风延误喷药而加重病虫危害。

(4)流失土壤 台风带来的暴雨冲刷柑橘园表土,流失土壤。

(5)加剧病害 强风暴雨损叶折枝,使植株伤口增多,易使病菌侵入,加重溃疡病、炭疽病等病害的侵害。

2. 台风害的防止

(1)营造防风林,减轻对柑橘果树的危害 既可减缓风速,又可改善小气候。

(2)种植抗风强的品种、砧木 如种植温州蜜柑、椪柑和柚等抗风较强的品种。砧木宜选矮化砧,培养低干、紧凑树冠。

(3)避风种植 选择能避风的小气候区种植。

(4)立柱护林 幼树、移栽树根系浅,尽可能设立支柱,防止植株被风吹倒。

(5)筑堤排水 沿海、江边的柑橘园应修筑堤坝,疏通渠道,一旦遭受台风侵袭,既可挡江、海之水入侵,也能及时排除园中的积水。

(6)及时救扶 一旦受害,应及时疏松土壤,适度修剪和根外追肥。

(四)潮风害及其防止

1. 潮风的危害 随台风侵袭常有海潮发生,风将带有盐分的海雾吹向柑橘园,而引起潮风害。

2. 潮风害的防止

(1)选种抗潮风害的品种 温州蜜柑、柚抗潮风害较强,夏橙、脐橙等较弱。

(2)灾后救扶 一是受潮风害而落叶的植株,不宜立即修剪和摘除果实,以便利用其贮藏的养分和残留的叶绿素进行光合作用和避免过多的伤口消耗养分。二是对因落叶而裸露的枝干涂石灰水,以防止日灼。三是台风未伴随大雨时,受潮风寒的柑橘树要及时(10小时内)喷水洗盐,以减轻危害。且去盐后喷布20~40毫克/千克2,4-D或加石硫合剂,以防止或减少灾后落叶。

四、旱害及其防止

柑橘植株长时间处在晴天无雨,又得不到灌溉和地下水的补充,使树体正常发育所需的水分与能从土壤中吸收的水分之间不相适应而出现水分亏缺,导致植株发育受阻而影响产量和果实品质,甚至死树的称旱害。

(一)旱害及其影响因素

柑橘果树遭受干旱,会使叶片萎蔫,果实失水,落叶、落果,影响植株生长、发育和产量。柑橘植株能适应过少的土壤水分的能力称之为耐旱性或抗旱性。柑橘果树的抗旱性与如下因素有关。

1. 品种、品系、砧木不同,抗(耐)旱性不同 早熟温州蜜柑较普通温州蜜柑不抗旱;浅根性的枳砧不如深根性的红橘砧耐旱,也没有细胞渗透压较高、根系深的甜橙砧、酸橙砧抗(耐)旱。

2. 树龄、树势不同,抗(耐)旱性各异 幼树因根系浅较成年树不抗(耐)旱;营养不良,大小年或受病虫害危害的植株不如树势健壮的树抗(耐)旱。

(二)旱害的防止

对受旱柑橘植株灌溉是解除旱害之关键,灌溉可用浇灌、盘灌

（直接灌入树盘的土壤）、穴灌、喷灌、滴灌等，但大旱时，有的柑橘无水灌溉。旱害防止的措施简介如下。

1. 水土保持　经常有旱害发生的柑橘园应结合地形，在排水系统中尽可能多建蓄水池和沉沙凼，雨季蓄水，水不下山，土不下坝，排蓄兼用，保持水土也是抗旱防旱的重要措施。

2. 深翻改土　深翻扩穴增加土壤的空隙和破坏土壤的毛细管，增加土壤蓄水量，减少水分的蒸发。深翻结合压绿肥，提高肥力，改善土壤团粒结构，提高抗旱性。

3. 中耕覆盖　在旱季来临之前的雨后中耕，可破坏土壤毛细管，减少水分蒸发。同时也可清除杂草，避免与柑橘争夺水分。中耕深度 10 厘米左右，坡地宜稍深，平地宜稍浅。

覆盖即是旱季开始前用杂草、秸秆等覆盖树盘，覆盖物与根颈部保持 10 厘米以上的距离，避免树干受病虫危害。

4. 树干刷白　幼树及更新树等，在高温干旱前，用 10％ 石灰水涂白树干，对减少树体水分蒸发和防止日灼病有一定效果。

5. 遮阳覆盖　用遮阳网覆盖树冠，减轻烈日辐射，降低叶面温度，从而减少植株水分蒸发，也可防止强光辐射对叶片和果实的灼伤。

6. 用保水剂　旱前土壤施用固水型保水剂，或树冠喷布适当浓度的高脂膜类溶液，以减少土壤和叶片的失水。

（三）旱害后的救扶

1. 灌水覆盖　对易裂果的柑橘品种，旱期或旱害后的灌溉应先少后多，逐渐加大灌水量。如遇突降暴雨，有条件的可覆盖树盘，减缓土壤水分补充速度，以减少裂果损失。

2. 科学施肥　抗旱中宜少量多次施用氮肥和钾肥。灾后及时用低浓度的氮、钾进行叶面喷施，以补充干旱造成树体营养之不足。

3. 处理枯枝 及时处理干枯枝,防止真菌病害侵害主枝、主干。要求剪除成活树枝上的枯枝,不得留有桩头。剪枝剪口较大时用利刀削平剪口,并用杀菌剂处理伤口,防止真菌入侵。

对枝梢干枯死亡超过 1/2 的植株,应结合施肥,适度断根,以减少根系的营养消耗,防止根系死亡。同时随施肥加入杀菌剂,防止根腐病的发生。

4. 抹除秋花 由于旱情特别是严重的旱情,使花芽分化异常,使浪费养分的秋花明显增多,应尽早抹除,减少养分消耗。

5. 冬季清园 干旱后枯枝落叶多,有利病虫越冬,且受旱树较衰弱,易受病虫侵害。应结合修剪整形,清除地面杂草、枯枝落叶,松土、培土,树冠喷药等。

五、涝害及其防止

柑橘果树生长、结果与水分关系密切。水分过多,使土壤空隙充满水而通气性变差,影响根系呼吸,导致根系损伤甚至死亡。

(一)涝害及其影响因素

涝害是指柑橘植株遭受暴雨,树体受淹后出现的水涝危害。柑橘果树适应过多土壤水分的能力称耐涝性或抗涝性。受涝害的轻重与淹水时间、淹水深度,以及砧木、品种、树龄、树势等密切相关。

1. 与淹水时间、深度的关系 据江西省宜春报道,温州蜜柑幼树浸水 4 天,叶片完好,植株生长未受影响;淹水 7 天,使 40 多年生的朱红橘水淹部位的果实全部脱落;淹水 10 天,部分枝梢枯死。据浙江省黄岩报道,淹水后柑橘的吸收根由黄色变黑色甚至死亡。侧根和主根有的变软,有的腐烂。淹水 8 天后根系剖面观察到树冠涝害级别与根系受害程度呈对应关系:0 级树冠正常,根系生长正常,基本无坏死症状;1 级树冠基本正常,新梢有少量卷缩或落叶,直径 0.1 厘米以下的吸收根坏死;2 级新梢有少量卷缩与焦枯,老叶脱落,直径 0.25 厘米以下的根坏死;3 级叶片 1/3～2/3 脱落或坏死干枯,果实有失水症状,直径 0.5 厘米以下的根坏死;4 级叶片有 2/3 以上脱落或坏死干枯,果实失水,直径 1 厘米以下的根坏死。淹水时间越长,淹水越深,涝害越重。

2. 与砧木、品种的关系　砧木以酸橙抗涝性最强。不同品种耐涝性也不同,枳砧的品种(品系)耐涝性由强至弱依次为宫川温州蜜柑、尾张温州蜜柑、椪柑、本地早、南丰蜜橘、朱红橘、化红和金柑。

3. 与树龄、树势的关系　1～2 年生幼树淹水 7 天后大部分死亡。随着树龄的增大,抵抗力增强,耐涝力也提高。

无论是幼苗、幼树或成年树,凡生长健壮、根系发达的抗涝性强,受害轻;反之,则重。

4. 与栽培管理的关系　据浙江省黄岩的王领香报道,淹水前半年每月重施肥料的柑橘树淹水后受害较重。浙江省温岭的张梅方也有"施肥越接近涝害期,柑橘受害越重"的雷同报道:相同树龄的温州蜜柑,施同样、同量的肥料,仅施肥时间不同,涝灾前 2 天施肥的死亡率 32.5％,而灾前 12 天施肥的未见死树。也有调查资料显示,凡涝灾前施尿素的柑橘植株死亡率高,施碳铵、过磷酸钙的植株死亡率低。

(二)涝害的防止

1. 择地种植　常有涝害的地域,应选择地势相对较高,地下水位低的地域种植,以减轻或避免涝害发生。

2. 抗涝栽培　一是选种抗涝性强的品种(品系)种植。二是通过深翻改土,诱根深扎,搞好病虫害防治,防止树体受机械伤,重视秋、冬采果后施基肥,培育健壮强旺的树体等栽培措施,增加植株的抗涝能力。三是适当提高树体主干高度，常遇涝害地域参照历年平均溃水情况，整形修剪时适当提高主干高度，或采取深沟高畦栽植。四是参照常年淹水深度，在柑橘园周围修筑高于常年淹水水面高度的土堤，阻水淹树。出现积水较多时用小水泵抽水排除。

（三）涝害后的救扶

1. 排水、清沟、扶树 柑橘一旦受涝，应尽快采取排除积水和清理沟道。洪水能自行很快退下，退水的同时要清理沟中障碍物和尽可能洗去积留在枝叶上的泥浆杂物。洪水不能自动排除的，要及时用人工、机械排除，以减轻涝害。对被洪水冲倒的植株要及时扶正，必要时架立支柱。

2. 松土、根外追肥 柑橘园淹水后土壤板结，会导致植株缺氧，应立即进行全园松土，促进新根萌生。植株水淹，根系受损，吸肥能力减弱，应结合防治病虫害进行根外追肥。用0.3％～0.5％尿素、0.3％～0.4％磷酸二氢钾喷施枝叶，每隔10天喷1次，连续喷2～3次。待树势恢复后再根据植株大小、树势强弱，株施尿素50～250克。

3. 适度修剪、刷白 受涝植株，根系吸水力减弱，应减少枝叶水分蒸发，进行修剪，通常重灾树修剪稍重，轻灾树宜轻。剪除病虫枝、交叉枝、密生枝、枯枝、纤弱枝、下垂枝和无用徒长枝，并采取抹芽控梢，促发夏、秋梢。

涝害会导致植株落叶，为防日灼，常用块石灰5升、石硫合剂原液0.5升、食盐少许和水17.5升调成石灰浆，涂刷主干、主枝，既防日灼，又防天牛和吉丁虫在树干产卵为害。

4. 防病虫害、防冻 柑橘受涝尤其是梅雨期受涝，易诱发螨类、蚜虫等害虫和树脂病、炭疽病、脚腐病的发生，应重视防治。

柑橘有冻害的应做好冬季的防冻。树干涂白，寒潮来临前进行灌水,寒潮过后立即排除沟灌之水,树干缚草,园地熏烟等措施,以防受涝后树势未恢复的植株又遭寒害。

5. 其他救扶措施　受海(潮)水淹的柑橘树,应尽快排除咸潮水,以淡洗盐,2~3天灌淡水 1 次,连续灌 3 次。淡水洗盐后待畦(土)面干后,及时松土,以利根系生长。

六、冰雹害及其防止

我国部分柑橘产区,在春、夏之交或夏天柑橘果树常受冰雹危害,出现瞬间至十几分钟,受大如乒乓球、小如玻璃弹子的冰雹袭击,砸破砸落叶片,砸伤枝梢果实,影响树体生长,产量锐减。

(一) 冰雹害及其影响因素

1. 与冰雹的时间、强度的关系　受冰雹袭击的时间越长,柑橘受害越重;冰雹的强度越大,柑橘受害越重。即柑橘果树受害与受冰雹袭击的时间、强度呈正相关。

2. 与树龄、树势的关系　通常树龄越小,树冠越小,枝梢越嫩,受冰雹害越重;成年结果树、长势健壮的树受害相对较轻,长势弱的结果树因枝叶稀疏,受害也相对较重。

3. 与植株所处方位的关系　一般植株迎风的半边受害重,背风的半边受害较轻。

4. 与灾后救护的关系　冰雹害后及时、正确的救护管理,能减少损失,较快恢复树势和翌年结果。

(二)冰雹害的防止

1. 避雹种植　避开在经常出现冰雹的地域种植。

2. 避雹措施　在得知出现冰雹的气象预报后,根据当时的风向,采取相应的措施,如遮盖树冠、缚束枝梢等。

（三）冰雹灾后救扶

1. 喷药防病 雹灾后抢晴好天气喷药，防止枝叶受伤而暴发疮痂病；疫区要做好溃疡病的预防。

2. 适时施肥 为促进伤口愈合，加速树势恢复，应根据树龄大小、树势强弱和土壤肥力，追施适量的复合肥。

3. 抹梢控肥 凡追肥的柑橘树，一般在灾后15～20天会萌发大量春梢，新梢会在砸断的春梢上萌生，也能在1～2年生枝条上抽发，甚至在主枝、主干上萌生。当多数新梢长至3～8厘米时，应抹除过多的新梢，以减少养分消耗和形成良好的树冠。

植株会因冰雹害而减少结果，故应根据挂果施壮果肥。过量施壮果肥会促发大量秋梢甚至晚秋梢。晚秋梢柑橘北缘产区会受冻害。

4. 保温防冻 柑橘北缘和北亚热带产区，柑橘有冻害。枝、干上砸伤的伤口，在冻前不能愈合的应在寒潮来临前用稻草等包扎保护，以防冻害。

除以上各种自然灾害外，柑橘还会受霜害和雪害。长期的霜冻会使幼树、未成熟的枝梢和果实等受冻。对幼树树干包扎，树冠覆盖，剪除未成熟的晚秋梢，霜冻来临前采收成熟的果实，晚熟品种喷施2,4-D等防止低温落果等措施。

雪害常压断（裂）大枝，应及时摇落树上的积雪。一旦出现大枝开裂，要及时捆扎救治。

七、环境公害

环境公害对柑橘果树的生长结果影响不可忽视，环境公害包括大气污染、水质污染、土壤污染。

（一）大气的污染

大气是柑橘果树赖以生存的混合气体，由于工业化和人口增长，大气污染日趋严重。大气污染源主要是石油、煤炭、天然气等能源物质和矿石原料燃烧时产生的废气。据测定，在烟囱冒出的烟尘中，含有 400 多种有毒物质。其中二氧化硫、氮的氧化物、臭氧及过氧酰基硝酸酯类、氟化物等对柑橘危害严重。

1. 二氧化硫　大气中的二氧化硫主要来自煤等含硫燃料的燃烧。柑橘在果树中对二氧化硫的抗性最强，但也受其害。柑橘典型的二氧化硫中毒症状是叶脉间具有不规则的坏死斑。伤害严重时，点状斑发展成条状块斑。开花期对二氧化硫抗性最弱，在 30℃温度下，长时间在 2～3 毫克/千克下就会出现外部病症。

受二氧化硫污染的柑橘园，增施少量钾肥可提高抗性；但在雨季来临前不可喷施波尔多液，因二氧化硫可使波尔多液中的铜离子呈游离状态，铜离子和二氧化硫共同作用将加剧对柑橘的危害。

二氧化硫对柑橘果树还具有间接的影响，表现在使农药变质，使土壤酸化。二氧化硫气体呈酸性，能使土壤酸化。有人在有二氧化硫污染的柑橘产区，对 15 年生枳砧温州蜜柑喷施波尔多液，喷药后第三天下雨，结果出现大量落叶。而未喷施波尔多液的温州蜜柑未发生落叶现象，这是因为空气中有二氧化硫，雨后与水一起使波尔多液中的铜离子游离，进而侵入叶片内，出现二氧化硫和铜的综合毒害导致落叶。此外，石硫合剂等农药与二氧化硫互相作用，也会使柑橘出现落叶。

防止二氧化硫污染，首先是减少污染源。其次是加强树体管理，不过多施氮肥，增施钾肥，促壮树势。其三是受害柑橘园不喷施波尔多液等农药，并用石灰来降低土壤的酸度。

2. 氮的氧化物　对柑橘果树的危害，以二氧化氮（NO_2）毒性最强，其次是一氧化氮（NO）和硝酸根（NO_3），其毒性为二氧化氮的 1/5～1/4。二氧化氮对柑橘的危害症状与二氧化硫相似。二氧化氮与二氧化硫相比,毒性较弱,仅为二氧化硫的 1/10。

柑橘受氮的氧化物危害,与氮的氧化物的浓度、受害时间、枝梢老嫩等相关。浓度越大、时间越长,受害越重。幼嫩组织(嫩梢、叶)比老组织受害重。品种不同,危害程度也有差异。如温州蜜柑,二氧化氮浓度 13～15 毫克/千克出现危害症状,脐橙 0.25 毫克/千克浓度即可引起落叶和减产。美国对 6 个品种的二氧化氮的敏感性试验,敏感程度由强到弱依次为:马叙无核葡萄柚、普通甜橙、伏令夏橙、坦奇罗甜橙、哈姆林甜橙、坦普尔橘柚。二氧化氮与二氧化硫共同作用,有时会加剧对柑橘的危害。防治方法是减少污染源,选种抗氮氧化物强的品种。

3. 臭氧及过氧酰基硝酸酯类 臭氧是一种气态的次生大气污染物,是氮氧化物在紫外线照射下发生复杂反应变化的产物,具有很强的毒性。柑橘虽对臭氧具有较强的抗性,但在 0.3 毫克/千克浓度下 1 周即表现出外部烟斑症状。臭氧主要侵害柑橘叶片的栅状组织,引起叶片出现褐色小斑点及褪绿症,成龄新叶最易受害。

过氧酰基硝酸酯类是烃在阳光照射下产生的复杂化合物,其中以过氧硝酸乙酰酯毒性最强,主要症状是在叶背形成青铜色斑。

臭氧及过氧酰基硝酸酯类危害柑橘,与其气体浓度、受害时间以及柑橘的品种、树龄、长势相关。

避害种植和选择抗性强的品种种植可减轻危害。

4. 氟化物 污染源来自铜厂、铁厂、铝厂、磷肥厂、陶瓷厂和砖瓦厂等。以氟化氢的毒性最强。当二氧化硫被柑橘果树吸收后毒性降低到仅为硫酸毒性的 1/30,在一定的浓度范围内,柑橘能较长期的忍耐。但氟化物则不同,即使变成化合态,只要是可溶性,其毒性仍极强。柑橘受害的症状为叶缘变褐枯死,若为慢性受害则整片叶片黄化。当空气中含有氟化物的浓度为 10～12 毫克/

千克时就能使生长量和产量降低。氟化氢还可使柑橘果实果皮变粗,影响品质。

对氟化物的防治,有报道每天淋雨 2 次或每天用细水喷雾伏令夏橙植株,其树体积累的氟比未喷水淋雨的伏令夏橙少。淋雨、喷雾对老树、幼树效果一致。受氟化物污染,每天用水喷雾树冠,可减轻氟害;喷施氢氧化钙溶液(石灰水)能增加产量;喷施 3% 石灰水加 0.5% 尿素加 0.4% 硫酸锌及微量的混合液,可减轻氟害。此外,加强树冠通风透光对减轻氟害也有一定的作用。

5. 氯化氢(空气中形成酸雾) 浙江省黄岩江口镇四方化工厂发生多次氯化氢气体泄漏,使该镇的温州蜜柑园出现异常落叶。叶片脱落时叶柄留树,叶片叶脉木质化、表面呈褐色焦斑直至全褐脱落。但受害树均系喷了波尔多液的植株,未喷波尔多液的植株生长正常。经分析氯离子(Cl^-),污染区内喷波尔多液、未喷波尔多液以及对照的春梢老叶含量分别为 0.11%、0.17% 和 0.18%,均属正常范围,故非氯害所致。从铜离子(Cu^{++})含量分析,污染区喷波尔多液、未喷波尔多液叶片含量分别为 111.03 毫克/千克、13.88 毫克/千克。污染区喷波尔多液铜离子浓度是未喷波尔多液的 8 倍,是污染区外喷同样波尔多液浓度的 3.2 倍。由此表明柑橘植株异常落叶是叶片铜离子含量过高引起,而导致铜离子被叶片过量吸收的原因是泄漏的氯化氢在空气中形成酸雾,与波尔多液中的碱中和后激活铜离子所致。

对受害柑橘树用高美施(有机腐殖酸肥)800 倍液和 0.5% 磷酸二氢钾轮换叶面喷施,3～4 天喷 1 次,共喷 4 次,结果污染区内喷过波尔多液的夏梢叶片铜离子含量降低至 16.98 毫克/千克,属正常范围,树势也有不同程度的恢复。

(二)水和土壤的污染

水体和土壤的污染源为工矿(业)废水、农药、化肥等。工矿

(业)废水主要含酸类化合物和氰化物。农药、化肥等主要含砷、汞、铬等。

水体遭污染,用于灌溉使土壤受污染,柑橘植株受害。

土壤受农药、肥料、除草剂等的污染,使土质变坏、板结而且盐渍化,导致柑橘难以生长。喷施农药使土壤中积累残毒而不利柑橘生长。如农药中的砷、铅、铜不仅危害柑橘,同时也危害间作物。砷在土壤中的毒性受土壤性质影响,黏土比沙土轻,这是因为黏土粒的铁、铝、钙、镁和有机物(胶体)含量多,这些物质可固定砷。故如果为了防止砷的毒性,可施用上述物质。

为防止水和土壤污染,柑橘园应远离产生污染源的工矿,禁止使用剧毒、高毒、高残留农药,限制化学农药和化肥使用量,以减少水体、土壤污染对柑橘造成危害。

黄昀等对三峡库区柑橘园土壤重金属镍、铜、铝、砷、镉、汞和锌等含量测定,其结果如下。

铬:全库区土壤总铬含量平均值为3.83毫克/千克,范围值为46.46～79.72毫克/千克。奉节总铬含量最高,平均值为71.49毫克/千克。依次为江津和长寿,忠县含量最低。

镍:全库区柑橘土壤总镍含量平均值为34.79毫克/千克,范围值为5.55～39.06毫克/千克。长寿总镍含量最高,平均值为36.06毫克/千克。依次为江津和忠县,奉节含量最低。

铜:全库区柑橘土壤总铜含量平均值为21.34毫克/千克,范围值为13～31.05毫克/千克。奉节总铜含量最高,平均值为28.28毫克/千克。依次为江津和长寿,最低是忠县。

铅:全库区柑橘土壤总铅含量平均值为19.96毫克/千克,范围值为13.85～32.5毫克/千克。江津总铅量最高,平均值为22.57毫克/千克。依次为奉节和长寿,忠县最低。

砷:全库区柑橘土壤总砷含量平均值为8.65毫克/千克,范围值为4.46～12.77毫克/千克。江津总砷含量最高,平均值为

11.32毫克/千克。依次为奉节和忠县,长寿含量最低。

镉:全库区柑橘土壤总镉含量平均值为0.208毫克/千克,范围值为0.15~0.3毫克/千克。江津总镉含量最高,平均值为0.242毫克/千克。依次为奉节和长寿,忠县含量最低。

汞:全库区柑橘土壤总汞含量平均值为0.034毫克/千克,范围值为0.005~0.11毫克/千克。江津总汞含量最高,平均值为0.075毫克/千克。依次为奉节和长寿,忠县含量最低。

锌:全库区柑橘土壤总锌含量平均值为73.13毫克/千克,范围值为48.5~116.8毫克/千克。长寿总锌含量最高,平均值为78.12毫克/千克,依次为江津和奉节,忠县含量最低。

以《土壤环境质量标准》(GB15618—1995)二级为评价标准,以单项污染指数和综合污染指数为评价方法,分别对全库区柑橘园土壤各重金属元素含量的平均值进行评价,单项污染指数评价,结果表明:在研究区域柑橘园土壤重金属平均含量的单项污染指数均<1,综合污染指数<0.7,污染等级为安全,污染水平为清洁。说明重庆三峡库区柑橘产地生态环境质量良好,发展绿色柑橘果品潜力很大。但土壤中镍、镉含量相对较高,应引起重视。

第九章　现代柑橘优新品种栽培关键技术

一、国外引进的优新品种

（一）太田椪柑

太田椪柑从日本引入我国种植，各地反映成熟早、早结果、优质、丰产稳产。栽培关键技术介绍于后。

1. 选好砧木　太田椪柑以枳作砧木，早结果，丰产稳产。偏碱的土壤可用红橘或椪柑作砧木，虽结果较枳砧稍晚，但也优质丰产。

2. 适地建园　太田椪柑山地、平地均适建园，因其树性较直立，栽植密度以每 667 平方米栽 56 株，即株行距为 3 米×4 米。建园开深、宽各为 80 厘米的穴或沟，因地制宜施绿肥、畜禽栏肥 50～100 千克，砌高 20 厘米、直径 80 厘米的树盘进行种植。有条件种植脱毒容器苗的更能早结果、丰产稳产和获得长的经济寿命。

3. 科学施肥　通常 1 年施肥 3 次：春肥（2 月底至 3 月初），夏肥（6 月上旬），秋肥（10 月上旬）。以 667 平方米栽 56 株，667 平方米产 2 000 千克。其施肥标准量为春肥：纯氮 6 千克，纯磷 4.5 千克、纯钾 4.7 千克；夏肥：纯氮 8 千克，纯磷 5.4 千克，纯钾 6.7 千克；秋肥：纯氮 6 千克，纯磷 4.5 千克，纯钾 4.7 千克。肥料春肥以有机肥料为主，夏肥以化学肥料为主，秋肥以有机肥为主。

4. 适度疏果　在日本栽培从 5 月底开始到 10 月进行 4 次疏果，即 5 月底第一次疏果，促进果实早期膨大；第二次疏果以调整叶果比为目的；8 月进行第三次疏果，以果实的均匀度为目标；第四次 9～10 月进行,标准通常高腰系的叶果比为 100∶1,扁球系的叶果比为 120～130∶1。通过疏除小果、外伤果、畸形果、无叶果、果梗枝较粗的果实、朝上生长的果实、果面粗糙色泽不理想的果实,保证果实优等整齐。我国精品果园可采用上述方法。常规果园,在稳果后按叶果比 60～80∶1 疏去残果、伤果、病虫果、过密小果。

5. 整形修剪 通过拉、吊、撑措施使树冠开张,通风透光,培养健壮的结果母枝;对成年树易形成过多的粗枝,应修剪密生的副主枝或大侧枝。

(二)天草杂柑

天草的栽培要点如下。

1. 选好园地,合理密植 应选小气候条件优越,光照充足,冬暖,土壤肥沃、深厚,排水良好的地域栽培。适当密植。以行株距 3 米×5 米、计划密植的 3 米×2.5 米,即 667 平方米栽 45 株、90 株为宜。

2. 合理修剪,疏花疏果 因该品种丰产易栽,着果率高,结果过多会使果实变小,枝梢变细弱。故春剪要重,对主枝延长枝及侧枝应作短截修剪,以促使其抽发健壮春梢。要合理留果,通常叶果比以 80∶1 为宜。对弱枝的无叶花,要及早予以疏除。对高接树应尽量留足辅养枝,对 1～3 年生幼树可采取拉枝为主的措施。

3. 加强肥料水分管理 肥料应多施,多用有机肥。施肥量应比温州蜜柑多 20%～30%。一般 1～3 年生未结果树,春肥在 3 月初施,占总施肥量的 20%;夏肥在 5 月上旬施,占 30%;秋肥在 8 月上旬施,占 20%;冬肥在 11 月中旬施,占 30%。全年每 667 平方米施纯氮(N)13.5～17 千克,磷(P_2O_5)8～10 千克,钾(K_2O)10～13.5 千克。结果树,春肥在 3 月上旬施,占 35%;夏肥在 5 月上旬施,占 15%;秋肥在 8 月上旬施,占 20%;冬肥在 11 月下旬施,占30%。每667平方米产2000千克果实,全年施纯氮20～25千克、五氧化二磷17～20千克、氧化钾19～21千克。在7～8月如遇干旱或雨水不均匀,则易出现裂果,应适当灌水,每10天左右灌水1次。此外,对树盘进行覆盖,以保持土壤湿润,有利于树体生长。

4. 及时防治病虫害 病害以预防溃疡病、疮痂病和黑点病为主。在3月下旬至5月上旬,用0.6％～0.8％等量式波尔多液防治;在夏、秋季,用可杀得或大生M-45与链霉素进行混用防治。对生理病害,以防治日灼病为主,可采用灌溉、遮荫等措施。其他病虫害的防治与其他柑橘病虫害的防治同。

天草单性结实强,与其他有核品种混栽,少量果实会有核,故应避免与有核品种混栽。因易丰产,故宜疏果,以提高优等果的比例。

(三)不知火杂柑

1. 选好园址 不知火耐寒性较温州蜜柑弱,且成熟期晚,应选冬暖、背风向阳地域建园。选土壤肥沃,土层深厚、疏松,水源充足之地种植。

2. 配好砧木 选用强势的枳(如大叶大花)或红橘作砧木,以增强树势,防止早衰。

3. 适度密植 不知火树姿较直立,种植密度以株行距为2.5～3米×3米,即667平方米栽74～89株为宜。

4. 适当疏果 不知火结果多后新梢易变细变短,叶片变小,树势变弱,易形成大小年甚至隔年结果。因此,应适度疏果。在结果的第二、第三年为防树势衰弱,应以基部结果为主,而主枝顶端部分宜极早疏果。3年以后,在7月中旬落果停止后开始第一次疏果,主要疏除畸形果,留有叶果,对于有裂果发生的年份,宜在8月下旬至9月初疏除裂果和畸形果。9月20日前后要求果径达到6.2厘米以上,对果径过小的也可疏除、且以保持叶果比80～

85：1为适宜。

5. 肥水管理 结果树通常施3～4次肥。3月份施的春肥占20％，4～5月份增施的花蕾肥占15％。秋肥分2次施：8月下旬至9月上旬施的占25％，10月中、下旬施的占40％。全年施肥以秋肥为重点。树势弱的树，采果后用0.3％尿素和0.3％磷酸二氢钾叶面喷施2～3次，以利花芽分花和恢复树势。为防止8～9月裂果，应做好夏干伏旱的防止工作，每隔10天左右灌水1次。每667平方米产2 000千克果实，全年施纯氮22～26千克、五氧化二磷18～20千克、氧化钾20～22千克。

6. 防虫防病 坚持"预防为主，防治结合"的方针。1～12月份的防治方案如下。

1月 冬季清园，剪除病虫枝，集中烧毁。全园喷施45％石硫合剂结晶100～120倍液。

2月 同1月份。

3月 预防、控制炭疽病、螨类和蚜虫等。药剂选用可杀得、甲霜灵锰锌、矿物油、噻螨酮、灭扫利、哒螨灵、炔螨特、尼索朗、锐克等。防治花蕾蛆可选辛硫磷800倍液喷施树冠，用辛硫磷300～500倍液或晶体敌百虫600倍液喷树盘。

4月 预防、控制螨类、蚜虫、潜叶蛾、卷叶蛾、凤蝶、粉虱、花蕾蛆等。药物可选尼索朗、矿物油、乐斯本、三唑锡、唑螨酯、苯丁锡、哒螨灵、辛硫磷（地面喷施）。人工捕杀天牛等干性害虫。

5月 预防、控制螨类、凤蝶、粉虱、介壳虫、叶甲等，药物选用克螨特、蚧杀特、乐斯本、溴螨酯、双甲脒、Bt等。

6月 预防、控制潜叶蛾、凤蝶、粉虱、介壳虫，药物选用杀扑磷矿物油、功夫等。

7月 预防、控制潜叶蛾、凤蝶、卷叶蛾等，药物选用除尽、矿物油、氯氰菊酯、功夫、吡虫啉等。

8月 害虫同7月，药物选用阿维菌素（害灭极）、矿物油、功夫、杀螟丹等。

9 月 预防、控制潜叶蛾、螨类、蚜虫等,药物选用害极灭、矿物油、扫螨净、哒螨灵。人工捕杀天牛等干性害虫。

10 月 预防、控制潜叶蛾、螨类、蚜虫、炭疽病等病害,药物选用扑螨特、三唑锡、矿物油、代森锰锌、甲基托布津等。

11 月 对盛果期结果树完熟栽培的喷施浓度 50 毫克/千克的 2,4-D 液,防止冬季低温落果。

12 月 清园。全园树冠喷施 45% 石硫合剂结晶 100～120 倍液。

(四)清见杂柑

清见是高糖晚熟的杂柑品种,20 世纪末,我国从日本引入,表现丰产优质而扩大种植。其栽培要点如下。

1. 选好园地 选择热量丰富之地栽培。冬季极端低温不低于 $-3℃$ 的暖地,南坡向阳地,以及土层深厚、肥沃、排水良好的地方建园,以利于植株的生长、发育和获得良好的效益。

2. 配好砧穗 枳和红橘均可作清见的砧木。枳砧清见生长量减小,花量增大,产量明显较高,果实品质较好;用红橘作砧木表现生长势旺,产量也较高,但果实品质稍差。

3. 整形修剪 树形有自然开心形和 2 级杯状形等。以 2 级杯状形为最好,它具有内部光照好、内外着果、单位容积结果多、树体矮化、果实品质佳等优点。2 级杯状形有主枝 3 个,分枝角度保持在 $65°～70°$,分枝间距大,有利于光线射入树冠内部。有副主枝 6 个,分枝角度为 $15°～20°$。第二副主枝的侧枝短,树高控制在 2.5 米。修剪时,要剪除病虫枝、枯枝和过密弱枝等。

4. 注意疏果 清见有叶花比例高,结果性好,但结果过多容易造成隔年结果的现象,故应进行疏。但结果过少,会因果实过大而使品质下降,故结果量应适宜。

5. 贮藏保鲜 清见可留树贮藏保鲜,到 3 月风味仍好,但会随气温增高而果皮色泽变差。采后贮藏宜在5℃～8℃的室温保鲜，10℃以上易发生干疤。用薄膜包果，可减轻干疤。

施肥参照不知火杂柑。

（五）春见杂柑

春见是高糖类型的晚熟杂柑，我国从日本引入后种植表现优质、丰产。其栽培要点简介于后。

1. 配好砧穗，适当密植　春见树势中等，宜用强势砧如红橘、大叶枳等作砧木。因其树冠中等，宜适当密植，株行距3米×3～3.5米、即每667平方米栽64～74株为宜。

2. 改土建园，壮苗定植　春见树势较弱，丰产性强，宜选深厚、疏松、肥沃、微酸性的土壤种植。瘠薄的土壤种植前应改土培肥，种植后扩穴压肥，以满足植株生长结果的需要。选健壮苗木定植，最好是种植脱毒的容器苗，既成活率高、无缓苗期，又能更丰产和延长丰产稳产的年限。

3. 疏果套袋，提高品质　春见丰产，但为提高优质果率，可采取疏果和套袋。疏果在稳果后进行，疏去残次果、病虫果、过小过密果，保持叶果比35～40：1。6月份可对果实进行套袋，以改善果实外观。加强肥水管理，遇旱及时灌水，树盘覆盖杂草，保持土壤水分变幅小。肥料多施有机肥、饼肥，以提高果实糖度、品质。

4. 防病治虫，适时采收　做好病虫害的防治，保果保叶，提高品质。适时采收，过熟采收果皮易发软，影响果实贮运。

施肥参照天草杂柑。

（六）甜春橘柚杂柑

原产日本，我国20世纪末引种试种，表现丰产优质。栽培技术要点简介于后。

1. 建园种植　山地、平地均可种植。种植密度：山地株行距3

米×4 米,即每 667 平方米栽 56 株;平地株行距 3 米×3 米,即每
667 平方米栽 74 株。适种土壤要求土层深厚、疏松、肥沃、微酸性。
达不到要求,适宜性差的土壤要在种植前后进行改良。种前挖穴
(沟)填埋基肥改土,种植后 1～3 年内结合施基肥扩穴培肥土壤。

2. 保花保果 结合叶面喷肥,在谢花 2/3 时喷施赤霉素或
2,4-D保花保果;同时在生理落果后疏除病虫果、畸形果、小果、密
生果,并根据树势疏去多留的果。因甜春橘柚果实较大,留果叶果
比以 45～50∶1 为宜。

3. 肥水管理

(1)幼树 肥料应勤施薄施。在 3～8 月橘柚生长季节,春、
夏、秋梢抽生前各施肥 1 次,以氮肥为主;9～10 月停止施肥,以防
抽发晚秋梢。此外,结合病虫害防治可喷施 0.3%尿素、0.3%磷
酸二氢钾 3～5 次。

(2)结果树 重点施发芽肥、壮果肥和采果肥。发芽肥 2 月
中、下旬施入,以氮肥为主,配合施磷肥。壮果肥一般在生理落果
停止后、秋梢萌发前 15 天左右施入,以速效氮肥为主,配合适量钾
肥。采果肥通常 11 月施入,以有机肥为主,并根据树势配搭速效
肥。根据树势结合病虫害防治喷尿素、磷酸二氢钾和微肥 3～4
次。发芽肥、壮果肥、采果肥的施肥量分别占全年施肥量的 25%、
30%和 40%。

施肥量参照天草杂柑。

4. 病虫防治 主要害虫有红蜘蛛、锈壁虱、潜叶蛾、天牛、蚜
虫等,主要病害有炭疽病、树脂病。甜春橘柚较抗溃疡病、疮痂病。
加强病虫情测报,采取综合防治措施控制病虫害。

(七)默科特杂柑

默科特,台湾叫茂谷柑,因是晚熟的高糖品种,丰产,果形美、
品质好,深受市场欢迎。重庆三峡库区等地组织生产,既供出口又

供内销,货价较好。其栽培要点如下。

1. 选好砧穗组合　用枳作砧木,早结果,丰产;用红橘作砧木,结果稍迟,树势较旺。但枳砧大年果实成熟时常出现叶片黄化。

2. 选好园,种好树　默科特系晚熟品种,种植之地以选极端低温 0℃以上的地域为佳。由于果实易日灼,又易遭风害,最好园地周围有防护林保护。种植要挖深、宽分别为 0.8 米和 1 米的定植穴,分层施足基肥,且腐熟后种植。适宜的密度:4 米×3 米株行距,即 667 平方米栽 56 株。

3. 加强肥水管理　默科特结果过多果实成熟时常出现叶片黄化、植株衰败的现象。因此栽培上要注意氮、钾肥的施用,其用量应为普通成年柑橘树的 1.5～2 倍,667 平方米产 2 000～2 500千克果实,全年施肥量为纯氮 35～45 千克、五氧化二磷 25～30 千克、氧化钾 28～32 千克。并尽可能多施有机肥,以改良土壤理化性质。

4. 防止裂果、日灼　默科特果实皮薄、较易发生裂果,应加强果园灌水、排水的管理。夏、秋季若大量抽生徒长枝时,应及时剪除徒长枝,以免植株旺盛生长,吸收营养过多,造成大量裂果。默科特常在枝条顶端着果,易引起日灼。可在 11 月用牛皮纸胶带或白纸粘贴在果实阳光直接照射的部位,防日灼效果好。11 月果实转色时,喷 1 次 45％石硫合剂结晶 200 倍液,果实色泽美观鲜艳。

5. 果实疏果、套袋　为防结果过多出现叶片黄化和树势早衰,可在大年稳果后进行疏果,除去密生果、偏小果、病虫果等,以20～25:1 的叶果比留果。疏果还可提高优果率。

(八)大浦特早熟温州蜜柑

大浦特早熟温州蜜柑栽培要点如下。

1. 选好园地　为发挥特早熟温州蜜柑早熟优势,克服其树势较弱、不耐水涝的缺点，园地选耕作层较浅、排水良好、日照充足、不太肥沃的山坡地种植为适。水田改种会因土层深厚、肥沃而推迟果实成熟期，果皮厚而粗，果味变淡，品质下降。在过于瘠薄的红壤种植，则会因树势过弱产量很低。不适宜种植的土壤一定要经改良才能达到早结果、优质、丰产稳产之目的。

2. 壮苗密植　枳砧大浦树体矮小，适宜矮化密植。株行距一般为 2 米×3 米，即 667 平方米栽 112 株。种植壮苗，是大浦投产后保持树势健壮、丰产稳产的关键。壮苗从苗圃开始培养，选排水良好、土壤肥沃疏松、光照充足之地培育壮苗，最好种无毒的容器壮苗。

3. 树冠培养　为使种后第三年始花结果，在选好园址条件下，定植前土壤要进行深翻，定植穴要施腐熟的猪、牛栏肥等作基肥，并与土拌匀，春、夏、秋各次梢追施速效氮、磷肥，以氮肥为主，促发新梢多而整齐。一般不作剪枝而任其生长，加速树冠形成。第二年蕾期摘除花蕾，促梢生长。第三年始花结果。

结果后树势易早衰，维持树势是丰产稳产的关键。常用疏花疏果、秋季重施"还阳肥"、修剪等方法。疏花疏果：以疏花为主，首先是疏除劣质花果，其次也可喷施赤霉素抑制花芽分化。日本通常 12 月喷施 20～25 毫克/千克浓度的赤霉素。重施"还阳肥"：果实采后施用饼肥配合速效化肥最佳。修剪以轻剪为主，夏季结合抹梢。常用枳作砧木，出现树势衰退前用香橙或枸头橙靠接，保持促壮树势，继续丰产。

4. 科学施肥　幼树施肥要求基肥足，追肥少而多次，勤施薄施。春、夏、秋梢抽梢有土施稀薄的人粪尿或 0.3%～0.5%尿素液，新梢转绿期叶面喷施 0.3%尿素、0.2%磷酸二氢钾。越冬施有机肥、畜栏肥 20～30 千克，结合扩穴改土进行。

结果树重施"还阳肥"，肥量占全年的 70%，株施尿素 0.25～0.4 千克、钾肥 0.25 千克、菜饼 2～2.5 千克，采果后越早施越好。

667平方米产2 000千克果实,全年施纯氮20千克、五氧化二磷10~12千克、氧化钾10~18千克。

(九)稻叶特早熟温州蜜柑

稻叶是我国从日本引进不久的特早熟温州蜜柑品种,各地试种表现早熟、优质、丰产。其栽培要点如下。

1. 改土定植 稻叶以枳作砧木树冠矮小,宜适当密植,株行距以2~2.5米×3~3.5米、即667平方米栽89~110株为适。种植挖长、宽、深1米×1米×1米的定植穴(沟、长不限),每穴施稻草或杂草15千克、钙镁磷肥1.5千克、农家肥15千克或饼肥5千克、石灰(红壤)1千克,分层混施,作为基肥改土。后按常规的要求定植,栽后用稻草或杂草覆盖树盘。

2. 因树施肥

(1)幼树 当年枝梢生长期,春、夏、秋梢抽生前土施尿素或复合肥。株施尿素50克,或氮、磷、钾含量均为15%的复合肥50~60克。结合病虫害防治,在各次梢自剪、转绿时叶面喷施0.3%尿素、0.3%磷酸二氢钾等。11月施基肥与扩穴结合,株施稻草或杂草15千克、农家肥20千克或饼肥3千克或有机肥5千克、复合肥0.25千克、钙镁磷肥1千克、石灰(红壤)0.5千克。

第二年起在萌芽前,5月上旬和7月中、下旬各追施1次肥,每次株施尿素100克加复合肥100克。冬季仍按第一年标准扩穴施肥。扩穴培肥2年内完成。

(2)成年树 每年施3~4次肥。花前肥占全年施肥量的15%,3月上、中旬施;稳果肥占25%,5月上、中旬施;壮果肥占30%,6月中、下旬施;冬肥占30%,早施,9月上、中旬采果后及时施腐熟人粪肥或饼肥或生物有机肥或尿素加复合肥。此外,在幼果期、采果前及采果后各喷施1次0.3%磷酸二氢钾以提高果实品质,促进花芽分化。

全年施肥量参照大浦特早熟温州蜜柑。

3. 间种、覆盖 幼树行间及梯壁间种印度豇豆、花生或大豆等绿肥，并在 5 月中旬、7 月下旬进行刈割覆盖，保持树盘湿润；6 月下旬停止除草，以降低橘园辐射热，减少日灼果。

4. 整形修剪 幼树以放梢、摘心为主，配合抹芽、撑、拉、吊，促进春、夏、秋梢生长，迅速形成开心形树冠。投产树"疏春梢、控夏梢、促秋梢"，疏除或短截树冠上部狭长的春梢；夏季结果树抹除全部夏梢；促发秋梢，少短截，可适当拉枝、扭枝，保持其旺盛生长；晚秋梢摘心或抹除。短截或疏除直立徒长枝，剪除内膛荫蔽枝、交叉重叠枝、病虫枝和枯弱枝，对结果母枝和枝组轮换回缩、短截，保持营养枝与结果枝的合理比例（1～1.5：1），使之连年丰产。

5. 花果管理 一是促早花，在 1 月下旬至 2 月初用地膜进行全园覆盖，提高地温，促使早萌芽开花（视条件可能）。二是春季先保果后疏果，保果用常规方法。当幼果长至花生大时，即开始疏除病虫果、小果、残次果、簇生果和部分顶生果，叶果以 25～35：1 为宜。喷施杀虫、杀菌剂后顶部及外围向阳果用纸袋套袋，防日灼和裂果，提高优果率。

6. 病虫害防治 春梢萌动及花蕾期用 0.7：1：100 波尔多液防疮痂病；花谢 2/3 时用世高或可杀得配合大功臣或扑虱灵兼治蚜虫、凤蝶及疮痂病、炭疽病；5～9 月用 0.3～0.5 波美度石硫合剂（或 45％石硫合剂结晶 150 倍）、克螨特、三唑锡轮换喷施防螨类。夏、秋梢萌发 1～2 厘米长时用阿维菌素 1 500 倍液或吡虫灵 1 200 倍液防治潜叶蛾，连续喷施 2～3 次。

（十）兴津早熟温州蜜柑

兴津是我国早熟温州蜜柑早中栽培最多的优质、丰产稳产品种。其栽培要点如下。

1. 改土定植 熟化改良土壤，坡地建等高梯地，挖宽、深各

60～80厘米的壕沟,分层压埋绿肥、人粪、畜肥和土杂肥,每667平方米埋压量为3 000～5 000千克。壮苗定植,要求苗木干粗0.6～0.8厘米、高40～50厘米,有2～3个分枝,而且根系发达、健壮,无病虫害。栽植时要筑墩、浅栽和露砧。

2. 抹芽放梢 抹芽放梢,可促进幼树早结果、早丰产。未结果的幼树,主攻夏、秋梢,同时也不放松春梢。春梢用加强肥水管理、疏梢和摘心的方法,使其抽发整齐。对夏、秋梢在抹芽后统一放梢。放梢时间,夏梢在6月上旬,秋梢在8月上旬。枝梢经2年的精心管理,可形成1米以上的树冠,并具有300条以上的枝梢,第三年即能丰产。幼树结果后每年要放梢2次,即春梢和秋梢。留第一次抽发的春梢和早秋梢,其余的应全部抹除。

3. 肥水管理 对一二年生的幼树以勤施薄肥为主。除3月份和9月份2次埋绿肥、继续改良土壤外,对每次梢进行2次土壤施肥和叶面追肥。施肥在每次抽梢前10～15天和新梢长度平均达到3～5厘米长时进行。每次施肥量为株施人、畜粪10～20千克加25～50克尿素。施肥促进秋梢生长时,应适量增加磷、钾肥。叶面追肥分别在展叶期和叶片转绿后各喷1次0.3%～0.5%尿素加0.2%磷酸二氢钾。对初结果的三四年生树,要重施秋肥和春肥。春肥在2月下旬施,以农家肥和氮肥为主,用肥量为株施人、畜粪液15～25千克,尿素150克,油(豆)饼250～500克,过磷酸钙150克。秋肥在夏剪前1周内施入。施肥量为株施人、畜粪液20～30千克,尿素250克,过磷酸钙500克。9月上旬采果前,再施1次磷、钾肥和农家肥为主的壮梢促花(花芽分化)肥。对五六年生树,以产定肥。667平方米产5 000千克果实、需施纯氮(N)40千克、磷(P_2O_5)25千克、钾(K_2O)30千克。施肥时可根据树势的强弱和土壤条件适当增减。要增加农家肥施用量,且在加强土壤施肥的前提下,重视叶面施肥,同时还应改重施冬肥为重施秋肥。秋肥应占全年施肥量的50%。

4. 保花保果 在投产前 1 年的秋季,对植株进行 1～2 次促花处理,时间在 9 月中、下旬。主要措施为撑枝、拉枝和吊枝,将主枝的分枝角加大到 70°～80°,并在土壤和叶面增施磷、钾肥。要疏剪树冠上部的旺枝。在地面开沟排水,对特旺树还可在部分三四级枝上做环割和扭枝促花的处理。

保果可采取以下措施:一要春季复剪。即在现蕾期至花前进行,剪去过量的无叶花,以提高花的质量。旺树的强枝在 3 月下旬至 4 月上旬剪除,以利于保花保果。二要抹除过旺、过多的春梢。在 3 月中、下旬现蕾时进行,以提早为好。抹除春梢的数量,依树势强弱而定。树势强可抹除树冠中上部的所有春梢营养枝,保留下部和内膛的春梢营养枝。对所留下的较强春梢,在保留 3～4 片叶后及时摘心。对树势中等的树要抹除树冠顶部的春梢,保留内膛和中、下部的春梢。对弱势树则仅抹去外围少量的强春梢。树势太弱的不抹春梢。三要在花期前后进行叶面追肥。花前喷 0.5%尿素加 0.2%磷酸二氢钾,花后喷高效复合肥和硼肥。还可用植物生长调节剂保果。在谢花后 1 周,用浓度为 300 毫克/千克的细胞激动素加 200 毫克/千克的赤霉素液涂果;在第二次生理落果开始时,用浓度为 200～250 毫克/千克的赤霉素液涂果。

5. 适当疏果 在第二次生理落果停止后的 7 月上、中旬,疏去小果、病虫果、粗皮果和畸形果。留果量的确定,可结合叶果比和小果比例考虑。叶果比应为 25～30:1,小果比例大时多疏除;反之,适当少疏除。

6. 壮果优果 壮果时应千方百计增大果实个体,提高果实的品质。采取重施秋肥,补施磷、钾肥。在果实膨大高峰期可选用尿素、磷酸二氢钾、绿芬威或叶面宝进行叶面喷施,每 7～10 天喷施 1 次。采前 30～40 天,可喷施稀土溶液,以提高果实品质。

7. 防病治虫 防治炭疽病、螨类、蚧类、潜叶蛾等为重点,并注意防止农药污染。

8. 及时采收　果实成熟后要适时按技术要领采摘,以保证果品的质量。

(十一)宫川早熟温州蜜柑

浙江省临海种植宫川早熟温州蜜柑,优质、丰产、效益高。现介绍低干矮化早丰优质的综合栽培技术要点于后。

1. 选好园地,合理规划　园地选择土壤肥沃、土层深厚的平地和朝东南方向的低山缓坡地,排水良好,光照充足,水、土壤和空气等环境无污染之地建园。按照现代果园管理要求进行规划,提前1～3年做好道路、排灌及园间等生产基础设施建设与投入。开垦后园区结合土壤改良,种植先锋作物,待土壤熟化后大苗上墩定植,此为宫川早丰产优质高效的基础。

2. 苗木假植,大苗种植　苗木最好经过假植的大苗。选品种纯正、植株健壮、根系发达、生长正常,以枳为砧木的1年生无病毒苗假植。假植园地选光照充足、排水良好、带砂质的黏壤土。每667平方米假植2 000～2 500株。

苗木经假植2～3年后带土移植上墩,通常假植3年生的苗木在种植翌年可少量结果,种植密度为3米×3米～2米×3米,即每667平方米栽74～112株。

3. 低干矮冠,早丰优质　假植苗当年定干。定干高度一般为10～15厘米。假植期重点培养好树体骨架,做好各次梢管理。培养不同方位的主枝3～4个,分枝角45°;主枝上培养副主枝2～3个,以培养低干矮冠早结丰产的树体。假植定植后继续树体管理和采取合理修剪,前1～2年以扩大树冠为主,注重各骨干枝、延长枝的培育,以促树冠扩大。进入结果后通过春剪大枝,夏剪小枝,控制营养生长,保持中庸树势。树冠上部以疏为主,去强留弱,剪除直立枝;中下部以回缩为主,结合疏删加短截;内膛短截,疏删加摘心,多培养分枝角度大、斜生或水平生枝及侧枝,叶绿层厚,通风透光好，能立体结果，树体高 1.5～1.8 米的早结、优质、稳产树形。

4. 合理施肥，优质高效 苗木假植期和定植后 1～2 年内，勤施薄肥，肥料以氮肥为主，掌握每次梢 1～2 次，11 月施 1 次有机肥，用腐熟的畜禽粪等，以利树体越冬、生长、扩大树冠。

结果树合理施肥。为控冠宜控氮、增磷、钾，以缓和树势，促进花芽分化。通常 1 年施肥 2～3 次，肥料以三元素复合肥为主，施肥强调"春看树、夏适施、采后重"。春肥视上年挂果量和树势强弱而定，树势强的可不施。夏肥 6 月上旬施，施时加少量钾肥。采后肥及时施，施时加适量磷肥。微肥 5～8 月按树需要以缺补缺，使树体正常生长。每 667 平方米产 4 000 千克果实，全年施纯氮 30 千克、五氧化二磷 22 千克、氧化钾 25 千克。

5. 防病治虫，提高品质 病虫害防治，要从柑橘园生态系统出发，以无公害、绿色栽培为基础，坚持"以防为主，综合防治"，重点采取加强影响外观的病虫害防治中的"抓两头重中间"（春季、冬季清园和 5～6 月份重点防治）的方法。即采后喷药，降低病虫越冬基数，春季（发芽前）清园，减轻全年病虫害发生。采后、春季药物可选松碱合剂或石硫合剂或机油乳剂等；5～6 月份是多种病虫害并发时期，防治好坏直接关系到果实的外观内质，也是防多种病虫害，如疮痂病、黑点病（砂皮病）、蚧类、虱类等的最适期，宜选高效、低毒、低残留农药或生物农药及时防治。果实开始转色时喷 1～2 次石硫合剂可起减轻病虫危害、提高果实品质的作用。

6. 适时采收，提高果品价值 宫川等早熟温州蜜柑 10 月中、下旬开始成熟，至 11 月上、中旬进入完熟期，此时及时分批采收。采收先采大果，后剪树冠上部、外部，最后剪内膛果。冷冬年份及时采收，以免冻伤果实、落果腐烂。果实采后分级包装，提高经济效益。

（十二）尾张温州蜜柑

尾张温州蜜柑较易栽培，但管理不善会导致大小年结果。20世纪80年代以来，长江中下游各省、直辖市的温州蜜柑，在花期和幼果期常遇异常高温或气温忽高忽低，造成异常落果，严重影响果实产量，栽培上应采取相应的措施加以防止或缓解。尾张温州蜜柑的栽培技术要点如下。

1. 防止异常落果　其主要措施为：选择较为凉爽，又无冻害的区域种植，有条件的可营造防护林，以改善生态条件。加强土壤改良，培肥地力，增强树势，提高抗性。在现蕾前后土壤水分不足的要及时灌水，遇异常高温应及时灌水，若能用喷灌则效果更好。合理控制枝梢生长，缓和梢果矛盾。在树盘覆盖秸秆或杂草，保持土壤湿润。喷施植物生长调节剂，保花保果：一般在第一次生理落果前（谢花后7天），用浓度为200～400毫克/千克细胞激动素溶液加浓度为100毫克/千克的赤霉素药液涂果，或用浓度50～100毫克/千克的赤霉素液进行整株喷施。一旦发生异常落果，应及时采取补救措施，如加强肥水管理，促进果实生长和增加单果重。

2. 提倡大年疏果　通常在第二次生理落果后采取疏果，使叶果比达到20～25∶1，促抽早秋梢，以增加翌年产量。

3. 合理控梢修剪　一般对春梢不控，超过25厘米的可摘心促其健壮，还可适当疏除一部分过分纤弱的春梢。7月中旬后放梢，使之抽发整齐。晚秋梢应加以控制。修剪的总量要求是：枝条排匀，通风透光。一般长梢不短截，任其结果；过密的疏除，保留下垂内膛枝，使其结果；对扰乱树形的徒长枝，要及时处理，多作剪除。

4. 加强肥水管理　土层要求深0.8米以上，达不到标准的园地可逐年扩穴，加深土层。要做到采后及时施有机肥，结合施速效肥，以恢复树势；要早施春肥、催芽肥和壮梢肥，使树体多发有叶枝,提高着果率;要施好壮果肥;秋肥看树施,以磷、钾肥为主,配合叶面喷施微肥和尿素,以保叶、保果、保丰收。

采后肥、春肥、壮果肥、秋肥分别占 40%、20%、20%和 20%。每 667 平方米产 4 000 千克果实,全年施纯氮 30 千克、五氧化二磷 22 千克、氧化钾 25 千克。

5. 综合防治病虫害 采取生物防治、物理防治和化学防治相结合的方法,减少农药用量。农药轮换交替使用,减弱病虫害的抗药性;喷施农药及时、准确、周到,提高药效。用广谱农药或可混农药混合施用,防治多种病虫害,节省用工。

(十三)哈姆林甜橙

哈姆林甜橙适合在我国中、南亚热带气候区种植。三峡库区作为加工橙汁甜橙品种的优势带,宜大力发展早熟的哈姆林甜橙。其栽培要点如下。

1. 选好园地和砧木 哈姆林甜橙在坡地和平地都可种植。坡地种植时,坡度应<15°,并建等高梯地,以防水土流失。平地果园地下水位不宜过高,至少 1 米以下。砧木以枳为宜。管理到位,3 年生植株不采取任何促花措施,即可始花结果。以红橘作砧的根深,长势较旺,进入结果比枳砧晚 2~3 年,但后期丰产。以卡里佐枳橙作砧木,早结果、丰产稳产。

2. 培养丰产树冠 树形以自然圆头形为宜,干高 30~40 厘米,且均匀配置 3~4 个主枝,分枝角为 50°左右。每个主枝上配置 1~3 个副主枝,分枝角 60°~70°。使培养成的骨干枝分布均匀,细枝多,结构紧凑,形成丰产型树形。

3. 合理修剪促丰产 在冬季,针对不同树龄、树势的植株,作疏剪、短截和回缩。对未结果的幼树,以短截为主,尽快促其扩大树冠,挂果投产。进入结果期后以疏剪、短截相结合,既能促进树冠继续扩大,又能使树体尽快进入盛果期。进入盛果期后要以疏剪为主,辅以短截,使其营养生长和生殖生长尽可能保持平衡。对已进入衰老期的树体,可回缩和短截相结合,促其更新。

夏季修剪,也有采用抹芽放梢方法的,抹除夏梢,齐放秋梢,以便培养良好的结果母枝。

4. 搞好土肥水管理　土壤要求疏松、深厚、肥沃和微酸性。在紫色土和红壤土中种植,种前要进行深翻压绿,以提高土壤肥力,改善土壤理化性质和通透性。

哈姆林甜橙的肥水管理,与其他甜橙类的肥水管理大同小异。每年至少要施 3 次肥,即催花肥、壮果肥和采后肥。催花肥量的多少,要根据上年的挂果量而定,果多的大年多施,果少的小年少施。壮果肥的量,应按树龄、树势和挂果量而定。采后肥,也可在采前 1 周施。采后肥对恢复树势和翌年的产量影响很大,应以有机肥为主,配合磷、钾肥。结果多的要多施。每 667 平方米产 2 500 千克果实,全年施氮 20 千克、五氧化二磷 14 千克、氧化钾 18 千克。

哈姆林甜橙遇旱要及时灌水,一般在土层较薄的红壤坡地建立的果园,土壤含水量在 18% 以下时必须灌水。

5. 及时防治病虫害　幼树注意炭疽病、苗疫病、树脂病、螨类、蚜虫、凤蝶、潜叶蛾、卷叶蛾、叶甲类等的防治。结果树除防止上述病虫害外,还应注意黑点病、蚧类、天牛等的防治。溃疡病区做好溃疡病防治,枳砧哈姆林注意裂皮病的防治。

（十四）早金甜橙

早金甜橙 20 世纪末从美国引入我国各地,尤其是三峡库区种植表现早结果、丰产稳产。早金既可鲜食,更宜加工。其栽培要点如下。

1. 砧穗组合　早金甜橙以卡里佐枳橙作砧木,树冠较大,长势较旺,早结丰产。偏碱土壤可用资阳香橙、红橘作砧木,结果稍晚,仍丰产。

2. 改土建园 枳橙砧早金甜橙生长快,树势旺。园地应选土层深厚、疏松、肥沃、呈微酸性的土壤种植,达不到要求的要改土培肥。其方法是定植前挖深、宽各1米的定植穴(沟长不限),每穴施绿肥、秸秆30千克、畜禽肥5~10千克、过磷酸钙2~3千克,混合腐熟,分层入穴。定植后1~3年,随树冠扩大,树冠在滴水线下开环状沟埋压上述肥料,3年内扩穴改土完成,为今后丰产稳产奠定基础。

3. 科学施肥 幼树勤施薄施,全年施肥7~8次。结果树参照哈姆林甜橙。

4. 整形修剪 为能使枝梢快长、尽早形成树冠,结果前的幼树任植株生长不动剪,仅做必要的撑、拉处理。修剪进行除萌,去除枯枝、病虫枝。整形修剪采取"先乱后治"的方法。

结果树修剪,采用粗剪、轻剪的方法。枳橙砧早金修剪:一是剪除干枯枝、纤弱枝、病虫枝、密生枝、果把(柄)和位置不当的直立枝;内膛徒长枝只保留可填补树冠空缺的,其余尽早剪除。二是影响农事操作近地面的下垂枝剪除或回缩抬高其结果部位;对树冠上部的过密枝梢可剪除部分,未老熟的晚秋梢做剪除或疏删、短截结合。三是扰乱树形,造成树冠密闭的做疏除或回缩,对病虫危害的植株剪除病虫枝叶,园外烧毁。四是大枝直立生长造成郁闭的,可用小竹竿撑的方法扩展树冠,改善光照。

5. 花果管理 早金甜橙丰产性好,一般不采取不保花保果措施。用作鲜食的可在稳果后适当疏果,以提高优质果率。用于加工的注意不过度结果,以免大小年或树体早衰。

6. 病虫害防治 同哈姆林甜橙。

(十五)特洛维他甜橙

20世纪末从美国引入我国种植,表现早结丰产。果实宜鲜食更宜加工橙汁。其栽培要点介绍于后。

1. 培育壮苗 可用卡里佐、特洛亚等枳橙、枳和红橘作砧木。卡里佐枳橙砧苗健壮、生长快,尤其是无毒的容器苗。二年生苗高1.8米,树幅1.4~1.5米×1.3~1.5米,生长比早金甜橙和哈姆林甜橙快。

2. 选园、稀植 山坡地、平地(水田)均可种植,选土壤深厚、疏松、肥沃、微酸性至中性的土壤种植。达不到要求的种植前和种植后1~3年内进行改土,以利早结果、丰产稳产。种植密度以3米×5米,即每667平方米栽45株为宜。种植过密,未结果或一开始结果即出现枝梢交叉,树冠郁闭而不能丰产。

3. 肥水管理 因其生长快,结果多,需肥水比一般普通甜橙要大。通常幼树定植到结果前,以施速效氮为主,配施钾肥。1年中春、夏、秋梢抽发前和转绿前后每梢施2次肥。第一年每梢施尿素50克,或三元素复合肥50~60克。10月施越冬肥,肥料畜栏肥、有机肥、复合肥混合。结合病虫害防治叶面喷施0.3%磷酸二氢钾或微肥(根据需要)4~5次。第二年施肥时间同第一年,施肥量较第一年增加80%~100%。第三年施肥量较第二年增加80%~100%,并配施磷肥,加大钾肥量,以利于翌年结果。

成年结果树施春梢肥、稳果肥、壮果肥和采后肥。施肥量因树而异。以100千克产量计,肥料的氮、磷、钾之比为1∶0.5~0.6∶0.8。株施纯氮1千克、纯磷0.5~0.6千克、纯钾0.8千克。

遇旱及时灌水,特别是果实膨大期缺水会影响果实膨大,保持土壤湿润,减小水分变幅,以减少裂果、落果。

4. 病虫害防治 与哈姆林甜橙同。

(十六)奥灵达夏橙

奥灵达夏橙丰产性好,果实较大,既适鲜食,又宜加工橙汁。栽培要点简介于后。

1. 选好园地,加强肥水 奥灵达夏橙性喜温暖,畏严寒,宜选背风向阳、有山林作屏障或在大水体附近的环境建园。鉴于果实挂果期长，为便于管理，园地以集中成片为好，不宜零星分散。伏令夏橙对土壤的适应性较广，山地、丘陵、平坝均可种植，但因夏橙花量特别大，挂果期长，又花果重叠，使树体营养消耗多，故必须加强肥水管理，以达丰产、稳产的目的。施肥量要比锦橙多。春肥以氮肥为主，夏季根外追肥施氮、磷、钾及微肥。秋季施有机肥或绿肥配合磷、钾肥。冬季施腐熟有机肥。这样，既可增加肥效，又可促使地温提高，有利于果实挂树越冬。其施肥量为：每667平方米产2000千克的成年结果树单株年施肥4次，施肥量折合纯氮（N）1~1.3千克、磷（P_2O_5）0.5~0.6千克、钾（K_2O）1~1.2千克。

2. 抑花促梢，控梢稳果 伏令夏橙的花量大，11~12月应根据树势情况，按枝梢类型做疏、短、缩修剪，以控制花量，促发春梢，增强花质，提高着果率。也可在11月中、下旬喷施浓度为200毫克/千克的赤霉素液抑花促梢。如夏梢盛发，则加剧生理落果，故应在萌发初期进行人工抹除，以控梢保果。此外，花蕾开始至第二次生理落果结束前，可喷施硼、锌（缺素时）肥液加尿素和磷酸二氢钾以及浓度为40~50毫克/千克的赤霉素液（或浓度为8~10毫克/千克的2,4-D液），隔10天喷1次，连喷2~3次，可有效减轻落花落果。

3. 冬防落果，春防回青 当旬温下降至10℃以下时，伏令夏橙落果会大量增加。通常在低温来临前的11月上、中旬，开始喷施浓度为30~50毫克/千克的2,4-D药液，连续喷2~3次，有良好的防落效果。冬季采取综合保果措施，效果更好。

挂树的夏橙果实，一旦开春气温回升，橙黄的色泽会回青转绿。采用套袋和采后低温贮藏等措施，有一定效果。

4. 园地覆盖，保水增温 花期和果实膨大期，在园地覆盖杂草、秸秆和地膜等，能提高0~20厘米土层的温度1℃~4.5℃，提高土壤含水量7.6%~9.3%，可显著提高着果率。

5. 综合防治病虫害　危害奥灵达夏橙的主要病虫害有炭疽病、脚腐病、红蜘蛛、黄蜘蛛、矢尖蚧、卷叶蛾和潜叶蛾等。防治脚腐病开沟排水,除草去湿,改变果园生态环境,结合刮除病斑涂药(甲基托布津、多菌灵、波尔多液浆等)、换土培根、枳砧先靠接,并结合根外追肥。红、黄蜘蛛加强虫情预测预报,冬季喷石硫合剂清园。夏、秋保护利用及人工引移释放钝绥螨等天敌。对矢尖蚧、卷叶蛾采取综合防治。对潜叶蛾抹芽放梢结合喷施阿维菌素1 500倍液或吡虫啉1 200倍液。

(十七)德尔塔夏橙

20世纪末从美国引入,各地种植表现较丰产、果大,鲜食、加工皆宜,尤适鲜销。其栽培要点简介于后。

1. 配好砧木　以卡里佐枳橙、特洛亚枳橙、枳、红橘和香橙等均可作砧木,以卡里佐枳橙砧植株生长快、树势旺、结果好。

2. 建园栽植　园地选平均气温18℃~21℃、极端低温−3℃以上的地域,土壤微酸性至微碱性,以微酸性为适。土层深厚,土壤肥沃、疏松。酸性红壤要进行降低酸性的改良。

苗木以卡里佐枳橙砧无病毒容器苗为佳,苗木嫁接口高度离地15厘米。种植宜稀,以株行距3米×5米、3.5米×5米,即667平方米栽45株、38株为适。

3. 肥水管理　一至三年生幼树肥料勤施薄施。1年中春、夏、秋3次梢,每梢2次肥。在每梢芽萌发前、叶色转绿时施。10月底施越冬肥,施有机肥、复合肥等。结合病虫害防治喷施0.3%磷酸二氢钾等3~5次。

成年结果树施春肥、夏肥、秋肥和越冬肥。春肥看树施肥,以氮为主;夏肥根外追施氮、磷、钾和微肥,土施复合肥;秋季施有机肥或绿肥配合磷、钾肥;冬肥施腐熟的有机肥或复合肥。以夏、秋和越冬肥为重点,施肥量分别占全年的25%、30%和40%,以产量定施肥量。如 100 千克果实施纯氮 1～1.1 千克。氮、磷、钾之比为 1∶0.5∶0.8。

春季阴雨连绵，注意排除积水，特别是水田改种的夏橙园，2 行 1 沟甚至 1 行 1 沟开挖排水沟。夏干伏旱做好灌水防旱。

4. 保果、疏果 花期、幼果期做好保果、稳果后疏果。保果用增效液化 BA 加 GA（喷布型）每瓶（10 毫升）加干净水 10～15 升，充分搅匀，配成稀液。在 70%～80% 谢花时用喷雾器对幼果进行喷施，以喷果实为主，叶片和新梢上尽量少喷。第一次喷后 10～25 天重喷 1 次，喷后如 12 小时内下雨，应天晴时补喷 1 次。生理落果结束后疏除残次果、小果、密生果，以叶果比 40～50∶1 留果。为提高果实商品性，可在 6 月选好果进行套袋。

5. 防果脱落 冬季低温会导致德尔塔夏橙落果，应在 11 月上旬喷施浓度 20～40 毫克/千克的 2,4-D 液，隔 20～30 天再喷 1～2 次，防止落果效果显著。

6. 春防回青 春季随气温升高，果实会出现回青，品质下降，套袋可解决此虞。

（十八）华盛顿脐橙

原产南美洲巴西，我国引自美国，种后表现优质，且产量较高。其关键栽培技术简介于后。

1. 适砧、壮苗，合理种植 在酸性、中性土壤中，枳砧华盛顿脐橙具有早结果、丰产等优点。但在碱性尤其是 pH 值大于 7.5 的土壤中，则易发生缺铁黄化，而且易感染裂皮病，故宜采用红橘或资阳香橙作砧木。种植壮苗，苗高 60 厘米以上、干粗 0.8 厘米以上，具有 3 个以上的分枝。有条件的地域（如重庆、四川、湖北等）可种植以枳、枳橙为砧木的无（脱）毒容器苗，苗高 60 厘米、干粗 1 厘米以上，具 3 个以上的分枝。

露地苗每年 9～11 月上旬定植，冬季有冻害地域可在春季萌芽前定植。容器苗全年可定植。但伏天盛夏气温高、光照强,定植虽也能成活,但事倍功半。冬、春季温度太低,特别冬、春干旱的冬季也不适宜定植。

栽植密度:枳砧、香橙砧、红橘砧,华盛顿脐橙,以株行距 3 米×4 米,即 667 平方米栽 56 株为宜。实行计划密植的可加密,采用 2 米×4 米或 2 米×3 米,即每 667 平方米栽 83 株或 112 株。枳橙砧华盛顿脐橙密度以 3 米×5 米,即每 667 平方米栽 45 株为宜。

2. 增施肥料,适时灌溉 华盛顿脐橙花量大,消耗养分多,要求施入比其他甜橙更多的肥料。对水分也敏感,应及时灌水。

(1)增施肥料 肥料以有机肥为主,辅以化肥。施肥时应根据树势和季节,各有侧重。对幼树,在定植后的第一、第二、第三年,主要是促其抽发春、夏、秋梢,尽快扩大树冠。每年施 6～8 次追肥,1 次基肥。要求勤施薄施,以氮为主,钾次之,辅以少量磷肥。在定植后第四年进入结果初期,应增加施肥量,减少施肥次数。对成年结果树,根据其结果习性,施肥量要各有侧重。

①春梢肥:华盛顿脐橙春梢抽发量大,且绝大部分的花枝是一年生枝梢的基础,抽发整齐健壮,对当年的开花及产量有重大影响,故春梢肥要早施,在萌芽前 2～3 周施入,肥料以氮为主。

②稳果肥:开花消耗了大量养分,谢花后叶片色泽变淡,此时正值果实幼胚发育和砂囊细胞旺盛分裂的时期,施肥可提高稳果率。施肥在 5 月份进行,以氮肥等有机肥为主。树势较弱的树也可结合病虫害防治,用尿素或磷酸二氢钾进行叶面喷施。注意防治红蜘蛛时不宜结合喷尿素,以免加剧红蜘蛛为害。

③壮果肥:一般 7 月份施入。此时正值果实迅速膨大,需要补足果实所需要的养分,也是为了促发整齐健壮的秋梢。秋梢是良好的结果母枝,对第二年产量有很大影响,故以施重肥为宜。肥料应氮、磷、钾配合。

④花芽肥：在 9 月份施下。此时果实迅速膨大，花芽开始分化，又是根系第三次生长高峰期，施肥后可使树体积累充足的养分，为翌年的开花做好准备。肥料应以磷、钾含量高的有机肥为主。

⑤越冬肥：在 11 月份采果前施入。有利于因采果造成的伤口愈合和越冬。肥料以有机肥为主。

施肥量，应根据树龄、树势而定。如重庆三峡库区的万州、巫山，种植华盛顿脐橙，其幼龄结果树全年施 3 次肥。花前催芽肥，占全年施肥量的 25%；6 月底 7 月初的壮果促梢肥，占全年施肥量的 50%；采果前的壮树肥，占全年施肥量的 25%。每年株施农家肥 60～80 千克，尿素 0.3～0.5 千克，三元素复合肥或过磷酸钙 0.5～1 千克。成年结果树，每年施 3～4 次肥。催芽肥，株施猪尿粪水 80～100 千克，尿素 0.5～0.75 千克；保果肥，花前喷 0.2% 硼砂，谢花 3/4 时用 0.3%尿素加 0.2 磷酸二氢钾进行叶面喷施；壮果促梢肥，株施畜粪尿 100 千克，另加 2 千克草木灰；壮树肥，在采果前施，株施农家肥 100 千克，同时大力间种绿肥压青。

通常 667 平方米产 2 000 千克果实，全年施纯氮 22～25 千克、五氧化二磷 12～14 千克、氧化钾 18～20 千克。

(2) 适时灌溉 华盛顿脐橙开花期和幼果期，对高温、干旱很敏感，尤其是 5 月份的高温，会使叶片水分严重亏缺而引起大量幼果脱落。脐橙需水量比其他甜橙大，故在整个花期和幼果期，都应根据其需要灌水。有伏旱的地区，在 7～8 月份应加强灌水，通过灌水使华盛顿脐橙果园土壤相对持水量保持在 60% 以上。地下水位高的华盛顿脐橙果园，应开好排水沟，使地下水位降低到 1.5 米以下；多雨季节，要及时排水防涝害。

3. 保花保果，促进丰收 华盛顿脐橙花量大，坐果率低，尤其在不适宜的环境条件下种植，如不采取保花保果措施，落花落果严重，甚至导致无收。通常在第一次生理落果前（谢花后 7 天），用浓度 200～400 毫克/千克的细胞激动素(BA)加浓度为 100 毫克/千克的赤霉素(GA)涂果,或用浓度为 50～100 毫克/千克赤霉素溶液进行整株喷施,保果效果良好。也可用鄂 T_2 保果剂保果,既无副作用,又能兼治"脐黄"落果。通常在谢花 90% 时,喷施 1 次浓度为 20 毫克/千克的鄂 T_2 溶液;在第二次生理落果前,用浓度为 24 毫克/千克的鄂 T_2 溶液作叶面喷施。

4. 整形修剪,防治病虫害 幼树定植的第一、第二年,主要是扩大树冠,有花蕾时予以摘除。整形以摘心、抹芽为主,使树体成为自然圆头形。目前,三峡库区脐橙种植,也有不提倡幼树整形修剪,任其尽量发枝扩大树冠,仅对砧木上的萌蘖和植株上的花蕾予以及时去除。

进入结果期的树,采用疏除(删)短截和回缩的手段进行修剪。修剪时间,以冬季为主,夏季为辅。夏季修剪主要是疏去密弱枝,短截过强夏梢,促进抽发二次梢。

病虫害防治,采取预防为主的方针,防早防好。尤其要做好对红蜘蛛、蚜虫、凤蝶、潜叶蛾、卷叶蛾、潜叶甲、恶性叶甲、介壳虫、锈壁虱、炭疽病、脚腐病、脂点黄斑病的防治。枳砧华盛顿脐橙注意裂皮病的防治,有检疫性病虫害的华盛顿脐橙产区,应做好溃疡病、黄龙病和大实蝇的防治。

(十九)罗伯逊脐橙

原产美国,我国引自美国,种植表现结果早、丰产稳产。其关键栽培技术简介于后。

1. 适砧、壮苗 罗伯逊脐橙树势弱,尤其是土壤偏碱的园地种植,以红橘砧为宜。选苗木干高 25～30 厘米、干粗 1 厘米、具 2～3 个分枝、根系发达的健壮苗,最好是脱毒的容器苗。

2. 改土种植 罗伯逊脐橙种植前不论是山地或平地(水田),均应改土,有条件的最好实行壕沟改土,以培肥土壤,增加根系生长容积。通常采用计划密植的永久性壕沟宽1米、深0.8米,每立方米施入有机肥100～150千克,混合回填。加密的非永久树行深耕40～50厘米,施入有机肥改土。定植时每穴施腐熟堆肥10千克,过磷酸钙、油饼粉各0.5～0.8千克作基肥。

实行计划密植的,以每667平方米栽49～52株,即株行距3.3～3.5米×4米为宜,永久树行间加密一行(非永久树)为3.3～3.5米×2米,667平方米栽98～104株;间伐(移)后则株行距为3.3～3.5米×4米。

3. 肥水合理 幼树以氮为主,配以磷、钾,勤施薄肥,少量多次。施肥时期围绕各次梢抽生前后每年6～8次,每次施人、畜粪10千克加尿素20～40克,且随树龄增大,肥量增加。幼树投产前1年或投产后要促控结合,重施春、秋促梢壮梢肥,培养结果母枝。夏季多采用叶面施肥,结合控梢保果。一般春季株施人、畜粪25～50千克,尿素100克。秋肥株施人、畜粪25～50千克,复合肥250克,或过磷酸钙100克、尿素100克、硫酸钾50克,或草木灰1千克;秋梢停止生长后每10～15天,用0.3%尿素加0.3%磷酸二氢钾进行根外追肥2～3次。春旱、伏旱之地要注意及时灌水。

结果树施肥参照华盛顿脐橙。

4. 抹芽、放梢 为培养早结果、紧凑丰满的树形,采用抹芽放梢,即去零留整,去早留齐,把零星过早抽发的新梢在1～2厘米时抹除,待全树大部分基枝上3～4个新芽萌发时,停止抹芽,让其放出整齐、健壮新梢。第一、第二年全年放春、夏、秋3次梢,投产后只放春梢、秋梢2次,控制夏梢。

5. 保果、疏果 罗伯逊脐橙既保果又疏果,可达优质丰产之目的。保花保果根据树体营养状况和花质、花量,可单独或综合采用以下措施:一是灌水促梢、壮花,在冬、春干旱之地,为使春梢抽发早、多、齐、壮和提高花质,若遇土壤含水量低,可在3月下旬至4月上旬浇水1～2次。二是花期喷硼,用0.1%硼酸或0.1%硼酸加 0.2％尿素加 0.1％磷酸二氢钾混合液 1～2 次,或用富含硼的优果肥 150～250 倍液,在盛花期、第一次生理落果前、第二次生理落果前喷施 2～3 次,效果优于用赤霉素。三是应用植物生长调节剂和微肥保果:第一次生理落果前,用赤霉素 200 毫克/千克、细胞激动素(BA)400 毫克/千克混合液以毛笔涂果梗,第二次生理落果前(5 月下旬),用赤霉素 70 毫克/千克加 0.3％尿素加 0.3％磷酸二氢钾混合液喷施树冠的幼果。四是花前复剪,在脐橙花蕾现白时,抹除弱、密春梢和剪除过多的无叶枝序,以利保花保果。抹除春梢量应控制在 40％～50％内。五是抹夏梢,幼龄结果树 5 月初至 7 月下旬萌发的夏梢嫩芽及时抹除,5～7 天 1 次,8 月上旬放秋梢。

疏花疏果,以 60∶1 的叶果比产量高。也有以新老叶片为 2.5∶1 的产量最高,果实膨大良好,翌年开花结果也好的报道。

此外,注意防止脐黄落果和日灼落果。

6. 间作、覆盖　幼龄果园合理间作绿肥、豆类及矮生蔬菜作物,间作时留足树盘。

高温伏旱期覆盖,以降低地表温度;冬、春覆盖可提高地表温度 1℃～3℃。覆盖有利根系生长,保持土壤水分,增加土壤有机质。

7. 防治虫害　一是防虫害保老叶。春芽萌发前,在冬季清园的基础上,喷药降低红蜘蛛密度,保护上年春、秋梢叶片。二是防虫害保春梢、保花。当春梢长到 5 厘米长及开花前 7～10 天,若老叶平均有红蜘蛛 2 头时,应及时防治;在现蕾初期(花蕾 2 毫米左右)、花蕾蛆成虫出现时,及时防治,避免花蕾受害。三是防治介壳虫保叶保果。4 月下旬至 5 月上、中旬及 8～9 月份是蚧类发生期,应及时防治,以保叶、保梢、保果。四是防治潜叶蛾保梢。放秋梢期间,全园有 60％～70％秋梢萌发,长 0.5～2 厘米时,应及时喷药,连喷 2～3 次。

（二十）纽荷尔脐橙

纽荷尔脐橙果形美，品质佳，丰产稳产。其栽培要点介绍于后。

1. 改土、定植 定植前挖定植壕沟，压埋杂草、稻草、饼肥等改土。沟深0.7米，宽1～1.3米。先在沟底放一层稻草，若是红黄壤酸性土，则在稻草上均匀撒些石灰，盖一层土，然后放些杂草、猪牛粪、桐油饼等，与土混合回填，使沟面高出地面30厘米左右。最后在定植沟面上盖一层腐熟的农家肥，让回填处自然沉实。改土时，每株用稻草、杂草20～25千克、石灰1.5～2千克（酸性土）、饼肥和猪牛粪10千克。

开春后（有冻害地区）定植。定植后1～7天内每天浇1次水，10天后开始浇腐熟的稀薄水肥。通常水肥在25升水中加2～3千克腐熟的饼肥或人粪尿。以后每隔7～10天浇1次，水肥浓度可逐渐提高。1次梢老熟后改为15天施1次水肥。

2. 管好幼树 幼树要做好肥水管理、树体骨架培育、枝梢管理、地面覆盖和病虫害防治等工作。

(1)肥水管理 新植的纽荷尔幼苗，第一年以浇腐熟的有机液肥为主。对二年生树施肥采用勤施薄施的方法，在春、夏、秋梢每次梢抽发前，各施1次促梢肥，每次株施混合化肥0.4～0.5千克。化肥混合的方法是：先将尿素50千克与硼砂2.5千克混合拌匀，再将过磷酸钙50千克与硫酸镁2.5千克、硫酸锌3.5千克混合拌匀，最后将硫酸钾50千克与上述已拌匀的混合肥料一起拌匀。冬肥在10月中旬施，每株施腐熟猪栏肥20～25千克、混合化肥0.4～0.5千克。

水分管理要求排水沟畅通，以防雨天积水；旱时能及时灌水，保证植株正常生长。

(2)树体骨架培育 定植后前2年，主要培养丰产树形，在

20～25厘米处定干,促生分枝,留3个培养成主枝。当苗木呈1干3主枝后在主枝上培养副主枝,每个主枝两侧各留1个侧枝,这样就形成了干枝。以后继续按"三三制"的方法扩大树冠。

(3)枝梢管理 定植(春植)后第一年的10月底至11月中旬(秋梢完全老熟后)喷2次赤霉素,浓度为50毫克/千克,间隔15天左右,以控制花芽分化,有利于扩大树冠。在第二年应重视扩大和充实树冠,培养足够的结果母枝。二年生树春梢萌芽较多,不宜重剪,以外围枝短截3～4片叶即可。留梢时枝条中部左右各留一芽,顶端再延长一芽,将多余的芽抹除。使留下的芽梢有足够的空间和养分,促其粗壮延长。

春梢老熟后将外围枝条短截3～5片叶,留基枝15～20厘米长。短截后的枝条顶部会很快萌芽,应将芽抹除2～3次,待大部分枝条中部都有萌芽时再放夏梢。放梢时间以雨过天晴时最适宜。7月下旬短截夏梢,留20～25厘米长。8月中旬放秋梢。

通过上述的精心培育,第二年的秋梢(末端梢)数一般可达400条以上,为第三年进入结果打下好的基础。10月上、中旬秋梢老熟后若树体仍旺,可叶面喷施1～2次有效浓度为300～400毫克/千克的多效唑,抑制营养生长,促使其花芽分化。

(4)地面覆盖 定植后前2年树冠小,园地裸露,夏、秋可进行覆盖。覆盖材料就地取用,常用杂草、绿肥覆盖,时间在6月下旬至7月上旬,以保湿降温,确保幼树越夏。

(5)病虫害防治 结果前主要防治红蜘蛛、潜叶蛾、凤蝶、炭疽病和溃疡病(疫区)等,注意做好防治。

3. 管好结果树 结果树管理要抓好肥水管理、树体管理、保果增产、疏花疏果、果实套袋和病虫害防治等工作。

(1)肥水管理 2月中旬施萌芽肥,株施混合化肥1千克,或果树专用复合肥1.5千克。开花后施稳果肥,以尿素等速效肥为主,株施0.5～0.75千克。注意稳果肥应本着果多多施,果少少施,无果不施的原则进行。要重施壮果促梢肥。7月中、下旬,株施饼肥2~2.5千克、尿素等化肥1千克。壮果促梢肥施肥量占全年施肥量的50%,同时要根据挂果的多少,确定每株的施肥量。要及时施采果肥。一般在10月底至11月上旬施下,以有机肥为主,株施禽、畜粪25千克和饼肥2~2.5千克。667平方米产2000千克果实,全年施纯氮20~22千克、五氧化二磷13~15千克、氧化钾16~18千克。

水分管理,旱季及时灌水,梅雨季节及时排水防涝。

(2)树体管理 疏春梢结合疏花疏蕾进行。对春梢丛生枝,采取"三去一,五去二"的原则,疏密留稀,疏短留长。对抽发的夏梢,要及时抹除。7月底8月初,统一放秋梢。8月下旬以后抽生的秋梢,应予以抹除(冬季有冻害产区)。要剪除扰乱树形或造成郁闭的枝条,以保证树冠有足够大小不等的"天窗"。结果2~3年后采取隔株压缩的办法防止树冠郁闭(667平方米栽76株,即株距2.5米、行距3.5米或以上的),当树冠被压缩到一定程度后可作间伐或间移。

(3)保果增产 防止幼果脱落,在花谢3/4时,用中国农业科学院柑橘研究所生产的增效液化BA加GA(喷施型)对幼果进行树冠喷施,每瓶(10毫升)加水12.5~15升,连喷2次,间隔15天。防止脐黄,可在第二次生理落果开始时(5月中、下旬)于幼果脐部涂抑黄酯(Fows),每瓶(10毫升)加水0.35升。防止裂果,可采用绿赛特每包(15克)加50%~70%的酒精或50°白酒50毫升左右搅拌溶解后加水40~50升,于8月上旬开始,每隔15天喷1次,连续喷3次。注意药剂要随配随喷。

(4)疏花疏果 3月上旬,花显白前疏花,摘除部分无叶花。6月底至7月上旬,结合夏剪进行疏果,疏去密生果、小果、病果和畸形果等。

(5)果实套袋 在第二次生理落果结束后的6月底至7月中

旬开始套袋。套袋必须在晴天无露水时进行。套袋前喷药 1～2 次,药液干后及时套袋。若喷药后 6～7 天还未套完袋或中途遇雨,则须补喷 1 次药后再套。套袋时要注意使纸壁与果实分离,并将袋口紧扎果梗着生的上端,以防止病菌、害虫进入袋内危害果实。纸袋宜选择浸泡过杀菌剂和蜡液、耐雨水淋蚀的专用优质纸袋,可选用"盛大"等牌的果袋。在果实采收前 15 天左右去除纸袋,使果实充分着色。

(6)病虫害防治 除防治幼树期的病虫害外,还要注意果实病虫害的防治。主要是溃疡病(病区)和锈壁虱。

为获得早期丰产,以采用计划密植为宜,每 667 平方米密度以 100 株左右为宜。并对幼树勤施薄施肥料,多保留枝叶,以促使树冠早日形成。结果后应根据纽荷尔脐橙的需肥特点,及时施足肥料,以保证树冠扩大和树体生长的需要。尤其是要保证其能抽生足够数量的优质新梢,使其连年丰产。此外,疏果要采取先保后疏的方法。

纽荷尔脐橙以有叶花枝为主(有调查占 95.5%),且随自身长度增加。花枝的质量提高,着果增多。春梢质量主要取决于其枝梢的粗度。枝长 10 厘米,枝径大于 0.35 厘米,有正常叶片 5 片以上为优质春梢。

春梢期及早疏除细弱春梢和花枝,可节省养分,提高着果率。

(二十一)红肉脐橙

红肉脐橙又名卡拉卡拉脐橙。以其红色的果皮、果肉受人青睐。其栽培要点如下。

1. 选好砧木 红肉脐橙与枳、枳橙、枳柚、温州蜜柑及甜橙嫁接的亲和性均好。枳、枳橙、枳柚可作砧木。温州蜜柑、甜橙可用作中间砧,用于高接换种以单芽复接(多带木质部)恢复树势,通常 2 年恢复树势开始结果,第三年株产 15～20 千克。

2. 选好园地　红肉脐橙最适年平均温度 17.5℃～19.0℃，≥10℃的年活动积温 5 500℃～6 500℃，果实成熟前的 10 月底至 11 月昼夜温差大的脐橙适栽区，如三峡库区海拔 400 米以下地域，冬季无霜冻或霜冻来临较晚则该品种种植更适合。

园址要选无旱涝的缓坡地或丘陵山地，适宜在松疏、肥沃、深厚、微酸性土壤中栽培。土壤浅薄的种植前要抽槽改土，施足基肥；种植后 2 年内进行树盘扩穴埋有机肥或定期深翻，改良土壤。这样的园地可使红肉脐橙优质丰产。

3. 大苗定植　选择大苗、壮苗带土定植，最好种植无病毒一年生容器苗。红肉脐橙长势不如纽荷尔脐橙，种植密度：山地株行距 3 米×3 米，即 667 平方米栽 74 株；平地及缓坡地株行距 3 米×4 米，即 667 平方米栽 56 株。

4. 科学施肥水

(1) 1～3 年生未结果幼树　施肥勤施薄施，每次梢萌动前株施尿素 50～150 克或人粪尿 2～5 千克，促发春梢、夏梢、秋梢。同时，还可在各次梢中期施 1 次氮肥或结合病虫害防治叶面喷施 0.2%～0.3%尿素和磷酸二氢钾，促梢健壮。8 月中、下旬后停止施氮，以防晚秋梢抽发。10 月下旬结合深翻扩穴，以绿肥、厩肥和饼肥作基肥，挖环状沟深施。

(2) 成年结果树　施发芽肥、稳果肥、壮果肥。发芽肥叶色深绿的植株不施氮肥，仅就冬旱灌水；对长势差、叶色淡绿的株施尿素 0.3～0.5 千克，浇水。稳果肥在现蕾至开花期开环状沟施入。通常株产 50 千克的株施尿素 0.5～0.8 千克，三元素复合肥（氮、磷、钾总含量 45%）1.5～2 千克，人、畜粪尿 100 千克。壮果肥 6 月下旬至 7 月上旬果实膨大前 10 天左右土施，株产 50 千克的株施复合肥 2.5～3 千克，对叶色淡绿的植株加施尿素 0.3～0.5 千克。基肥改采后施为采前施，结合深翻扩穴改土进行，株施有机肥、畜禽栏肥 30 千克。除上述土壤施肥外，还可叶面喷 0.3%尿素、0.2%～0.3%磷酸二氢钾4～5次。

红肉脐橙果实膨大期对水分特别敏感,注意及时灌水。

5. 整形修剪　红肉脐橙萌芽力较强,嫩枝易披垂,较易分化花芽,应注意早期采用撑、拉、绑枝等手段整形,主干高宜40～60厘米。结果后为避免果实过多、偏小,可行疏花疏果,控夏梢、抹晚秋梢、适当促春梢和早秋梢。同时采果后至萌芽前进行修剪疏删丛生枝,使树体通风透光。

6. 摇花保果　花期遇阴雨对红肉脐橙产量影响较大,此时注意摇树落花,既有疏花效果,又可将与幼果粘连的花瓣摇落,防止其霉烂而影响着果或导致果实产生伤疤。

(二十二)福本脐橙

20世纪80年代我国从日本引入。因其果色橙红,品质佳,各地引种种植。其栽培技术要点简介于后。

1. 选择园址　福本脐橙宜选热量条件好,雨量相对较少,空气湿度相对干燥,光照好,土壤疏松、肥沃、深厚、微酸性至中性的土壤种植。

2. 适砧壮苗　根据种植园地的土壤条件,选择枳、红橘作砧木。种植的苗木要健壮、无病,最好是脱毒的健壮容器苗。

3. 适当密植　福本树冠相对较小,宜适当密植。枳砧株行距3米×4米,667平方米栽56株。卡里佐枳橙砧株行距3米×4.5米,667平方米栽50株。

4. 土壤改良　福本脐橙的落果、裂果在土壤改良不彻底的园内常会严重发生,应做好土壤改良。通过深翻施有机肥,使土壤的孔隙度增大,通气性、透水性增强,以利于防止裂果,维持树势,增加大果率和产量。

5. 肥水管理　根据福本脐橙的生长特性,未结果幼龄树施肥要少量多次,最好1年施基肥1次,春、夏、秋梢抽生、转色各施1

次肥,以氮、钾为主,配施磷肥。结果树施萌芽肥、壮果促(秋)梢肥和采前肥,氮、磷、钾配合。福本脐橙对水分敏感,需水时要及时灌水,尤其是萌芽、果实膨大期不能出现水分亏缺。

施肥量参照华盛顿脐橙。

6. 整形修剪 福本脐橙枝梢节间短,各级枝梢的分枝角度小,易形成浓密的树冠,加之叶片肥大,生长旺盛,对花芽形成不利。针对其这一特性,应注意做好幼树整形,采取撑、拉措施开展树形。甜橙为中间砧的高接换种树,生长较快,叶片浓密肥大,由于其营养生长旺,表现结果稍晚,着果率低,生产上通过修剪、拉枝等措施,造就"开心形"的树形,改善树冠内部通风透光条件,促进花芽分化,以达如期结果、丰产之目的。结果后树姿开张,采果后应加强修剪。

(二十三)塔罗科血橙

塔罗科血橙树势较旺,萌芽率、发枝力均强,枝梢易徒长,如管理不到位会出现旺长不结果,进而形成大小年。其栽培要点如下。

1. 选好园地 以土层深厚肥沃、结构良好的微酸性土壤为好。达不到要求的园地土壤要在种植前和种植后1～3年完成改良。种绿肥、施有机肥、禽栏肥等培肥土壤。

2. 选好砧木 鉴于该品种长势较旺,不宜选强势砧作砧木。通常在微酸性土壤以枳砧最适。紫色石骨子地或盐碱地,以资阳香橙、枳橙和枸头橙作砧木较好。高接换种以温州蜜柑或甜橙作中间砧为好。

3. 壮苗稀植 培育健壮苗木,最好是无毒容器壮苗,1年生苗,根系发达,1干3分枝,种后无缓苗期,成活率几乎100%。因为无病毒苗,连年稳产年限比常规苗木长,产量比常规苗高30%左右。

塔罗科血橙宜稀植,一般以株行距3米×5米、即667平方米栽 45 株为宜。

4. 整形修剪　整形以吊、拉枝为主,不是延长枝不轻易短剪。修剪宜轻不宜重,以疏剪为主。对即将开花结果的树,如树势仍旺,可适当疏去强旺枝梢,保留中等枝、弱枝和内膛枝;抹去夏梢或在长至 25 厘米处摘心,以促发早秋梢。控制晚秋梢,为培育良好结果母枝打下基础。

5. 促花芽分化　因其营养生长旺盛,成花较难,可采取环割(剥)、断根和植物生长调节剂促进花芽形成。上述措施可单独,也可结合使用。时间 9～10 月效果最好。环割(剥),以切断韧皮部为度,一般在侧、副主枝和主枝上进行,环剥轻重程度不易掌握,慎用。

6. 肥水管理　定植后 1～2 年,可按常规管理,但夏季要适当减少氮肥施用量,增施磷、钾肥(如过磷酸钙、草木灰、饼肥等)。根外追肥用 0.3％磷酸二氢钾,1 年结合病虫害防治喷施 3～4 次。

结果树施肥全年施春肥、稳果肥、壮果肥和采后肥,施肥量分别占全年的 15％、20％、25％和 40％。

通常 667 平方米产 2 000 千克果实,全年施纯氮 22～24 千克、五氧化二磷 14～15 千克、氧化钾 18～19 千克。

除夏干伏旱适量灌水外,秋季应控水,促进花芽分化。

7. 冬防落果　冬季低温易落果,在秋末冬初,每隔 15 天左右用 2,4-D 20～40 毫克/千克液喷果 2～3 次保果。

(二十四)尤力克柠檬

尤力克柠檬原产美国。引入我国长期栽培表现优质丰产,是世界和我国种植最多的柠檬品种。栽培技术要点如下。

1. 选好园地砧木　深厚、肥沃的土壤是柠檬丰产稳产的基础。应以微酸性至中性,土层深厚,土质疏松、肥沃,排水良好的土壤为园地。土层浅、肥力低的柠檬园,要进行土壤改良,使土壤熟化。通常开挖 1 米深、1 米宽的定植穴,最好挖 1 米宽、1 米深的沟,先种绿肥,改良熟化土层后再种植柠檬。

柠檬的砧木,国外常用酸橙、粗柠檬和枳橙。最近证明,用枳柚表现也好。国内多用红橘、酸柚和枳作柠檬的砧木。又据重庆市农业科学院果树研究所试验,认为香橙、香柑、红橘、土柑和建柑为四川、重庆丘陵山区柠檬的优良砧木,其优点是嫁接亲和力强,成活后树势旺,产量高,果实品质好,酸含量高,香气浓,对流胶病有较强的抗性。以枳作砧木,虽抗流胶病,但亲和力差,生长衰弱。红柠檬作砧木,虽早期丰产,但流胶病严重。甜橙砧尤力克柠檬,早期树势旺,但进入结果期后流胶病严重,不宜采用。

2. 土壤肥水管理 土肥水管理得当,能使柠檬丰产。由于柠檬 1 年中多次开花结果,所抽发的春、夏梢营养条件好,当年即可开花结果。因此,施肥量和施肥次数应比甜橙多。一般在抽梢前、开花后和果实发育期共施 4～5 次肥,肥料选用有机肥、绿肥、饼肥和尿素、磷肥、钾肥等化肥。

柠檬既不耐旱,又不耐湿。旱季要及时灌溉,尤其是夏干伏旱要及时灌水。也可进行树盘覆盖,保持土壤湿润。雨季要及时排水防涝。

3. 因树合理修剪 柠檬生长势强,修剪宜轻。要尽可能多留枝、叶,促其早日投产。进入盛果期的成年树,尤其是已经郁闭的柠檬园内的成年树,应疏剪无用枝干,以改变光照条件,让小枝生长、结果。树势衰弱的成年树,可压缩剪去多年生枝,以促发新枝,恢复树势。

4. 防治病虫害 流胶病是柠檬的主要病害,凡造成树皮伤口的一切生物因素和非生物因素,以及不适宜的温度、湿度、日照等因素,均可引起柠檬流胶病。其防治措施:一要选用抗病砧木,并适当提高嫁接苗的嫁接部位。二要在地面开沟修渠,及时排除积水,改善柠檬园的通风透光性,避免阴湿的不良环境。三要对天牛、吉丁虫等树干害虫及时消灭;农耕时尽量避免损伤树皮;在春季和夏季少施氮肥,多施磷、钾肥,如饼肥和草木灰等,以增强树势,减少发病率。四要对病树及时进行治疗,彻底刮除病部,纵切树皮,形成数条深达木质部的切口后再用多菌灵或甲基托布津100~200倍液或用春雷霉素200单位液涂抹病部。

红蜘蛛和黄蜘蛛也严重为害柠檬,在4~5月份或8~9月份为害严重时,可使柠檬整株落叶,故应注意及时加以防治。

(二十五)强德勒红心柚

从美国引入。种植后表现早结果,丰产。其栽培要点如下。

1. 砧穗组合 用酸柚作砧木亲和性好,丰产稳产。用枳作砧木,结果早,树冠较酸柚砧矮化。

2. 园地选择 强德勒红心柚较甜橙耐寒,可在中、南亚热带气候区,选有水源,土壤深厚、肥沃、疏松,微酸性至中性的园地种植。

3. 种植密度 植株树体大,宜较稀植。种植密度,株行距3米×5米、4米×5米,即667平方米栽45株和38株。

为提高着果率,配置种植10%的酸柚授粉树。

4. 肥水管理

(1)幼树 1梢两肥,促进植株快长、成冠,10月施基肥越冬。

(2)结果树 早施发芽肥、巧施稳果肥、增施壮果肥、重施采果肥、适施叶面肥。发芽肥2月下旬至3月上旬以速效氮肥为主,最好配合有机肥使用,促梢壮梢,提高花质,为丰产打下基础。稳果肥在第二次生理落果期,一般5月中、下旬施入,迟效性肥料加入适量速效性氮肥。壮果肥8月上旬果实膨大和秋梢抽发期施入,需肥量大,有机肥和无机肥配合使用。叶面施肥谢花后用0.5%尿素叶面喷施,也可结合保果喷施10~30毫克/千克的2,4-D液。通常667平方米产2000千克果实,全年施纯氮20千克、五氧化二磷 12～14 千克、氧化钾 16～18 千克。

5. 整形修剪　幼树以春梢为主要结果母枝。为促早结果,秋季可用拉、吊整形,培养树冠。结果树修剪,除剪去枯枝、病虫枝、果把等的一般修剪外,留内膛较弱的无叶、少叶枝,使其结果。注意保留树冠内部、中部 3～4 年生侧枝上抽发的纤细、深绿的无叶枝,促其结果。

6. 病虫害防治　柚类叶片大,常有褶皱。早春气温回升快的年份,特别要重视黄蜘蛛的防治,尤其是叶背的喷药要周到。其余病虫害防治与其他类柑橘同,从略。

(二十六)马叙葡萄柚

因热量条件等原因,我国马叙葡萄柚虽有引种,但栽培不多。随着柑橘产业的发展,我国除台湾已在生产葡萄柚外,两广、福建、云南等热量条件丰富之地会有一定的种植。现结合国内外生产,简介栽培要点于后。

1. 选好砧木和园地　国外多选酸橙和粗柠檬作砧木。我国除选用酸橙作砧木外,还可选酸柚、本地早和枳作砧木。

马叙葡萄柚树体高大,宜选土层深厚、土壤肥沃之地种植。种植密度为 3 米×5 米或 3.5 米×5 米,即 667 平方米栽 45 株和 38 株。

2. 抓好整形和修剪　马叙葡萄柚树势强健,根据其生物学特性,从苗期开始培养丰产树形。因树体高大,干高以 50～60 厘米,主枝 3～4 个,每主枝均匀配置 2～3 个副主枝。结果前和初结果的树长势旺,枝条直立性较强,应以果压冠,使其尽早进入盛果期。进入盛果期后的树体,因结果常使枝条下垂,有的长势变弱而不再结果,此类枝应与病虫枝、枯枝一起剪除。马叙葡萄柚修剪应掌握:"顶上重、四方轻,外围重、内部轻",使树冠内部光照好,形成立体结果。

3. 管好肥料和水分　马叙葡萄柚易丰产,通常成年树可株产100千克,高的株产可达200~300千克,故需较多的肥水。土壤未完全熟化的,应在种植后的1~3年内扩穴并结合压埋绿肥、厩肥、堆肥等改良土壤,使植株根系营养面积不断扩大。

未结果幼树施萌芽肥、夏梢肥、秋梢肥(7~9月)和冬肥4次,肥料可用厩肥、人粪肥、绿肥作基肥,尿素作追肥。2~3年生树,株施萌芽肥基肥60~100千克,尿素0.4~0.5千克;夏肥基肥40~50千克,尿素0.4~0.5千克;秋肥基肥40~50千克,尿素0.6~0.8千克;冬肥基肥60~100千克,尿素0.6~1千克。

结果树施萌芽肥、稳果肥、壮果肥和采后肥。6~7年生树株施萌芽肥基肥30~50千克,尿素0.5~1千克;稳果肥基肥30~50千克,尿素0.3~0.5千克,过磷酸钙1~1.5千克;壮果肥基肥60~80千克,尿素0.5~1千克,饼肥1~2千克;采果肥基肥100~120千克,尿素0.5~1千克,过磷酸钙3~5千克,饼肥2~3千克。

幼树结合多次抽梢增加施肥次数可促其多抽梢,尽快成冠结果。第二年要投产的幼树应增加梢前氮肥用量,秋梢充实期适量增加磷、钾肥,减少氮肥,并可在花芽分化期内喷施0.3%~0.5%磷酸二氢钾,弱树喷0.3%磷酸二氢钾加0.3%尿素2~3次。667平方米产2000千克果实,全年施纯氮18~20千克、五氧化二磷12~14千克、氧化钾16~18千克。

葡萄柚叶片大,对水分要求高。各梢生长期、果实膨大期注意灌水,尤其春旱、夏干旱、秋干旱要注意灌水,灌水后及时盖穴,中耕松土。雨季注意排水。

4. 加强病虫害防治　主要虫害有红蜘蛛、黄蜘蛛、锈壁虱、花蕾蛆、蚧类、天牛、粉虱、潜叶蛾等,主要病害有溃疡病(病区)、脚腐病等,重点防红蜘蛛、黄蜘蛛,方法与其他柑橘同。

二、国内选育的优新品种

我国柑橘栽培历史悠久,是不少柑橘品种原产国。在长期生产栽培中选育了不少优良品种,大大丰富了柑橘优新品种。现择主要的品种简介栽培技术要点。

(一)红橘418

红橘418是中国农业科学院柑橘研究所通过辐照处理从红橘中选出的优良株系,丰产、少核、品质优。其关键栽培技术简介于后。

1. 选择优良砧木 以枳为砧木的红橘树能早结果和丰产,而且果实质优。但是,往往所着果实多而小。在碱性土壤中,易出现缺铁黄化。因此,宜在微酸性和中性的土壤中栽培。以红橘作砧木的共砧红橘,耐碱性极强,可在微碱的土壤中栽培,但结果较枳砧红橘晚,栽培上宜采取加大分枝角度的措施,使共砧红橘提早或适时挂果。

2. 加强肥水管理 幼树施肥以氮肥为主,要勤施薄施,促梢扩冠,尽早投产。成年结果树,一般要施采后肥、催芽肥和壮果肥3次追肥。采后肥宜采前或采后(12天)施,需重施,以促树势尽早恢复。肥料以有机肥(猪尿粪水等)为主,氮、磷、钾配合,施肥量占全年施肥量的30%～40%。2月中旬施催芽肥,以氮肥为主,施肥量占全年施肥量的15%～20%。壮果肥在8月中、下旬施,肥料以有机肥为主,氮、磷、钾化肥配合,施肥量占全年施肥量的40%～50%。此外,在3月上旬和4月上旬,要结合病虫害防治喷施0.3%尿素液各1次。6月中旬,要进行叶面追肥,喷施0.3%尿素稳果。

红橘树挂果多少不同,其施肥次数和施肥量也应不同。要在冬季重施有机肥,保证肥效后劲的基础上,对大年树,在稳果后(7月份)要追施夏肥,并进行疏果,以促发早秋梢,均衡叶果比。这对保证当年优质丰产和翌年有足够的结果母枝都有益处;对小年树,则不施夏肥,也不疏果。

在红橘园压埋绿肥,能显著提高产量。八年生红橘作压埋2次绿肥、1次绿肥和不压埋绿肥处理。结果单株产量分别为38.3千克、19.85千克和13.65千克,压埋2次绿肥的平均株产为不压埋绿肥的2.8倍,压埋1次绿肥的产量为不压绿肥的1.5倍。667平方米产2 500千克果实,全年施纯氮25～26千克、五氧化二磷16～18千克、氧化钾20～22千克。

要及时灌水。在红橘发芽、开花的4月份和果实膨大的8～10月份需水量特别大,应及时灌溉,以保证树体对水分的需要。

3. 及时防治病虫害 特别注意对螨类、蚧类的矢尖蚧和天牛等害虫的防治。

红橘因其适应性广,容易栽培,丰产性好,且易剥皮,食用方便,因而为消费者所喜爱。但红橘不耐贮运,果实易枯水是其不足。栽培上应注意选早、晚熟、品质优良、耐贮运、少籽的红橘种植,而且根据园地土壤的pH值,选用枳砧红橘或共砧红橘种植。

(二)新生系3号椪柑

新生系3号椪柑由从广东潮汕引入的种子播后选出的优良株系,优质、丰产稳产,适应性广。其栽培技术要点简介于后。

1. 选砧木壮苗 用枳作砧木,早结果,丰产,树冠矮小、紧凑。树性直立,尤以幼树为甚。为充分利用土地资源,可适当密植或实行计划密植。通常以667平方米栽74～90株,即行株距3米×3米或2.5米×3米为适,经结果5～6年后,667平方米栽90株的株间进行间伐或间移,变为每667平方米45株。

2. 科学施肥 未结果的幼树施肥,坚持少量多次的原则,通常春、夏、秋梢抽发前和抽发后叶色转绿前各施 1 次,肥料以速效的氮、钾为主,适当配施磷肥;晚秋或冬季施越冬肥,肥料以有机肥(畜栏粪、堆肥、绿肥等)为主,酸性的红黄壤土,还应掺施石灰,以降低土壤酸度。施肥量:1 年生树每次株施尿素(或硫酸钾)30 克,2 年生树 50 克,3 年生树 75~100 克,也可施氮、磷、钾含量均在 15% 以上的复合肥,一、二、三年生树的施肥量同上。为促使植株尽快形成树冠投产,结合病虫害防治还可叶面喷施 0.3%~0.5% 尿素或 0.3% 磷酸二氢钾,每年 3~4 次,在各次梢叶色转绿前喷施效果好。

结果成年树施肥每年 4~5 次。2 月施春梢肥,以速效氮肥为主。5 月施稳果肥,以氮、磷、钾全面的有机肥和化肥为主,树势较弱的树结合病虫害防治,增加叶面喷施 0.3%~0.5% 尿素或 0.3% 磷酸二氢钾,以提高稳果率。7 月结合抗旱施壮果肥,以施有机肥为主,以促果实膨大健壮和早秋梢的抽发,为翌年准备优良的结果母枝。11 月施冬肥,以有机肥为主,以利树体越冬。施肥时因单产不同而异。如 667 平方米栽 74 株的八年生树,667 平方米产 5 000 千克,年株施氮 0.8 千克、五氧化二磷 0.5 千克、氧化钾 0.6 千克。

3. 灌水和排涝 遇旱灌水、遇涝排水是椪柑获得产量和丰产的重要条件。通常在以下 4 个时期灌水。一为发芽——幼果期(4~6 月),出现干旱要及时灌水。二为果实膨大期(7~8 月),此时正值果实膨大期,遇旱灌水极为重要。三为果实膨大后期——成熟期(8 月下旬至 11 月),根据旱情,适当灌水。但在成熟前要注意控水,不宜多灌。四为生长停止期(采后至翌年 3 月),一般不作灌溉,但过分干旱会导致落叶时应适量灌溉。

排水防涝,及时实施,尤其是地下水位高又不易排水的园地要深沟高畦种植,降低地下水位,及时排除积水,以利根系生长。

4. 整形修剪 新生系 3 号椪柑树性直立,顶端优势明显。为促早结果、早丰产,应注意幼树整形,培养矮干丰产树冠。以后随树龄增大,枝梢出现明显的强弱分化趋势,中上部枝梢强,下部枝衰弱,应加强修剪,以保持较长时间的丰产树冠。

采取加大分枝角度和矮干修剪,促使幼树花芽分化、结果。进入结果期,尤其是盛果期后为防止或缩小大小年,提高果实外观内质,宜进行疏枝、疏花、疏果,使产量适中、稳定,提高商品果率和1级果率。

5. 综合防治病虫害　疫区要做好溃疡病、黄龙病和大实蝇的防治;非疫区要严格实行检疫,严禁检疫性病虫害的传入。除检疫性病虫害外,主要的病虫害有裂皮病、炭疽病、疮痂病、煤烟病、青绿霉病等;主要的害虫有红蜘蛛、黄蜘蛛、锈壁虱、潜叶蛾、卷叶蛾、凤蝶、蚜虫、介壳虫、天牛等,要注意做好防治。

病虫害的防治,用药要准、要及时、要周到,尽量少用化学农药,禁用高毒农药,采用生物农药和综合防治,生产优质、安全的椪柑。

(三)长源1号椪柑

长源1号椪柑系广东汕头市柑橘研究所选自福建省诏安县太平乡长源村100年生的椪柑树。其关键栽培技术简介于后。

1. 砧穗组合　用酸橘或小叶枳、江西红橘作砧木。酸橘砧丰产,但投产稍迟;小叶枳砧树冠矮化,结果早,丰产性好;江西红橘砧树势中庸、早结果、丰产性强。

2. 适当密植　枳砧667平方米栽112～145株(3米×2米或2.3米×2米),江西红橘砧667平方米栽112株。结果后随树冠增大、交叉,及时采取短截、回缩,以保持良好的树冠。

3. 合理施肥　种植后头2年,幼树施肥目的是促使树冠快长,一般按每次梢的萌发、生长,转绿施肥2～3次,肥料以氮肥为主。投产后全年分别施:一是促花壮蕾肥。生长中庸树在花蕾露出前的 15 天,施经沤制腐熟肥、优质麸肥或人畜液肥和复合肥料;壮旺树见花才施,花多多施、花少少施,用肥量约占全年总施肥量的 25%。二是谢花稳果肥。于谢花后至第一次生理落果期施,喷施尿素加磷酸二氢钾、硫酸镁或绿旺氮、绿旺钾等叶面肥。三是重施秋梢肥。于放秋梢前 1 个月施迟效有机肥壮树,梢前 10 天施速效肥促梢,施肥量占全年总量的 35%～40%。有机肥为花生麸或鸡粪,速效肥以尿素混合复合肥施用。四是壮果及花芽分化肥,施肥时间为 10 月中、下旬,肥料以复合肥或腐熟的麸肥、粪肥,施肥量占全年用量的 15%～20%。五是采果肥,在采果前施,以速效氮肥为主,用肥量占全年用肥的 10%。

全年施肥量参照新生系 3 号椪柑。

注意果实膨大期的灌水。

4. 培冠壮梢 培育早结丰产的树冠及健壮结果母枝。从定植后第一年开始采用拉枝、整形、抹芽放梢、短截促梢等措施,使其尽快形成早结丰产性强的波浪式圆头形树冠。幼树全年放梢 3～4 次,要求二年生树有效秋梢 100 条以上。结果树及时抹除早衰梢,于放秋梢前 10～15 天将树冠中上部密弱枝、落花落果枝及生长过旺枝适当短截,培养健壮结果母枝。青壮年树还应注意控冬梢。

5. 保果疏果

(1)保果 花蕾期疏剪生长势强的营养春梢,及时抹除夏梢,减少生理落果,叶面喷生长调节剂。花蕾期喷施 0.1% 硼酸加 0.3% 磷酸二氢钾加绿旺氮、绿旺钾。做好防旱、防涝、防日灼、防治病虫害工作,以达保果。

(2)疏果 为生产符合规格的优质大果,6 月中、下旬先疏除病虫果、畸形果及树冠内部的小果,若挂果特别多,可在易发秋梢的树冠中上部疏去部分单顶果。

（四）华柑 2 号

系华中农业大学等在湖北长阳县渔峡口镇岩松坪村老系实生硬芦中选出。

1. 选择园址和高质量建园 选土层厚 0.8 米以上，有机质含量高，pH 值中性或微酸性，有水源之地建园。定植前最好全园翻耕，每 667 平方米深埋渣、草 5 000～7 500 千克，要求 3 年内土壤有机质含量 3％以上。

2. 以枳为砧和大苗定植 华柑 2 号以枳为砧木，定植苗宜经假植的大苗，在春、秋两季带土移栽。

3. 加强肥料和水分管理 施肥以有机肥为主，化肥为辅。幼树施肥少量多次，每梢 2 次。成年结果树年施肥至少 3 次。第一次 3 月上旬大穴深施有机肥，株施饼肥 4 千克或栏肥 40 千克，另加过磷酸钙 1 千克。第二次壮果肥，6 月中、下旬施，多穴浅施，株施腐熟农家肥 5 千克和硫酸钾 2 千克。第三次采果肥，采果后 3 天内施入，株施腐熟饼肥 2 千克、硫酸钾 1 千克。此外，5～6 月结合病虫害防治叶面喷施 0.2％尿素加 0.3％磷酸二氢钾 4 次。田间间种（生草）以箭笤豌豆最适，其特点是耐阴、易栽、鲜草产量高。

全年施肥量参照新生系 3 号椪柑。

干旱时，要及时灌水，果实采前 1 个月停止灌水。

4. 整形修剪和疏果 幼树整形修剪以疏删过密丛生枝和拉枝、撑枝为主，定植后第二年剪除自然形成的中心干。

成年树修剪宜轻，冬剪剪除病虫枝，回缩衰弱枝，适当疏删重叠枝，时间 2 月为宜，一般不宜在采果后立即修剪，使过冬时尽量多保留叶片。夏季修剪结合疏果进行，因其春梢结果能力强，夏季修剪不强调放秋梢。

为保证优质、丰产稳产，通常 6 月下旬至 8 月下旬进行 3 次疏果，且疏果时适度轻剪，剪除过密枝、弱枝、枯枝、病虫枝，回缩落花落果枝,使 1 级以上果达 80％以上。

5. 加强病虫害防治 华柑 2 号对柑橘大实蝇有较强的抗性,危害最重的是螨类,此外对介壳虫、蚜虫、潜叶蛾、炭疽病和疮痂病也要加强防治。

增施有机肥,增强树体抵抗病虫害能力。铲除园区周边中间寄主植物,及时剪除病虫枝、叶、果并集中烧毁。采用频振式杀虫灯杀灭害虫,开展生物防治,园中释放捕食螨以螨治螨。严格按无公害食品使用农药,冬季用石硫合剂清园,3～4 月使用机油乳剂控制螨类,春季使用大生 M-45 防治炭疽病、疮痂病。

(五)黔阳无核椪柑

20 世纪 90 年代从普通椪柑中选出的无核品种。其关键栽培技术简介于后。

1. 选好砧木 黔阳无核椪柑用枳作砧木最适,早结果、丰产稳产。也可用椪柑自砧,但幼树树性直立,投产稍晚。

2. 选好园地 适宜亚热带气候山地、平原种植,抗旱、抗寒,耐瘠薄,尤适红壤山地栽培,六年生枳砧黔阳椪柑植株高 2.82 米,冠幅 2.18 米×1.97 米,干周 23 厘米。株产 28.9 千克。

3. 肥水管理 幼树一梢两肥和 10 月底前施基肥。生长期结合病虫害防治喷施 0.3％尿素和 0.2％～0.3％磷酸二氢钾。结果树以 667 平方米产 2 500 千克果实计,全年施肥量:麸饼肥 100～150 千克,三元素复合肥 150～180 千克,钾肥 60～80 千克、磷肥 50～60 千克,绿肥、厩肥、堆肥等 2 000～2 500 千克。肥料分花前肥、稳果肥、壮果促梢肥和越冬肥。

花前肥以麸饼加三元素复合肥加粪水,结果多的树多施,壮旺树少施或不施。占全年施肥量的 15％～20％。稳果肥根据树势施肥。弱树补施,壮旺树少施或不施。肥料以三元素复合肥为主。占全年施肥量的 15％～20％。壮果促梢肥放秋梢前 10 天左右施,用尿素加复合肥加麸饼肥加粪水,占全年施肥量的30%以上。越冬肥施麸肥、厩肥、农家肥、土杂肥、粪水。占全年施肥量的30%～40%。

做好灌排水。冬、春干旱,夏、秋干旱,注意及时灌水。多雨时及时排水防烂根。

4. 合理修剪 幼树主要整形、抹芽放梢,以春、夏剪为主。结果树通过剪枝保持营养生长与生殖生长平衡。接近郁闭的树回缩结果枝、结果母枝,剪除顶部大枝。树冠已郁闭的剪除位置不当的大枝"开天窗"。

5. 成片种植 黔阳椪柑无核,与有核品种混栽,易出现种子,应单独种植。

(六)金 水 柑

金水柑原名鄂柑1号。各地栽培优质、丰产稳产,较一般椪柑耐寒,适栽区域广。其关键栽培技术简介于后。

1. 园地选择 选水源充足的低山或丘陵地带,以微酸性的黄壤或红壤为宜,适避风、向阳地种植,不宜在山顶或山谷地带种植。

2. 肥水管理 幼果园可实行生草、间作,树盘覆盖防旱。

(1)幼树施肥

①施肥量:幼树对氮、磷、钾的比例为1:0.4:0.6。一至三年生幼树每年株施纯氮50～80克,逐年增加。春梢肥、夏梢肥、秋梢肥和基肥分别占全年施肥量的20%、30%、20%和30%。

②施肥时间:春梢肥在2月下旬至3月上旬施入,夏梢肥于6月中、下旬施入,秋梢肥在7月中、下旬施入,基肥在10月至11月通过深翻扩槽施入。

③施肥方法:氮、钾等速效肥开沟深施或溶解在水中浇施,施肥点应位于树冠滴水线外侧。过磷酸钙或钙镁磷肥与腐熟有机肥混合后在夏季沟施,或者在施基肥时施入。微量元素肥料在新梢

转绿前进行叶面喷施。

（2）结果树施肥

①催芽肥：一般在萌芽前采用环状沟或条形沟、放射状沟等方法施入，以速效性化肥为主，占全年施肥量的 10%。

②壮果促梢肥：一般在夏剪前采用环状沟和条形沟施入，沟宜稍宽，但深不能超过 20 厘米，施肥量占全年施肥量的 60% 左右。

③基肥：一般在采果前后施入，用量占全年的 30%，以有机肥料为主。

667 平方米产 5 000 千克果实，全年施纯氮 40～45 千克、五氧化二磷 26～28 千克、氧化钾 32～36 千克。

3. 水分管理　土壤中水分不足或过多都会严重影响金水柑的生长和结果，要特别注意夏、秋季干旱时及时灌水。冬季低温来临之前适当灌水可以提高树体的抗寒能力，减轻冻害。

采果前 20～30 天保持土壤适度干旱，可以提高果实的品质，但严重干旱时应适度灌水。若成熟期遇连阴雨，应及时排除田间积水。雨前可在树冠下覆盖无纺布或地膜，能防止多余的雨水渗入果园。高品质栽培推行在果实成熟前 40～60 天在树冠上搭建避雨棚。

花芽分化前期（10～11 月）适度干旱有利于促进金水柑的花芽分化。

4. 整形修剪

（1）适宜树形　多主枝开心形主干高 30～40 厘米，在主干上按照方位合理配备主枝 3～4 个，每个主枝上交错配备 2～3 个副主枝。采用拉枝、扭枝和合理的修剪方法控制直立生长，保持主枝开张，使树冠高度控制在 2.5 米以下。树冠内保持 2～3 个"边窗"和"天窗"，以利通风透光。

（2）修剪要点

①幼树修剪：幼树阶段主要是促进树冠扩大和培养树形。定

植后 1～2 年主要是对骨干枝进行短截(生长季节采用摘心),促进分枝。当树高达到 1 米以上时,可对选定的主枝进行拉枝开角,使主枝与主干保持 60°左右的角度。拉枝可在春、秋两季进行。

②初结果树修剪:初结果树的整形修剪仍然以树冠扩大和开张角度为主。挂果量的多少以能够保证秋梢的正常抽发和生长为宜。

初结果树的枝梢生长一般是保留春梢和秋梢,抹除夏梢,以保证适量结果。

金水柑直立生长性强,所以在初结果期仍要对骨干枝的枝梢和部分副主枝进行拉枝,否则已经开角的主枝会恢复其直立生长,并造成冠内郁闭。

③盛果期树修剪:修剪的目的,一是调节营养生长和生殖生长的平衡,克服大小年,防止早衰。二是改善树体通风透光条件,使树冠中下部和内膛都能够得到充足的光照,防止树冠内部虚、弱、空,实现立体结果,连年丰产。

修剪的时间为春、夏两季。春季修剪以疏剪为主,夏季以短截和回缩为主。

修剪方法是在郁闭树的顶部疏删中心大枝开"天窗";在树冠外围疏删部分密挤的中、大型枝组开"边窗",以改善树冠内部和下部的光照。对于树与树之间交叉的枝梢要通过疏删、回缩、短截等措施控制,以保持行间枝距 1 米左右。

对于金水柑外围的枝条或主枝的延长枝还可以进行拉枝,以使树体在大量结果的前提下,内膛仍获得较多的光照。

金水柑盛果期应通过夏季修剪(6 月 20 日至 7 月 10 日)来调节大小年结果和调整树体结构,防止树冠无限扩大(树冠的快速扩大一般在小年)。具体方法是:在结果多的年份的夏季应适当短截部分衰老的结果枝组,促进秋梢萌发,实现"以果换梢";在结果少的年份的夏季,应适当短截或回缩位于树冠外围或中上部的没有结果的枝组,以降低树冠高度和更新树势。

④衰老树修剪:修剪的主要目的是进行骨干枝更新或高接换种。

对于树冠高大的金水柑骨干枝更新修剪宜采用二次修剪更新法,以保证树体在1～2年内得到快速恢复,减少在更新过程中由于树冠叶片大量减少而出现树体死亡。具体方法是:在春季修剪时疏去多余的主枝、副主枝、大枝,短截或回缩副主枝或大枝。对于应该保留的主枝,其延长枝上只要有叶片的应该暂时保留。对于辅养枝一律保留。这样可保持一定的叶面积,有利于树体恢复。春季修剪后在保留的主枝、副主枝、大枝上就会萌发大量新梢。因此,在夏季修剪时就可以对主枝的延长枝按要求进行回缩,并使其在秋季萌发。这样,既压缩了树冠,又更新了枝梢。

高接换种应在树冠更新以后进行。

5. 病虫害防治　与其他柑橘同。

(七)岩溪晚芦

岩溪晚芦是从普通椪柑中选出的晚熟椪柑。针对岩溪晚芦生长结果和晚熟习性,其优质丰产栽培应掌握以下关键技术。

1. 栽植密度　岩溪晚芦生长势较旺,为避免过早封行郁闭,宜选3米×4米株距,即667平方米栽56株为适。

2. 肥水管理　该品种晚熟,1月底至2月初才采收,也有2月底至3月初采收的,故应加强肥水管理,防止营养亏缺而出现大小年及树势衰退。施肥要求:一是施足基肥。施肥期3月份,施肥量以树龄而定。通常十年生树株施桐麸5～7.5千克、鸡粪10～15千克、猪牛栏粪20～30千克,肥料与土壤充分拌匀后覆土。二是巧施春芽肥。春芽肥即采果肥。采果后及时施下,肥料以速效氮肥为主,干旱时宜对水施,株施三元素复合肥0.5千克加尿素0.2～0.3千克,对水40～50升,土壤施肥。三是重施攻梢肥。宜

7月初施,株施三元素复合肥0.5千克,尿素0.2千克。四是重视采前肥。9~11月结合抗旱,每月施水肥1~2次,肥料用1%~1.5%复合肥液或0.4%尿素加0.4%硫酸钾加1%过磷酸钙浸出液的混合液淋施。667平方米产2000千克果实,全年施肥量:纯氮18~20千克、五氧化二磷14~16千克、氧化钾16~18千克。有条件的还可在液肥中每667平方米加2~3千克生物磷钾菌剂,以利于提高肥效。

3. 整形修剪　幼树培养3大主枝的树形。为解决长势旺、分枝角度小,第二年即采取拉枝,加大分枝角度,通过2~3年加枝加摘心、短截,即可造就圆头形丰产树形。

结果树修剪以疏剪为主,疏除树冠中下部枯枝、细弱枝、荫蔽枝和树冠中上部的过密枝。

4. 保花保果　岩溪晚芦虽花量大,但着果率低,应采取保花保果措施,尤其是第一次生理落果前的保花保果。具体做法是落花1/3及落花后15天左右喷施柑橘专用保果素(细胞肥激动素为主)或赤霉素2次,浓度50毫克/千克。也可在落花后15天喷施浓度10毫克/千克的2,4-D 2次,并配合喷施0.2%~0.3%磷酸二氢钾加0.4%尿素。

5. 防治病虫害　病虫害要及时防治,尤其是锈壁虱的防治。注意观察虫情,当园内少数果上出现暗灰色时即喷药,喷施1~2次,药剂可选果圣等。

(八)南丰蜜橘

南丰蜜橘原产于我国江西省南丰,以其果小、味甜广受消费者欢迎。果农也乐于种植,近年俏销价好。其关键栽培技术简介于后。

1. 加强肥水,保果壮果　南丰蜜橘花量大,落花落果多,为提高其着果率,一般采用肥水相结合的保果措施。成年结果树株施催芽肥(人、畜粪水)25千克,钙镁磷肥3～4千克。对开花少的结果树于5月上旬用浓度50毫升/千克的赤霉素加0.3%尿素加0.3%磷酸二氢钾保果剂。对缺硼、锌的植株,可在春梢发芽期和花期各喷1次0.2%硼砂和0.2%硫酸锌。

通常667平方米产2000千克果实,施纯氮16～18千克、五氧化二磷10～12千克、氧化钾14～16千克。

2. 促梢壮果,丰产稳产 秋梢或春、秋2次梢是南丰蜜橘最好的结果母枝。秋梢抽发期又正值壮果期,为保当年产量和翌年继续丰产,宜于7月上、中旬施重肥,株施复合肥2千克、饼肥1.5千克、人粪尿25千克或猪牛栏肥50千克、钙镁磷肥1千克。

3. 合理修剪,促进丰产 注意培养丰产型树形,修剪宜轻,尽可能保留辅养枝,以利于早结果。成年树修剪分春季和夏季。春季修剪适当疏删和短截外围衰弱枝、病虫枝、交叉枝,注意保留内膛枝。夏季抹芽控梢,5月中旬开始每周1次,直至7月上旬放梢。

4. 合理灌溉,预防裂果 南丰蜜橘园土壤水分保持在18～45千帕为适量范围,高于45～50千帕应灌水,低于18千帕须排水。灌溉以地下部灌水,地上部喷水则更佳。

5. 提倡疏果,提质保丰 对大年结果树,生理落果停止后的7～8月进行疏果,疏除病虫果、小果、过密果、畸形果等。疏去的果量达30%,有利于提高优等果率和翌年继续丰产。

(九)本 地 早

本地早是原产于我国浙江省黄岩,具有特色的地方良种,但引种种植有时出现产量不高。现将浙江黄岩总结的丰产栽培关键技术介绍于后。

1. 重视施肥 施肥要求数量、质量并重。数量上,如株产75千克,年株施肥量为猪栏25～30千克、三元素复合肥1～1.5千克、人粪尿 100 千克、钙镁磷肥 1～1.5 千克、钾肥 0.5 千克。产量增加,施肥量也增加。质量上,肥料中的有机肥比例要高,磷、钾不可少。同时要掌握施肥时间,尤其是夏肥,严格要求在大暑至立秋之间施毕。此外,施肥方法上平地橘园浅施,山地橘园春季浅施、夏季穴施、冬季环状沟施。

2. 因树修剪 本地早发枝力强,顶端易形成丛生枝,树冠易郁闭,影响结果。对结果少或不结果的树,7 月上旬修剪,重剪、剪去的枝叶占全树的 30%～40%,使树冠透亮,促发 8 月梢。低产树不在夏季修剪,宜在采收前后修剪,剪除晚秋梢和弱枝。春季修剪对当年增产不明显,翌年较明显。丰产树也要修剪,首先剪除枝间交叉枝,株间留 20～30 厘米空隙,修剪后枝梢不重叠,剪除晚秋梢、弱枝。

3. 重在保果 采果后对衰弱树、高产树,用人尿或尿素液喷施 1～2 次;壮树用喷施宝 700 倍液喷施树冠保叶。花期或花谢 2/3 时,用细胞分裂素 600 倍液加磷酸二氢钾 500 倍液保果。对强势壮树,预测翌年花量多的树,采果后的 11～12 月,用浓度 50 毫克/千克的赤霉素喷施树冠;开花后结合病虫害防治,每次加叶面宝、喷施宝、磷酸二氢钾、人尿等营养液根外追肥 6～7 次保果。

此外,本地早怕高温,连续 3 天 33℃会加剧落果,可用薄膜覆盖或生草栽培法或浇施薄肥、根外追肥等均可缓解落果。同时,特别注意做好红蜘蛛为害的防治。

(十)砂 糖 橘

原产广东省四会的砂糖橘,因其外观内质均佳而呈较快的发展势头。现综合各地主要是广东、广西的栽培介绍关键技术如下。

1. 园地、砧木选择 选无霜雪、冻害且避风的地域建园。用酸橘作砧木。

2. 定植重施基肥 山地红壤定植挖深、宽为 80 厘米×100 厘米的穴(沟),每株施土杂肥(杂草、绿肥等)500千克、石灰0.5千克、厩肥(畜、禽、粪)20千克、钙镁磷肥1千克、麸0.5~1千克(3种肥先堆沤腐熟)。水田建园选排水良好地块,四周挖排水沟深80厘米,定植沟要破犁底层或培土,株施精肥10千克、钙镁磷肥1千克、麸0.5~1千克。

3. 重视整形、培冠 砂糖橘结果后树形差参不齐,定植后应培养自然圆头形树冠。在主干离地面25厘米以上留生长强、分布均匀、相距10厘米的枝梢3~4条为主枝,除留少量辅养枝外,其余过密、过低、分布不匀和短小纤弱枝剪除。每一主枝第一次梢只留1条,促其生长,停梢后在35~40厘米处摘心,使其在25~35厘米处抽发第二次梢,选留2~3条不同方位、分布均匀、生长健壮的梢作为副主枝。以后放梢依次进行。第二年采取拉枝或吊枝,使主枝呈40°~45°角,经2年培养可形成自然圆头形的树冠。

4. 抓好大树修剪 结果后的大树主要剪除枯枝、病虫枝。密生枝"三去一,五去二"疏剪弱枝。交叉枝、重叠枝留空去密,留强去弱。幼树结果后的下垂枝留上方枝短截,徒长枝除可作填补树冠空缺以外的均作剪除。强旺营养枝,促发下部侧枝的可短剪,衰弱枝序缩剪至较强枝梢处。成年结果树下部和内膛的小枝易成花着果应保留。

生长结果树秋梢是主要结果母枝,要注意培养。树势旺的低龄树为促花芽分化,可用全园控水(短时叶卷止)、10月上旬环割树干一圈或喷多效唑500倍液等措施。

5. 加强土肥水管理 每年6~7月扩穴施有机肥改良培肥土壤。开始结果的树施萌芽肥、稳果肥、攻梢壮果肥和采果肥。春梢肥春芽萌动前10~15天株施尿素0.1~0.3千克加复合肥0.1~0.3千克;稳果肥谢花2/3至幼果期株施0.1千克的尿素或0.3%尿素叶面喷施。攻梢壮果肥在放梢前10天,通常7月中、下旬施,株施尿素0.2~0.3千克加硫酸钾0.2~0.3千克。采果肥采果后尽早施腐熟的畜粪或麸水,株施 10～15 千克。结果树 1 年施 4 次肥,即春芽肥、稳果肥、攻梢壮果肥和采果肥,分别占全年施肥量的 15％、25％、30％ 和 30％。通常以产量定施肥量。667 平方米产 4 000 千克果实,全年施纯氮 32 千克、五氧化二磷 20～21 千克、氧化钾 28～30 千克。

6. 保花保果　砂糖橘花量大,自花结实率低,幼树生理落果严重。可采取以下几项措施:春梢过多的植株抹梢 1/2～2/3;第一次生理落果后抽生的夏梢及时抹除,开花前后喷 2～3 次含硼、氮、磷、钾的叶面肥;谢花 2/3 和第二次生理落果前各喷 1 次 20 毫克/千克的赤霉素溶液,以达保花保果之目的。

7. 加强病虫害防治　有黄龙病的地区做好该病防治,采取种植无病毒苗、严防木虱、嫩梢喷 10％金大地 1 000 倍液、抹除零星嫩梢、挖除病树等,同时做好疮痂病、炭疽病、红蜘蛛、锈壁虱、潜叶蛾、介壳虫和蚜虫等常规病虫害的防治。

(十一)马 水 橘

马水橘因其果小、色泽金黄、品质优,近年广受市场欢迎,果农也乐意种植。现将关键栽培技术简介如下。

1. 选好砧穗组合、园地　广东、广西等地宜选酸橘或三湖红橘作砧木,以利于优质丰产。宜选土壤深厚肥沃、水源充足之地种植。

2. 防止异常生理落果　马水橘在广东省阳春种植,第一次生理落果轻,第二次生理落果严重。4～5 月高温干旱,水源不足常加剧生理落果。对此应在谢花后喷施保果剂等措施保果。加强肥水管理,重施谢花肥,花量中等以上的树每株施花生麸 1.5 千克加复合肥 0.25 千克加硫酸钾 0.15 千克。花量少的树酌情少施,并结合喷施 0.3％尿素加 0.2％磷酸二氢钾加 0.03％核苷酸 2～3 次(隔 7～10 天 1 次),土壤施肥后灌水,加速小果生长。及时防治红蜘蛛、炭疽病危害而造成的落叶落果。

3. 综合防止夏季严重裂果　马水橘皮薄,易裂果,通常裂果率 10%～20%,严重的高达 40%～50%,应采取及时抹除夏梢,疏除过多小果,及时施肥,果园覆盖和保持水分相对平衡等措施。夏芽在 3～5 厘米长时抹除。稳果后以留 20～25 片叶留 1 个果,疏除小果。及时施肥:夏季土施稀的花生麸水,并结合叶面喷施 0.2%硝酸钙、0.1%硼酸 、0.2%磷酸二氢钾,施肥防止一次性施过多而引起大量裂果。放秋梢前 1 个月株施鸡粪 10 千克加三元素复合肥 0.2 千克。秋梢转绿期,株施复合肥 0.2 千克;果园覆盖或生草栽培,防止土壤干湿变化过大。

4. 培养健壮结果母枝　立秋至秋分促放秋梢,在能控制冬梢的前提下,秋梢尽量早放。秋梢老熟后应先控水控肥,并结合喷多效唑,浓度 100 克对 50 升水,或环割主枝或副主枝 1～2 刀,控冬梢萌发而促进花芽分化。

5. 春季保果促小果发育　培养适量短壮春梢。一是采取施春肥,现蕾时株施三元素复合肥 0.5 千克加硫酸镁 0.05 千克(挂果 25 千克的树,下同),并结合喷施多次 0.2%尿素、0.2%硫酸二氢钾、0.1%硼砂和 0.1%硫酸锌。二是疏除过量春梢,以更多的养分供小量生长发育。

(十二)满 头 红

满头红产量高,品质好,深受消费者青睐。市场售价是温州蜜柑的 2 倍以上。现简介关键栽培技术于后。

1. 选好园地　宜选深厚、疏松、肥沃的土壤种植。

2. 适当稀植　满头红生长快、发枝力强,树冠形成快,进入结果期早,丰产,常规管理 667 平方米产 2 000～2 500 千克果实,通常种植密度较稀,以 3 米×3.5～4 米、即 667 平方米栽 50～60 株为宜。

3. 做好整形　根据该品种生长旺,发芽力、发枝力强,树冠易郁闭的特点,树形结果或封行前宜采用自然圆头形,结果后或树冠间出现交叉封行,则宜按自然开心形整形。

4. 科学修剪　结果或封行前,修剪宜轻,以疏剪为主,短截、回缩为辅,进入盛果期或树冠郁闭,修剪以短截、回缩修剪为主。

幼树一般在春梢抽发前修剪,宜轻,以疏删为主,剪去内部或下部的交叉枝、重叠枝,短截或疏删下垂枝,对上部的密集枝,去弱留强,重点培养延长枝。

结果树冬剪在采果后进行,作常规的剪除衰弱枝、枯枝、病虫枝;疏删密生枝、交叉枝和徒长枝。春剪在萌芽前进行,实行大枝修剪,对骨干枝过多或树冠严重郁闭的植株,采用"开天窗",以改善树冠通风透光,为减轻大小年,对当年是大年结果的树,春季对树冠外围部分枝作短截,以减少花量。夏季对部分枝条回缩,促发新梢。对小年结果树,采取控梢、摘心,促进结果。

5. 合理施肥　重施小暑肥。在 5 月底或 7 月初施,施肥量占全年的 30%～40%,通常株施复合肥 1～1.5 千克加过磷酸钙 1 千克。

稳施采果肥。肥量占全年的 30%,株施三元素复合肥 0.8～1 千克加尿素 0.3～0.5 千克加腐熟猪、牛栏肥 40～50 千克或腐熟饼肥 3～4 千克。

适施芽前肥。占全年施肥量的 20%,通常株施三元素复合肥或尿素 0.6～0.8 千克加过磷酸钙 0.5 千克。

补施壮果肥。在大暑后施,占全年施肥量的 10%～20%,一般株施三元素复合肥 0.3～0.5 千克加硫酸钾 0.5～1 千克。

6. 保花保果　谢花 2/3 时喷浓度 50 毫克/千克的赤霉素,隔 10～15 天再喷 1 次 1.8%爱多收水剂 1 500～2 000 倍液保果。

7. 病虫防治　做好对疮痂病、炭疽病和黑点病防治,在谢花后和幼果期选用 80%喷克(进口代森锰锌)可湿性粉剂 600～800

倍液、75％百菌清可湿性粉剂 800 倍液或 25％炭特灵（溴菌腈）可湿性粉剂 600 倍液进行防治。主要害虫有红蜘蛛、锈壁虱、蚜虫、卷叶蛾、黑刺粉虱、潜叶蛾、褐圆蚧等，认真做好防治。

8. 精细采运 满头红果皮脆嫩、易损伤，耐贮不耐运。采摘用复剪，轻拿轻放。运输平稳，防止挤压伤果。

（十三）宣恩早特早熟温州蜜柑

1975 年湖北恩施园艺场从龟井早熟温州蜜柑中选出。具较龟井早熟，早结果，优质丰产稳产的优势。栽培的关键技术简介于后。

1. 选好砧木 宣恩早选用枳作砧木，结果早，丰产稳产。但注意防止裂皮病。一旦出现零星发病株，及时挖除园外烧毁，以防蔓延。

2. 选好园地 宣恩早园地宜选坡地、土层宜稍浅、光照充足之地种植，以利早熟早应市。平地（水田）要选地下水位高、排水易的地块，及时排除积水，以免延迟成熟，甚至死树。

3. 密植种植 枳砧宣恩早树体较小，适计划密植。栽植密度以株行距 2 米×3 米，667 平方米栽 112 株为宜。第二、第三年开始结果，通过修剪控制树冠，直至第六、第七年树间不交叉。以后对间移（伐）的植株压冠，留出空间使永久树生长结果，经 2～3 年间移（伐）。有地扩种时，间移可使 667 平方米柑橘园变成 1 334 平方米。

4. 科学施肥 幼树勤施薄施，每梢 2 次肥，每梢抽梢前株施尿素 30 克，转绿期叶面喷施 0.3％尿素、0.3％磷酸二氢钾 2～3 次。梢以速效氮为主，施尿素或复合肥，适当配施钾肥。土壤施肥每次株施尿素 30 克。越冬肥以畜栏粪、堆杂肥为主，株施 20～30 千克。

结果树施萌芽肥、稳果肥和采果肥。因树施萌芽肥，以速效氮为主,树势强旺的少施,较弱的多施。重点施稳果肥,6月上旬施尿素或复合肥,占全年的40%～50%。早施采果肥。施肥量占全年的40%,全年施肥量以产100千克果实,施纯氮0.8～1千克,氮、磷、钾之比为1∶0.6∶0.8。

5. 花果管理　保花保果;特别是花期幼果期遇异常高温,加剧落果以及高温、强日照直射果面出现日灼果等要做好预防。果实成熟及时采摘应市。

(十四)晚蜜1号

晚蜜1号系中国农业科学院柑橘研究所从以尾张温州蜜柑为母本、薄皮细叶甜橙(S_8)为父本的杂交后代选育而成。其特色是果实晚熟(1月中、下旬)。栽培关键技术如下。

1. 择地改土种植　选土层深厚、疏松、肥沃、微酸性,冬无严寒,极端低温-3℃以上,水源充足之地种植,山地、平地均适种。山地土层瘠薄的要加深培肥,提高土壤保水力;平地种植注意开挖排水沟,及时排除积水以利于根系正常生长。栽植密度,株行距以3米×3.5米,即667平方米栽64株为适。

2. 加强肥水管理　晚蜜1号生长期长,需肥量较特早熟、早熟温州蜜柑大。施肥的时期、方法、肥料种类与宣恩早相似,施肥量较宣恩早多30%～40%。

3. 科学整形修剪　1～3年内通过主枝、副枝和侧枝的配合培养成自然开心形树形。以夏季摘心和对枝梢撑、拉为主要整形措施。结果树修剪宜轻,剪除病虫枝、枯枝、过密枝。一般长梢不短截,任其结果。不影响农事操作的内膛枝保留,使其结果。对扰乱树形的徒长枝,除留作填空补缺的枝外,尽早剪除。

4. 做好花果管理　大年树,稳果后以25～30∶1的叶果比留果。疏除残次果、偏小果、果柄粗的朝天果等,以利于提高优质果率。小年树,异常气温的年份做好保花保果工作。采前防寒防落果,及时采收。

此关键技术也适宜晚蜜 2 号温州蜜柑。

(十五)蕉柑优系

蕉柑优系(新 1 号蕉柑、浮中选 1 号蕉柑、无核蕉柑等)是从蕉柑中选出的品质优、丰产稳产品种。山地、平地均可栽培。现简介水田栽培的关键技术。

1. 加强土壤管理　水稻田种蕉柑,地下水位高,种植时犁翻底层,使根系生长不受阻,且根据土质和地下水位高低,采取深沟高畦的栽培方法。种植时筑 30～40 厘米高的墩,以后每年培土、客土,3 年内培成深沟高畦栽植,以后注意雨后修沟培土,既利排水,又利根系的覆盖。每年冬季用晒干的沟泥或塘泥培土增厚土层,以提高土壤肥力,扩大根系营养面积和提高根系的抗旱、耐寒力。

2. 实行科学施肥　依据水田种柑橘特点和梢果比例等,采取重施采后肥、春梢肥和秋梢肥,少施夏梢肥,追施壮果肥。采后及时施重肥,以恢复树势,防止冬季大量落叶,增加树体营养,促进花芽分化。每 667 平方米产 5 000 千克果实的结果树,每 667 平方米施腐熟豆饼肥 40 千克和猪栏粪肥 1 000 千克。春梢和开花结果期及时追肥,一般立春前后施促芽肥,雨水前后施促梢肥,清明前后各施 1 次壮果肥。4 次追肥每 667 平方米的总施肥量为尿素 14 千克,腐熟饼肥 25 千克,猪粪尿 500～600 千克。结合病虫防治根外喷肥 2～3 次。秋肥 3 次,在 7 月初、8 月初、9 月初施,每 667 平方米总施肥量为腐熟豆饼 40 千克、粪水 1 500 千克、尿素 18～20 千克,并在秋梢老熟后进行 3～4 次叶面喷肥。

全年施纯氮 38～40 千克,五氧化二磷 20～22 千克,氧化钾 22～24 千克。

3. 整枝控梢,合理修剪　采用抹芽和肥水调节相结合的方法,培养春梢、秋梢,合理控制、利用夏梢,摘除直立梢。幼树结果前,每年留 3 次梢,即惊蛰留春梢,芒种至夏至留夏梢,处暑留秋梢。栽后第三年结果树,则在小满至夏至抹除夏梢,大暑前施重肥,处暑前后选阴雨天放秋梢。第四年后根据树龄、结果和生长情况,适当提前放秋梢,培养丰产的伞形树冠。第五年树冠开始交叉,为提高结果能力,冬季应结合清园,剪除枯枝、病虫枝、下垂枝和无结果能力的弱枝,使树冠的通风透光,外围枝叶茂盛。

4. 及时排灌,中耕除草 水分管理掌握"夏排、秋灌、冬干爽"的要求。即盛夏初秋气温高时应夜灌晨排,秋旱勤灌勤排,深灌洗盐碱,冬季保持土壤干爽。中耕除草结合灌溉,做到春、夏少锄多修沟防止积水烂根,秋季灌水后或雨后浅耕保湿,冬季深耕增加土壤透气性、增强根系抗寒力。

5. 注重测报,防治病虫害 冬季清园减少和根除病虫源,开春后注重病虫测报,及时防治病虫害。

(十六)橘橙 7 号杂柑

橘橙 7 号系重庆市农业科学院果树研究所从西班牙引进的诺瓦橘橙中选优而得。因优质、丰产稳产而发展较快。其栽培关键技术简介于后。

1. 园地选择 应选水源充足,排水良好,土壤肥沃、深厚、通透性好、微酸性的地域种植。山地、平地均可建园。山地坡度 20° 以下,平地特别是水田,要求地下水位低、易排水。

2. 砧穗组合 橘橙 7 号树势较强,以枳作砧木,结果早,丰产稳产。

3. 疏花疏果 橘橙 7 号花多,着果率高,过多结果导致果实偏小。因此,宜在稳果后疏果。留果的叶果比以 49~60:1 最佳,单果重可达 139.4~159.6 克,较叶果比 35:1 的单果重 126.7 克,增加 12.7~32.9 克,≥70 毫米的优质大果前者较后者高

11.9～42.4 个百分点。

4. 加强肥水　幼树一梢两肥和冬季施基肥,梢肥以氮肥为主,配施钾肥,结果前 1 年适施磷肥。结果树施芽前肥、稳果肥、壮果促梢肥和采果肥。氮、磷、钾配合,有机、无机结合,土壤施肥和叶面施肥结合。施肥量以产量而定。株产 100 千克的施肥量,纯氮 0.8～1 千克,氮、磷、钾之比为 1∶0.5∶0.8～1。

橘橙 7 号对水分敏感,应在水源充足之地栽培,遇旱及时灌水,避免干旱增加果肉粒化和品质下降。

5. 成片种植　无核的橘橙 7 号宜单独成片种植,不与有核品种混栽,以免增加果实种子。

(十七)象山红橘橙

系浙江省象山县从日本引进的天草橘橙中经多年选优而得。各地种植优质丰产。其栽培关键技术简介于后。

1. 选好园地和砧木　象山红橘橙种植宜选水源充足,土壤肥沃、深厚、疏松、微酸性,光照好的地域种植。砧木用枳嫁接亲和性好,早结果、丰产稳产、优质。

2. 加强肥水管理　幼树实行一梢两肥加基肥,与橘橙 7 号相似,从略。

3. 管好花果保丰产　象山红易丰产,为防止结果过多出现果实变小和隔年结果,宜在春季剪除弱枝和无叶花枝,稳果后按叶果比 75～80∶1 留果,以提高优等果和果实的商品率。

4. 及时防治病虫害　主要的病害有溃疡病(疫区)、疮痂病、炭疽病、树脂病等,主要害虫有螨类、蚧类、蛾类、蚜虫、叶甲类、天牛类、吸果夜蛾(山地),要及时采取综合措施防治。特别是冬季清园彻底,可大大减轻翌年病虫害。

（十八）北碚 447 锦橙

北碚 447 锦橙 1980 年选自重庆市北碚区歇马乡板栗湾锦橙园。结果早，丰产稳产。其栽培关键技术简介于后。

1. 选好砧穗组合和园地 北碚 447 锦橙以枳为砧，在微酸性土壤中表现早结果，丰产稳产，又抗脚腐病；但碱性较重的土壤易发生缺铁黄化，使树体早衰。红橘砧较耐碱性，但投产较枳砧晚，不抗脚腐病。因此，锦橙园地的选择，除应注意土层深厚、肥沃外，还应注意酸、碱性，并根据土壤酸、碱性确定砧木。枳砧锦橙易患裂皮病，应注意预防。红橘砧锦橙，幼树应采取加大分枝角度等措施促使其早结果。

2. 加强施肥保丰产 幼树一梢两肥加基肥，肥料勤施薄肥，以氮为主。结果树重点抓好花前肥、壮果促梢肥和采果肥。应看树施肥。健壮结果幼树的花前肥在 2 月底至 3 月初施下，占全年用肥量的 25％；壮果促梢肥在 7 月上、中旬施下，占全年用肥量的 50％；采果肥（冬肥）在采收前半个月左右施下，约占全年用肥量的 25％，以利于扩大树冠，提高产量。对弱树，除上述 3 次施肥外，还宜在开花末期补施 1 次，肥料以腐熟的人、畜粪水为主，也可用其他腐熟的有机肥。成年结果树，1 年施春芽肥、结果肥、壮果促梢肥和采后肥，肥料以有机肥为主，化肥为辅，氮、磷、钾配合。此外，为提高锦橙对肥料的利用率，还可进行根外追肥（叶面喷施）。667平方米产 3 000 千克果实，全年施纯氮 25～28 千克、五氧化二磷15～17 千克、氧化钾 20～22 千克。

3. 及时灌溉防旱 采果后的冬季若出现干旱，不仅使树体不能及时恢复，而且影响树体的营养物质积累，使新梢叶片褪绿，花芽分化过多，导致树体明显变弱。故有冬旱之地，采果后要灌水 1次，以后视情况隔 15 天或 1 个月再灌 1 次水。春旱影响春梢生长和开花，故春季灌水是保梢、保花和稳果的重要措施。夏干伏旱，伴随高温,使土壤水分蒸发量和叶片蒸腾量剧增。如果缺水,会使果实变小、果皮皱缩,影响产量;若严重缺水,还会导致落果落叶,既影响当年产量,又影响树势和翌年产量。夏干伏旱时灌水保叶保果,对提高产量效果明显。久旱不雨,会影响果实膨大,一旦旱情解除,就会因果肉生长快于果皮生长而导致裂果,故应采取及时灌水、树盘覆盖等措施。

4. 重视保花保果 花期和幼果期遇阴雨连绵或异常高温,会加剧生理落果,影响产量。通常宜采取综合保果措施。如遇异常高温,可灌水降温,用喷灌效果则更显著。采用生长调节剂保果,加强病虫害防治等均为有效的措施。

5. 利用夏梢 初结果树注意利用夏梢,通常留2～3片叶摘心,观察其对第二次生理落果影响不明显,且摘心后夏梢叶片比未摘心的大1倍以上,第二年产量较抹芽梢树有增加的趋势。

(十九)中育7号甜橙

系中国农业科学院柑橘研究所用人工诱变(辐照)方法育成的优良品种,以其优质、丰产稳产而发展种植。其栽培关键技术简介于后。

1. 选配砧木 中育7号甜橙、枳、红橘、香橙、枳橙等均可作砧木。以枳树冠稍矮小,结果早,丰产;红橘砧、香橙砧树势较强,耐碱,结果较迟,但丰产。枳橙砧植株生长快,早期也丰产。微酸性至中性土壤用枳砧,偏碱土壤用红橘、香橙作砧木。枳橙砧二、三年生树能始花结果,七八年生树株产39～50千克。

2. 建园定植 园地选有水源,土壤深厚、肥沃、疏松、微酸性、光照条件好的地域种植。定植最好用无毒的容器苗,开挖深、宽各1米的定植穴,施绿肥、秸秆、畜栏肥作基肥,分层压埋改良土壤,腐熟后(3～4个月)春植或秋植。种植密度:3米×4米,即667平方米栽56株。

3. 肥水管理　幼树一梢两肥和基肥。1～3 年生树,以氮肥为主,配施钾肥,各次梢抽发前 10 天左右,株施尿素 30～100 克。各梢叶片转绿前喷施 0.3％磷酸二氢钾。基肥株施 20 千克厩肥。

结果树 1 年施春芽肥、稳果肥、壮果促梢肥和采后肥。

施肥量参照北碚 447 锦橙。

4. 保果疏果　采取先保果,即防止花期和幼果期因异常气温而落花落果,采用增效液化 BA 加 GA(喷布型),与不保果相比可增产 30％～50％。

5. 病虫害防治　做好炭疽病、树脂病、裂皮病和螨类、蚧类、潜叶蛾、叶甲类、凤蝶、蚜虫等的防治。

(二十)红 江 橙

红江橙以其外形美、品质佳受市场欢迎,近几年生产上发展也较快,地域从广东、广西扩大到海南(绿橙)。其关键栽培技术如下。

1. 配好砧穗　用红橡檬(两广)砧或红橘砧最好,枳砧必须用早熟温州蜜柑作中间砧,以免植株黄化。苗木选品种纯正、无检疫性病虫害的健壮苗。

2. 选好园地　红江橙适宜在年平均温度 18℃～21℃,极端低温≥-3℃,土层深厚、疏松、肥沃、微酸性至微碱性土壤种植。

3. 定植　挖穴(沟)定植。坡地、旱地挖长、宽各 1 米、深 0.8～1 米的定植穴,或长不限的壕沟。每立方米分层填埋绿肥 50～100 千克、酸性土石灰 0.5～1 千克,上层每穴施饼肥 2～3 千克、磷肥 1～2 千克,与土壤拌匀回填,树盘高出地面 0.2～0.3 米,待有机肥腐熟、填土沉实后定植。

4. 扩穴培肥　种植后逐年扩穴培肥。深翻扩穴,压肥改土,一般在秋梢停止生长后进行。从树冠滴水线处开始,逐年外扩 0.5～0.8 米,经 4～6 年完成。压埋肥料有绿肥、秸秆或腐熟的人畜粪、沼渣、堆肥、厩肥和饼肥等,每株用量绿肥等每株 50～100 千克、厩肥等 20～30 千克。酸性土还每株加石灰 0.2 千克。幼树行间可生草栽培或种绿肥，在旺盛生长季节或旱季来临前刈割 2～3 次，覆盖树盘。

5. 科学用肥　幼树以氮为主，配合施磷、钾肥，春、夏、秋梢时施 4～6 次。顶芽自剪至春梢转绿前叶面喷施尿素、磷酸二氢钾等。一至三年生植株施纯氮 100～400 克，氮、磷、钾之比为 1：0.25：0.5，施肥量随树龄增加。

结果树以产量定肥量。以产果 100 千克计，施纯氮 0.6～0.8 千克，氮、磷、钾之比为 1：0.4～0.5：0.8～1。全年施萌芽肥、稳果肥、壮果肥和采果肥。各次施肥量中的氮、磷、钾：萌芽肥分别为 20％、40％～50％、20％；稳果肥分别为 20％、15％、20％；壮果肥分别为 20％～40％、20％、30％；采果肥分别为 20％～40％、20％～25％、30％。

6. 整形修剪　培养自然开心形，主干高 25～30 厘米，主枝 3～4 个，呈 60°～70°。每主枝上配 2～3 个副主枝，主枝、副主枝、侧枝分布均匀，副主枝下层的越长，上层的逐渐缩短，使树冠形成上小下大近似三角形，树冠叶幕凹凸有致，通风透光的丰产稳产树冠。

初结果树通过控制夏梢，提高着果率，促发秋梢，加快形成树冠和增加结果母枝，提高产量。

成年结果树保持春梢营养枝与结果枝的合理比例，控制结果枝占春梢总量的 45％～50％，余下的 50％～55％春梢营养枝培育为翌年的结果枝。

7. 疏花疏果　为提高优果率、克服大小年和保持树势，首先通过冬剪控制结果母枝数量。翌年是大年的结果树，冬季对树冠外围部分枝进行短截，减少花量。其次生理落果结束，以 50～60：1 的叶果比疏果。

8. 病虫害防治　做好溃疡病、黄龙病（病区）、炭疽病、螨类、蚧类等的防治。

（二十一）奉节脐橙

奉节脐橙（奉园 72-1 脐橙）是 1972 年从重庆市奉节县园艺场甜橙砧华盛顿脐橙中选出的优良品种，因优质丰产，得到了较快的发展，其关键栽培技术简介于后。

1. 选择园地　选有水源，土壤肥沃、疏松、深厚、微酸性，光照、热量条件好的缓坡山地或地下水位高、易排水的平地（水田）种植。

2. 改土建园　对达不到该品种生长发育要求的土壤，要进行改土培肥。首先种植前要开挖深 1 米、宽 1～1.2 米的定植穴，选用绿肥、堆杂肥、畜栏肥、过磷酸钙等分层与土混合施下，待腐熟后再行定植。种后随植株长大，继续扩穴改土，在 3 年内完成。通常，在树冠滴水线外沿向外扩穴，深 50 厘米左右，与施肥结合进行。

3. 肥水管理　脐橙需肥水量大，强调早施、施足。

一至三年生未结果幼龄树勤施薄施，每次梢萌动前株施尿素 0.05～0.15 千克或人粪尿 2～6 千克，促发春、夏、秋梢，有条件的还可在各次梢中期增施 1 次氮肥或叶面喷施 0.2%～0.3% 尿素和磷酸二氢钾，促枝梢充实、健壮。10 月下旬结合深翻扩穴，以绿肥、厩肥和饼肥作基肥。

成年结果树氮、磷、钾肥配合，施肥量每 100 千克需纯氮 1.1～1.2 千克、纯磷 0.5～0.6 千克、纯钾 0.8～0.9 千克。7 月下旬前重施壮果促梢（秋梢）肥，施肥量占全年肥量的 50% 以上。株施尿素 0.75 千克，过磷酸钙 4 千克，三元素复合肥 1 千克，腐熟桐饼 5 千克和堆肥 100 千克。采果后施复壮肥，占全年施肥量的 30% 以上，9 月底至 10 月上旬施下，株施尿素 0.25 千克、过磷酸钙 2 千克和复合肥 0.5 千克。

奉节脐橙春季萌芽前、果实膨大期、秋梢抽发前对水分敏感，遇旱要及时灌水。

4. 病虫害防治　加强检疫，严防溃疡病传入。做好常规病虫害的防治,尤其是螨类的防治。

(二十二)冰 糖 橙

冰糖橙以其味甜肉脆,品质优闻名。湖南、云南等省栽培较多。其关键栽培技术简介于后。

1. 选高糖大果系品种 冰糖橙有 1 号、2 号两个品系,2 号果实较大,从 2 号中选出的 96-44 系糖高果大株系,可选种。

2. 挖沟改土定植 挖深度各 1 米的沟,分层放入杂草、磷肥、猪牛栏肥、饼肥改良土壤,用量每株杂草 30～50 千克、钙镁磷肥 1.5～2 千克、饼肥和猪牛粪 10 千克。种植密度 667 平方米栽 56 株,计划密植宜加大 1 倍,667 平方米栽 112 株。

3. 培育丰产树形 定植第一、第二年重点培养丰产树形。第一年离地面 30 厘米处定干,促发 3 个分枝,培养成主枝,第二年主枝上培养副主枝,每主枝左右分生 1 个副主枝,以后继续照此培养侧枝、枝组而成丰产树形。

4. 扩冠促花保叶片 为使栽后第三年结果,第二年即应重视扩大树冠,培养足够的结果母枝。于 10 月上旬在树盘离主干 50 厘米左右处挖 30 厘米深的环状沟,挖断部分根,晾晒 10～15 天,控水,促进花芽分化,后每株施饼肥 1～2 千克、三元素复合肥 0.5 千克、猪牛粪 10 千克,忌浇水,覆土。也可在秋梢老熟后对树势旺的树喷多效唑 300～400 毫克/千克,促进花芽分化。还可对粗壮直立的秋梢拉枝、压势、促花芽分化。

5. 加强肥水管理 进入结果的树,加强肥水管理,使之丰产稳产。通常 1 年施春肥、稳果肥、壮果促梢肥和采果肥。

春肥在 2 月中旬施毕,株施复合肥 0.3 千克,占全年施肥量的 30%。谢花后的稳果肥,株施尿素 0.1～0.2 千克,施肥掌握,花多多施,花少少施,无花果不施,弱树多施。壮果促梢肥要重施。6 月底至 7 月初,株施复合肥 0.5 千克、饼肥 1 千克、骨粉 0.1 千克、鱼粉 0.2 千克,占全年施肥量的 50%。采果肥要及时株施复合肥 0.2 千克、饼肥 0.5 千克,占全年施肥量的 20%。

667 平方米产 2 000 千克果实,全年施纯氮 20 千克、五氧化二磷 12~14 千克、氧化钾 16~18 千克。

遇旱及时灌水。

6. 及时防治病虫害　溃疡病区做好此病的防治。除做好常规炭疽病、疮痂病、螨类、潜叶蛾、凤蝶、蚜虫等的防治外,对沙皮病应重视防治。常在花谢 3/4 时开始喷药,间隔 15 天喷 1 次,连续喷 2~3 次。药剂可选用 75%百菌清 700~800 倍液,80%大生 600~800 倍液,77%可杀得 400~600 倍液。

(二十三)沙 田 柚

1. 选好砧木育好苗　选酸柚作砧木,亲和力好,植株生长旺盛,树体高大,根系发达,主根强大,苗期生长迅速。缺点是易感染流胶病和脚腐病。用枳作砧木,也表现亲和力好,植株生长健壮,早结果。不仅要选好砧木,而且要按照育苗技术要求,培育好健壮苗木。

2. 选好园地种好树　沙田柚宜选择集中成片的地域栽培,以形成商品基地。基地地址宜选择土壤疏松、肥沃、深厚、有水源、排水良好的地方,平地、山地均可。对土壤较差的园地,种植前要进行土壤改良,以满足沙田柚喜温暖、湿润、多肥土壤的要求。

3. 配授粉树提高着果率　由于沙田柚自花受精能力较弱,故宜配植授粉树,以利于提高产量。沙田柚配植酸柚作授粉树,比例以 9:1(授粉树)为宜。沙田柚用酸柚作授粉树提高着果率的效果明显。

4. 加强肥料、水分管理　定植后 1~2 年生的幼树,施肥要勤施薄施。三、四年生幼树的施肥,要围绕全年抽发的各次梢进行,通常在新梢萌发前 10 天左右施入。在新梢生长期,视芽萌发强弱和萌发数量,施 2~3 次速效水肥,每隔 15 天淋 1 次,每次株施尿素 50～75 克,粪水适量,促叶色转绿。沙田柚的春梢,是沙田柚的主要结果母枝,要注意培养春梢。保证春梢肥的数量和质量是幼树期春季管理工作的重点。

施肥量的掌握要因树而异。一般 3 年生树每株年施肥量为尿素 0.4～0.5 千克,菜籽饼 1～1.5 千克,稀肥水 100～150 千克。以后随树龄增加,施肥量每年应增加 40%～50%。

沙田柚经过 3～4 年管理后可投产,其盛产期可长达 15～30 年。此间,施肥的目的是使树体健壮,丰产稳产。株产 50 千克的沙田柚的施肥技术是:施肥量,全年施农家肥和化肥的总量,折后为纯氮(N)1.5 千克、磷(P_2O_5)0.6 千克、钾(K_2O)0.75 千克。全年施 4 次肥:萌芽肥占全年施肥量的 30%,稳果肥占 20%,壮果肥占 35%,采后肥占 15%。

萌芽肥。在 1～2 月份萌芽前 10 天左右,施速效肥料,每株施腐熟的人、畜粪水或经沤制的腐熟饼肥水 50～100 千克、尿素 0.5 千克、氯化钾 0.3 千克。

稳果肥。在 4～5 月份谢花后到第一次生理落果前施下。以补充开花消耗的养分,减少落果。株施腐熟的粪水 100～150 千克,尿素 0.3～0.5 千克,或三元素复合肥 0.75～1 千克。若在谢花后至生理落果期遇连绵阴雨,为促进幼果正常转绿稳果,可增加根外追肥。在谢花开始时,喷施 0.2%磷酸二氢钾和 0.3%～0.5%尿素的混合肥液,或喷施 0.5%三元素复合肥液,或喷施 0.05～0.1%绿旺叶面肥液,或 10%腐熟人尿等,连续喷 2～3 次,每隔 7 天喷 1 次,可减少异常生理落果,促进果实膨大。

壮果肥。在 6 月份后施第一次,株施人、畜粪水或饼肥水 100 千克,加尿素 0.5 千克、氯化钾 0.7 千克。也可施高效复合肥 1 千克。第二次在 8 月上、中旬进行,土壤重施肥料。施肥时,在树冠下挖 2 条长 1～1.5 米,宽、深各 0.5 米的沟,施入绿肥和杂草,撒少许石灰(酸性土),并放入猪牛栏粪 50 千克、钙镁磷肥 2 千克、饼肥 5.5 千克,然后覆土盖严。

采果肥。一般在果实采收前 15 天左右进行,施入人、畜粪水或饼肥水 50 千克,加尿素 0.2 千克,或在树冠滴水线处开浅沟施复合肥 1 千克。采果后结合冬季清园,可喷施 0.3% 磷酸二氢钾或 0.5% 复合肥,以利于花芽分化和采果后恢复树势。667 平方米产 2 000 千克果实,全年施氮 20～22 千克、五氧化二磷 14～16 千克、氧化钾 16～18 千克。

水分管理。干旱时及时灌水,雨多时排水防涝。这也是沙田柚丰产稳产的重要措施之一。

5. 整形修剪,培养丰产树形 为了使柚树早结果,对二年生树可在秋季用拉、吊等方法,培养丰产树冠。修剪时应尽量保留内膛较纤弱的无叶、少叶枝,使其结果。对成年树修剪时,应掌握"顶上重、四方轻、外围重、内部轻"的修剪原则。具体方法是在树冠周围枝叶密集处,疏去病虫枝和密集枝,使枝与枝之间分布均匀,通风透光,内部光照良好,枝梢充实健壮。但要注意保留树冠内部、中部 3～4 年生侧枝上抽发的纤细、深绿无叶枝,以利于结果。

6. 及时防治病虫害 沙田柚常见的主要病虫害有流胶病、螨类、蚧类、潜叶蛾和天牛等。对于这些病虫害,可采取如下综合防治措施。首先加强栽培管理,增强树势,提高植株的抗病能力。但是,要防止偏施氮肥。其次发现由病菌引起的真菌性病害,可用波尔多液和多菌灵防治。如发现有检疫性病害的植株,应及时将其挖除烧毁。最后对螨类、蚧类、潜叶蛾和卷叶蛾等害虫,应根据其生活习性及时防治。由于沙田柚的叶片大常有皱褶,在早春气温回升快的年份,尤其要重视四斑黄蜘蛛的防治,特别要注意对叶背喷药。

(二十四)永嘉香柚

系从浙江永嘉县土柚实生变异中选出的优良品种。其关键栽培技术简介于后。

1. 挖穴培肥　种植前挖深 0.8 米,长、宽各 1 米的定植穴。株施基肥:有机肥 100 千克、钙镁磷肥 1.5 千克、石灰(酸性土)1 千克。定植后随树冠扩大,沿树冠滴水线向外扩穴施肥改土。

2. 壮苗定植　定植苗木为苗木嫁接口上 2 厘米处的干径 0.8 厘米、高 50 厘米、3 个分枝以上的 1 级苗,栽后 3 年 60% 的植株可挂果。秋植在 11 月上旬前,春植在 3 月上、中旬,栽后 1 个月可施稀薄人粪尿。

3. 科学用肥　幼树每次梢萌发前 15 天左右、萌芽期、叶片转绿期各施 1 次速效肥,可用 20%～30% 尿素液浇灌,施肥量随树体而定,一般每株抽梢 1 次施尿素 50～100 克。9 月开始严格控肥水,以减少晚秋梢。11 月施 1 次冬肥,株施栏肥 25 千克。且在每次新梢叶片转绿期,结合病虫防治喷施 0.3% 尿素加 0.2% 磷酸二氢钾。为使种植后第三年树冠径能达到 2.5 米×2.5 米,进入始花挂果。在挂果前 1 年夏梢抽发期即不施或少施氮肥,多施磷肥和微肥,适施钾肥和有机肥,促进枝梢从营养生长转向生殖生长。对旺长树在 11 月可喷 1 次 300 毫克/千克的多效唑液。

结果树施春芽肥、稳果肥、壮果促(秋)梢肥和采后肥,100 千克果实施纯氮 1～1.2 千克,氮、磷、钾之比为 1∶0.4～0.5∶0.8。重施壮果促梢肥和采后肥,分别占全年总肥量的 40% 和 30%,春芽肥、稳果肥分别占全年总肥量的 15% 和 15%。

4. 整形修剪　早香柚幼树干性强、分枝角小,可用撑、吊开张分枝角,冬、春季修剪少疏轻剪,主要剪除病虫枝、过密弱枝,每次枝梢长 20 厘米时及时摘心,或拉枝改造成辅养枝。

5. 防病治虫　做好溃疡病(疫区)、炭疽病和螨类、蚧类、潜叶蛾等的防治。

(二十五)琯溪蜜柚

原产福建省平和县及其周边,种植规模大,全国不少地区有种植,表现早熟、优质丰产。其栽培关键技术简介于后。

1. 改土定植　琯溪密柚适红壤山地种植,但定植前要开挖深、宽各 1 米的穴,施足基肥定植。定植后 1～3 年内扩穴改土,增施有机肥。即在树冠滴水线下挖深 60～70 厘米、宽 40～50 厘米的沟,每株分两层填入稻草、绿肥或杂草 50 千克,层间填入表土和石灰,上层填入饼肥 1.5～2 千克、钙镁磷肥 2～2.5 千克加土拌匀。使土壤结构改良,肥力增加。

2. 科学用肥　株产 100 千克的柚树,全年施鸡鸭粪 15 千克、菜籽饼 3～4 千克、尿素 1～1.5 千克、复合肥 1～1.5 千克、钙镁磷肥 1.5～2 千克、硫酸钾 1.5～2 千克、石灰(酸性土)3～4 千克,氮、磷、钾之比为 1：0.7：1～1.2。

上述肥料折合纯氮 2.2 千克,五氧化二磷 1.6 千克,氧化钾1.8 千克。

全年施萌芽肥、稳果肥、壮果促梢肥和采后肥。

3. 促花保果　采取综合措施:一是剪除直立强枝,削弱旺树长势,改善通风透光条件。二是用撑、拉的方法加大分枝角度,使营养生长转向生殖生长。三是对旺长树环割、环扎。四是 10 月下旬至 11 月上旬用多效唑 1 000 毫克/千克喷树冠。五是用植物生长调节剂保花保果。针对其花期幼果期易出现缺锌、镁、硼,可在花期和幼果期分别喷施 0.2%硼砂、0.2%尿素、0.2%磷酸二氢钾,第一、第二次生理落果期用 GA、BA 保果。

4. 果实套袋　为提高果实质量,果实宜套袋,使柚果处于相对封闭的小环境,有更适的光照和温度、湿度条件,防止病虫入侵,降低农药污染,防止日灼、裂果,使果实着色均匀,品质和商品性提高。

琯溪蜜柚从套袋到采收有 4～5 个月时间,由于产地多雨和台风,纸质套袋还必须具有拉力、防湿抗腐能力,能忍受 120 多天的风吹、雨淋、日晒而保持完整。果袋的大小应为 40 厘米×30 厘米才能满足果实生长之需。扎口的铁丝应具防锈能力,防止锈蚀污染柚果。套袋时间:果实稳果后柚果直径 5 厘米以上。正常年份福建平和县在 6 月上、下旬为最佳时间。套袋前应疏果、防治病虫害。喷药后药液干后方可套袋,2 天内套毕,未能 2 天内完成的必须重新喷药;早晨露水干后才可套袋,喷药后遇雨必须重喷。

套袋后仍应加强管理,半个月内再喷施 1 次药剂防治病虫害,主要防治对象是锈壁虱和介壳虫。应经常检查田间病虫害发生情况,每隔 10 天不定点拆开口袋检查。防套果前病虫害防治不周到而在袋内引起危害。纸袋在田间湿润后会被蜗牛咬破,在蜗牛发生较多的柚园注意防治蜗牛。套袋后柚果生长快,更需加强肥水管理。

(二十六)红肉蜜柚

红肉蜜柚是福建省农业科学院果树研究所最近从琯溪蜜柚中选出的优新品种,外观美,肉质优,市场俏销,果农争种。现将平和产地的关键栽培技术简介于后。

1. 砧木和栽植密度 以土柚作砧木亲和性状表现最好。栽植密度:山地株行距 3 米×3.5 米,即 667 平方米栽 64 株;平地株行距 3.5 米×4 米,即 667 平方米栽 48 株。

2. 肥料及水分管理 幼树施肥坚持勤施薄施,每次梢前施足梢肥,抽梢后叶色转绿期施壮梢肥。或从定植(春植)起到 10 月中旬,每月施稀薄人粪尿 1 次,11 月施 1 次有机肥越冬。肥料以氮肥为主,一至三年生树株施 100~400 克,氮、磷、钾之比为 1:0.3:0.5。

结果树 1 年施肥 3~4 次。株产 100 千克果实需施纯氮 1.5 千克。平衡施肥,即氮、磷、钾、钙、镁之比为 1:0.5:1:1.1:0.4,分发芽肥、壮果肥和采果肥。发芽肥 1 月底前后施;壮果肥生理落果停止、秋梢抽发前 10~15 天施;采果肥采果前后 7~10 天内施毕。发芽肥、壮果肥、采果肥分别占全年施肥量的 15%~

25％、20％～40％和40％～60％。

红肉蜜柚对水分敏感,枝梢生长期、花芽分化期(3～5月)、果实生长期(7～10月)应适时灌水,保持土壤湿润。地势低洼和地下水位高的园地应及时排水。

3. 枝叶和花果管理　幼树修剪强调"抹芽放梢",并掌握"去早留齐、去少留多"的原则,待全株大部分末级梢都有3～4条新梢萌发时即停止抹梢。适当疏除过密枝,剪除全部冬梢。

初结果树注意培养短壮春梢与秋梢,抹除夏梢与冬梢,疏删直立枝,留斜生枝或进行拉枝。

盛果期树及时回缩结果枝组、落花落果枝组和衰退枝组,剪除枯枝、病虫枝。对骨干枝过多和树冠郁闭严重的树开出"天窗"(锯大枝宜在春季)引光线入内膛。对当年抽生的夏、秋梢营养枝,用短截或疏删调节翌年产量。对无叶枝组在重疏删的基础上对大部分枝梢或全部作短截处理。树高控制在3米以下。树形为自然开心形:干高20～40厘米,主枝3～4个,各主枝上配副主枝2～3个,主枝和副主枝上配置若干侧枝。

根据树势,9～11月用适当控水、拉枝,也可断根。或在9月至10月上旬环割宽度0.1～0.2厘米、深达木质部为宜。对结果母枝,在花蕾期先疏花序后疏蕾,"去头掐尾留中间",疏弱留壮花2～3朵。摘除早夏梢。5月上旬生理落果后依树势分2～3次调整结果量,留果均匀分布,去除病虫果、畸形果。

4. 矫治汁胞粒化　结果树以有机肥为主,增施钾肥,切不可在花期喷保果素。树盘盖草,冬季改土,提高土壤有机质含量与肥力。对长势旺的树采取环割调控生长势。适时采收。

5. 做好冬季防冻　改变果园生态环境,营造防风林。低温来临前灌水、果园(或树盘)覆盖、树干刷白等有助防止和减轻冻害。

(二十七)玉环柚

玉环柚原产浙江省玉环,是我国柚类的优良品种。其栽培关键技术简介于后。

1. 选好砧木 用酸柚、玉橙(温岭高橙)、枸头橙均可作砧木,海涂栽种用枸头橙、玉橙作砧木。

2. 选好园地 年平均17℃~20℃,极端低温≥-3℃,≥10℃的年活动积温5000℃以上,土壤质地良好、疏松肥沃、有机质含量最好在2%以上,土层深厚、活土层最好60厘米以上的山地、平地均可建园。山地建园坡度10°以上,20°以下修筑水平梯田,缓坡顺坡种植。平地选地下水位低、排水良好之地。海涂地选不受水淹、淡水资源丰富,含盐量0.2%以下的土地。

3. 种植密度 667平方米栽35~40株为宜,丘陵坡地稍密,平地稍稀。

丘陵坡地种植,在梯面中心稍外侧挖直径1米、深0.8米的定植沟,将腐熟的有机肥或土杂肥每667平方米1.7~2吨与土拌匀回填穴深30~40厘米时,在穴中上部再每667平方米施磷肥33~40千克。顶上盖肥土或表土。

平原海涂种植,筑定植墩定植。按株行距要求,将墩底挖深30厘米,填压与土拌和后的基肥,每667平方米施入有机肥或绿肥1.7~2吨,加客土筑墩、墩高80厘米,沉实保持60厘米,墩基直径2米、上口直径1.2米,经风化后定植。

4. 肥水管理 幼树薄肥勤施,以氮为主,配合施用磷、钾肥。春植成活后至8月中旬,每月施1次10%腐熟人粪尿或1.5%尿素液。8月下旬至10月上旬停施肥,10月中、下旬施越冬肥。第三年,每次梢前(3~8月)施1次速效肥,株施尿素200克或稀人粪尿20千克;顶芽自剪至新梢转绿前增加叶面施肥;11月施越冬肥,株施畜栏肥30~40千克。一至三年生幼树单株以年施纯氮

120～400 克，氮、磷、钾之比为 1∶0.3∶0.5 左右为宜。施肥量逐年增加。

结果树，施肥量以每产果 100 千克施纯氮 1.1～1.4 千克，氮、磷、钾之比为 1∶0.7～0.8∶0.8～0.9 为宜。微量元素以缺补缺，用作叶面施肥，按 0.1%～0.7%浓度施用。施肥时间及施肥比例：年施芽前肥 2 月下旬至 3 月上旬施，以氮、磷为主，施肥量占全年的 15%；花蕾肥 4 月中、下旬施，施肥量占全年的 20%；保果肥 5 月下旬施，施肥量占全年的 15%，看树施肥，多花弱树多施三元素复合肥，少花旺树控氮肥用量；采果肥 10 月下旬至 11 月中旬，施足量的有机肥（基肥），施肥量占全年的 50%。

环玉柚春梢萌动期、花期、果实膨大期及采果后对水分敏感，此时出现干旱，要及时灌水。

5. 整形修剪　树形为自然开心形。幼树期以轻剪为主，除适当疏删过密枝外，内膛枝和树冠中、下部较弱枝梢一般保留，9 月上旬后抽的晚秋梢剪除。盛果期尽量保持营养生长与生殖生长平衡。及时回缩结果枝组、落花落果枝组和衰退枝组。剪除枯枝、病虫枝、疏删丛生枝，对骨干枝过多的郁闭树作大枝修剪。

6. 保花保果

(1)控梢保果　春梢长 2～4 厘米时，按"三疏一"、"五疏二"疏梢。适当多疏去树冠顶部及外部的营养枝，内膛和下部的枝条留15～20 厘米长摘心，抹去 6～7 月中旬抽生的夏梢。

(2)营养保果　视树体营养状况，开花后不定期根外追肥，适当用营养型生长调节剂，开花期至幼树期喷施叶面肥营养液。

(3)生长调节剂保果　盛花或谢花期允许喷施浓度 25 毫克/千克的赤霉素，用于少花树和结果性能差的树。

(4)防治裂果　不用枳作砧木，选用酸柚、玉橙、枸头橙作砧木；不施壮果促梢肥，提倡施冬肥，重施有机肥；果实套袋，套袋适期为 9 月（果实膨大后期），薄膜袋应选用抗风吹雨淋、透气性好的玉环柚专用薄膜袋,以单层袋为宜;适当多结果;梅雨季节结束后立即用稻草或绿肥覆盖树盘,厚 15～30 厘米;7～8 月连续 7～8 天干旱无雨即行灌水。8 月下旬后进行控水,或采用覆膜、顶棚避雨等措施调节水分生理。

7. 病虫害防治 与其他柚类同,从略。

(二十八)矮 晚 柚

系四川省遂宁市名优果树研究所从晚白柚中选出的优良品种。因其已矮化适宜密植,结果早,丰产稳产,品质优,晚熟的优势,各地有引种种植、发展。其关键栽培技术如下。

1. 选择园地 矮晚柚适宜在年平均温度 17℃～20℃,极端低温－3℃以上,≥10℃的年活动积温 5 200℃以上,光照充足,雨量充沛(或水源充足),土壤肥沃、疏松、较深,微酸性至中性的山地、坡地和平地种植。水田地种植要选地下水位低、排水良好的地块。

2. 配好砧木 以枳、酸柚作砧木,嫁接亲和性好,枳砧早结果,丰产稳产;酸柚砧也表现较矮化,结果早。

3. 改土建园 园地土壤达不到矮晚柚生长结果要求的要进行种前、种后改土培肥。种植前挖穴(沟)施足基肥,穴深 0.8 米、宽 0.8～1 米,施入绿肥、秸秆、厩肥等作基肥,每穴 30～50 千克。施过磷酸钙 2 千克或钙镁肥 2 千克(酸性土)与土分层混合施下,起墩(高 0.2～0.3 米,直径 0.8 米左右)待基肥腐熟后种植。种植后随树长大逐年扩穴改土,在 1～2 年内完成,为植株丰产稳产打下良好基础。

4. 密植栽植 矮晚柚树体矮小,适宜密植。通常计划密植的株行距为 2 米×3 米,即 667 平方米栽 112 株。用修剪控冠,以果压梢可连续丰产 6～8 年后株间移去 1 株,变株行距为 3 米×4 米,即 667 平方米栽 56 株。矮晚柚栽后第三年,甚至第二年即能挂果。

5. 肥水管理 矮晚柚结果早、丰产,必须加强肥水管理。

幼树施好春、秋梢的芽前肥,为促壮枝梢 1 年喷施 2～3 次 0.2%～0.3%尿素、磷酸二氢钾。微肥因树制宜,缺什么补喷什么,越冬施好基肥。

结果树 1 年施春芽肥、稳果肥、壮果促梢肥和越冬肥。产量 100 千克,施纯氮 0.8～1 千克、纯磷 0.4～0.6 千克、纯钾 0.6～0.8 千克。春芽肥、稳果肥、壮果促梢肥和越冬肥分别占全年施肥量的 15%、20%、30%和 40%。各次梢自剪至转绿剪喷 0.2%～0.3%尿素、磷酸二氢钾。

根据气候和植株生长期需水要求及时灌水。

6. 整形修剪 幼树整形采取低干、矮冠、主枝少(3 个)、枝序多,修剪宜轻。

7. 保果疏果 先保果、稳果后疏果。此外,果实越冬注意防冻。

(二十九)佛 手

佛手具多种用途,经济价格高。其关键栽培技术如下。

1. 选好砧木 枳、香橼、枸头橙、宜昌橙等均可作佛手的砧木,综合性状以枳最佳。选用香橼作砧木,更能保持优良品种和丰产性能。

2. 挖穴定植 佛手植株较矮小,可适当密植,以株行距 2 米×3 米、667 平方米栽 112 株为适。定植穴深、宽分别为 0.8 米、1 米,每穴放入绿肥、堆肥、土杂肥 100 千克、三元素复合肥 1～2 千克、猪牛栏肥 5～10 千克、石灰(红壤酸性土)0.5 千克,待腐熟后筑树盘定植。

3. 科学施肥 佛手虽树小,但枝叶繁茂,生长势强,需肥量大。

幼树定植前和每年冬季施足基肥外,在萌芽前 10～15 天施 1 次速效氮肥和腐熟的农家肥,株施尿素 50 克、磷肥 100 克与 5 千克的鸡牛粪拌匀后环状沟施下覆土。每梢还可用 0.2%尿素加 0.2%磷酸二氢钾作叶面肥喷施。

结果树 1 年施花前肥:株施腐熟人粪尿 5～10 千克;稳果肥在谢花 2/3 时施下,株施有机复合肥 0.5～1 千克。壮果促梢肥 7 月下旬施下,株施有机复合肥 0.5 千克与腐熟的鸡牛粪 5～10 千克混匀施下,同时用 0.2%尿素加 0.3%磷酸二氢钾叶面喷施 1～2 次。采果肥 9～10 月采果后施下,株施土杂肥 20～30 千克及腐熟的猪牛粪 10～15 千克、复合肥 0.5 千克,树的两边沿树冠滴水线下挖对称沟施下。

4. 整形修剪 幼树、旺长树进行拉枝整形。结果树要抹夏梢,采果后至翌年春梢萌动前剪除交叉枝、过密枝、病虫枝、枯枝、衰弱枝,短截徒长枝,扰乱枝形的徒长枝从基部剪除。

5. 保花保果 佛手四季开花,但以春季 1～2 批花结果最好,一般只留春花果。通常单株留果量(5～10 年生树)是 50～80 个,若是大型果只留 20～30 个,其余疏除。

(三十)脆皮金柑

脆皮金柑是从普通金柑中选出的优良新品种。因其抗逆性强、丰产、品质极佳,全果皮肉均可食,市场销价好而发展加快。关键栽培技术简介于后。

1. 加强肥水管理,促使幼树早结果 种植第一年以追施水肥为主,在每次梢萌芽前 7～10 天、枝梢生长期、枝梢自剪老熟后各追肥 1 次。肥料用腐熟的粪水、饼肥水或沼渣肥水加 0.5%～1%尿素或 0.5%～0.8%尿素加 0.5%～1%硫酸钾混合肥淋施。二年生树可干施追肥,在每次梢萌芽前 10～15 天,株施尿素 50～100 克加硫酸钾 50～100 克。

每年冬季施基肥,旱地扩穴深施,水田挖沟深施。用量株施腐熟粪肥 10～20 千克加有机活性肥 0.5 千克。

整形,留干高 40 厘米,留 2～4 个健壮分枝短截作主枝,每一主枝上选留 2～3 条分枝作副主枝,全树留 6～8 条主枝、副主枝,培养自然半圆头形树冠。幼树修剪主要采取抹芽、疏梢和摘心。

2. 加强梢果管理,保丰产稳产 结果成年树加强梢果管理:一是重施基肥,以腐熟的有机肥为主,株施畜栏肥 15~25 千克加饼肥 1~1.5 千克加磷肥 0.5~1 千克加硫酸钾 0.5 千克。在采果后至立春前施。二是促发培养健壮春梢。及时施萌芽肥:在萌芽前 10~15 天(3 月上、中旬),株施腐熟粪水或饼肥水 10~20 千克加尿素 0.2~0.5 千克或加硫酸钾复合肥 0.3~0.5 千克。新梢生长期喷施 2~3 次磷酸二氢钾为主的叶面肥,促春梢老熟。用修剪促梢:在春梢萌芽前冬剪,剪除病虫枝、枯枝、密生枝和病虫枝,疏除部分生长衰弱的结果枝,回缩树冠外的长枝,留 3~5 个健壮芽使剪口附近抽生健壮量多的春梢。选留春梢以"五去二、三去一"的原则留 8~12 片叶的健壮春梢。留的春梢不摘心、短截。

重点保第一批花果、提高坐果率和大果比例。6 月上旬现蕾时喷 0.3%磷酸二氢钾加 0.2%硼酸混合液 1~2 次,谢花 2/3 时喷浓度为 30~50 毫升/千克的赤霉素液或芸苔素内酯等保果 1~2 次。及时抹夏梢、施壮果肥,即 7 月中旬株施腐熟粪水 10~15 千克,或硫酸钾复合肥 0.3~0.5 千克,并喷施 0.3%磷酸二氢钾加 0.2%硼酸混合液 1~2 次,促稳果壮果。7~10 月遇干旱灌水并覆盖树盘。

3. 注意防治病虫害 主要病害有炭疽病、树脂病,主要害虫有螨类、蚜虫、潜叶蛾等注意防治。

现代优新品种的优质丰产,除品种固有的特性外,还受气温、水分、土壤肥瘦、深浅和栽培技术等的影响,特别是对肥料的使用影响更大。同一品种,获得同样单产,用肥量会有不同。本章中介绍的每 667 平方米获得产量的氮、磷、钾用量,各地在参照中可灵活掌握,有增有减。值得提出的是:为使柑橘优质、丰产稳产,柑橘要多施有机肥;除施氮、磷、钾等外,还应根据缺什么补什么的原则施用其他营养元素,尤其是微量元素。

第十章　现代柑橘产后工程技术

现代柑橘产后工程技术包括柑橘产后商品化处理、运输及贮藏保鲜技术，柑橘加工与综合利用技术。

一、柑橘产后商品化处理、运输技术

（一）商品化处理的现状、作用和趋向

1. 现状　柑橘果实采收的商品化处理是提高果实商品性的重要环节，是柑橘产业链中重要的一环，是缓解柑橘品种成熟期集中和调节市场供应的重要措施。主产柑橘的发达国家，鲜销柑橘的商品化处理几乎达到 100%，对果品的商品化处理技术的研究和应用均十分重视，充分利用了现代生物学、现代化学、现代物理学、现代机械学原理和计算机技术，掌握了先进的操作技术，开发出先进、完备的处理机械。

目前，柑橘商品化处理的设备以集搬运、清洗、烘干、打蜡、分级、包装于一体并进行自动化控制，形成了柑橘采后处理的生产线。柑橘采后的生产线有按果实横径大小分级的生产线、按果实重量分级的生产线和光电分级的生产线等。

我国与世界主产柑橘发达国家甚至有的发展中国家相比，果实商品化处理起步晚，果品的处理率不高（不足 25%），且先进的设备和蜡液主要靠进口。从 20 世纪 80 年代后期开始技术和设备的引进和开发利用，进入 21 世纪后柑橘商品化处理进入了较快发展时期，浙江、湖南、湖北、广东、福建、江西、广西、四川和重庆等省、直辖市、自治区柑橘产区，纷纷引进先进技术和设备，大力开

发,有力促进了我国柑橘商品化处理技术的提高,使鲜销柑橘商品化处理也得到了较快的发展。

2. 作用　柑橘果实的商品化处理是提高果品竞争力和果品价值的重要手段。随着社会的进步,人们生活水平的不断提高,消费者重视果品的安全、营养、保健、口感的同时,也对外观质量提出了高的要求,果实通过商品化处理,可大大提高果实的外观质量和品质,提高果品的商品价值,提高竞争力,从而较大幅度的增加效益。

柑橘的商品化处理要进行果实清洗。柑橘果实生长期较长,短者5~6个月(特早熟温州蜜柑),长者13个月(夏橙),在果园容易受尘埃、农药、化肥、微生物、病菌等的污染,经过清洗可去除果面上的尘埃、污斑和病菌,洁净果面,降低果实的腐烂率。

柑橘商品化处理要进行果实的打蜡。果实打蜡的主要作用是增强果面的光洁度,减少果实的水分损失,降低果实的腐烂率和保持果实的品质。柑橘果实打蜡后果面光滑亮丽,色泽鲜艳;蜡液在果面上形成膜后能对果皮气孔和皮孔不同程度堵塞,减少空气接触面,降低果面和果肉氧气浓度,隔离病菌等。据中国农业科学院柑橘研究所试验,甜橙打蜡后45天与对照相比,失重率降低2~3个百分点,腐烂率降低6个百分点,呼吸强度降低6.1二氧化碳/千克·时,营养物质含量不同程度的提高,明显减轻了果实皱缩萎蔫,果实外观明显提高。

柑橘的商品化处理要进行果实的分级、贴标和包装。分级可提高果实的整齐度,有利实行按质论价。包装除了对果实装载运输保护外,还有装潢、产品宣传等作用。贴标具品牌宣传、品牌创建作用,也便于消费者的选购。

3. 趋　向

(1)无毒无害　今后消费者对果品的消费,除注重外观、内质外,更会注重果品的安全性。因此,果实商品化处理中所需的清洁剂、蜡液、防腐剂，必须是无毒、无害。

（2）全果测定 果实内质的非破坏性测定和有害物质测定技术在分级中应用。主要的营养物质（糖、有机酸、维生素等）和有害物质测定技术融合到柑橘采后商品化处理线中，这种先进技术检测通过的果品等级，才能真正体现果品的质量。

（3）自动操作 果实采后的商品化处理操作的超低劳动强度和自动化，是先进处理技术的重要方面。随着机械工业和计算机技术的发展，果品商品化处理的全机械化和自动控制将成为现实，包括搬运、传送、清洗、烘干、打蜡、检测、分级、容器生产和包装的全过程。

（4）生物技术 生物技术在柑橘果实采后处理中的应用，包括生物（拮抗菌）防腐技术，基因控制防止衰老技术等在果实处理中的应用，对防止果实腐烂，保持新鲜度和品质有重要作用。

（二）商品化处理的分级

1. 分级标准 柑橘果实分级是为达到既使果实标准化，做到按质论价，又便于包装、贮藏、运输和销售的目的。

柑橘果实分级有按品质分级和大小分级两种。品质分级是根据果实的形状，果面色泽、果面有否机械损伤及病虫害等标准进行的分级，这种分级要求分级人员熟练地掌握分级技术。大小分级是根据国家所规定的果实横径大小进行的分级，分级时可借用分级板或分级机。我国现行的柑橘分级标准，是以果实横径每差5毫米为1级的标准。现将中华人民共和国农业部行业标准（2006—12—06发布，2007—02—01实施）的柑橘鲜果大小分组规定和等级指标列于表10-1、表10-2。

农业部对无公害各类柑橘的理化指标，大、中、小、微型分类制订了标准，分别见表10-3、表10-4。

安全卫生指标应符合表10-5的规定。

表 10-1 柑橘鲜果大小分组规定 （单位：毫米）

品种类型		组别					
		2L	L	M	S	2S	等外果
甜橙类	脐橙、锦橙	 95～85	 85～80	 80～75	 75～70	 70～65	<65 或 ＞95
	其他甜橙	 85～80	 80～75	 75～70	 70～65	 65～55	<55 或 ＞85
宽皮柑橘类和橘橙类	椪柑类、橘橙类等	 85～75	 75～70	 70～65	 65～60	 60～55	<55 或 ＞85
	温州蜜柑类、红橘、蕉柑、早橘、樱橘等	 80～75	 75～65	 65～60	 60～55	 55～50	 ＜50 或 ＞80
	朱红橘、本地早、南丰蜜橘、砂糖橘、年橘、马水橘等	 70～65	 65～60	 60～50	 50～40	 40～25	<25 或 ＞70
柠檬和来檬类		 80～70	 70～65	 65～60	 55～50	 50～45	<45 或 ＞80
葡萄柚及橘柚等		 105～90	 90～85	 85～80	 80～75	 75～65	<65 或 ＞105
柚类		 185～155	 155～145	 145～135	 135～120	 120～100	<100 或 ＞185
金柑类		 35～30	 30～25	 25～20	 20～15	 15～10	<10 或 ＞35

表 10-2　果实等级指标

项　目		特等品	一等品	二等品
果　形		具有该品种典型特征，果形一致，果蒂青绿完整平齐	具有该品种形状特征，果形较一致，果蒂完整平齐	具有该品种类似特征，无明显畸形，果蒂完整
果　面	色泽	具该品种典型色泽，完全均匀着色	具该品种典型色泽，75%以上果面均匀着色	具有该品种典型特征，35%以下果面较均匀着色
	缺陷	果皮光滑，无雹伤、日灼、干疤；允许单个果有极轻微油斑、菌迹、药迹等缺陷。但单果斑点不超过2个，柚类每个斑点直径≤2mm，金柑、南丰蜜橘等小果型品种每个斑点直径≤1mm，其他柑橘每个斑点直径≤1.5mm。无水肿、枯水、浮皮果	果皮较光滑；无雹伤；允许单个果有轻微日灼、干疤、油斑、菌迹、药迹等缺陷。但单果斑点不超过4个，柚类每个斑点直径≤3mm，金柑、南丰蜜橘等小果型品种每个斑点直径≤1.5mm，其他柑橘每个斑点直径≤2.5mm。无水肿、枯水果，允许有极轻微浮皮果	果面较光洁，允许单个果有轻微雹伤、日灼、干疤、油斑、菌迹、药迹等缺陷。单果斑点不超过6个，柚类每个斑点直径≤4mm，金柑、南丰蜜橘等小果型品种每个斑点直径≤2mm，其他柑橘每个斑点直径≤3mm。无水肿果，允许有轻微枯水、浮皮果

表 10-3　各类柑橘的理化要求

项　目	指　　标							
	甜橙类			宽皮柑橘类			柚　类	
	脐橙	低酸甜橙	其他	温州蜜柑	椪柑	其他	沙田柚	其他
可溶性固形物(%)	≥9.0	≥9.0	≥9.0	≥8.0	≥9.0	≥9.0	≥9.5	≥9.0
固酸比	≥9.0	≥14.0	≥8.0	≥8.0	≥13.0	≥9.0	≥20.0	≥8.0
可食率(%)	≥70	≥70	≥70	≥75	≥65	≥65	≥40	≥45
大果型品种(毫米)	≥70			≥60			≥150	

第十章 现代柑橘产后工程技术

续表 10-3

项 目	指 标					
	甜橙类			宽皮柑橘类		柚 类
	脐橙	低酸甜橙	其他	温州蜜柑 椪柑 其他	沙田柚 其他
中果型品种(毫米)	≥55			≥55	≥50	≥130 ≥130
小果型品种(毫米)	≥50	≥50			≥40	
微果型品种(毫米)					≥30	

注:1. 低酸甜橙:指新会橙、柳橙、冰糖橙等品种

2. 其他甜橙:指除低酸甜橙和脐橙之外的甜橙品种,包括锦橙、夏橙、血橙、雪柑、化州橙、地方甜橙等

3. 橘橙、橘柚等杂柑,则以其主要性状与表中所列最接近的类别判定

4. 大、中、小、微果型的划分见表 10-4

表 10-4 各类柑橘大、中、小、微型分类

	甜橙类	宽皮柑橘类	柚类
大果型	脐橙	椪柑	琯溪蜜柚、晚白柚、玉环文旦、梁平柚、垫江白柚
中果型	锦橙、大红甜橙、血橙、夏橙、化州橙、雪柑、普通地方甜橙	温州蜜柑、樟头红、红橘、椪橘、早橘、椪柑、衢橘、茶枝柑	沙田柚、四季抛、强德勒柚、五布柚
小果型	冰糖橙、新会橙、柳橙、桃叶橙	南橘、朱红橘、本地早、料红、乳橘、年橘	
微果型		南丰蜜橘、十月橘	

491

表 10-5　果实的安全卫生指标　（单位：毫克/千克）

通　用　名	指　标	通　用　名	指　标
砷（以 As 计）	≤0.5	溴氰菊酯	≤0.1
铅（以 Pb 计）	≤0.2	氰戊菊酯	≤2.0
汞（以 Hg 计）	≤0.01	敌敌畏	≤0.2
甲基硫菌灵	≤10.0	乐　果	≤2.0
毒死蜱	≤1.0	喹硫磷	≤0.5
杀扑磷	≤2.0	除虫脲	≤1.0
氯氟氰菊酯	≤0.2	辛硫磷	≤0.05
氯氰菊酯	≤2.0	抗蚜威	≤0.5

注：禁止使用的农药在柑橘果实不得检出

2. 手工分级和机械分级

（1）分组板　分组板是我国柑橘人工分级的常用工具。有分组（级）板和分组（级）圈两种。使用分组板分级时，将分组板用支架支撑好，在其下面安置果箱，分组人员手拿果实，从小孔至大孔比漏（切勿从大孔至小孔比漏，以保证漏下的果实的等级）。

为了正确进行分级，应注意以下事项：①分组（级）板必须进行检查，每孔误差不得超过 0.5 毫米。②分级时，果实要拿端正，切忌横漏或斜漏。果实漏下时，应用手接住，轻放入箱，不得随其坠落箱中，以免果实出现新伤。③要让果实自然漏下，不得用力将其从孔中按下。分组圈分级与分组板雷同。

（2）打蜡分级机　20 世纪 80 年代末，我国不少柑橘产区开始采用打蜡分级机。以下简介 1989 年中国农业科学院柑橘研究所从意大利福托拉公司 CAMA 厂引进的柑橘打蜡分级机。

打蜡分级机，总体长 18 米、宽 4 米，共由 6 个部分组成，由中央控制台操作运行，且各部分有完全保护开关。

①提升传送带：由数个辊筒组成的滚动式运输带，将果实传送进入清水池。

②洗涤：由漂洗、清洁剂刷洗和淋洗 3 个程序完成。漂洗水箱中盛有清水（可加入杀菌剂），并有一抽水泵使箱内的水不断循环流动，以利于除去果面部分脏物和混在果实中的枝叶等。水箱上面附设一传送带，可将经漂洗的果实传到下一个程序。清洁剂刷洗和清水淋洗带，其上方由微型喷洒清洁剂的喷头和 1 组喷水喷头一前一后地组成，下方是 1 组毛刷辊筒组成的洗刷传送带。果实到达后果面即被涂上清洁剂，经毛刷洗刷去污，接着传送到喷水头下进行淋洗，去除果面的脏污和清洁剂。经清洗过的果实传送到打蜡抛光带。

③打蜡抛光带：该工段由 1 排泡沫辊筒和 1 排特制的外包马鬃的铝筒制成的打蜡刷组成。经过清洗的果实，先经过泡沫辊筒擦干，减少果面的水渍，再进入打蜡工段。经过上方的喷蜡嘴喷上蜡液或杀菌剂等，再经过蜡毛刷旋转抛打，被均匀地涂上一层蜡液。打过蜡的果实进入烘干箱。

④烘干箱：燃烧柴油产生的 50℃～60℃ 的热空气，由鼓风机送到烘干箱内，使通过烘干箱的果实表面蜡液干燥，形成光洁透亮的蜡膜。

⑤选果台：这是由数个传送辊筒组成的 1 个平台。经过打蜡的果实，由传送带送到平台上，不断地翻滚，由人工剔除劣果后合格的果实即进入自动分组带。

⑥分级装箱：可按 6 个等级进行大小分级。等级的大小通过调节辊筒距离来控制。果实在上面传运滚动时，由小到大地筛选出等级不同的果实，选出的果实自动滚入果箱。工艺流程如下。

原料→漂洗→清洁剂洗刷→清水淋洗→擦洗（干）→涂蜡（或喷涂杀菌剂）→抛光→烘干→选果→分级→装箱→封箱→成品

该机每小时处理果实 2 500～3 000 千克。每千克果实耗用人工、水电、柴油及蜡液等费用，折合人民币为 0.03～0.05 元。

目前，打蜡分级机已从国外引进发展到国内自制。如浙江省农业厅柑橘选果机定点生产厂——浙江临海路发果业机械制造厂生产的果丰牌柑橘分级机,具有结构紧凑、灵巧、动力噪音小、工作性能好、适用性广等优点,每小时可处理果实 1 200 千克。果实的输送、清洁、打蜡、风干、分级等工序均可在机器上完成。最后输出的不同规格(果径)的果实,外观鲜艳亮丽,大小均匀,商品化程度高。该厂开发了 JFL-3000 型、JFL-3000A 型(带风干)选果机,JFL-3000 I 型家庭选果机,JFL-3000 II 型自动打蜡机等。JFL-3000A 型选果机的结构如图 10-1 所示。其技术参数:长、宽、高为 6 000 毫米×1 100 毫米×1 050 毫米;机体重量为 2 吨;选果规格为 60 毫米、65 毫米、70 毫米、75 毫米、>75 毫米;动力为额定电压 220 伏特、功率≤1.2 千瓦。

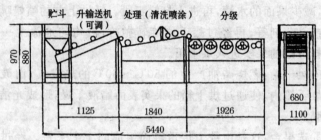

图 10-1　JFL-3000A 型选果机结构示意　(单位:毫米)
注:该机的选果规格可根据需要作调整

(三)商品化处理的包装

　　柑橘果实进行包装,是为了使其在运输过程中不受机械损伤,保持新鲜,并避免散落和损失。进行包装,还可以减弱果实的呼吸强度,减少果实的水分蒸发,降低自然失重损耗;减少果实之间的病菌传播机会和果实与果实间、果实与果箱间因摩擦而造成的损伤。果实经过包装特别是经过礼品性包装后还可以增加对消费者的吸引力而扩大销路。

为了开展柑橘果实的包装,宜在邻近柑橘产区、交通方便、地势开阔、干燥、无污染源的地方建立包装场(厂)。场(厂)的规模视产区柑橘产量的多少而定。

我国现行的柑橘包装分外销果包装和内销果包装。

1. 外销果的包装

(1)包装器材的准备

①包果纸:要求质地细,清洁柔软,薄而半透明,具适当的韧性、防潮和透气性能,干燥无异味。尺寸大小应以包裹全果不致松散脱出为度。

②垫箱纸:果箱内部衬垫用,质量规格与包果纸基本相同,其大小应以将整个果箱内部衬搭齐平为度。

③果箱:要求原料质量轻,容量标准统一,不易破碎变形,外观整齐,无毒、无异味,能通风透气。目前多用轻便美观、便于起卸和空箱处理的纸箱。现使用的纸箱是高长方形,多用于港澳和欧、美市场,其内径规格为 470 毫米×227 毫米×270 毫米,见图 10-2。近来进出口柑橘采用双层套箱更为先进。

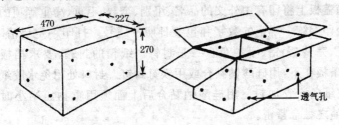

图 10-2　包装纸箱示意　(单位:毫米)

(2)包装的技术

①包纸或包薄膜:每个果实包 1 张纸,交头裹紧,甜橙、宽皮柑橘的包装交头处在蒂部或顶部(脐部),柠檬交头处在腰部。装箱时包果纸交头处应全部向下。

柑橘果实包纸,可起到多种作用:一是隔离作用,可使果实互相隔开,防止病害的传染。二是缓冲作用,减少果实与果箱间、果实与果实间因运输途中的震动所引起的冲撞和摩擦。三是抑制果实的呼吸作用,包纸使果实周围和果箱内二氧化碳浓度增加,从而抑制了果实的呼吸作用,使果实的耐贮运性增加。四是抑制果实的水分蒸发,减少自然失重损耗,使果实保持良好的新鲜度。五是美化柑橘商品。六是包纸还可将果实散发出的芳香油保存,对病菌的发生起一定的抑制作用。

②装箱:果实包好后随即装入果箱,每个果箱只能装同一品种、同一级别的果实。外销果须按规定的个数装箱,内销可采用定重包装法(篓装 25 千克,标准大箱装 16.5 千克)。装箱时应按规定排列,底层果蒂一律向上,上层果蒂一律向下,果型长的品种如柠檬、锦橙、纽荷尔脐橙可横放,底层要首先摆均匀,以后各层注意大小、高矮搭配,以果箱装平为度。出口果箱在装箱前要先垫好箱纸,两端各留半截纸作为盖纸,装果后折盖在果实上面。果实装后应分组堆放,并要注意保护果箱防止受潮、虫蛀、鼠咬。

③成件:出口果箱的成件一般有下列几道工序:一是打印。在果箱盖板上将印有中外文的品名、组别、个数、毛重、净重等项的空白处印上统一规定的数字和包装日期及厂号。打印一定要清晰、端正、完整、无错、不掉色。二是封钉。纸箱的封箱,要求挡板在上,条板在下,用硅酸钠黏合或用铁钉封钉。封口处用免水胶纸或牛皮纸条涂胶加封。用硅酸钠黏合后上面须用重物压半小时以上,使之黏合紧密。

2. 内销果的包装

(1)包装器材的准备 内销柑橘果实的包装也同样应着眼于减少损耗,保持新鲜,外形美观,提高商品率。因此,应本着坚固、适用、经济美观的原则,根据下述条件选择包装器材。一是坚固,不易破碎、不易变形,可层叠装载舟车。二是原料轻,无不良气味,通风透气。三是光滑,不会擦伤或刺伤果实。四是价格低廉,货源充足方便。

(2)包装的技术　内销果可用纸箱包装,成件方法与出口果箱相同。竹篓和藤条篓如果规定重量装完后上部未满而有空余的,其空余部分需要用清洁、对果实无害的柔软物衬塞紧实,使其与篓口齐平。篓盖用细铅丝将四边扎紧以后再用结实的绳索捆成十字形,将绳头打成死结。箱(篓)外标记:木箱和纸箱应在箱外印刷,篓应在篓外悬牌,标明品名、等级、毛重、净重、包装日期和产地等,字迹清晰、完整、无错。

近几年来,随着柑橘产量的迅速增加,加剧了产量与包装落后之间的矛盾,不少产区引进国外先进的包装线,并对我国习惯性的篓(筐)装进行了改革探索,除纸箱包装外,又将钙塑箱、硬塑料箱等用于柑橘果实的包装。为方便消费者的携带,各地还生产了不少美观、轻便的礼品果包装箱(盒)。中国农业科学院柑橘研究所还从意大利引进了柑橘果实的网袋包装机,每袋果实的个数可任意选定,5个、10个、15个等都可。该机由装袋和打结两个部分组成。

通过打蜡分级后的果实倒入盛果槽内,由单果传送带传送,经控制果数的网袋,再由人工操作在打结机上打结,并自动剪断网袋,成一定果数小袋包装,然后装箱运走。这些,对提高柑橘的包装水平有积极的作用。

3. 新奇士柑橘包装生产线简介　美国新奇士公司的新奇士®(SunKist®)是国际知名的商标,其柑橘的包装厂,分布全球60多个国家。现简介其柑橘包装生产的操作流程。

(1)下果及涌动控制　运至包装厂的果实用倾倒机传送到包装线。为防水可能引起果实污染而采用涌动技术稳定传送果实。

(2)去除杂物、大小预选、预分级　一是通过在平行排列的滚筒上滚动完成果实的去杂。二是果实大小预选是将不宜鲜销的过小果实由传送带选出他用(如加工果汁)。三是预分级按果实大小预选剔除腐烂果、裂果、过大果和去除果梗,以防止果实腐烂和果汁酸污染。

(3)洗果 果实通过湿润的毛刷,用皂液或洗涤液(碳酸氢钠、邻苯酚)滴到果实上去除污物、霉菌和化学残留等。

(4)分级 分级在果实清洗后立即进行,是大小分选的最后一道工序。系根据果实色泽、瑕疵大小分成均匀的等级,将不符合分级标准的果实用于加工。

分级方式有人工在传送带上分级和电子分级等。新奇士的电子分级机用的光源应为冷白商店光源,分级速度为1分钟30个。

(5)上色 上色在柑橘采后处理过程中是可选项,仅用于早熟甜橙。可以选用橘红2号染料(Cirrus Red NO.2)在48.9℃染液中浸泡4分钟,然后用清水冲洗,以防染料透过蜡液渗色,并保证染料的残留量在2毫克/千克以内。美国果实上色,主要在佛罗里达州,加利福尼亚州阳光充足,果实色泽好,无需上色。

(6)打蜡 鉴于果实天然的蜡在清洗时被去除(减少),常以打蜡代替天然蜡,减少果实失重,作为杀菌剂的载体和使果实表面色泽鲜亮。果蜡有两种:一种是溶剂蜡,因有易燃和使用前果实必须烘干的缺点而已很少见到;另一种是水乳化蜡,是目前主要使用的。所用的蜡包括:①Sta-Fresh 227(FMC公司 Food Tech生产),Villa Park 果园协会用于朋娜等脐橙的打蜡处理。②Stafresh 223 HS,Limoneira公司用于柠檬的打蜡处理。③Sta-Fresh 705(FMC公司 Food Tech生产)。④FMC 6%(FMC公司Food Tech生产)。⑤Decco Pearl Luster®(美国仙农有限公司生产,是一种以虫胶为主的蜡乳液)。打蜡后果实的烘干温度为48.9℃,时间3～4分钟。

蜡液喷施是用可以摆动的喷头,将蜡液喷洒到慢速(不高于100转/分)转动的马鬃毛刷上,果实通过时完成打蜡,烘干已经打蜡果实的装置长为6.1～12.2米。

(7)贴标 通常在果实打蜡(水乳化蜡)使用后或溶剂蜡使用前进行。贴标有油墨贴标和标签贴标两种,使用由 Sinchair 公司生产的贴纸机自动贴标。其上标有品种名称、公司名称、代码及出产地。

新奇士®柑橘果实上均有一种称为 PLU(Price-Look-Up)Code 的贴纸,输入这个代码,即可知价格、重量等。柑橘的代码很多,如 3107 指中等大小(66~84 毫米)脐橙,1 箱 88/72 个。3108 指中等大小(66~84 毫米)夏橙,1 箱 88/72 个。3109 指 Sveille 橙。3110 指卡拉卡拉(红肉)脐橙。3144 指秋辉橘。3155 指中等大小(66~84 毫米)蜜奈夏橙,1 箱 88/72 个。4012 指大果(≥84 毫米)脐橙,1 箱约 56 个。4013 指小果(≤66 毫米)脐橙,1 箱约 113 个。4014 指小果(≤66 毫米)夏橙,1 箱约 133 个。4958 指中等大小(54~65 毫米)柠檬,1 箱约 145/140 个。

(8)杀菌剂 柑橘果实采后质量控制中,常会使用杀菌剂,主要有以下几种。①碳酸氢钠(小苏打)浓度 3%,温度 40.6℃,pH 值 10.5,果实进包装厂时用于洗涤和杀菌。新奇士公司介绍,经 3%碳酸氢钠和 200 毫克/千克含氯溶液处理的甜橙绿霉病可以减少 80%。也有介绍认为使用的适宜温度为 20℃~26.7℃,pH 值为 8。②Agclor(美国仙农有限公司出产,含次氯酸钠 12.5%)用于减少病菌污染和果实腐烂。氯的有效性取决于溶液的 pH 值、处理时间和游离氯的浓度。使用浓度 200 毫克/千克。③赤霉素使用浓度 100 毫克/千克。④特克多(TBZ)在果实清洗和除水后使用,浓度 3 500 毫克/千克。⑤抑霉唑(Imazalil)使用浓度 2 000 毫克/千克。⑥Sopp(邻苯酚、邻苯基苯酚)或邻苯酚钠(Sodiam ophenylpheniate,sopp),可代替洗涤剂。⑦苯来特(Benomyi)和联苯(Diphenyl)。特克多、抑霉唑、Sopp 和苯来特可与水乳化蜡混合使用。

(9)大小分选 有人工、有机械,专门分选的人工 6 人,每天工作 10 小时,每小时处理果实 70 箱(2 000 个/箱)。

①包装:大多数果实包装处理后用 24.7 千克的纸箱或标准网袋包装。但对礼品果,包装则五花八门。果实装箱均实现自动化,所用的设备是新奇士公司和 FMC 公司生产的。包装成本,40 磅/箱的柑橘,美国国内销价 9.94 美元,其中种植者占 2 美元,采摘、运输占 1.15 美元,包装厂占 4 美元,新奇士公司占 0.75 美元。外销果离口岸价约 12 美元/箱。

②果实装箱后的处理:果实装箱后置于托盘上装载与远洋运输。箱上标明:果实大小、等级、果数、品种名称等。果实运输:美国国内采用冷藏车运输;出口果实先用冷藏车运至码头,再转 4 层轮船运往目的地。运输甜橙,温度 0℃～1.1℃的下货架寿命最长,短期贮运的适宜温度为 10℃。柠檬最适的保存温度为 5℃～5.5℃。贮运的相对湿度应保持 90%。运贮过程中应有通风条件,以防二氧化碳和乙烯增多,不利运贮。

现代化的柑橘分级包装场,由多条(台)包装线(机)联合作业。如日本清水市有一个 18 条线的大型分级包装场,能根据果实的大小、色泽和糖度,准确进行分级。其自动化程度高,处理量大,但管理人员很少。

(四)运输技术

果实运输是果品采收后到入库贮藏或应市销售前必须经过的生产环节。运输的好坏直接关系到果实的抗病性、耐贮性和经济效益,运输不及时或运输方法不当,都会使果品在销售和贮藏中品质下降,发生腐烂。

2005 年我国柑橘总产量达 1 592 万吨以上,每年出口柑橘 25.5 万吨;内销的运输量达 1 000 万吨以上。主要的运输工具有汽车、轮船和火车。部分外销果用机械保温车,少量作空运。由于运输量大,时间又集中在 11 月、12 月,加之运输工具落后且数量不足,途中中转次数多,停运时间长,腐损大。装卸不当,有时腐损竟达 20％～30％。

随着柑橘生产的发展和出口量的逐年增多,解决柑橘的运输工具、更新设备、简化运输环节、缩短运输时间已成为当务之急。

1. 运输柑橘果品的要求　柑橘鲜果含有大量的水分,果皮饱满充实,在运输中易损伤而造成腐烂。为此,运输必须做到以下几点:一是装运前果实应经过预冷处理,除去田间热。二是装运的柑橘果实必须包装整齐,便于运输。不同包装箱应分开装运,轻装轻放,排列整齐,一般采用交叉堆叠或"品"字形堆叠。火车、轮船运输堆垛要留过道,避免挤压和通风不良;汽车运输顶部要有遮日避雨之物。三是及时运输,做到三快(快装、快运、快卸),严禁果实在露地日晒雨淋。四是运输途中应尽量减少中转次数,缩短运输时间。五是运输工具必须清洁、干燥、无异味,装载过农药或有毒化学物品的车、船,使用前一定要清洗干净并垫上其他清洁物。六是根据柑橘果实的生理特性,在运输途中对温、湿度进行及时管理,创造良好的运输条件,以减少外界不良环境对果实的影响。

2. 运输的技术

(1)运输的方式　分短途运输和长途运输。短途运输系指柑橘园到收购站、包装场、仓库或就地销售的运输,这类运输要求浅装轻运、轻拿轻放,避免擦、挤、压、碰等损伤果实;长途运输系指柑橘果品通过火车、汽车、轮船等运往销售地或出口。目前我国火车运输有机械保温车、普通保温车和棚车 3 种。其中以机械保温车为最优,因其能控制运输中车内的环境条件,故果品腐损少。棚车即普通货车,车温受外界温度影响,腐损较大,不适宜用来运往北方寒冷的地方。普通保温车介于机械保温车和棚车之间,在内外环境条件悬殊的情况下,难以通过升温来保持车内适宜的环境,因而难免损失。这种车的优点在于可单独运行,调运较方便,装载量每车厢 30 吨。

(2)途中管理　果实运输途中的良好管理是运输成功的重要环节。应派懂柑橘贮运和工作责任心强的人员负责管理。管理人员应根据运输途中的气温变化,调节车厢内温度,使柑橘果实处于适宜的温度条件下。柑橘适宜运输的温度为 6℃～8℃,果实在这样的温度下腐烂率低,失重小,可溶性固形物和总酸量基本无变化。管理人员每天应定时观察车厢内不同位置的温度。当果箱堆温度超过 8℃时,可打开保温车厢的冰箱盖、通风箱盖或半开车门,通风降温;当车厢外气温降到 0℃以下时,则需保温,堵塞全部通风口,甚至加温。

水路运输时,除控制舱内的温、湿度外,还要随时注意防止浪水入舱,尤其是上下错船时,水浪增大,更要注意。装载重量要适度,切忌超载。

二、柑橘贮藏保鲜技术

(一)贮藏保鲜的意义

全球柑橘年产量 1 亿吨以上,在百果中独占鳌头。我国柑橘面积、产量也迅猛发展,2005 年柑橘 171.73 万公顷,产量 1 592 万吨,面积占世界首位,产量超过美国仅次于巴西,居世界第二位。我国柑橘早、中、晚品种比例调整,通过几十年的不懈努力有所改变:年内 11 月、12 月成熟应市的中熟品种由 85%以上下降到80%,早熟、晚熟品种的比例分别由不足 10%和 5%上升到 12%和 8%。三峡库区早、中、晚熟品种比例调整成效更明显,达到了12：78：10。但从目前市场需求考虑,仍需继续增加早、晚熟品种的比例,尤其是晚熟品种的比例。

柑橘贮藏保鲜的意义在于:一是在年产量不断增加的情况下,成熟的果实难以很快卖完。为使种植者(果农)增收,柑橘采取贮藏保鲜,仍是十分必要的。二是目前早、中、晚熟品种的比例仍然不够合理,中熟品种集中采收应市,不仅人为的加剧运输、劳力等的紧张,而且也会加大果实的腐损,减少经济收入。三是柑橘通过贮藏保鲜,可排开季节,周年供应,增加经济效益,同时也能满足周年对柑橘果品的需求。

(二)贮藏保鲜期间的变化及其影响因子

1. 果实在贮藏中的变化　柑橘果实的采后贮藏保鲜,常分为常温贮藏保鲜和低温贮藏保鲜。常温贮藏保鲜果实的变化,大多向坏的方向发展,如果实失水萎蔫,生理代谢失调,抗病力减弱,糖、酸和维生素 C 含量降低,香气减少,风味变淡等。低温贮藏保鲜的果实,由于可人为地控制温度和湿度,甚至调节气体的成分,可使常温中出现的这些变化,控制在一定的限度以内。

酸是柑橘果实贮藏中消耗的主要基质,糖也消耗一部分,但因水分减少,故有时糖分的相对浓度并未下降。柑橘贮藏时间,一般以 2～3 个月为宜,但不同种类和品种的柑橘耐贮性各异。通常温州蜜柑的中晚熟品种可贮 2～3 个月,椪柑(中、北亚热带产)可贮3～4 个月,脐橙可贮 2 个月左右,锦橙可贮 3～4 个月,沙田柚可贮 4～5 个月,晚白柚和矮晚柚可贮 3～4 个月,柠檬可贮 4～5 个月。贮藏保鲜期之长短,既要根据品种的耐贮性,更应着重市场的需求,做到该售就售,决不惜售。

2. 影响果实贮藏保鲜的因子　影响果实贮藏保鲜的因子很多,其主要的因子如下。

(1)种类、品种不同,贮藏性各异　如沙田柚、柠檬等高糖、高酸的品种耐贮,温州蜜柑中普通温州蜜柑较早熟温州蜜柑耐贮。

(2)砧木不同,贮藏性各异　砧木对嫁接后的柑橘果树生长发育、环境适应性、产量、果实品质、贮藏性和抗病性等方面都有影响。有试验表明,用不同砧木作甜橙的砧木,以枳、红橘作砧木的果实耐贮性好。先锋橙贮藏中显现褐斑(干疤)最轻的是枳砧,甜橙砧居中,宜昌橙砧较重。日本认为,枳作为温州蜜柑砧木,果实耐贮藏。

(3)树体生长、结果不同,贮藏性各异

①树龄:通常青壮年树比幼龄树、过分衰老的树所结的果实耐贮藏。

②长势:长势健壮树结的果实比长势过旺的树所结的果实耐贮藏。

③结果量:结果过多,肥水跟不上,果小色差,果实的耐贮性也差;结果少,虽然因大肥大水果个较大,但这种味淡色差的果实,也不耐贮藏。

④结果部位:同一株树,不同部位所结的果实耐贮藏性有异。通常向阳面果实比背阴面果实耐贮性好,顶部、中部和外部所结的果实比下部、内膛所结的果实耐贮藏。

(4)栽培技术不同,贮藏性各异

①修剪、疏花、疏果:经修剪、疏花、疏果留下的果实,因通风透光条件改善,营养充足,果实充实、品质好,耐贮藏。如日本报道,疏果后贮藏的温州蜜柑较不疏果的耐贮,贮藏中果实腐烂率疏果的果实为10%,不疏果的果实高达27.1%。

②合理施肥:合理施肥的能增加果实的贮藏性。通常施氮的同时多施钾肥,果实酸含量提高,贮藏性增加;反之施氮肥时少施钾肥,果实的贮藏性降低。

③科学灌水:凡根据果树需要进行灌溉的柑橘园,果实品质和耐贮性好。但果实采收前2～3周若灌水太多,会延迟果实成熟、着色差,果实不耐贮。

④采前喷药:采前喷允许的生长调节剂、杀菌剂或其他营养元素的可增强果实的耐贮性。

⑤采收质量:采收质量高,果实耐贮。

⑥装运条件：装载适度、轻装轻卸、运输途中不使果实震动太大而受伤，可使果实保持完好而耐贮。

(5)环境条件不同，贮藏性各异　环境条件主要是气温、光照、雨量等。

①温度：尤其是冬季的温度影响果实的贮藏性。冬季气温过高，果实色泽淡黄，使果实贮藏性变差；反之，冬季连续适度的低温，可增加果实的贮藏性。

温度对果实贮藏保鲜效果的影响最大，因其直接影响果实的呼吸作用和微生物的活动能力。果实呼吸作用在一定温度范围内，随温度的升高而增强。温度越高，呼吸作用越大，消耗的养分越多，果实的保鲜时间就越短。此外，微生物的活动能力，在一定温度范围内，也随温度的升高而加快。常温保鲜的果实，开春后易腐烂，风味变淡，主要是果实呼吸加强和微生物的活动加快所致。温度过低也会引起对果实的伤害。

②湿度：它影响贮藏保鲜果实的水分蒸发速度。湿度大，果实失水少；湿度小，果实失水多。一般柑橘果实含85％～90％的水分。保鲜湿度过低，果实会失水过多而引起萎蔫，既损耗大，又影响外观、内质。

③气体成分：气体成分与果实贮藏保鲜关系密切。氧气为果实正常生命活动必不可少的重要条件，在有氧的情况下，果实进行正常的有氧呼吸；氧气不足的情况下，果实进行不正常的缺氧呼吸，不仅产生乙醇，使果实变味，而且产生同样的能量，比正常的有氧呼吸消耗的营养物质多得多。故贮藏保鲜场所应适当通风，使氧气和二氧化碳适宜。有时为了延长果实的保鲜期用提高二氧化碳的浓度来降低果实的呼吸强度，但浓度不能超过一定的范围，否则会产生生理性病害。通常情况下，柑橘果实贮藏氧的浓度不低于19％，二氧化碳的浓度不超过2％～4％。

④环境条件：贮藏场所、包装容器、运载工具等要消毒，以免

造成对贮藏果实的污染。有人对来自同一果园的甜橙进行环境条件消毒与不消毒的对比试验,果实贮藏保鲜 105 天,环境经消毒处理的果实腐烂率 7％,未经消毒处理的腐烂率 14％。无公害柑橘果实贮藏环境,严禁有污染源,不允许果实在贮藏保鲜过程中出现再污染。

(三)贮藏保鲜场所

柑橘果实贮藏场所有常温贮藏库和冷库之分。常温贮藏库以通风库为主。冷库主要是低温冷库。

果实在常温贮藏库贮藏,按 GB/T 10547(柑橘贮藏)规定执行。

冷库贮藏,应经 2～3 天预冷,达到最终温度:甜橙 3℃～5℃、宽皮柑橘类 5℃～8℃、柚类 8℃～10℃。保持在库内的相对湿度:甜橙 90％～95％,宽皮柑橘及柚类 85％～90％。

(四)贮藏保鲜技术

柑橘果实的贮藏保鲜技术有采后贮藏保鲜和留树贮藏保鲜之分。采后贮藏保鲜有药剂保鲜、包薄膜保鲜和打蜡(喷涂)保鲜等。

1. 采后贮藏保鲜

(1)药剂保鲜 所有保鲜药剂必须是无公害柑橘允许的,不许用 2,4-D。

(2)薄膜包果 薄膜包果可降低果实贮藏保鲜期间的失重,减少褐斑(干疤),果实新鲜饱满,风味正常。此外,薄膜单果包果还有隔离作用,可减少病害发生。

目前,薄膜包果常用 0.008～0.01 毫米厚的聚乙烯薄膜,且制成薄膜袋,既成本低,又使用方便。

(3)喷涂蜡液 可提高果实的商品性。一般喷涂蜡后在 30 天内将果实销售完毕。

2. 留(挂)树贮藏保鲜 在柑橘早、中、晚熟品种不能周年均衡应市的情况下,不失为可采取的措施。实施时应注意以下几点。

(1)防止冬季落果 为防止柑橘冬季落果和果实衰老,在果实尚未产生离层前,对植株喷施1~2次浓度为10~20毫克/千克的赤霉素,间隔20~30天再喷1次。

(2)加强肥水管理 在9月下旬至10月下旬施有机肥,以供保果和促进花芽分化。若冬季较干旱,应注意灌水,只要肥水管理跟上,就不会影响柑橘翌年的产量。

(3)掌握挂(留)果期限 应在果实品质下降前采收完毕。

(4)防止果实受冻 冬季气温0℃以下的地区,通常不宜进行果实的留(挂)树贮藏。

(5)避免连续进行 一般留(挂)树贮藏2~3年,间歇(不留树贮藏)1年为好。

(五)不同品种留(挂)树贮藏保鲜简介

1. 锦橙 中国农业科学院柑橘研究所沈兆敏等以三峡库区的主栽品种——锦橙为试材,用赤霉素、2,4-D等药剂喷施果实作留树保鲜试验。赤霉素的浓度分别为:15毫克/千克、30毫克/千克、45毫克/千克,加喷2,4-D溶液的浓度为50毫克/千克,加1 000倍黏着剂。试验的结果:一是9月下旬当果面色泽由深绿转淡绿时第一次喷施15毫克/千克、30毫克/千克赤霉素和50毫克/千克2,4-D;10月下旬喷施第二次或11月下旬再喷第三次,可使果实成熟推迟1个月,留树至翌年1月下旬采收,稳果率达95%左右,效果以喷2次的最佳,3次的其次,1次的不够理想。二是只要加强肥水管理,不会影响翌年产量。第一、第二、第三年留树保鲜平均株产为45.78千克、39.03千克、31.08千克,对照分别为44千克、28千克、25.9千克,处理和对照的产量差异不显著,表明留树保鲜对翌年产量无影响。三是锦橙留树保鲜可增加果实的色泽度和可溶性固形物、减少柠檬酸、风味变浓、品质提高,11月、12月和翌年1月采收的果实色泽处理与各自的对照差异显著,但11月采收的对照果与12月采收的处理果在果色上无显著差异,表明赤霉素和2,4-D使果实至少推迟1个月。11月、12月和翌年1月采收的果实,其可溶性固形物分别为9.8%、11.03%和10.6%,以12月采收的最高,分别较11月和翌年1月的高13.1%和4.1%;柠檬酸含量分别为1.27毫克/100毫升、1毫克/100毫升和0.89毫克/100毫升。酸逐月下降,固酸比逐月上升,12月和翌年1月采收的较11月采收的分别提高39.4%和55%,但果汁含量分别下降7.9%和11.3%。试验还观察到果实果皮微有变粗的趋势。

张明万等在三峡库区开县盛山园艺场以十五年生红橘砧锦橙为试材,单株产量50～100千克,当年挂果较多。试验用药剂2,4-D。分5个组:1组用2,4-D 20毫克/千克;2组用2,4-D 40毫克/千克,同时每株根部施草木灰2.5千克;3组每株根部施草木灰2.5千克;4组对照,不喷施2,4-D,不施草木灰;5组每株施草木灰2.5千克,果实不留树贮藏,作第二年的产量对照。12月10日喷施2,4-D 1次,未进行修剪,其他按常规管理。

试验结果表明:①在锦橙果实色泽由深绿变为浅绿期间(10月下旬至11月上旬)喷施浓度为20毫克/千克的2,4-D液可有效防止采前落果与减少采后落叶;在1月初、2月初各喷施1次2,4-D可使留树果实安全越冬,在果实留树期间施磷、钾肥,可提高稳果率。喷施浓度为200毫克/千克2,4-D加每株土施草木灰2.5千克的稳果率达95.6%,单土施草木灰的稳果率69.7%,对照稳果率59.5%。②锦橙果实延至翌年2月中旬春梢萌动前采收,可使果实色泽变深,风味变甜,质地变为细嫩化渣,果实总糖含量增加,酸含量降低,维生素C和果汁含量保持较高水平,内质提高,惟果实留树后果皮增厚、略显粗糙。③3年试验表明,适当加强管理,增施磷、钾肥,果实留果保鲜过冬,对翌年产量无影响。

2. 脐橙 江西省的胡正月以朋娜脐橙、纽荷尔脐橙(七年生树,地处中亚热带)试验设:11 月 10 日喷施浓度为 25 毫克/千克 2,4-D 加 0.25％磷酸二氢钾混合液,12 月 8 日喷施浓度为 30 毫克/千克 2,4-D 加 0.3％磷酸二氢钾;翌年 1 月 15 日喷施浓度为 30 毫克/千克 2,4-D 加 0.3％磷酸二氢钾,2 月 23 日喷施 0.3％磷酸二氢钾加 0.1％的硼酸,11 月中旬喷施浓度为 1 度的石硫合剂溶液加 5％尼索朗 1 500 倍液,12 月 8 日结合喷施甲基托布津 800 倍液。第三年 2 月 23 日结合喷施代森锌 550 倍液。试验取得了如下结果:一是平均稳果率 84.79％,其中纽荷尔脐橙为 86.84％(鼠害占 6.57％),朋娜脐橙 82.73％(鼠害占 8.63％)。二是留树贮藏与室内贮藏相比:发生蒂腐病比青霉病、绿霉病严重,蒂腐病发病率比青霉病、绿霉病发病率高 30.8％。三是脐橙留树贮藏 140 天与室内贮藏 140 天的果肉的品质大致一样,果肉色泽一致,质地脆嫩多汁,风味甜或浓甜,但果实外观比室内贮藏差。留树贮藏果实果皮色泽较淡、橙黄色,且油胞较大。四是留贮植株的生长势,春、秋梢着果率与对照无差异,对翌年生长结果并无影响。

向可术在三峡库区奉节县不同海拔的果园进行脐橙留树贮藏试验:一是低海拔区(210～320 米)十五年生红橘砧奉节脐橙果园。二是中海拔区(470～700 米)十三年生红橘砧奉节脐橙果园。低海拔区为对照。常年施肥 2 次,喷药 7 次,大枝修剪。中海拔区为试验区,在常规管理基础上,从果实转色期开始:10 月 1～15 日喷施第一次浓度为 20 毫克/千克的 2,4-D 加 6 种微量元素≥10％高能红钾柑橘专用叶面肥袋装溶液 33 克加水 1.5 升混合液喷施;10 月 16 日至 11 月 15 日,施基肥,留树保鲜树每株沟施氮、磷、钾含量 30％的德隆牌有机生物肥 1.5 千克或农家肥 50 千克;12 月 10～20 日,喷施第二次 2,4-D,浓度同前。

试验的初步结果:一是海拔 580 米种植的奉节脐橙,其果实越冬过程中可溶性固形物、酸含量、果汁含量逐渐降低,维生素 C、糖酸比和固酸比逐渐提高。二是不同海拔留树保鲜脐橙的品质:奉节脐橙集中采收期(12 月中、下旬),在中海拔区(580 米)脐橙果实的可溶性固形物、酸含量比低海拔区(230 米)的果实高。而固酸比较低,表明低海拔区的脐橙果实甜而味浓。三是不同采收期果实的品质比较表明:中海拔区(580 米)脐橙留树贮藏至翌年 2 月下旬,酸含量降至 0.57 毫克/100 毫升;低海拔区(230 米)脐橙的酸含量为 0.66~0.73 克/100 毫升,糖酸比 16.1,固酸比为 19;低海拔区(230 米)脐橙的糖酸比 13.8,固酸比 15.8,口感品质达到或超过低海拔区的脐橙。四是中海拔区(580 米)奉节脐橙留树贮藏能安全越冬,按 12 月正常采收时树上果实为基数,留树贮藏至 3 月 2 日采收止,70 多天落果率仅为 2.5%,且提高了果实的品质。对果农增加收入有积极意义。留树贮藏试验以 2 月下旬采收为适。如何保持较高的果汁率和不影响翌年产量等问题需待进一步研究。

三、柑橘加工与综合利用技术

(一)发展历史

柑橘全身是宝,果实既可鲜食,又可加工成各种加工制品。加工后的皮渣可变废为宝,开发出有价值的产品。

然而,柑橘是属于结构复杂、难加工的果实之一。20 世纪 50 年代之后,由于柑橘取汁技术的突破,加工柑橘汁数量激增,以至于成为百果中的第一大果汁。美国、巴西为柑橘(橙)汁主产国,其中巴西从 20 世纪 60 年代开始大量生产,其后一直居世界柑橘(橙)汁加工大国的地位。

宽皮柑橘,以亚洲、地中海地区产量居多,加工主要用于生产糖水橘瓣罐头。日本在 20 世纪 80 年代中期前,是橘瓣罐头的主要生产和出口国,其后被我国取代。目前,糖水橘瓣罐头生产国以我国居首,第二是西班牙。

柑橘加工与综合利用技术的进步,促进了柑橘加工产业的发展。

柑橘(橙)汁加工设备方面,主要发明了 FMC 和布朗类型的压榨机。经几十年的努力相继研究了果汁产生澄清的机制,从而保证了柑橘(橙)汁的品质;研究揭示了柑橘(橙)汁苦味的最基本原因,并解决了脱(避免)苦的方法;发明了高效的浓缩机械,使冷冻浓缩柑橘(橙)汁(FCOJ)产量激增而成为世界贸易的主要产品之一。

橘瓣罐头加工上,已大规模的用全机械化的操作进行剥皮、分瓣、去囊衣和装罐。20 世纪 80 年代大量应用低温杀菌技术,大大提高了糖水橘瓣罐头的质量。

柑橘综合利用方面,传统的综合利用主要有果胶生产和精油生产。20 世纪 60 年代出现了饮料的商业化生产及其果皮产品,在以精油作为传统产品的同时,苧烯逐步呈现优势,目前已成为稳定的天然有机化合物。

20 世纪 50 年代至今,柑橘加工与综合利用突破性的进展,表现在以下方面。50 年代,开发成功柑橘专用压榨机。60 年代,冷冻浓缩柑橘(橙)汁作为商品大量应市。70 年代,在研究柑橘综合利用方法上有大的进展:柑橘精油回收技术;柑橘皮加工饲料得到应用;选育柑橘罐藏良种取得进展(中国);美国出版 citrus science and technology。80 年代,巴西成为最大的橙和橙汁生产国。我国推广柑橘罐藏良种,开始推广"低温杀菌"技术。90 年代,我国成为最大的糖水橘瓣罐头生产国,大量采用低温杀菌,建立柑橘(橙)汁生产线。

2000 年至今,冷凉鲜榨果汁(NFC)风行,柑橘多甲氧基黄酮、

β-隐黄质、香豆素、柠檬苦素作为保健功能因子被应用；苧烯应用于电子工业作为清洗剂。

（二）发展现状

2005 年世界柑橘产量：1.002 亿吨，其中甜橙 5 931.75 万吨，宽皮柑橘 2 262.48 万吨，柠檬、来檬 914.6 万吨，葡萄柚、柚 599.9 万吨，其他杂柚、金柑等 308.79 万吨。分别占柑橘总产量的 59.22％、22.99％、9.13％、5.98％、3.08％。甜橙、葡萄柚和柚、宽皮柑橘、柠檬和来檬的加工比例为 43％、26.5％、13.1％、12.2％。

从种类上看，甜橙的加工量占 43％，约 2 250 多万吨，居首；其次是葡萄柚、柚，占 26.5％，约 600 万吨；其三是宽皮柑橘占 13.1％，约 375 万吨；柠檬、来檬居第四位，占 12.2％，约 112 万吨。杂柑类主要用于鲜销，加工的数量不多。

从生产柑橘的国家看，巴西、美国主要生产甜橙，2005 年甜橙产量分别达到 1 820.7 万吨和 1 060.3 万吨，加工率分别达到 79.5％和 76％，即分别有 1 447.5 万吨和 805.8 万吨。葡萄柚数美国最多，2005 年的产量为 200.3 万吨，加工率 54％，即有 108.2 万吨。柠檬、来檬生产以印度、伊朗、西班牙、阿根廷、墨西哥、意大利和美国为多。加工量以西班牙、阿根廷、墨西哥、美国、意大利为多。加工率分别为 18.9％、35.6％、40.1％、52.3％和 58.1％。印度和伊朗因将枸橼类的其他品种均统计在柠檬、来檬类中，真正的柠檬、来檬量不很多，所以加工量不大。

宽皮柑橘生产以中国、西班牙、日本为多，2005 年产量分别为 1 114.3 万吨、225.7 万吨和 101.4 万吨。加工率分别为 6.1％、15.6％和 12.6％，即分别有 66.9 万吨、35.2 万吨和 12.8 万吨原料用于加橘瓣罐头为主的加工制品。

(三)加工及综合利用产品

柑橘果实全身是宝,加工后产品繁多,有食品、食品工业原料,也有医药、化工等原材料。据不完全统计,柑橘的加工产品或以柑橘为基本原料的产品达 1 000 种。柑橘综合利用产品种类、柑橘果实加工利用途径分别见图 10-3、图 10-4。

(四)柑橘果实的营养价值

柑橘果实含有丰富的维生素类、碳水化合物和矿物质等营养物质,同其他水果和蔬菜相比,柑橘果实无论其色、香、味还是营养价值,均更胜一筹。甜橙和葡萄柚鲜果汁、罐藏汁和冰冻浓缩汁维生素 C 含量及人体日需要量见表 10-6。

表 10-6　甜橙和葡萄柚鲜果汁、罐藏汁和冰冻浓缩汁
维生素含量及人体日需要量

维生素	单位/100ml	成人日需要量	甜 橙			葡 萄 柚	
			新 鲜	罐 藏	冰冻浓缩	新 鲜	罐 藏
A(视黄醇)	单位	2200	190~400	2~160	40~240	微量~21	0~15
B₁(硫胺素)	微克	1100~2100	60~145	30~100	112~244	40~100	15~50
B₂(核黄素)	微克	1100~2100	11~90	10~40	27~60	20~100	5~30
B₅(泛酸)	微克		130~210	60~200	290~400	290	70~190
B₆(吡哆醇)	微克	2000	25~80	16~31	76~100	10~27	7~27
C(抗坏血酸)	微克		35~56	34~52	52~107	36~45	32~45
H(生物素)	微克		1.0~3.0	0.5~1.1		0.4~0.5	0.3~0.9
PP(烟酸)	微克	11000~21000	200~300	170~300	300~540	200~220	80~200
叶 酸	微克	400	120~330	150~320	34~130	80~180	10~220

资料来源:Anon(1962),Ting 等(1974);扈文盛(1987)

一个成年人每日饮用 250 毫升的橙汁,可满足其维生素 C、叶

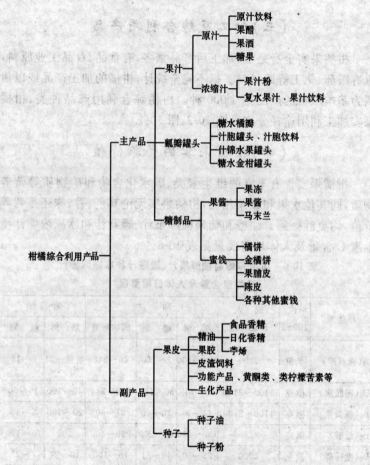

图 10-3　柑橘综合利用产品种类
引自《柑橘加工与综合利用》

酸和锌需要量的 100％，维生素 A 的 34％，维生素 B_1 的 16％，维生素 B_2 的 8％，维生素 B_6 的 7％，维生素 PP 的 4％，钙的 13％，铁的 15％，钾的 12％，蛋白质的 2％，脂肪的 0.4％ 和热量的 5％。

此外，柑橘果实还含有丰富的黄酮类（0.5％ 左右）、肌醇和纤

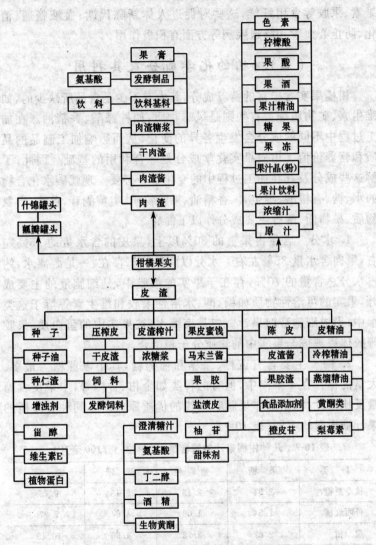

图 10-4　柑橘果实加工利用途径

引自《柑橘加工与综合利用》

维素、果胶等食用纤维,这些对促进人体新陈代谢、血液畅通、消化、防止心血管和肠道疾病等方面有积极作用。

(五)柑橘的化学成分及其利用

柑橘果实含丰富的营养成分,其中有不少是食品所缺少的,如维生素、矿物质等。有些则是风味物质,如柠檬酸、香精油。在加工过程中不同的成分会发生各异的变化,从而影响加工制品的品质和营养价值。柑橘果实化学成分是综合利用的基础。因此,了解这些成分及其在加工过程中的变化十分必要。现就碳水化合物的水、糖、有机酸、维生素、香精油、果胶物质、类黄酮苷、色素、含氮物质、矿物质、酶等主要成分作以下简介。

1. 水分　含量占果重的 80% 以上,果皮的含水量约 75% 左右,果肉含水量 85% 左右。水分以两种状态存在:一是游离水,约占水分总含量的 70%,存在于果实的细胞中,是细胞液的主要成分,果实的可溶性物质如糖、酸、水溶性果胶和维生素等溶于这类水中,形成细胞液即果汁。二是束缚水,被果实中的蛋白质、果胶等胶体束缚或与果实中的物质分子相结合。

2. 糖　主要含有蔗糖、果糖和葡萄糖,其中以蔗糖为最多。大量的糖存在于果肉中,但有的种类如金柑、香橼等,中果皮含糖量反比果汁高,是制作果脯和蜜饯的优质原料。不同种类柑橘的果汁糖含量均不同(表 10-7)。

表 10-7　几种柑橘果汁的糖含量　(单位:克/100 毫升)

种　类	果　糖	葡萄糖	蔗　糖	总　糖
伏令夏橙	2.94	2.13	5.13	9.75
丹西红橘	1.54	1.09	4.64	7.27
蕉柑	2.82	2.73	4.90	10.45
柠檬	0.92	0.56	0.52	1.62

果糖最甜，蔗糖其次，葡萄糖再次。若设蔗糖的甜度为100，则果糖的甜度为173，葡萄糖的甜度为74。蔗糖在转化酶或酸的作用下，水解为果糖和葡萄糖的混合物，其甜度为130，高于蔗糖。

3. 有机酸　柑橘果实富含有机酸，且绝大部分是柠檬酸，占果酸的95%以上，故常用柠檬酸来代表柑橘总酸含量。除柠檬酸以外，有少量的苹果酸、酒石酸、草酸和琥珀酸等，主要存在于果肉中。葡萄柚果实中有机酸的98.72%为柠檬酸，1%为苹果酸，0.23%为草酸，0.05%为酒石酸。我国常见柑橘品种可溶性固形物及可滴定酸含量(不同来源)、主要柑橘品种果汁中的有机酸种类及含量见表10-8、表10-9。

表 10-8　我国常见柑橘品种可溶性固形物及可滴定酸含量(不同来源)

品　种	可溶性固形物含量(%)	滴定酸含量(%)	品　种	可溶性固形物含量(%)	滴定酸含量(%)
新会橙	14.50	0.40	蕉　柑	13.00	0.50
柳　橙	14.00	0.40	椪　柑	14.00	0.55
雪　柑	12.00	0.70	红　橘	12.00	0.37
锦　橙	13.50	0.91	朱红橘	11.00	1.00
伏令夏橙	11.60	0.97	本地早	13.00	0.40
宫　川	12.00	0.70	沙田柚	10.00	0.38
龟　井	12.00	0.60	尤力克柠檬	10.00	6.59
尾　张	11.50	0.90			

糖和酸的比例和绝对含量是确定果实和加工品风味的主要因素。酸在加工中还有如下功能：抑制微生物活性，降低杀菌温度，减少防腐剂用量或增强防腐剂效果；促进蔗糖转化，防止果脯中的蔗糖结晶返砂，提高甜度；防止维生素C的氧化；与糖和果胶在一定比例下形成良好的凝胶制品等。但酸与糖长时间共热易产生甲

表 10-9 主要柑橘品种果汁中的有机酸种类及含量

种　类	柠檬酸	苹果酸	琥珀酸	丙二酸
华盛顿脐橙	0.72	0.12	0.06	0.04
伏令夏橙	0.81	0.16	0.13	微量
红　橘	0.86	0.21	—	—
温州蜜柑	0.80	0.08	微量	—
柠　檬	4.38	0.26	0.03	—
来　檬	1.68	0.25	0.03	—
葡萄柚	0.95	0.13	0.86	0.04

基糖醛,使加工产品褐变;腐蚀铁、锡等金属容器,从而影响加工产品的风味和色泽;与果汁中的苧烯作用产生桉树脑,使风味变差。

4. 维生素　维生素 C 是柑橘果实的主要维生素。此外,还含有维生素 A、维生素 B_1、维生素 B_2、维生素 B_5、维生素 B_6、生物素、烟酸和叶酸等。

维生素 C 又称抗坏血酸,易溶于水,不溶于脂肪,具酸性和强还原性。在酸性溶液和浓度较大的糖液中较稳定,在有空气、高温、紫外线以及铜、铁等金属离子存在环境中极易氧化失去效能。在食品工业中,维生素 C 常被用作营养强化剂、抗氧化剂和护色剂。各类柑橘中,柚类维生素 C 含量最高,其次是甜橙和柠檬,较低的是宽皮柑橘类。柑橘果实的果皮中含有丰富的维生素 C,甚至是不亚于果肉中的含量。

维生素 A 即视黄醇,在植物体中并不存在,但它是由植物体中的胡萝卜素为动物吸收后转变而来。

维生素 P 即柠檬素(Citrin),是橙皮苷、圣草苷和芸香苷 3 种糖苷的混合物,柑橘中以橙皮苷形式存在较多(表 10-10)。维生素 P 在处理时比较稳定。柑橘副产物是提取橙皮苷作为药品的良好原料,但由于橙皮苷的存在,糖水橘片就会产生白色浑浊或沉淀。

表 10-10 柑橘中橙皮苷的含量 (单位:%)

种 类	白皮层	油胞(黄皮)层	囊 衣	果 汁
柠 檬	3.00	2.50	1.95	0.046
甜 橙	1.60	1.00	1.50	0.080
橘	1.70[①]	1.70[①]	0.50	0.065
温州蜜柑	2.47	2.03	0.22	0.20

注:①黄皮层和白皮层混合物中的含量

维生素 E 为具有生育酚结构的一类衍生物。维生素 E 极易氧化,是油脂的良好氧化剂。维生素 E 还有美容、增加人体代谢的功能。柑橘含有一定的维生素 E,尤其是果皮中的含量较多(表10-11)。

表 10-11 柑橘类的维生素 E 含量 (单位:毫克/100 克)

种 类	果 肉	油胞(黄皮)层	白皮层
温州蜜柑	0.229	25.350	2.240
八 朔	0.201	1.340	0.288
夏蜜柑	0.205	1.900	0.230
甘 夏	0.230	2.000	0.226

除上述主要维生素外,柑橘中还有 B 族维生素,如维生素 B_1(即硫胺素)、维生素 B_2(即核黄素)、维生素 B_5(即泛酸)、维生素 B_6(即吡哆醇)、醛和胺的混合物;它们均溶于水和酒精,不溶于油脂,在酸性条件下稳定,在碱性条件下受热易分解还易受光的破坏。它们均是酶的组成部分,分别起脱羧、脱氢、转氨、合成和羟化等作用,帮助人体对糖类、脂肪和蛋白质的分解作用,增进食欲,促进代谢。

柑橘果实还含有维生素 PP（即烟酸，又称尼克酸），溶于水和酒精，耐热，对光、氧、酸、碱稳定，是最稳定的维生素之一。鲜橙汁中的含量仅为 200～300 微克/100 毫升。

5. 香精油　是烯萜类、倍半烯萜类、高级醇类、醛类、酮类、酯类及樟脑或脂的混合物，其中 95% 以上的组分是烯萜烃化合物（如苧烯）。柑橘果实香精油分为皮精油和汁精油两种，皮精油存在于外果皮中，溶于有机溶剂，不溶于水；汁精油存在于果肉中，溶于水，是决定果肉香气的主导因子。皮精油提取率可高达 0.3%，而汁精油仅 0.08% 左右。不同的柑橘品种，皮精油和汁精油的含量、成分不一。尤力克柠檬皮精油的含量为果实重量的 0.51%～0.56%，红橘为 0.45%～0.57%。现已查明，甜橙香精油的成分有 100 多种，见表 10-12。

表 10-12　几种主要柑橘香精油所含已知化合物数量

化合物	甜橙	葡萄柚	红橘	柠檬	来檬
酸	5	—	7	4	—
醛	25	14	11	16	7
酯	16	13	4	11	3
糖	32	14	24	22	22
酮	6	3	2	3	1
醇	26	20	24	18	11
其他	2	2	1	1	2
合计	112	66	73	75	46

香精油的香气主要来源烯萜类的各种氧化衍生物，如醇类、醛类、酮类和酯类等。尽管它们只占总量的 0.5% 左右。由于各品种的香精油含有的这些氧化衍生物的量和种类不同，所以各具特有的香气。

6. 果胶物质　由不同程度酯化和中和的多聚糖醛酸组成。以原果胶、果胶和果胶酸 3 种形式主要存在于柑橘果实的中果皮和内果皮中,果肉中也含有相当数量。甜橙和宽皮柑橘鲜果皮中含有果胶 1.5%～3%,干果皮含 9%～18%;柠檬鲜果皮含2.5%～5.5%,干果皮含 30%左右。果实成熟前,主要含原果胶,不溶于水,使果皮保持坚硬。果实成熟过程中,在原果胶酶的作用下,进而转变为不溶于水的果胶酸,使果实变成软烂状态。但果胶酸易与碱土金属如钙、镁、钡等生成果胶盐酸。

果胶溶于水,不溶于酒精等醇物质。在提取果胶时,可用酒精沉淀之。

在果汁加工上,由于果胶物质是柑橘汁浑浊颗粒的悬浮保护物质,所以为了保持果胶物质,必须迅速钝化果胶酶,防止其分解果胶,导致果汁浑浊度降低。而有时为了使果汁澄清,则需要加用果胶酶制剂分解果胶,使果汁变得透明。

7. 类黄酮苷　柑橘果实中的类黄酮糖苷主要有 3 种类型,即花色素苷、黄酮苷和黄烷酮苷。其含量为果实重量的 0.5%左右。以黄烷酮苷最多。40%～70%的含量存在于中、外果皮中,其余存在于内果皮和果肉中。甜橙、橘类和柠檬果实中主要是橙皮苷,葡萄柚和柚果实中主要是柚苷,酸橙和酸柚中主要是柚苷和新橙皮苷。橙皮苷无味,其糖基为芸香糖,在稀酸中加热或随着果实成熟,逐渐水解成橙皮素、葡萄糖和鼠李糖。橙皮苷难溶于水,易溶于碱液和酒精,在碱液中呈黄色。橘瓣罐头和橙汁中出现的白色沉淀主要是橙皮苷,在加工中可通过添加橙皮苷酶或羧甲基纤维素进行排除。

柚苷和新橙皮苷有强烈苦味,其糖基均为新橙皮糖。葡萄柚、柚和酸橙果汁中的苦味就是这两种苦味糖苷含量过高所致,尤其是柚苷的苦味超过奎宁。若要脱去这种苦味,可以通过添加柚苷酶或用离子交换树脂处理。苦味的黄烷酮糖苷加氢还原后变成极甜的二氢查尔酮,是一种很有希望的新型甜味剂。

8. 色素　柑橘果实开始成熟前,外果皮(油胞层)大量的是叶绿素,随着果实开始成熟逐步被类胡萝卜素类色素取代。成熟的柑橘果皮和果肉主要由类胡萝卜素赋予其色泽,另外还有少数的黄酮类色素及花青素(血橙)。不同的柑橘果皮色泽和果肉色泽是因类胡萝卜素的种类和含量不同所致。通常类胡萝卜素含量越丰富,色泽也越深。

类胡萝卜素除赋予柑橘果皮和果肉以丰富的色彩外,其某些组分具有维生素 A 原的功能。

在柑橘汁加工中,类胡萝卜素的含量及各种组分比例是检测掺假的有效手段之一。

近年,日本在温州蜜柑内发现一种称为 β-隐黄质的类胡萝卜素,具有显著的抗癌功能。日本还通过生物技术,改良培育出隐黄质类胡萝卜含量较高的柑橘品系。柑橘是目前果品中 β-隐黄质类胡萝卜素含量最高的果品。

9. 含氮物质　柑橘果实中,含氮的物质含量甚微,占其干物质的 $1\%\sim2\%$,大部分存在于果汁中。主要为各种氨基酸,还有少量的蛋白质。据研究,氨基酸种类相当丰富。如 Nagy 1977 年报道,认为甜橙含氨基酸 24 种,柠檬含 22 种,葡萄柚含 23 种,来檬含 14 种,宽皮柑橘含 21 种。其种类虽多,但其在 100 毫升果汁中的绝对含量仅为几毫克至几十毫克,少数超过 100 毫克/100 毫升,见表 10-13。

在加工利用中,这些含氮物质常会引起果汁的变质,在果汁保藏过程中常会分解而产生不良气味,与糖产生糖氨型褐变反应,使果汁和糖水橘片制品色泽变深。

表 10-13　柑橘汁中的主要氨基酸含量 （单位：毫克/100毫升）

氨基酸种类	夏橙	脐橙	血橙	尤力克柠檬	里斯本柠檬	丹西红橘	马叙葡萄柚
丙氨酸	13	12	9	9	10	7	9
γ-氨基丁酸	32	24	—	7	7	48	19
精氨酸	57	54	49	3	3	84	47
天冬酰胺	50	67		16	17	85	42
天冬氨酸	33	27	37	36	32	36	81
谷氨酸	18	12	18	19	18	16	22
甘氨酸	2	2	0.8	1	1	2	2
赖氨酸	4	3	4	1	1	4	3
苯丙氨酸	5	3	0.8	2	3	5	3
脯氨酸	239	107	76	41	47	100	59
丝氨酸	22	18	51	17	19	19	15
缬氨酸	2	22	1	1	1	2	2

资料来源：Kefford 等(1970)，Nagy 等(1977)

柑橘氨基酸在柑橘加工业的一个特殊用途是用它作为判断柑橘汁是否掺假的一个指标。脯氨酸的含量是橙汁的一个重要指标。

除氨基酸外，柑橘中同样含有少量蛋白质，其含量很低。柑橘种子中蛋白质含量高达10%～15%。可作为植物蛋白源制成饲料。

10. 矿物质　柑橘果汁中平均含0.4%的灰分，其中包括钙、钠、钾、镁、磷、氯、硫、铁、铜等32种矿物质元素（表10-14）。但都是以有机酸盐的形式存在于果汁中，在人体中分解后酸被氧化，无机盐呈碱性反应，可以调节人体内的酸碱平衡，同时也是人体组织的构成成分。

表 10-14　柑橘果汁中的矿物质营养　（单位：毫克/100 毫升）

矿物质	甜　橙	葡萄柚	宽皮柑橘	柠　檬	来　檬
总灰分	270～590	218～440	300～401	150～350	250～400
钾	89～284	78～208	177～178	94～208	104
钠	0.2～2.4	0.3～2.6	1～6	0.5～5	1.1
钙	1.3～20	1.7～12	14～18	3.1～27.9	4.5～10.4
镁	3～19	5～15	7	1～11.3	—
铁	0.02～0.5	0.06～1.9	0.2～0.28	0.14～1	0.19～0.92
磷	7～24.9	7～13	14～15	3.2～16.6	9.3～11.2

11. 酶　柑橘果实中存在 50 种以上的酶，它们对果实的各种生化反应和代谢起着重要作用。但对加工关系较大的只有果胶酶、磷酸酯酶、抗坏血酸酶、柚苷酶和橙皮苷酶等。

（六）柑橘加工原料品种

1. 橙汁原料品种　巴西、美国是世界上橙汁的两大主产国。巴西以佩拉（Pera Orange）为榨汁和鲜食的主栽品种。美国以晚熟的伏令夏橙为主，与早熟的哈姆林、早金甜橙、帕森布朗（Parson Brown），中熟的凤梨甜橙等品种组合，均能保证 1 年有 7 个月以上的榨汁季。

我国甜橙的主栽品种很多（见品种介绍），适宜加工橙汁的品种主要有哈姆林甜橙、早金甜橙、冰糖橙、锦橙及选优品种北碚447 锦橙、铜水 72-1 锦橙、开陈 72-1 锦橙、蓬安 100 号锦橙、中育 7号甜橙、先锋橙、特洛维他甜橙、伏令夏橙、奥灵达夏橙、德尔塔夏橙等。此外，雪柑、化州橙等也适宜加工橙汁。

目前，我国种植的脐橙品种数十个，脐橙主要用于鲜食。加工橙汁出汁率低于其他甜橙，且因其果汁中易产生的后苦也使其不适宜加工橙汁。其苦味与葡萄柚的苦味物质柚皮苷(Naringin)、酸橙的苦味物质新橙皮苷(Neohesperidin)不同,系果实榨汁后柠檬苦素(Limonin)的前体物质转化为呈苦味的柠檬苦素所致。因人们能感觉出苦味,通常脐橙不用于直接榨汁,但也有用来与其他低柠檬苦素的品种果汁生产混合汁。

血橙一般用作鲜食,因花青苷遇空气极易氧化变为褐色,影响橙汁的色泽和风味,通常不适合用于制汁。

2. 橘瓣罐头原料品种 普通及晚熟温州蜜柑适于加工糖水橘瓣罐头,也有用于榨汁,与甜橙汁配制成混合柑橘汁。优质中晚熟温州蜜柑的主要品系详见表 10-15。

表 10-15 优质中晚熟温州蜜柑的主要品系

品 系	来源	树势	果形	单果重量/克	可溶性固形物含量/%	成熟期
宁 红	浙江	中	扁平	75	12.0	11月上中旬
海 红	浙江	强	扁圆	100	12.1	11月上中旬
涟源73-696	湖南	强	扁圆	80	12.4	11月上旬
邵阳尾张	湖南	强	高扁圆	128	13.0	11月中下旬
寻乌1-1-9	江西	强	扁圆	75	12.5	11月中旬
青 岛	日本	强	扁平	135	12.0	11月上中旬
寿太郎	日本	强	扁平	110	12.5	11月下旬
金 峰	日本	强	扁平	135	12.5	11月中下旬
今 村	日本	强	扁平	130	13.0	11月下旬
十 万	日本	较强	扁平	110	12.5	12月上旬
大津4号	日本	较强	扁平	125	12.5	11月中下旬
南柑20号	日本	中	高扁圆	120	12.5	11月上中旬
丹 生	日本	强	扁平	115	12.5	11月上中旬
纪 国	日本	强	扁平	115	13.0	11月中下旬
爱 媛	日本	略强	高扁圆	130	12.8	11月上旬

3. 其他加工原料品种

（1）葡萄柚和柚 葡萄柚既可鲜食，也宜加工。美国佛罗里达州主栽品种马叙无核鲜食和榨汁均宜，但以鲜食为主。邓肯是有核品种，几乎全部用于榨汁。葡萄柚我国很少种植。

柚，果大，果肉晶莹脆嫩，风味独特，营养丰富，系鲜食品种。但其果实白皮层较厚，富含果胶、膳食纤维等，可提取果胶和膳食纤维等。

（2）柠檬（含来檬） 柠檬是世界上仅次于甜橙和宽皮柑橘的主要种类。全球柠檬年总产量 1 000 万吨左右，主产国有墨西哥、阿根廷、巴西、美国、西班牙等。近十多年来，世界柠檬产量增加了近 1 倍。我国栽培柠檬不多，主要在四川安岳、重庆万州和云南的德宏州等地。柠檬可鲜销，但因其有高含量的柠檬酸和香精油，常用于加工提取。

（七）影响加工制品的相关因素

柑橘加工制品之所以深受人们的喜爱，是因为它真实地反映了柑橘果实特有的色、香、味和营养价值。也就是说，用于加工的果实特征、质量直接决定了加工制品的特征、质量。

1. 柑橘品种与加工产品的关系 并非所有的柑橘品种都适宜加工。用于加工的品种一般要求是丰产、稳产、抗逆性强，易于栽培。果实色泽鲜艳、风味浓郁芳香，糖、酸和维生素含量高，可食率高，无核或少核，加工适应性好。不同的加工产品有各自的特殊要求：用于制糖水橘瓣罐头的果实，要求中等大小或稍小，皮薄易剥，囊衣易脱，囊瓣整齐、呈半圆形，组织紧密，果肉色泽鲜艳、嫩而不软，原料损耗率低。以我国 20 世纪 70 年代选出的罐藏良种成凤（成都凤凰山园艺场）72-1、涟源 73-696、宁红、海红、寻乌 1-1-9 以及宫川、兴津、林、南柑 20 号等温州蜜柑为佳；其次，本地早也适作罐头，尤以新选育的新本 1 号（即黄岩少核本地早 240）和黄斜 3

号等为好。尽管红橘加工橘瓣质量不如温州蜜柑和本地早，但因目前红橘总产量多，仍有相当数量用于加工罐头的原料。红橘囊瓣组织较疏松，一般只能做成半脱囊衣产品，食用时有不化渣之感。红橘的瓣形和果肉色泽都不如温州蜜柑美观，风味也较淡，种子较多，肉质较粗，惟香气较温州蜜柑浓。今后应以温州蜜柑罐藏良种逐步取代红橘。

制汁要求果实出汁率高，可溶性固形物高，果汁色泽鲜艳、芳香，风味浓郁，甜酸适口，无苦涩等异味和浑浊度稳定等。红橘汁色泽鲜红，以一定比例与橙汁混合有增色、增香的效果。适宜用作制汁的品种见前述。

提取香精油则要求果实出油率高，油质特别芳香，如巴柑檬和柠檬等。制取果胶要求果实皮渣中的原果胶和果胶含量高，如柠檬、枸橼和柚类等。选育和发展不同成熟期的加工良种，是一个重要方面，只有早、中、晚熟的品种配套种植，才能有原料保证，延长加工期，提高人力和设备的利用率。

2. 栽培管理、果实质量与加工的关系　果实品质除了主要决定于品种的固有特性外，还与栽培管理、果实成熟度和完好度有关，也与气候、立地条件有关。栽培管理以及砧木的选用等，不仅影响产量，而且影响品质。如气温过高的地区，果大皮粗，风味淡薄，滥用氮肥可使果实可溶性固形物下降；用枳作温州蜜柑和甜橙砧木，有利于提高果实的品质。所以，良种必须用良法栽培，才能获得优质丰产。柑橘果实在生长发育期发生一系列的生理、生化变化，果实风味最佳时则是在充分成熟的阶段。特别是柑橘果实基本不含淀粉，无后熟现象，因此品质最佳之时，则是果实在树上充分成熟之时。适时采收对加工制品的质量关系密切。对于汁用果实，一般要充分成熟，因此时的可溶性固形物和果汁达最高峰。而制作糖水橘瓣罐头的果实只要求八九成的成熟度，这样囊瓣组织紧密、质地细嫩而不软烂。加工用果实除宜用加工适应性好的品种果实外,还要求果实有好的质量。那种认为加工与品种关系不大和加工是解决残、次落果等外级果利用的看法都是片面和错误的。只有大力发展加工良种,保证优质原料的供应,才能真正取得最佳的加工效益。

3. 果实的采收和贮存 加工厂在采收季节到来之前应与果园联系,了解果实成熟情况,合理安排采收日期。一般根据果实色泽、可溶性固形物、糖酸含量、糖酸比值、固酸比值来判断成熟度。一些国家如美国甚至立下柑橘法规,规定成熟标准和采收期,违者依法论处,以保证果实质量。成熟的果实应及时采收,采收时要仔细,尤其是需要贮藏一段时间加工的果实,更应细心采收和运输,以免损伤果皮,导致微生物侵染。加工厂在收购果实时,应根据果实质量分级论价。就其内质而言,最简单的方法是用果实的可溶性固形物的含量即每千克果实的白利糖度($°Brix$)来计价,这不仅有利于降低加工产品的成本、保证质量,而且可促使果农发展优良品种和适时采收。运进厂的果实应先经检选,剔除杂物、枝叶、碎屑、伤病虫果等,并根据品种及其来源和成熟度的不同,分别存放、标记清楚,测定糖酸含量,供加工时调配参考。加工厂应根据加工能力和原料来源,设置一定容积的简易贮果场所,使果实贮于低温阴凉通风的环境中。贮藏果应可供加工 3～5 天,以保证生产的连续进行。

4. 果实的清洗和分级 果实在加工之前必须严格清洗干净。目前,都采用水洗法清洗。水洗法包括浸洗和喷洗。浸洗是在水池或水槽中把果实浸泡一定时间,使表面黏附的污物松离,浮溶于水中,随水排出。为了增强浸洗效果,可在水槽中安装搅动装置或通入压缩空气,使水中果实翻滚,发生轻微摩擦,使污物脱离果面。喷洗是在条形传送装置上,安装在传送带上方,也可安装在两侧,甚至可安装在网状带下方,以不同角度喷水洗冲果实。采用小水量高压力比用大水量低压力的洗涤方法效果好,且节省用水。果实先经浸洗后再行喷洗,效果更好。若在浸洗和喷洗之间加刷洗,效果最佳。刷洗也大都由刷洗机进行。在清洗时还可以加入专门的洗涤剂,以增强洗涤效果。

果实的分级一般用机械进行,有按体积分级和重量分级两种方法,以前者更为普遍。体积分级机有分级筛和滚筒带两种。

分级的要求是根据加工的目的和工艺来确定。例如用于制作橘瓣罐头的果实,要求按果径 4 厘米以下、4~6 厘米和 6 厘米以上分成几个不同档次。用作果汁的果实,则根据榨汁机而异。若选用 FMC 全果榨汁机榨汁,需要事先按大小分级,分送相应配比的榨汁机,这样才能获得更高的出汁率;若选用轧辊式榨汁机、螺旋榨汁机、离心榨汁机或打浆机榨汁,则不需按大小分级。但榨汁前要除去果皮中的香精油或者剥去果皮,不然皮精油榨入果汁,影响果汁质量。

(八)柑橘(橙)汁加工工艺流程

柑橘汁占整个柑橘加工产品的 90% 左右,其中以甜橙为原料制成的橙汁最受消费者欢迎。在柑橘汁中,橙汁产量居首,其次是葡萄柚汁,再次是宽皮柑橘汁。柑橘汁有原汁、浓缩汁、NFC(非浓缩)汁等。

1. 原汁 柑橘原汁生产的工艺流程如下。

原料选采运→原料卸载→检选→贮存→洗果→分级→榨汁→精制→调配→脱气→巴氏杀菌→果汁罐装→密封→冷却→装箱→成品

通常采用去皮压榨、锥汁压榨和全果压榨等方法。

2. 浓缩汁 浓缩汁的一般工艺流程如下。

原料→贮存→洗净→选果→榨汁→离心→脱气、瞬间杀菌→浓缩→冷却(4℃~5℃)→冷冻(−8℃~−4℃)→装填→冷冻贮藏

（≤-18℃）

浓缩汁生产工艺与原果汁（纯果汁）不同之处是必须使果浆含量尽可能的少。因为果浆含量多，不仅使高黏度果汁浓缩效率降低，而且易引起焦化等现象。再是生产浓缩汁，还要在瞬时杀菌以后进行浓缩。

果汁浓缩后可大大降低包装、运输和贮藏成本，方便销售和消费，但果汁浓缩过程中会损失糖、酸、维生素、香气和色泽，使浓缩汁加水稀释复原后与原汁品质有异。因此，浓缩过程中应尽可能减少果汁中有效成分的损失。为保持浓缩汁稀释后的品质，随着科学技术的发展，改变过去沿用开口锅加热蒸发果汁水分的落后方法，采用冰（冷）冻浓缩、真空浓缩和膜浓缩。

3. NFC（非浓缩）汁 又称非浓缩冷凉橙汁（Not-From-Concentrated juice，NFC），简称 NFC 汁。

NFC 汁的加工工艺流程绝大部分与原汁相似，其工艺流程如下。

原料→榨汁→精滤→冷却→热交换（机）→预热→脱气→热处理→冷却→无菌贮藏→无菌罐装→NFC 汁

NFC 橙汁是品质更优的橙汁，对原料的要求较高。

（九）柑橘汁饮料

柑橘汁饮料的工艺流程如下。

原辅料→调配→均质→脱气→杀菌→灌装→成品

原料大多采用浓缩柑橘汁。若以杀菌浓缩汁为原料，开罐后即可加入；若以冷冻浓缩汁为原料，则需自然解冻或用解冻机强制解冻，按计算量，将原料加入混合罐中。然后添加糖、水搅拌均匀，完成糖度调整后添加有机酸、维生素 C 和香料等，再次加水拌匀。糖、酸调配后再行测定试饮确定风味。最后通过 0.5 毫米滤网过滤、脱气、离心分离、装罐（瓶）、密封冷却即制成成品。

第十章　现代柑橘产后工程技术

（十）橘瓣罐头

橘瓣罐头的工艺流程如下。

原料→选果分级→烫橘→剥皮→去橘络、分瓣→酸处理→碱处理→漂洗→整理→装罐→加糖水→封口→杀菌→冷却→保温或商业无菌检验

（十一）柑橘其他加工制品

1. 柑橘蜜饯　柑橘蜜饯的工艺流程如下。

原料→选果→签压→硬化→漂洗→糖渍→糖煮→整形→烘干→上糖衣→形成→成品

2. 柑橘香精油的回收　柑橘果实含有较丰富的柑橘芳香油，具有独特的芳香，常用于食品加工、日用化妆品调香。

柑橘皮油回收常用于易剥皮的红橘。橙、柠檬果实较硬，不易剥皮，工业生产常采用磨皮、分离或直接压榨分离取油。

红橘皮取油工艺流程如下。

原料（橘皮）→硬化→漂洗→压榨→过滤→分离→静止抽滤→包装

3. 柑橘皮苷　大量存在于柑橘皮及橘络中。其工艺流程如下。

柑橘皮→硬化→过滤→中和、保温→冷却沉淀→甩水→烘干、粉碎→成品

4. 柑橘果渣发酵饲料　柑橘榨汁后果渣为果皮、果芯、柑橘瓣残渣、果核。果渣含有纤维素，能促进肠蠕动；且果渣带有一定果汁，含有糖分、蛋白质。柑橘果渣经微生物发酵，可改善果渣风味。发酵的微生物通过烘干，可增加果渣的蛋白质含量。因此，可将果渣通过发酵，加工成饲料，供反刍动物食用。其工艺流程如下。

菌种→培养

柑橘果渣→破碎→接种→发酵→烘干→粉碎→饲料

附 录

附录一 全国生产柑橘的县、市、区

上海市(6)	南汇区、宝山区、嘉定区、奉贤区、松江区、崇明县
江苏省(6)	常州市的武进区 无锡市的江阴市、宜兴市 苏州市的吴江市、昆山市、常熟市
浙江省(81)	杭州市的江干区、拱墅区、余杭区、萧山区、富阳市、建德市、桐庐县、淳安县 嘉兴市的海宁市、平湖市、桐乡市、海盐县、嘉善县 湖州市的吴兴区、南浔区、长兴县、德清县 舟山市的定海区、普陀区、岱山县、嵊泗县 宁波市的海曙区、江东区、江北区、镇海区、鄞州区、慈溪市、余姚市、奉化市、宁海县、象山县 绍兴市的越城区、诸暨市、上虞市、嵊州市、绍兴县、新昌县 衢州市的柯城区、衢江区、江山市、常山县、开化县、龙游县 金华市的婺城区、金东区、兰溪市、永康市、义乌市、东阳市、武义县、浦江县、磐安县 台州市的椒江区、黄岩区、路桥区、临海市、温岭市、三门县、天台县、仙居县、玉环县 温州市的鹿城区、龙湾区、瓯海区、瑞安市、乐清市、永嘉县、文成县、平阳县、泰顺县、洞头县、苍南县 丽水市的莲都区、龙泉市、缙云县、青田县、云和县、遂昌县、松阳县、庆元县、景宁县
安徽省(15)	黄山市的徽州区、歙县、休宁县、黟县、祁门县 宣城市的泾县、旌德县、绩溪县 安庆市怀宁县、枞阳县、潜山县、太湖县、宿松县、望江县、岳西县

福建省(71)	福州市的晋安区、福清市、长乐市、闽侯县、连江县、罗源县、闽清县、永泰县、平潭县 南平市的延平区、邵武市、武夷山市、建瓯市、建阳市、顺昌县、浦城县、光泽县、松溪县、政和县 三明市的三元区、永安市、明溪县、清流县、宁化县、大田县、尤溪县、沙县、将乐县、泰宁县、建宁县 莆田市的涵江区、秀屿区、仙游县 泉州市的丰泽区、洛江区、石狮市、晋江市、南安市、惠安县、安溪县、永春县、德化县 厦门市的同安区、翔安区 漳州市的芗城区、龙文区、龙海市、云霄县、漳浦县、诏安县、长泰县、东山县、南靖县、平和县、华安县 龙岩市的新罗区、漳平市、长汀县、永定县、上杭县、武平县、连城县 宁德市的蕉城区、福安市、福鼎市、寿宁县、霞浦县、柘荣县、屏南县、古田县、周宁县
江西省(91)	南昌市的青云谱区、湾里区、南昌县、新建县、安义县、进贤县 九江市的瑞昌市、九江县、庐山区、武宁县、修水县、永修县、德安县、星子县、都昌县、湖口县、彭泽县 景德镇市的乐平市、浮梁县 鹰潭市的贵溪县、余江县 新余市的渝水区、分宜县 萍乡市的安源区、湘东区、莲花县、上栗县、芦溪县 赣州市的章贡区、瑞金市、南康市、赣县、信丰县、大余县、上犹县、崇义县、安远县、龙南县、定南县、全南县、宁都县、于都县、兴国县、会昌县、寻乌县、石城县 上饶市的德兴市、上饶县、广丰县、玉山县、铅山县、横峰县、弋阳县、余干县、鄱阳县、万年县、婺源县 抚州市的临川区、南城县、黎川县、南丰县、崇仁县、乐安县、宜黄县、金溪县、资溪县、东乡县、广昌县 宜春市的袁州区、丰城市、樟树市、高安市、奉新县、万载县、上高县、宜丰县、靖安县、铜鼓县 吉安市的吉州区、青原区、井岗山市、吉安县、吉水县、峡江县、新干县、永丰县、泰和县、遂川县、万安县、安福县、永新县
河南省(15)	南阳市的南召县、西峡县、方城县、内乡县、镇平县、淅川县、社旗县、唐河县、新野县 信阳市的息县、潢川县、光山县、固始县、罗山县、新县

湖北省(66)	十堰市的张湾区、茅箭区、丹江口市、郧县、竹山县、房县、郧西县、竹溪县 襄樊市的襄阳区、樊城区、襄城区、老河口市、枣阳市、宜城市、南漳县、谷城县、保康县 荆门市的东宝区、掇刀区、钟祥市、沙洋县、京山县 黄冈市的麻城市、武穴市、红安县、罗田县、英山县、浠水县、蕲春县 咸宁市的咸宁区、嘉鱼县、通城县、崇阳县、通山县 荆州市的沙市区、荆州区、石首市、洪湖市、松滋市、江陵县、公安县、监利县 宜昌市的西陵区、伍家岗区、点军区、猇亭区、夷陵区、枝江市、宜都市、当阳市、远安县、兴山县、秭归县、长阳县、五峰县 省直辖的天门市、仙桃市、潜江市 恩施州的恩施市、利川市、建始县、巴东县、宣恩县、咸丰县、来凤县、鹤峰县
湖南省(106)	长沙市的岳麓区、浏阳市、长沙县、望城县、宁乡县 张家界市的慈利县、桑植县 常德市的武陵区、津市市、安乡县、汉寿县、澧县、临澧县、桃源县、石门县 益阳市的沅江市、资阳区、南县、桃江县、安化县 岳阳市的云溪区、汨罗市、临湘市、岳阳县、华容县、湘阴县、平江县 株洲市的荷塘区、芦淞区、石峰区、醴陵市、株洲县、攸县、茶陵县、炎陵县 湘潭市的岳塘区、雨湖区、湘乡市、韶山市、湘潭县 衡阳市的珠晖区、南岳区、常宁市、耒阳市、衡阳县、衡南县、衡山县、衡东县、祁东县 郴州市的北湖区、苏仙区、资兴市、桂阳县、永兴县、宜章县、嘉禾县、临武县、汝城县、桂东县、安仁县 永州市的冷水滩区、零陵区、东安县、道县、宁远县、江永县、蓝山县、新田县、双牌县、祁阳县、江华县 邵阳市的大祥区、武冈市、邵东县、邵阳县、邵新县、隆回县、洞口县、绥宁县、新宁县、城步县 怀化市的鹤城区、洪江市、沅陵县、辰溪县、溆浦县、中方县、会同县、麻阳县、新晃县、芷江县、靖州县、通道县 娄底市的娄星区、冷水江市、涟源市、双峰县、新化县 湘西州的吉首市、泸溪县、凤凰县、花垣县、保靖县、古丈县、永顺县、龙山县

广东省(83)	广州市的番禺区、花都区、南沙区、萝岗区、增城市、从化市 清远市的英德市、连州市、佛冈县、阳山县、清新县、连山县、连南县 韶关市的曲江区、武江区、乐昌市、南雄市、始兴县、仁化县、翁源县、新丰县、乳源县 河源市的紫金县、龙川县、连平县、和平县、东源县 梅州市的梅江区、兴宁市、梅县、大埔县、丰顺县、五华县、平远县、蕉岭县 潮州市的潮安县、饶平县 汕头市的潮阳区、潮南区、澄海区 揭阳市的普宁市、揭东市、揭西县、惠来县 惠州市的惠城区、惠阳区、博罗县、惠东县、龙门县 中山市 江门市的新会区、恩平市、台山市、开平市、鹤山市 佛山市的南海区、顺德区、三水区、高明区 肇庆市的高要市、四会市、广宁县、怀集县、封开县、德庆县 云浮市的罗定市、云安县、新兴县、郁南县 江阳市的阳春市、阳西县、阳东县 茂名市的化州市、信宜市、高州市、电白县 湛江市的坡头区、麻章区、吴川市、廉江市、雷州市、遂溪县、徐闻县
广西壮族自治区(93)	南宁市的青秀区、兴宁区、江南区、西乡塘区、良庆区、邕宁区、武鸣区、横县、宾阳县、上林县、隆安县、马山县 桂林市的阳朔县、临桂县、灵川县、全川县、兴安县、永福县、灌阳县、资源县、平乐县、荔浦县、龙胜县、恭城县 柳州市的柳江县、柳城县、鹿寨县、融安县、三江县、融水县 梧州市的岑溪市、苍梧县、藤县、蒙山县 贵港市的港北区、港南区、覃塘区、桂平市、平南县 玉林市的玉州区、北流市、兴业县、容县、陆川县、博白县 钦州市的钦南区、钦北区、灵山县、浦北县 北海市的合浦县 防城港市的防城区、东兴市、上思县 崇左市的江州区、凭祥市、扶绥县、大新县、天等县、宁明县、龙州县 百色市的右江区、田阳县、田东县、平果县、德保县、靖西县、那坡县、凌云县、乐业县、西林县、田林县、隆林县 河池市的金城江区、宜州市、南丹县、天峨县、凤山县、东兰县、巴马县、都安县、大化县、罗城县、环江县 来宾市的兴宾区、合山县、象州县、武宣县、忻城县、金秀县 贺州市的八步区、昭平县、钟山县、富川县

附　录

续附表一

海南(17)	三亚市 省直管市、县的的文昌市、琼海市、万宁市、五指山市、东方市、儋州市、临高县、澄迈县、定安县、屯昌县、昌江县、白沙县、琼中县、陵水县、保亭县、乐东县
四川省(130)	成都市的龙泉驿区、青白江区、新都区、温江区、都江堰市、彭州市、邛崃市、崇州市、金堂县、双流县、郫县、大邑县、蒲江县、新津县 广元市的元坝区、朝天区、旺苍县、青川县、剑阁县、苍溪县 绵阳市的涪城区、游仙区、江油市、三台县、盐亭县、安县、梓潼县、北川县、平武县 德阳市的什邡市、广汉市、绵竹市、罗江县、中江县 南充市的顺庆区、高坪区、嘉陵区、阆中市、南部县、营山县、蓬安县、仪陇县、西充县 广安市的广安区、华蓥市、岳池县、武胜县、邻水县 遂宁市的船山区、安居区、蓬溪县、射洪县、大英县 内江市的东兴区、威远县、资中县、隆昌县 乐山市的沙湾区、五通桥区、金口河区、峨眉山市、犍为县、井研县、夹江县、沐川县、峨边县、马边县 自贡市的大安区、贡井区、沿滩区、荣县、富顺县 泸州市的江阳区、纳溪区、龙马潭区、泸县、合江县、叙永县、古蔺县 宜宾市的翠屏区、宜宾县、南溪县、江安县、长宁县、高县、筠连县、洪县、兴文县、屏山县 攀枝花市的仁和区、米易县、盐边县 巴中市的巴州区、通江县、南江县、平昌县 达州市的通川区、万源市、达县、宣汉县、开江县、大竹县、渠县 资阳市的雁江区、简阳市、乐至县、安岳县 眉山市的东坡区、仁寿县、彭山县、洪雅县、丹棱县、青神县 雅安市的雨城区、名山县、荥经县、汉源县、石棉县、天全县、芦山县、宝兴县 凉山州的西昌市、盐源县、德昌县、会理县、会东县、宁南县、普格县、越西县、雷波县
重庆市(37)	江北区、沙坪坝区、九龙坡区、南岸区、北碚区、万盛区、双桥区、渝北区、巴南区、万州区、涪陵区、黔江区、长寿区、合川区、永川区、江津区、南川区、綦江县、潼南县、铜梁县、大足县、荣昌县、璧山县、垫江县、武隆县、丰都县、梁平县、开县、巫溪县、巫山县、奉节县、云阳县、忠县、石柱县、彭水县、酉阳县、秀山县

• 537 •

贵州省(75)	贵阳市的清镇市、开阳县、修文县、息烽县
	六盘水的盘县、六枝特区、水城县
	遵义市的赤水市、仁怀市、绥阳县、正安县、凤冈县、余庆县、习水县、道真县、务川县
	安顺市的西秀区、平坝县、普宁县、关岭县、镇宁县、紫云县
	毕节地区的毕节市、大方县、黔西县、金沙县、织金县、纳雍县、赫章县、威宁县
	铜仁地区的铜仁市、江口县、石阡县、思南县、德江县、玉屏县、印江县、沿河县、松桃县
	黔东南州的凯里市、黄平县、施秉县、三穗县、镇远县、岑巩县、天柱县、锦屏县、剑河县、台江县、黎平县、榕江县、从江县、雷山县、麻江县、丹寨县
	黔南州的都匀市、福泉市、荔波县、贵定县、瓮安县、独山县、平塘县、罗甸县、长顺县、龙里县、惠水县、三都县
	黔西南州的兴义市、兴仁县、普安县、晴隆县、贞丰县、望谟县、册亨县、安龙县
云南省(120)	昆明市的安宁市、呈贡县、晋宁县、富民县、宜良县、嵩明县、石林县、禄劝县、寻甸县
	曲靖市的麒麟区、宣威市、马龙县、沾益县、富源县、罗平县、师宗县、陆良县、会泽县
	玉溪市的江川县、澄江县、通海县、华宁县、易门县、峨山县、新平县、元江县
	保山市的隆阳区、施甸县、腾冲县、龙陵县、昌宁县
	昭通市的昭阳区、鲁甸县、巧家县、盐津县、大关县、永善县、绥江县、镇雄县、彝良县、威信县、水富县
	丽江市的古城区、永胜县、华坪县、玉龙县、宁蒗县
	思茅市的翠云区、墨江县、景东县、景谷县、镇沅县、江城县、孟连县、澜沧县、西盟县
	临沧市的临翔区、凤庆县、云县、永德县、镇沅县、双江县、耿马县、沧源县
	德宏州的潞西市、瑞丽市、梁河县、盈江县、陇川县
	怒江州的泸水县、福贡县、贡山县、兰坪县
	迪庆州的德钦县
	大理州的大理市、祥云县、宾川县、弥渡县、永平县、云龙县、洱源县、剑川县、鹤庆县、漾濞县、南涧县、巍山县
	楚雄州的楚雄市、双柏县、牟定县、南华县、姚安县、大姚县、永仁县、元谋县、武定县、禄丰县
	红河州的蒙自县、个旧市、开远市、绿春县、建水县、石屏县、弥勒县、泸西县、元阳县、红河县、金平县、河口县、屏边县

云南省(120)	文山自治州的文山县、砚山县、西畴县、麻栗坡县、马关县、丘北县、广南县、富宁县 西双版纳州的景洪市、勐海县、勐腊县
西藏自治区(6)	昌都地区的左贡县、芒康县 林芝地区的林芝县、墨脱县、察隅县、波密县
陕西(18)	汉中市的汉台区、南郑县、城固县、洋县、西乡县、勉县、宁强县、略阳县、镇巴县、留坝县、佛坪县 安康市的汉滨区、紫阳县、平利县、岚皋县、镇坪县、旬阳县、白河县
甘肃省(10)	陇南市的武都区、成县、宕昌县、康县、文县和西和县 甘南州的舟曲县、玛曲县、迭部县、碌曲县
台湾(6)	台中、高雄、新竹、宜兰、桃园、花莲
合　计	1046 个县、市、区

中国现代柑橘技术

附录二 中华人民共和国农业行业标准——《柑橘无病毒苗木繁育规程》

1. 范围 本标准规定了柑橘无病毒苗木繁育的术语和定义、要求、柑橘病毒病和类似病毒病害检测方法,脱毒技术以及无病毒母本园、无病毒采穗圃和无病毒苗圃的建立和管理。

本标准适用于全国柑橘产区的甜橙、宽皮柑橘、柚、葡萄柚、柠檬、来檬、枸橼(佛手)、酸橙和金柑以及以它们为亲本的杂交种的无病毒苗木的繁育。

2. 规范性引用文件 下列文件中的条款通过本标准的引用而成为本标准的条款。凡是注日期的引用文件,其随后所有的修改单(不包括勘误的内容)或修订版均不适用于本标准,然而,鼓励根据本标准达成协议的各方研究是否可使用这些文件的最新版本。凡是不注日期的引用文件,其最新版本适用于本标准。

GB 5040 柑橘苗木产地检疫规程

GB 9659 柑橘嫁接苗分级及检验

3. 术语和定义

3.1 适栽品种(commercial variety) 适合于当地栽培的柑橘品种。

3.2 原始母树(original mother tree) 对病毒病和类似病毒病害感染状况尚不明确的母本树。

3.3 病毒病和类似病毒病害(virus and virus—like diseases) 由病毒、类病毒、植原体、螺原体和某些难培养细菌引起的植物病害。

3.4 指示植物(indicator plant) 受某种病原物侵染后能表现具有特征性症状的植物。

3.5 茎尖嫁接(shoot—tip grafting) 将嫩梢顶端生长点连同

2～3 个叶原基、长度为 0.14～0.18 毫米的茎尖嫁接于试管内生长的砧木的过程。

3.6 脱毒(virus exclusion)　采用茎尖嫁接或热处理＋茎尖嫁接方法,使已受病毒病和类似病毒病害感染的植株的无病毒部分与原植株脱离而得到无病毒植株的过程。

3.7 无病毒母本树(virus—free mother tree)　用符合本规程要求的无病毒品种原始材料繁育或经检测符合本规程要求的无病毒的可供采穗用的植株。

3.8 无病毒母本园(virus—free mother block)　种植无病毒母本树的园地。

3.9 无病毒采穗圃(virus—free increasing block)　用无病毒母本树接穗繁殖的苗木建立的用于生产接穗的圃地。

3.10 无病毒苗圃(virus—free nursery)　用从无病毒采穗圃或无病毒母本园采集的接穗繁殖苗木的圃地。

4. 要　求

4.1 接穗和砧木

4.1.1 繁殖柑橘无病毒苗木所用的接穗和砧木的品种都是适栽品种。

4.1.2 繁殖柑橘无病毒苗木所用的砧木用实生苗。

4.2 柑橘无病毒苗木不带有下述病毒病和类似病毒病害

4.2.1 国内已有品种的苗木不带黄龙病(hranglongbing)、裂皮病(exocortis)、碎叶病(tatter leaf),柑橘衰退病毒茎陷点型强毒系引起的柚矮化病(pummelo dwarf)和甜橙茎陷点病(sweet orange stem—pitting)以及温州蜜柑萎缩病(satsuma dwarf)。

4.2.2 从国外引进的柑橘苗木,除不带 4.2.1 所列病害外,还要求不带鳞皮病(psorosis)、木质陷孔病(cachexia)、石果病(impietratura)、顽固病(stubbom)、杂色褪绿病(variegated chlorosis)和来檬丛枝病(lime witches'broom)等各种病毒病和类似病毒病害。

4.3 柑橘无病毒苗木不带溃疡病

按 GB 5040 规定执行。

4.4 柑橘无病毒苗木的生长规格

嫁接口高度、干高、苗木高度、苗木径粗和根系生长按 GB 9659 规定执行。

5. 原始母树的选定

5.1 适栽品种(单株系)名单由省级农业行政部门确定。

5.2 原始母树用适栽品种的优良单株,或具有该品种典型园艺学性状的其他单株。

6. 原始母树感染病毒病和类似病毒病害情况鉴定

6.1 从原始母树采接穗,在用 40 目塑料网纱构建的网室内嫁接繁殖 4 株苗木,以备病毒病和类似病毒病鉴定和脱毒用。

6.2 病毒病和类似病毒病害鉴定可采用指示植物法(见本标准 7 和附录 A),也可采用快速法,后者包括血清学鉴定、聚丙烯酰胺凝胶电泳鉴定和分子生物学鉴定(见附录 C)。

6.3 鉴定证明原始母树未感染本标准要求不得带有的病毒病和类似病毒病害,从该母树采接穗在网室内繁殖的苗木(同 4.2.1),即系柑橘无病毒苗木,可用作柑橘无病毒品种原始材料。

6.4 鉴定证明原始母树已感染本标准要求不带的病毒病和类似病毒病害,该母树要进行脱毒。

7. 指示植物鉴定

7.1 鉴定的病害,指示植物种类(品种),鉴别症状,适于发病的温度和鉴定一植株所需指示植物株数见附录 A。

7.2 指示植物鉴定在用 40 目网纱构建的网室或温室内进行。

7.3 指示植物中,Etrog 香橼的亚利桑那 861 或 861-S-1 选系和凤凰柚用嫁接苗或扦插苗,其他指示植物用实生苗或嫁接苗。

7.4 接种木本指示植物用嫁接接种,一般用单芽或枝段腹接,除黄龙病鉴定外,也可用皮接。接种草本指示植物用汁液摩擦接种。

7.5 在每一批鉴定中,鉴定一种病害需设接种标准毒源的指示植物作正对照,设不接种的指示植物作负对照。

7.6 指示植物接种时,在一个品种材料接种后,所用嫁接刀和修枝剪用1%次氯酸钠液消毒,操作人员用肥皂洗手。

7.7 指示植物要加强肥水管理和病虫防治,以保持指示植物的健壮生长。并及时修剪,诱发新梢生长,加速症状表现。

7.8 在适宜发病条件下,每3～10天观察一次发病情况。在不易发病的季节,每2～4周观察一次。

7.9 指示植物的发病情况,一般观察到接种后24个月为止。观察期间,如果正对照植株发病而负对照植株未发病,可根据指示植物发病与否判断被鉴定植株是否带病。在鉴定某种病害的指示植物中有1株发病,被鉴定的植株即被判定为带病。

8. 脱　毒

8.1 脱毒技术

对已受裂皮病、木质陷孔病、顽固病、来檬丛枝病、杂色褪绿病或黄龙病感染的植株,采用茎尖嫁接法脱毒;对已受碎叶病、温州蜜柑萎缩病、衰退病、鳞皮病或石果病感染的植株,采用热处理＋茎尖嫁接法脱毒。

8.2 茎尖嫁接脱毒技术的操作

8.2.1 茎尖嫁接在无菌条件下操作。

8.2.2 砧木准备。常用枳橙或枳的种子。剥去内、外种皮,经用0.5%次氯酸钠液(加0.1%吐温20)浸10秒后,灭菌水洗3次,播于经高压消毒的试管内MS固体培养基上,在27℃黑暗中生长,两周后供嫁接用。

8.2.3 茎尖准备及嫁接。采1～2厘米长的嫩梢,经0.25%次氯酸钠液(加0.1%吐温20)浸5秒,灭菌水洗3次后切取顶端生长点连同其下2～3个叶原基、长度为0.14～0.18毫米的茎尖嫁接于砧木,放入经高压消毒的装有MS液体培养基的试管中,在生长箱或培养室内保持27℃、每天16小时、1000勒克斯光照和8小时黑暗条件下生长。

8.2.4 茎尖嫁接苗的移栽或再嫁接。试管内茎尖嫁接苗长出3～4个叶片时,可移栽于盛有消毒土壤的盆中,或将茎尖嫁接苗再嫁接于盆栽砧木上,以加速生长。

8.2.5 脱毒效果的确认。从茎尖嫁接苗取枝条嫁接于指示植物,或取样用快速鉴定法鉴定其感病情况,如果呈阴性反应,证明原始母树所带病原已经脱除。所需鉴定的病害种类与原始母树所感染的相同。

8.3 热处理＋茎尖嫁接脱毒技术的操作 供脱毒的植株每天在40℃有光照条件下生长16小时和在30℃黑暗条件下生长8小时,连续10～60天后采嫩梢进行茎尖嫁接,其他步骤与8.2相同。

9. 柑橘无病毒品种原始材料的网室保存

9.1 网室用40目网纱构建,网室内工具专用,修枝剪在使用于每一植株前用1%次氯酸钠液消毒。工作人员进入网室工作前,用肥皂洗手;操作时,人手避免与植株伤口接触。

9.2 每个品种材料的脱毒后代在网室保存2～4株,用作柑橘无病毒品种原始材料。

9.3 网室保存的植株除有特殊要求的以外,采用枳作砧木。

9.4 网室保存植株用盆栽,盆高约30厘米,盆口直径约30厘米。

9.5 网室保存植株每年春梢萌发前重修剪一次,每隔5～6年,通过嫁接繁殖更新。

9.6 网室保存植株每年调查一次黄龙病、柚矮化病和甜橙茎陷点病发生情况,每5年鉴定一次裂皮病、碎叶病、温州蜜柑萎缩病和鳞皮病感染情况。发现受感染植株,立即淘汰。

10. 无病毒母本园的建立与管理

10.1 地 点

10.1.1 在黄龙病发生区,柑橘无病毒母本园建立在由 40 目塑料纱网构建的网室内,或建立在与其他柑橘种植地的隔离状况符合 GB 5040 规定的田间。

10.1.2 在非黄龙病发生区,柑橘无病毒母本园建立在田间,用围墙或绿篱与其他柑橘种植地隔开。

10.2 无病毒母本树的种植株数

每个品种材料的无病毒母本树在无病毒母本园内种植 2~6 株。

10.3 管　理

10.3.1 无病毒母本树启用的时间

植株连续结果 3 年显示其品种固有的园艺学性状后,开始用做母本树。

10.3.2 柑橘无病毒母本树的病害调查、检测和品种纯正性观察以及处理方法。每年 10~11 月,调查黄龙病发生情况,调查病害的症状依据见附录 B。每年 5~6 月,调查柚矮化病和甜橙茎陷点病发生情况,调查病害的症状依据见附录 B。每隔 3 年,应用指示植物或 RT-PCR 或血清学技术检测裂皮病、碎叶病和温州蜜柑萎缩病感染情况。每年采果前,观察枝叶生长和果实形态,确定品种是否纯正。经过病害调查、检测和品种纯正性观察,淘汰不符合本规程要求的植株。

10.3.3 用于柑橘无病毒母本树的常用工具专用,枝剪和刀、锯在使用于每株之前,用 1‰次氯酸钠液消毒。工作人员在进入柑橘无病毒母本园工作前,用肥皂洗手;操作时,人手避免与植株伤口接触。

11. 无病毒采穗圃的建立与管理

11.1 地　点

11.1.1 在黄龙病发生区,无病毒采穗圃建立在 40 目塑料纱网构建的网室内,或建立在与其他柑橘种植地的隔离状况符合

GB 5040 规定的田间。

11.1.2 在非黄龙病发生区,无病毒采穗圃建立在田间,用围墙或绿篱与其他柑橘种植地隔开。

11.2 管　理

11.2.1 繁殖无病毒采穗圃植株所用接穗全部采自无病毒母本园。

11.2.2 无病毒采穗圃植株可以采集接穗的时间,限于植株在采穗圃种植后的 3 年内。

11.2.3 用于柑橘无病毒采穗圃的常用工具专用,枝剪在使用于每个品种材料之前,用 1‰次氯酸钠液消毒。工作人员在进入柑橘无病毒采穗圃工作前,用肥皂洗手;操作时,人手避免与植株伤口接触。

11.2.4 每年 5～6 月,调查柚矮化病和甜橙茎陷点病发生情况;10～11 月,调查黄龙病发生情况,调查病害的症状依据见附录 B,调查中发现病株,立即挖除。

12. 无病毒苗圃的建立与管理

12.1 地　点

12.1.1 在黄龙病发生区,无病毒苗圃建立在由 40 目塑料纱网构建的网室内,或建立在与其他柑橘种植地的隔离状况符合 GB 5040 规定的田间。

12.1.2 在非黄龙病发生区,无病毒苗圃建立在田间,用围墙或绿篱与其他柑橘种植地隔开。

12.2 管　理

12.2.1 繁殖苗木所用接穗全部来自无病毒采穗圃或无病毒母本园。

12.2.2 用于柑橘无病毒苗圃的常用工具专用,枝剪和嫁接刀在使用于每个品种材料之前,用 1‰次氯酸钠液消毒。工作人员在进入柑橘无病毒苗圃工作前,用肥皂洗手;操作时,人手避免与植株伤口接触。

12.2.3 苗木出圃前,调查黄龙病、柚矮化病和甜橙茎陷点病发生情况,调查病害的症状依据见附录 B,发现病株,立即拔除。

附录 A(规范性附录)

应用指示植物鉴定柑橘病毒病和类似病毒危害的标准参数

病　害	指示植物种类(品种)	鉴别症状	适于发病的温度(℃)	鉴定一植株所需指示植物株数
裂皮病	Etrog 香橼的亚利桑那 861 或 861-S-1 选系	嫩叶严重向后卷	27~40	5
碎叶病	Rusk 枳橙	叶部黄斑、叶缘缺损	18~26	5
黄龙病	椪柑或甜橙	叶片斑驳型黄化	27~32	10
柚矮化病	凤凰柚	茎木质部严重陷点	18~26	5
甜橙茎陷点病	Madam vinous 甜橙	茎木质部严重陷点	18~26	5
温州蜜柑萎缩病	白芝麻	叶中枯斑	18~26	10
鳞皮病	凤梨甜橙、madam vinous 甜橙、dweet 橘橙	叶脉斑纹,有时春季嫩梢迅速枯萎(休克)	18~26	5
顽固病	Madam vinlus 甜橙	新叶小,叶尖黄化	27~38	10

续附录 A

病　害	指示植物种类（品种）	鉴别症状	适于发病的温度（℃）	鉴定一植株所需指示植物株数
木质陷孔病	用快速生长的砧木嫁接的parson专用橘	嫁接口和第一次重剪后分枝处充胶	27～40	5
石果病	Dweet橘橙、凤梨甜橙、madam vinous甜橙	橡叶症	18～26	5
来檬丛枝病	墨西哥来檬	芽异常萌发引起的枝叶丛生	27～32	10
杂色褪绿病	伏令夏橙、哈姆林甜橙	叶正面褪绿斑,相应反面褐色胶斑	27～32	10

附录 B （规范性附录）
田间应用目测法诊断黄龙病、柚矮化病和甜橙茎陷点病的症状依据

病　害	症状依据
黄龙病	叶片转绿后从叶脉附近和叶片基部开始褪绿,形成黄绿相间的斑驳型黄化。发病初期,树冠上部有部分新梢叶片黄化形成的"黄梢"
柚矮化病	小枝木质部陷点严重,春梢短、叶片扭曲
甜橙茎陷点病	小枝木质部陷点严重,小枝基部易折裂,叶片主脉黄化,果实变小

附录C　（资料性附录）
应用快速法鉴定柑橘病毒病和类似病毒病害

方　法		病　害
血清学	A 蛋白酶联免疫吸附法	温州蜜柑萎缩病
	双抗体夹心酶联免疫吸附法	碎叶病、鳞皮病
	双向聚丙烯酰胺凝胶电泳	裂皮病和木质陷孔病
分子生物学	多聚酶链反应	黄龙病、来檬丛枝病和杂色褪绿病
	反转录多聚酶链式反应	裂皮病、木质陷孔病、衰退病和鳞皮病
	半果式反转录多聚酶链式反应	碎叶病

附录三　北京汇源现代柑橘周年管理历

月　份	物候期	柑橘园管理的主要工作
1月份	休眠期	结果树:1. 整形修剪 2. 完熟栽培的品种加强管理,注意防冻 3. 继续做好冬季清园,剪除病虫枝,喷布45%石硫合剂结晶或石硫合剂,杀灭越冬病虫害 4. 出现冬季干旱的适度灌水 5. 修整园地道路及灌排沟渠
		幼树:与结果树2、3、4、5相同。整形修剪仅去除无用的徒长枝,对过于直立的旺树采用撑、拉、吊方法加大分枝角度,扩展树冠
2月份	休眠期 芽萌发期	结果树:1. 继续整形修剪和清园 2. 完熟栽培品种的采收应市 3. 下旬土施速效氮、钾为主的萌芽肥 4. 春芽萌动前,喷药防治螨类等柑橘虫害 5. 继续做好道路、沟渠的整修疏理
		幼树:月底开始,可在行间套种浅根性的经济作物或绿肥。继续做好道路、沟渠整修疏理
3月份	春梢生长期	结果树:1. 土施和叶面喷肥结合,促进春梢生长、健壮 2. 喷药防治花蕾蛆、红蜘蛛、黄蜘蛛等虫害
		幼树:1. 上、下旬各施1次氮、钾为主的速效肥,促进春梢生长、健壮 2. 喷药防治红蜘蛛等虫害 3. 上、中旬选壮苗补植缺株
4月份	现蕾期 初花期 盛花期	结果树:1. 看树土壤施肥,叶面喷营养液结合保花 2. 开花前复剪,疏除旺树营养枝组或弱树的花蕾枝组 3. 做好蚜虫、红蜘蛛、黄蜘蛛、叶甲类喷药防治,注意炭疽病、树脂病的发生和防治
		幼树:1. 做好蚜虫、红蜘蛛、叶甲类喷药防治,注意炭疽病、脂斑病的发生和防治 2. 种植矮秆浅根的间作物,或选留矮秆浅根的良性杂草作生草栽培。

续附录三

月　份	物候期	柑橘园管理的主要工作
5月份	盛花期 谢花期 第一次生理落果期 第二次生理落果期	结果树:1. 脐橙等易落果的品种用专用保果剂(如增效液化BA+GA)进行保果,有核的甜橙品种喷施1~2次叶面肥稳果 2. 月初夏橙采收、采后重施采后肥 3. 不断抹除夏梢,防止结果争肥加重落果 4. 防治红蜘蛛、蚧类、天牛、卷叶蛾、叶甲类和炭疽病、树脂病等病虫害 幼树:1. 上、中旬和下旬各施1次氮、钾为主的速效肥促发早夏梢生长 2. 做好红蜘蛛、卷叶蛾、蚜虫、凤蝶、叶甲类和炭疽病等病虫害的防治
6月份	第二次生理落果 稳果期 早夏梢抽生期	结果树:1. 继续抹除夏梢 2. 月初用脐黄抑制剂(抑黄酯)——FOWS防止脐黄 3. 果实采取套袋的,在6月下旬疏果后喷1~2次杀虫杀菌剂后套袋 4. 防治蚧类为害,少雨时视螨类的发生进行挑治或统防,消灭天牛卵和幼虫 5. 做好果园的排水、蓄水,控制果园草的高度 6. 下旬重施壮果肥 幼树:1. 中、下旬各施1次夏梢肥,可土施和叶面喷施相结合,以速效氮、钾肥为主 2. 做好红蜘蛛、蚜虫、凤蝶、卷叶蛾的防治和潜叶蛾的测报和防治
7月份	秋梢萌动期 果实膨大期	结果树:1. 视旱情及时灌水抗旱 2. 有条件的用稻草、麦秸或杂草进行树盘覆盖保墒 3. 抹除晚夏梢,放早秋梢 4. 防治锈壁虱发生为害,7~9月是防治的关键期,当果园出现个别果受害即应喷药防治,继续做好其他病虫害的防治工作 5. 易发生裂果的脐橙喷布低浓度氮、钾肥以减少裂果,易发生日灼的杂柑、温州蜜橘可月初贴纸等防止 6. 检查套袋果袋的完好程度,如遇破损应喷药后重新套袋 7. 7月下旬土施壮果促梢肥 幼树:1. 中、下旬各施(喷)1次秋梢肥 2. 重点做好潜叶蛾的防治,继续做好其他病虫害的防治工作 3. 做好砧木除萌

续附录三

月 份	物候期	柑橘园管理的主要工作
8月份	果实膨大期 秋梢抽生期	结果树：1. 抗旱排涝，保持柑橘园土壤持水量相对稳定 　　　　2. 结合病虫防治对易裂果的甜橙喷布钾肥，如喷布 　　　　0.3％磷酸二氢钾 1～2 次 　　　　3. 防治锈壁虱、蚜虫、潜叶蛾和炭疽病、脚腐病等病 　　　　虫害 幼树：1. 上、中旬施速效氮钾肥、促发秋梢 　　　2. 重点防治潜叶蛾，注意继续做好蚜虫、凤蝶、炭疽病 　　　等的防治
9月份	秋梢生长期 果实膨大期	结果树：1. 遇旱及时灌溉，结合树盘覆盖减少裂果 　　　　2. 抹除晚秋梢 　　　　3. 锈壁虱发生高峰期应重点防治，注意防治红蜘 　　　　蛛、黑刺粉虱、蚧类和炭疽病、脚腐病等 　　　　4. 下旬土壤深施基肥 幼树：1. 继续做好潜叶蛾、红蜘蛛、炭疽病等的防治 　　　2. 下旬施氮、磷、钾齐全的复合肥或有机肥 　　　3. 继续做好砧木除萌
10月份	果实着色期 早熟品种 果实成熟期	结果树：1. 下旬对进行完熟栽培的品种和夏橙喷布浓度 　　　　30～40 毫升/千克的 2,4-D 液防落果 　　　　2. 11月上、中旬成熟采收的套袋果实，10月中、下 　　　　旬提前 15 天左右摘袋，以改善果皮色泽 　　　　3. 抹除晚秋梢 　　　　4. 防治红蜘蛛、锈壁虱、粉虱等害虫，山地果园做好 　　　　吸果夜蛾的防治，密闭园喷杀菌剂防治炭疽病 　　　　5. 做好早熟品种的采收准备和采收 幼树：1. 种植冬季绿肥和牧草，生草果园控制草的生长 　　　2. 继续做好红蜘蛛、炭疽病等的防治
11月份	果实成熟期	结果树：1. 喷布 2,4-D，防止晚熟品种和作完熟栽培品种的 　　　　冬季低温落果 　　　　2. 水田柑橘园深沟排湿 　　　　3. 套袋果园，果实采收前半个月摘袋 　　　　4. 捡拾落果，摘除病果，剪除病虫严重危害的枝 　　　　5. 做好中熟品种的采收准备和采收 幼树：1. 注意红蜘蛛的继续发生和防治 　　　2. 剪除不成熟的晚秋梢

续附录三

月　份	物候期	柑橘园管理的主要工作
12月份	相对休眠期	结果树：1. 中、下旬对夏橙和作完熟栽培的品种喷布 2,4-D 液 2. 冬季修剪 3. 冬季清园,剪除病虫枝、枯枝,喷布 45% 石硫合剂结晶等 4. 中熟品种的采收、应市 5. 遇冬旱,适度灌水
		幼树：1. 冬季清园剪除病虫枝,集中园外烧毁或喷布 45% 石硫合剂结晶 2. 遇冬旱,适度灌水

附录四　北京汇源现代柑橘病虫害防治历※

月　份	物候期	防治对象	防治方法
1 月份	休眠期	越冬病虫	1. 剪除病虫枝、干枯枝，清除树上的地衣、苔藓及地面枯枝落叶和杂草 2. 翻耕园地，杀灭土中的越冬病虫 3. 砍伐被脚腐病、树脂病严重危害无救的树或大枝，集中园外烧毁 4. 蚧类越冬基数较高、地衣苔藓较多、且煤烟病又较重的，可喷 95% 机油乳剂 100 倍液或 99% 绿颖乳油 150～200 倍液 5. 螨类越冬基数较高、而蚧类基数较低的柑橘园则喷 45% 石硫合剂结晶 100～120 倍液，或 99% 绿颖乳油 150～200 倍液
2 月份	休眠期	越冬病虫	防治同 1 月份
3 月份	春芽萌发春梢抽发	红蜘蛛	春梢萌发时，螨类达 100～200 头/100 叶时喷药防治，药剂可选用 5% 尼索朗 2500～3000 倍液（或锐克 1000 倍液），15% 哒螨灵 1200～1500 倍液，5% 唑螨酯 2500 倍液，95% 机油乳剂 50～100 倍液，且以尼索朗与后 3 种药的任何 1 种混用效果最佳
		四斑黄蜘蛛	春芽萌发时螨类达 100 头/100 叶时喷药防治，药剂同红蜘蛛
		花蕾蛆	花蕾直径 2～3 毫米时用药喷洒地面和树冠，7～10 天 1 次，连续喷 1～2 次。主要药剂有 50% 辛硫磷 1500 倍液，20% 灭扫利或 2.5% 溴氰菊酯 2500 倍液，80% 敌敌畏或 90% 晶体敌百虫 800 倍液
		橘潜叶甲、恶性叶甲	春芽抽发后成虫取食嫩叶并产卵，必要时可喷药防成虫。临开花时喷药防治初孵化幼虫。药剂可选 20% 甲氰菊酯、2.5% 溴氰菊酯或 20% 速灭杀丁 2500 倍液，40% 乐果、80% 敌敌畏、90% 晶体敌百虫 800～1000 倍液，每 7～10 天 1 次，连续喷 2 次
		蚜虫	嫩梢有蚜率达 25% 时喷药防治，药剂有 50% 抗蚜威 1500～2000 倍液，10% 吡虫啉 1500 倍液，40% 乐果 1000 倍液，20% 甲氰菊酯 2000～2500 倍液等

续附录四

月　份	物候期	防治对象	防治方法
3 月份	春芽萌发 春梢抽发	疮痂病	春芽长不超过 0.5 厘米和花谢 2/3 及幼果期各喷药 1 次,主要药剂有 70%甲基托布津,50%多菌灵 800 倍液,50%退菌特 500 倍液,80%代森锰锌(大生 M-45)600～700 倍液,25%溴菌腈 1000 倍液或 77%氢氧化铜(可杀得 101)800 倍液
		树脂病	春芽萌发时和幼果期各喷药防治 1 次,药剂有:77%可杀得 600 倍液,50%多菌灵 800～1000 倍液,70%甲基托布津 800 倍液;如干枝发病,可在刮除病斑后涂上述药剂的 50 倍液,每周 1 次,连续 2～3 次
4 月份	现蕾期 初花期 盛花期	红蜘蛛	花前防治指标和药剂同 3 月份。花后防治指标:红蜘蛛 5 头/叶时,鉴于花后气温都在 20℃以上,新梢均已展叶药剂宜用 25%三唑锡或 50%苯丁锡 2000 倍液,20%双甲脒 1500～2000 倍液,25%单甲脒 1200～1500 倍液或 5%唑螨酯 2500 倍液。切勿用有机磷或拟除虫菊酯类药,以免杀死天敌
		四斑黄蜘蛛	防治指标:花前同 3 月份,花后 3 头/叶。药剂可选用除双甲脒、单甲脒外的上述防治红蜘蛛的药剂
		花蕾蛆	除用药剂防治外,人工摘除受害花蕾(灯笼花),深埋或煮沸,以杀死幼虫
		蚜虫	同 3 月份
		天牛类	40%乐果或 80%敌敌畏 10 倍液塞入排除木屑的孔内,用泥土封口,以毒杀幼虫和蛹,或人工钩杀幼虫和蛹;成虫出洞时,白天人工捕杀星天牛和枝天牛,傍晚、夜晚捕杀褐天牛
		卷叶蛾类	谢花初用 20%甲氰菊酯、2.5%溴氰菊酯、20%速灭杀丁 2500 倍液,或 40%乐果、80%敌敌畏、90%晶体敌百虫 800～1000 倍液,每 7～10 天 1 次,连续 2 次

续附录四

月　份	物候期	防治对象	防治方法
4 月份	现蕾期 初花期 盛花期	潜叶甲、 恶性叶甲	同 3 月份
		蚧类	做好初花期和初孵若虫初见期观察
		疮痂病	同 3 月份
		脂斑病	花谢 2/3 时喷药。主要药剂有 50%多菌灵或 70%甲基托布津 600 倍液,10 天喷 1 次,连续喷 2 次;80%代森锰锌 800 倍液等
		脚腐病、 流胶病 (柠檬)	浅刮纵深刻病斑后涂 50%多菌灵或 70%甲基托布津 50 倍液
5 月份	盛花期 谢花期 第一次生 理落果 第一次生 理落果	红蜘蛛	同 4 月份
		四斑黄蜘蛛	同 4 月份
		潜叶甲 恶性叶甲	幼虫下树化蛹时在树干上捆扎带泥稻草,诱其入内化蛹,取下杀灭幼虫;当羽化成虫危害叶片时,喷药防治。药剂同 3 月份
		矢尖蚧等 蚧　类	初花后 25～30 天或 1 龄若虫初见后 25 天第一次用药,15 天后再喷 1 次。药剂有 0.5%果圣 1000 倍液,95%机油乳剂 100 倍液,40%乐斯本和 25%优乐得等。以 0.25%～0.3%机油乳剂加上述药的任何 1 种的 2500 倍液防效好。或选用 99%绿颖乳油 2000～2500 倍液,虫龄较大时可选用 40%杀扑磷(速蚧克、速扑杀)乳油1000～1500 倍液
		黑刺粉虱	越冬成虫初见后 45 天喷第一次药,15 天后再喷 1 次,药剂同矢尖蚧。或用 10%吡虫啉 1200 倍液,90%敌百虫 800 倍液
		蚜虫类	同 3 月份
		凤蝶类	人工捕杀卵、幼虫,幼虫多时用 80%敌敌畏、90%晶体敌百虫 800 倍液防治
		天牛类	继续捕杀成虫

续附录四

月　份	物候期	防治对象	防治方法
5月份	盛花期 谢花期 第一次生理落果 第一次生理落果	炭疽病 疮痂病	为害症状初见时喷50％退菌特或10％消病灵500倍液,25％溴菌腈1000倍液或25％腈菌唑500倍液,70％甲基托布津或80％代森锰锌600～700倍液,每10天喷1次,连续喷2次
		树脂病	刮除大枝上的病斑,深纵刻达木质部,涂50％多菌灵20～30倍液;春梢抽发、落花1/3时喷布50％多菌灵1000倍液
6月份	第二次生理落果 稳果期 夏梢抽发	红蜘蛛	勤查虫情,宜作挑治
		侧多食跗线螨	嫩芽、嫩梢、嫩叶和果实受害初期喷药。药剂同红蜘蛛。喷药尤应注意周到,特别是叶背面
		矢尖蚧等蚧类	5月份防治效果欠佳的可再喷药1次。药剂同5月份
		黑刺粉虱	第二代幼虫盛期喷药防治,药剂同5月份
		卷叶蛾类	幼虫为害幼果,严重时会引起大量落果,此时系防治的关键时期。药剂同4月份
		凤蝶类	同5月份
		天牛类	同5月份
		潜叶蛾	可摘除零星嫩梢,切断其食物链;幼树为尽快扩冠不抹梢的,对危害重的在芽长0.5～2厘米时喷药防治。药剂选用1.8％阿维菌素2500倍液,10％吡虫啉1200倍液,20％甲氰菊酯或2.5％溴氰菊酯2500倍液,每7～10天喷1次,连续喷2次
		锈壁虱	如当年春梢叶背出现铁锈色或其顶叶呈僵叶或叶背、果面虫口达2头/视野(10倍放大镜),又遇高温少雨,应喷药防治。药剂有20％双甲脒或25％单甲脒或50％苯丁锡2000倍液,25％三唑锡2000倍液,80％代森锰锌800倍液等
		脚腐病流胶病(柠檬)	开沟排水,不间种高秆作物,改善通风透光条件,降低柑橘园湿度,加强防治天牛等害虫,使用枳橙等抗病砧木。已发病树用上述抗病砧靠接换砧,重病树刮除病斑、深刻,选用25％甲霜灵或40％甲霜铜50～100倍液涂病部

续附录四

月　份	物候期	防治对象	防治方法
7 月份	秋梢抽发果实膨大	侧多食跗线螨	同 6 月份
		锈壁虱	7～9 月份是防治的关键时期,应勤检查,达到防治指标(果园出现个别受害果),即应防治。药剂同 6 月份。还可选 80％代森锰锌 800 倍液,1.8％虫螨杀星乳油 4000 倍液等
		矢尖蚧等蚧类	7 月下旬做好第二代矢尖蚧的防治,药剂同 5 月份
		潜叶蛾	7 月中、下旬开始是其危害盛期,注意防治。药剂同 6 月份
		蚜虫	防治同 3 月份
		黑蚱蝉	剪除被其产卵而干枯的小枝,园外烧毁
		脚腐病、流胶病(柠檬)	同 6 月份
8 月份	果实膨大秋梢生长	锈壁虱	防治药剂同 7 月份
		潜叶蛾	防治药剂同 6 月份
		黑刺粉虱	防治主要时期。药剂同 5 月份
		矢尖蚧等蚧类	防治药剂同 5 月份
		卷叶蛾类	防治药剂同 4 月份
		炭疽病	防治药剂同 5 月份
9 月份	秋梢生长果实膨大果实着色	锈壁虱	防治药剂同 7 月份
		潜叶蛾	防治药剂同 6 月份
		黑刺粉虱	防治药剂同 5 月份
		矢尖蚧等蚧类	防治第三代若虫。防治药剂同 5 月份
		卷叶蛾类	防治药剂同 4 月份
		炭疽病	病菌侵害近成熟果实引起落果或采果后不耐贮而腐烂,9 月中旬开始喷药防治 2～3 次。药剂同 5 月份

附　　录

续附录四

月　份	物候期	防治对象	防治方法
10月份	果实着色	锈壁虱	主要为害秋梢叶片。防治药剂同7月份
	早熟品种	红蜘蛛	防治药剂选用4月份的花后用药
	果实成熟	炭疽病	防治药剂同5月份
11月份	果实着色	红蜘蛛	防治方法同4月份
	果实成熟	炭疽病	重点防治对晚熟品种的危害。防治药剂同5月份
12月份	果实成熟 休眠期	越冬病虫	1. 结合冬季修剪,剪除病虫枝、枯枝,清除树上病菌和害虫,减少翌年病虫害 2. 清除地面枯枝落叶、落果和杂草,翻耕园土,杀灭地面和土中越冬病虫 3. 喷布45％石硫合剂结晶100～120倍液,或硫悬浮剂180倍液,或99％绿颖乳油180～240倍液,或95％机油乳剂100倍液

※北京汇源集团重庆柑橘产业化开发有限公司受国务院三峡工程建设委员会办公室委托,在重庆、湖北两省、直辖市的万州、开县、云阳、奉节、巫山、巴东、秭归、兴山、夷陵等9个县、区,2003年、2005年承建移民柑橘示范园0.25万公顷,带动周边发展近1.33万公顷。品种主要是鲜食的纽荷尔脐橙、福本脐橙,鲜食加工橙汁皆宜的北碚447锦橙、渝津橙、奥灵达夏橙、德尔塔夏橙,以及以加工橙汁为主的哈姆林甜橙、早金甜橙、特洛维他甜橙等甜橙类品种,也有少量清见、天草、橘橙7号等杂柑。2003年下达计划,2004年定植的柑橘园已开始结果,2005年下达计划,2006年定植的在2009年可始花结果。柑橘病虫害防治历可供三峡库区及周边省、直辖市柑橘产区参考

· 559 ·

主要参考文献

［1］ 中国农业科学院柑橘研究所编著. 柑橘栽培. 北京:农业出版社,1986.

［2］ 沈兆敏编著. 三峡柑橘. 成都:四川科学技术出版社,1988.

［3］ 沈兆敏主编. 中国柑橘技术大全. 成都:四川科学技术出版社,1992.

［4］ 沈兆敏编著. 宽皮柑橘良种引种指导. 北京:金盾出版社,2003.

［5］ 沈兆敏编著. 甜橙柚柠檬良种引种指导. 北京:金盾出版社,2003.

［6］ 国务院三峡工程建设委员会办公室经济技术合作司.《三峡库区柑橘建园与幼树管理简明实用手册》.2003.

［7］ 沈兆敏等编著. 柑橘无公害高效栽培. 北京:金盾出版社,2004.

［8］ 吴涛主编. 中国柑橘实用技术文献精编(上、下). 重庆:中国南方果树杂志社,2004.

［9］ 沈兆敏编著. 脐橙优良品种及无公害栽培技术. 北京:中国农业出版社,2006.

［10］ 中国农业科学院柑橘研究所.《中国南方果树》.2005～2007.

［11］ 浙江农业科学院柑橘研究所.《浙江柑橘》.2005～2007.

［12］ 广西壮族自治区柑橘研究所.《广西园艺》.2005～2007.

金盾版图书,科学实用,
通俗易懂,物美价廉,欢迎选购

术	12.00元	扁桃优质丰产实用技术	
图说梨高效栽培关键技		问答	6.50元
术	8.50元	葡萄栽培技术(第二次	
黄金梨栽培技术问答	10.00元	修订版)	12.00元
梨病虫害及防治原色图		葡萄优质高效栽培	12.00元
册	17.00元	葡萄病虫害防治(修订版)	11.00元
梨标准化生产技术	12.00元	葡萄病虫害诊断与防治	
桃标准化生产技术	12.00元	原色图谱	18.50元
怎样提高桃栽培效益	11.00元	盆栽葡萄与庭院葡萄	5.50元
桃高效栽培教材	5.00元	优质酿酒葡萄高产栽培	
桃树优质高产栽培	9.50元	技术	5.50元
桃树丰产栽培	6.00元	大棚温室葡萄栽培技术	4.00元
优质桃新品种丰产栽培	9.00元	葡萄保护地栽培	5.50元
桃大棚早熟丰产栽培技		葡萄无公害高效栽培	12.50元
术(修订版)	9.00元	葡萄良种引种指导	12.00元
桃树保护地栽培	4.00元	葡萄高效栽培教材	6.00元
油桃优质高效栽培	10.00元	葡萄整形修剪图解	6.00元
桃无公害高效栽培	9.50元	葡萄标准化生产技术	11.50元
桃树整形修剪图解		怎样提高葡萄栽培效益	12.00元
(修订版)	6.00元	寒地葡萄高效栽培	13.00元
桃树病虫害防治(修		李无公害高效栽培	8.50元
订版)	9.00元	李树丰产栽培	3.00元
桃树良种引种指导	9.00元	引进优质李规范化栽培	6.50元
桃病虫害及防治原色		李树保护地栽培	3.50元
图册	13.00元	欧李栽培与开发利用	9.00元
桃杏李樱桃病虫害诊断		李树整形修剪图解	5.00元
与防治原色图谱	25.00元	杏标准化生产技术	10.00元

以上图书由全国各地新华书店经销。凡向本社邮购图书或音像制品,可通过邮局汇款,在汇单"附言"栏填写所购书目,邮购图书均可享受9折优惠。购书30元(按打折后实款计算)以上的免收邮挂费,购书不足30元的按邮局资费标准收取3元挂号费,邮寄费由我社承担。邮购地址:北京市丰台区晓月中路29号,邮政编码:100072,联系人:金友,电话:(010)83210681、83210682、83219215、83219217(传真)。